Gerd Mrozynski

Elektromagnetische Feldtheorie

Eine Aufgabensammlung

Gerd Mrozynski

Elektromagnetische Feldtheorie

Eine Aufgabensammlung

Mit zahlreichen Abbildungen

B. G. Teubner Stuttgart · Leipzig · Wiesbaden

Bibliografische Information der Deutschen Bibliothek
Die Deutsche Bibliothek verzeichnet diese Publikation in der Deutschen Nationalbibliographie; detaillierte bibliografische Daten sind im Internet über <http://dnb.ddb.de> abrufbar.

Professor Dr.-Ing. Gerd Mrozynski lehrt das Fach Theoretische Elektrotechnik in der Fakultät für Elektrotechnik, Informatik und Mathematik der Universität Paderborn.

1. Aufl. September 2003

Der B. G. Teubner Verlag ist ein Unternehmen der Fachverlagsgruppe BertelsmannSpringer.
www.teubner.de

Umschlaggestaltung: Ulrike Weigel, www.CorporateDesignGroup.de

Gedruckt auf säurefreiem und chlorfrei gebleichtem Papier.

ISBN-13:978-3-519-00439-4 e-ISBN-13:978-3-322-80057-2
DOI: 10.1007/978-3-322-80057-2

VORWORT

Im Curriculum der Studiengänge Elektrotechnik, Informationstechnik und verwandter Studiengänge an Technischen Hochschulen und Universitäten ist die elektromagnetische Feldtheorie ein fester Bestandteil. Viele Studierende haben mit diesem Fach größere Schwierigkeiten als mit anderen Fächern, was oft daran liegt, dass ihnen die wunderbar klare Theorie hinter einem mathematischen Formalismus verborgen scheint. Die Mathematik ist aber die Basis auf der sich wissenschaftlich arbeitende Ingenieure verständigen und nur mit ihr formulieren wir, was zu unserem festen geistigen Besitz gehört.

Bücher über elektromagnetische Feldtheorie sind in großer Zahl und mit unterschiedlich gesetzten Schwerpunkten verfügbar. Deshalb soll dieses Buch diesem großen Bestand nicht ein weiteres hinzufügen, sondern den Versuch unternehmen, mit einer Vielzahl durchgerechneter Beispiele den Studierenden den Weg zu einem tieferen Verständnis der elektromagnetischen Feldtheorie zu ebnen. Auf diesem Weg sollte der Leser die Rechnungen nicht nur nachvollziehen, sondern versuchen, die gestellten Aufgaben mit seinen erworbenen Kenntnissen und Fähigkeiten zunächst selbstständig zu lösen. Erst in einer aktiven Auseinandersetzung mit dem feldtheoretischen Problem sind die Zusammenhänge zu erkennen und die notwendigen Einsichten zu gewinnen.

Die numerischen Verfahren zur Lösung der Feldgleichungen, die heute mit der Entwicklung leistungsfähiger Rechner und Software immer wichtiger werden, konnten hier nicht berücksichtigt werden. Die sachgerechte Anwendung dieser Werkzeuge erfordert es aber, zunächst ein Modell für das zu lösende Problem aufzustellen und verschiedene numerische Lösungsverfahren hinsichtlich ihrer Leistungsfähigkeit gegeneinander abzuwägen. Ohne eine gründliche Kenntnis der physikalischen und mathematischen Grundlagen der elektromagnetischen Feldtheorie sind diese Aufgaben nicht zu lösen.

Das erste Kapitel ist eine konzentrierte und nicht ganz vollständige Darstellung der Maxwellschen Gleichungen und der Differentialgleichungen für die feldbeschreibenden Potentiale. Es hat eher den Charakter einer Formelsammlung als den einer Einführung in die Theorie. Die nachfolgenden Kapitel enthalten Aufgaben zu den klassischen Teildisziplinen der Feldtheorie. Wo es geboten schien und Platz verfügbar war, sind den analytischen Lösungen Feldbilder beigefügt. Weitere Feldbilder mit anderen Parameterwerten werden demnächst auf dem Server des Fachgebietes Theoretische Elektrotechnik in der Fakultät für Elektrotechnik, Informatik und Mathematik der Universität Paderborn (www.tet.upb.de) verfügbar sein.

Bei der Zusammenstellung der Aufgaben haben viele meiner Mitarbeiter über einen großen Zeitraum mitgewirkt. Besonders erwähnen möchte ich Herrn Dr. rer. nat. Otto Erb, der die gesamten numerischen Rechnungen durchführte, die grafischen Darstellungen mit großer Sorgfalt angefertigt und das gesamte Manuskript Korrektur gelesen hat. Mein besonderer Dank gilt meiner Sekretärin, Frau Gabriele Freitag, die in all den Jahren, in denen das Manuskript für dieses Buch entstanden ist, mit nimmer müdem Eifer Texte und Formeln geschrieben und immer wieder korrigiert und ergänzt hat. Herrn Dipl.-Ing. Christian Kolleck danke ich für die sachkundige Hilfe bei der Erstellung der elektronischen Manuskriptversion. Ohne die Unterstützung der Genannten hätte ich diese Arbeit nicht abschließen können.

Es ist mein Wunsch, denen eine Hilfe zu geben, die in der Auseinandersetzung mit einer schwierigen ingenieurwissenschaftlichen Disziplin eine Herausforderung sehen.

Paderborn, im Juli 2003
Gerd Mrozynski

Inhaltsverzeichnis

1 Grundlegende Gleichungen 1

2 Elektrostatik 14

2.1 Geladene konzentrische Kugeln 14

2.2 Teilkapazitäten einer geschirmten Paralleldrahtleitung . . . 16

2.3 Singuläre Punkte und Linien im Feld von Punktladungen 20

2.4 Kraft auf eine Punktladung im Feld einer Raumladung 22

2.5 Ladungsdichte auf einem leitenden Zylinder vor einer leitenden Ebene 23

2.6 Potential konzentrischer Kugeln 26

2.7 Dipol innerhalb einer dielektrischen Kugel 28

2.8 Potential einer Raumladung mit ortsabhängiger Dichte . . 31

2.9 Dielektrische Kugel im Feld einer axialen Linienladung 33

2.10 Potentialvorgabe auf konzentrischen Kreiszylindern 43

2.11 Spiegelung an einer leitenden Kugel 45

2.12 Potentialvorgabe auf einem Zylinder mit rechteckigem Querschnitt 48

2.13 Potential halbkugelförmiger Raumladungen 51

2.14 Energie und Kraftwirkung im teilweise gefüllten Plattenkondensator 56

2.15 Potential einer ebenen Anordnung mit homogenen Randbedingungen auf unterschiedlichen Koordinatenflächen 58

2.16 Ladungsspiegelung am dielektrischen Halbraum 62

2.17 Potentialvorgabe auf konzentrischen Zylindern in einer ebenen Anordnung 65

2.18 Kraftwirkung auf eine Ringladung innerhalb eines leitenden Zylinders 68

2.19 Potentialvorgabe auf parallelen Ebenen einer kreiszylindrischen Anordnung 71

2.20 Dielektrischer Zylinder mit ortsabhängiger Flächenladung 73

2.21 Potential und Feldstärke dipolbelegter Flächen 75

2.22 Potentialvorgabe auf einer Kugelfläche 79

2.23 Potentialvorgabe in einer Ebene des unbegrenzten Raumes 82

2.24 Flächenladung in der Grenzschicht zweier Dielektrika 85

2.25 Kraft auf eine Punktladung im Feld einer Linienladung vor einer leitenden Kugel 87

2.26 Randfeld eines Plattenkondensators 89

3 Stationäres Strömungsfeld **93**

3.1 Radiale Einströmung in einen leitenden Zylinder 93

3.2 Stationäres Strömungsfeld um eine Hohlkugel 95

3.3 Strömungsfeld in einem rechteckigen Massivzylinder 98

3.4 Strömungsfeld in einem Zylinder mit Stromzuführung über Schneiden 102

3.5 Stromverteilung in einem kreiszylindrischen Leiter mit axialer Inhomogenität 106

3.6 Stationäres Strömungsfeld um eine leitende Kugel 110

4 Magnetisches Feld stationärer Ströme 114

4.1 Magnetisches Feld einer Anordnung aus Linienleitern 114

4.2 Magnetisches Feld eines planaren Leiters 115

4.3 Magnetische Energie und Induktivität kreiszylindrischer Anordnungen 117

4.4 Schirmung des magnetischen Feldes einer Paralleldrahtleitung 122

4.5 Magnetisches Feld in einem abgesetzten Zylinder mit stationärer Stromverteilung 129

4.6 Kraft auf eine Leiterschleife vor einer permeablen Kugel . . 133

4.7 Schirmung eines homogenen magnetischen Feldes durch einen permeablen Hohlzylinder 137

4.8 Gegeninduktivität ebener Leiterschleifen 142

4.9 Magnetische Kopplung von Leiterschleifen 144

5 Quasistationäres Feld 146

5.1 Stromverteilung in einem leitenden, geschichteten Zylinder 146

5.2 Rotierende Leiterschleife 147

5.3 Kraftwirkung durch induzierte Stromverteilung in einer leitenden Kugel 149

5.4 Komplexer Widerstand eines Koaxialkabels 161

5.5 Induzierte Stromverteilung im leitenden Halbraum 165

5.6 Induzierte Stromverteilung durch einen bewegten Leiter . . 171

5.7 Leitender Massivzylinder im magnetischen Drehfeld 174

5.8 Verlustleistung und Energiebilanz in einer leitenden Kugel im transienten Feld einer Leiterschleife 180

5.9 Induzierte Stromverteilung in einem leitenden Zylinder . . 191

5.10 Zylindrischer Leiter mit axialer Inhomogenität 196

5.11 Frequenzabhängige Stromaufteilung in Leitern mit unterschiedlicher Leitfähigkeit 202

5.12 Stromkreis mit massiven Zuleitungen 207

5.13 Magnetisch gekoppeltes elementares Leitersystem 211

5.14 Induzierte Stromverteilung in einer leitenden Platte durch ein erregendes homogenes Feld mit beliebig vorgegebener Zeitabhängigkeit 216

6 Elektromagnetische Wellen 222

6.1 Schaltvorgang auf idealen Leitungen 222

6.2 Anregung hybrider Wellen im Rechteckhohlleiter 225

6.3 Anregung transversal elektrischer Wellen in einer einseitig abgeschlossenen Bandleitung 229

6.4 Koaxialleitung mit inhomogenem Dielektrikum 234

6.5 Zylindrischer Hohlleiterresonator mit inhomogener Permittivität 236

6.6 Geführte Wellen der geschichteten Bandleitung 239
6.7 Hertzsche Dipole in einer Gruppe 247
6.8 Lineare Antenne vor leitender Ebene 250
6.9 Hohlleiter mit unterschiedlichen Dielektrika 253
6.10 Reflexion einer ebenen Welle an einer leitenden Platte . . . 255
6.11 Geführte Wellen an dielektrischer, planarer Schicht 260
6.12 Planarer, geschichteter Wellenleiter 269
6.13 Beugung am dielektrischen Zylinder 278

Anhang **292**

Literaturverzeichnis **297**

Index **298**

Verwendete Symbole

$\vec{A}$	Vektorpotential
a	Fläche, Abmessung
$\vec{B}$	Magnetische Flussdichte
C	Kapazität, Raumkontur
c_{ij}	Kapazitätskoeffizienten
$\vec{D}$	Elektrische Flussdichte
$\vec{E}$	Elektrische Feldstärke
$\vec{F}$	Vektorpotential, Kraft
$\vec{H}$	Magnetische Feldstärke
I, i	Elektrischer Strom
$\vec{J}$	Stromdichte
$\vec{K}$	Strombelag
L_{ik}	Induktivität
$\vec{M}$	Dipolmoment
$\vec{m}$	Dipolmomentendichte
P	Leistung
p_v	Verlustleistungsdichte
p_{ij}	Potentialkoeffizienten
Q	Ladung
$\vec{R}, \vec{r}$	Ortsvektoren
$\vec{S}$	Poyntingscher Vektor
t, T	Zeit
U, u	Potential, Spannung
V	Potential
v	Volumen, Geschwindigkeit
W	Energie
w	Energiedichte, komplexe Variable
Z	Wellenwiderstand

α	Skinkonstante, Winkel
$\vec{\beta}$	Phasenkonstante
$\vec{\gamma}$	Ausbreitungskonstante
δ	Eindringtiefe
ε	Permittivität
μ	Permeabilität
κ	Leitfähigkeit
ϱ	Raumladungsdichte, Koordinate
σ	Flächenladungsdichte, Sprungfunktion
λ_q	Linienladungsdichte
λ	Wellenlänge
$\Psi_{e,m}$	Elektrischer/Magnetischer Fluss
φ, ψ	Potentialfunktionen
Ω	Raumwinkel
ω	Kreisfrequenz
Φ	Richtcharakteristik, Potential

$\varepsilon_0 = 8{,}854 \cdot 10^{-12}$ [As/Vm]
$\mu_0 = 4\pi \cdot 10^{-7}$ [Vs/Am]
Komplexe Größen sind unterstrichen, mit Ausnahme der komplexen Variablen $z = x + jy, w = u + jv$ und spezieller Funktionen komplexer Argumente.

$\underline{A}^*$ konjugiert komplexe Größe.

$|\vec{\underline{A}}| = A$ Betrag einer vektoriellen, komplexen Größe.

$\overline{A}$ zeitlicher Mittelwert einer Größe.

Im {} Imaginärteil einer komplexen Größe.

Re {} Realteil einer komplexen Größe

1. Grundlegende Gleichungen

Im Raum mit den Materialeigenschaften Permittivität ε, Permeabilität μ und Leitfähigkeit κ wird das elektromagnetische Feld durch die Maxwellschen Gleichungen beschrieben. Sie lauten in der Integralform

$$\oint_C \vec{H} d\vec{s} = \int_a \left(\vec{J} + \frac{\partial \vec{D}}{\partial t} \right) d\vec{a} \,; \qquad \oint_C \vec{E} d\vec{s} = -\frac{\partial}{\partial t} \int_a \vec{B} d\vec{a}$$

$$\vec{B} = \mu \vec{H} \quad ; \quad \vec{D} = \varepsilon \vec{E}$$

$$\oint_a \vec{B} d\vec{a} = 0 \,; \quad \oint_a \vec{D} d\vec{a} = \int_v \varrho dv \,; \quad \oint_a \vec{J} d\vec{a} + \frac{\partial}{\partial t} \int_v \varrho dv = 0 \,; \quad \vec{J} = \kappa \vec{E}$$

für die magnetische Feldstärke $\vec{H}(\vec{r}, t)$, die magnetische Flussdichte $\vec{B}(\vec{r}, t)$, die elektrische Feldstärke $\vec{E}(\vec{r}, t)$ und die elektrische Flussdichte $\vec{D}(\vec{r}, t)$.

Die vom Ort $\vec{r}$ und der Zeit t abhängigen Feldgrößen sind über eine Fläche a mit der Randkontur C bzw. eine Fläche a zu integrieren, die ein Volumen v einschließt. Die Stromdichte $\vec{J}(\vec{r}, t)$ und die Raumladung $\varrho(\vec{r}, t)$ erfüllen die Kontinuitätsgleichung, die das Prinzip der Ladungserhaltung beinhaltet.

In der Differentialform lauten diese Gleichungen

$$\operatorname{rot} \vec{H} = \vec{J} + \frac{\partial \vec{D}}{\partial t} \,; \quad \operatorname{rot} \vec{E} = -\frac{\partial \vec{B}}{\partial t} \,; \quad \vec{B} = \mu \vec{H} \,; \quad \vec{D} = \varepsilon \vec{E}$$

$$\operatorname{div} \vec{B} = 0 \,; \quad \operatorname{div} \vec{D} = \varrho \,; \quad \operatorname{div} \vec{J} + \partial \varrho / \partial t = 0 \,; \quad \vec{J} = \kappa \vec{E} \,.$$

Ergänzend sei die Kraft $\vec{F}$ genannt, die auf eine mit der Geschwindigkeit $\vec{v}$ in einem Feld bewegte Ladung ausgeübt wird.

$$d\vec{F} = \varrho (\vec{E} + \vec{v} \times \vec{B}) \, dv$$

An einer Fläche a mit der Flächennormale $\vec{n}$, die zwei Räume (1) und (2) mit unterschiedlichen Materialeigenschaften $\varepsilon_1, \mu_1, \kappa_1$ und $\varepsilon_2, \mu_2, \kappa_2$ abgrenzt, folgen aus den Maxwellschen Gleichungen die Randbedingungen

$$\vec{n} \times (\vec{E}_2 - \vec{E}_1)\Big|_a = 0 \,; \quad \vec{n} \times (\vec{H}_2 - \vec{H}_1)\Big|_a = 0, \, (\vec{K})$$

$$\vec{n} \cdot (\vec{B}_2 - \vec{B}_1)\Big|_a = 0\,; \quad \vec{n}\left(\vec{D}_2 - \vec{D}_1\right)\Big|_a = \sigma\,; \quad \vec{n}\left(\vec{J}_2 - \vec{J}_1\right)\Big|_a = -\frac{\partial \sigma}{\partial t}\,.$$

Darin ist σ eine orts- und zeitabhängige Flächenladung in der Grenzfläche a. Sind Leiter zeitlich schnell veränderlichen Feldern ausgesetzt, fällt die induzierte Stromdichte von der Oberfläche zum Leiterinnern sehr schnell ab. Das Integral der Stromdichte über eine Koordinate normal zur Oberfläche kann als ortsabhängiger Strombelag $\vec{K}$ interpretiert werden, und es gilt

$$\vec{n} \times \vec{H}\Big|_a = \vec{K}\,.$$

Ist ein Strombelag $\vec{K}$ auf einer Fläche vorgegeben, existiert zwischen diesem und den Tangentialkomponenten der magnetischen Feldstärke in den angrenzenden Räumen der Zusammenhang

$$\vec{n} \times \left(\vec{H}_2 - \vec{H}_1\right)\Big|_a = \vec{K}\,.$$

Die nachfolgend angegebenen Gleichungen gelten in einem Raum mit abschnittsweise homogenen Materialeigenschaften, die durch skalare Größen gekennzeichnet sind.

Elektrostatisches Feld

Die Feldgleichungen des elektrostatischen Feldes ruhender Ladungen lauten

$$\operatorname{rot}\vec{E} = 0\,; \quad \operatorname{div}\vec{D} = \varrho\,; \quad \vec{D} = \varepsilon\vec{E}$$

$$\vec{E} = -\operatorname{grad} V\,; \quad \Delta V = -\varrho/\varepsilon\,.$$

Das Feld am Ort $\vec{r}_p$ wird durch das elektrostatische Potential $V(\vec{r}_p)$ beschrieben. Vorgegebene Raumladungsdichten $\varrho(\vec{r}_q)$ in einem Volumen v, Flächenladungsdichten $\sigma(\vec{r}_q)$ auf einer Fläche a und Linienladungsdichten $\lambda_q(\vec{r}_q)$ auf einer Linie der Kontur C erregen im homogenen Raum der Permittivität ε am Aufpunkt $\vec{r}_p$ die Potentiale bzw. Feldstärken

$$V(\vec{r}_p) = \frac{1}{4\pi\varepsilon}\int_v \frac{\varrho(\vec{r}_q)}{r}dv\,; \quad \vec{E}(\vec{r}_p) = -\operatorname{grad} V(\vec{r}_p) = \frac{1}{4\pi\varepsilon}\int_v \varrho(\vec{r}_q)\frac{\vec{r}}{r^3}dv$$

$$V(\vec{r}_p) = \frac{1}{4\pi\varepsilon}\int\limits_a \frac{\sigma(\vec{r}_q)}{r}da\,; \quad \vec{E}(\vec{r}_p) = -\operatorname{grad} V(\vec{r}_p) = \frac{1}{4\pi\varepsilon}\int\limits_v \sigma(\vec{r}_q)\frac{\vec{r}}{r^3}da$$

$$V(\vec{r}_p) = \frac{1}{4\pi\varepsilon}\int\limits_C \frac{\lambda_q(\vec{r}_q)}{r}ds\,; \quad \vec{E}(\vec{r}_p) = -\operatorname{grad} V(\vec{r}_p) = \frac{1}{4\pi\varepsilon}\int\limits_C \lambda_q(\vec{r}_q)\frac{\vec{r}}{r^3}ds$$

mit $\vec{r} = \vec{r}_p - \vec{r}_q, |\vec{r}| = r$. Ebenso gilt für eine Anordnung von n Punktladungen Q_i an den Orten $\vec{r}_{qi}\,;\ i = 1, 2, 3, \ldots, n$

$$V(\vec{r}_p) = \frac{1}{4\pi\varepsilon}\sum_{i=1}^{n}\frac{Q_i}{|\vec{r}_p - \vec{r}_{qi}|}\,; \quad \vec{E}(\vec{r}_p) = -\operatorname{grad} V(\vec{r}_p) = \frac{1}{4\pi\varepsilon}\sum_{i=1}^{n} Q_i\frac{\vec{r}_p - \vec{r}_{qi}}{|\vec{r}_p - \vec{r}_{qi}|}\,.$$

Linien- und Punktladungen sind Größen, die zur Vereinfachung der Felddarstellung eingeführt werden, aus Gründen einer beschränkten Energie des Feldes jedoch nur mathematische Modelle sind.

Die Integration der elektrischen Flussdichte $\vec{D}$ über eine gegebene Fläche a führt auf den elektrischen Fluss

$$\Psi_e = \int\limits_a \vec{D}\,d\vec{a}\,.$$

Die Integration von $\vec{D}$ über eine geschlossene Fläche a, die ein Volumen v umschließt, ergibt nach den Feldgleichungen die eingeschlossene Ladung Q.

$$\Psi_e = \oint\limits_a \vec{D}d\vec{a} = Q = \int\limits_v \varrho dv$$

Mit einem elektrischen Fluss $\Psi_e = \text{const}$, der innerhalb von Raumflächen geführt wird, sind Feldlinien bzw. elektrische Flussröhren bestimmt. Daraus können mitunter Feldlinien einfacher bestimmt werden als aus der sie beschreibenden Differentialgleichung

$$d\vec{s} \times \vec{E} = 0\,.$$

Elektrische Dipole des Momentes $\vec{M}(\vec{r}_q)$ im homogenen Raum der Permittivität ε erregen das Potential $V(\vec{r}_p)$ und ein elektrisches Feld $\vec{E}(\vec{r}_p)$.

$$V(\vec{r}_p) = \frac{\vec{M}(\vec{r}_q)}{4\pi\varepsilon}\frac{\vec{r}}{r^3}; \quad \vec{E}(\vec{r}_p) = \frac{1}{4\pi\varepsilon}\frac{1}{r^3}\left[3(\vec{M}\,\vec{r}/r)\vec{r}/r - \vec{M}\right]; \quad \vec{r} = \vec{r}_p - \vec{r}_q$$

Flächenhaft mit einer Dichte $m(\vec{r}_q)$ auf der Fläche a verteilte Dipole führen zu einem Potential

$$V(\vec{r}_p) = \frac{1}{4\pi\varepsilon}\int\limits_a \vec{m}(\vec{r}_q)\vec{r}/r^3 da; \quad \vec{m}(\vec{r}_q) = \vec{n}(\vec{r}_q)\, m(\vec{r}_q).$$

Beim Durchgang durch die dipolbelegte Fläche in Richtung der Flächennormale $\vec{n}(\vec{r}_q)$ vom Raum (1) in den Raum (2) erfährt das Potential einen Sprung der Größe m/ε und für die elektrische Feldstärke gilt

$$\vec{n} \times (\vec{n} \times (\vec{E}_2 - \vec{E}_1))\Big|_a = 1/\varepsilon \operatorname{grad}(m(\vec{r}_q)) \quad ; \quad V_2 - V_1|_a = m(\vec{r}_q)/\varepsilon.$$

Sind die Dipole homogen mit der Dichte $\vec{m}_0 = \vec{n}(\vec{r}_q)m_0$ auf der Fläche a mit der Flächennormale $\vec{n}(\vec{r}_q)$ verteilt, ist das Potential durch den Raumwinkel Ω bestimmt, der durch die Randkontur der Fläche festgelegt ist.

$$V(\vec{r}_p) = \frac{m_0}{4\pi\varepsilon}\int\limits_a \vec{n}(\vec{r}_q)\vec{r}/r^3 da = -\frac{m_0}{4\pi\varepsilon}\Omega; \quad \Omega = -\int\limits_a \vec{n}(\vec{r}_q)\,\vec{r}/r^3\, da$$

Räumliche Dipolverteilungen $\vec{m}_V(\vec{r}_q)$ innerhalb des Volumens v ergeben analog das Potential

$$V(\vec{r}_p) = \frac{1}{4\pi\varepsilon}\int\limits_v \vec{m}_V(\vec{r}_q)\,\vec{r}/r^3\, dv.$$

Das Feld homogener Verteilungen $\vec{m}_V = \vec{e}\, m_{V_0}$ kann auch aus einer insgesamt verschwindenden Flächenladung $\sigma = \vec{n}\,\vec{e}\, m_{V_0}$ auf der Hüllfäche a des Volumens v bestimmt werden.

Ebene Quellenverteilungen erregen ein Feld, das aus einem komplexen Potential $\underline{P}_e(z)$ abzuleiten ist.

$$\underline{P}_e(z) = P_{er}(x, y) + j\, P_{ei}(x, y) = P_{er}(\varrho, \varphi) + j\, P_{ei}\,(\varrho, \varphi)$$

$$\Delta P_{er} = 0\,; \quad \Delta P_{ei} = 0$$

Die Laplacesche Gleichung ist invariant gegenüber der konformen Abbildung.

Für eine homogene Linienladung λ_q am Ort z_q gilt

$$\underline{P}_e(z) = -\frac{\lambda_q}{2\pi\varepsilon} \ln \frac{(z - z_q)}{c} = V(\varrho, \varphi) - j/\varepsilon \Psi_e/l =$$

$$= -\frac{\lambda_q}{2\pi\varepsilon} \left(\ln(\varrho/c) + j \arg \frac{(z - z_q)}{c} \right)$$

$$\underline{E}(z) = -\left(\frac{d\underline{P}_e(z)}{dz} \right)^* = \frac{\lambda_q}{2\pi\varepsilon} \frac{1}{(z - z_q)^*}\,; \quad \varrho = |z - z_q|\,.$$

Ψ_e/l ist der auf die Länge l bezogene Fluss und c ist eine zu wählende Konstante. Die Gleichungen sind in einfacher Weise auf andere Quellen zu erweitern.

Die im elektrischen Feld gespeicherte Energie W_e ist als Integral über die Energiedichte w_e darstellbar.

$$w_e = \frac{1}{2} \vec{E}\vec{D}\,; \quad W_e = \int\limits_v w_e \, dv = \frac{1}{2} \int\limits_v \vec{E}\vec{D} \, dv$$

In einem System n leitender, geladener Körper existiert ein einfacher, linearer Zusammenhang zwischen den Potentialen V_i und den Ladungen $Q_i, i = 1, 2, \ldots, n$.

$$V_k = \sum_{i=1}^{n} p_{ki} Q_i \quad ; \quad Q_k = \sum_{i=1}^{n} c_{ki} V_i$$

$$Q_k = C_{k\infty} V_k + \sum_{i=1}^{n} C_{ki} (V_k - V_i)$$

Die p_{ki} und c_{ki} sind die Potential- und Kapazitätskoeffizienten und die C_{ki} die Teilkapazitäten.

Stationäres Strömungsfeld

Die Feldgleichungen lauten

$$\operatorname{rot}\vec{E} = 0\,; \quad \operatorname{div}\vec{J} = 0\,; \quad \vec{J} = \kappa\vec{E}\,; \quad \vec{E} = -\operatorname{grad} V\,; \quad \Delta V = 0\,.$$

Es existiert eine weitgehende Analogie zum elektrostatischen Feld ladungsfreier Gebiete.

Magnetisches Feld stationärer Ströme

Die Feldgleichungen lauten

$$\operatorname{rot}\vec{H} = \vec{J}; \quad \operatorname{div}\vec{B} = 0\,; \quad \vec{B} = \mu\vec{H}$$

$$\vec{B} = \operatorname{rot}\vec{A}\,; \quad \operatorname{div}\vec{A} = 0\,; \quad \Delta\vec{A} = -\mu\vec{J}\,.$$

Für das feldbeschreibende, divergenzfreie Vektorpotential $\vec{A}(\vec{r}_p)$ einer im Volumen v vorgegebenen Stromdichteverteilung $\vec{J}(\vec{r}_q)$ gilt

$$\vec{A}(\vec{r}_p) = \frac{\mu}{4\pi}\int\limits_v \frac{\vec{J}(\vec{r}_q)}{|\vec{r}_p - \vec{r}_q|}\,dv\,.$$

Daraus folgt die magnetische Feldstärke $\vec{H}$

$$\vec{H}(\vec{r}_p) = \frac{\vec{B}}{\mu} = \frac{1}{4\pi}\int\limits_v \vec{J}(\vec{r}_q) \times \frac{\vec{r}}{r^3}\,dv\,; \quad \vec{r} = \vec{r}_p - \vec{r}_q\,.$$

Der magnetische Fluss Ψ_m durch eine Fläche a mit der Randkontur C ist gegeben durch die Integrale

$$\Psi_m = \int\limits_a \vec{B}d\vec{a} = \int\limits_a \operatorname{rot}\vec{A}\,d\vec{a} = \oint\limits_C \vec{A}\,d\vec{s}\,.$$

Außerhalb stromführender Gebiete kann das magnetische Feld auch durch ein skalares Potential V_m beschrieben werden. Für Linienleiter gilt

$$\vec{H} = -\operatorname{grad} V_m\,; \quad \Delta V_m = 0\,; \quad V_m(\vec{r}_p) = \frac{1}{4\pi\mu}\int\limits_a \vec{m}_m\frac{\vec{r}}{r^3}da\,; \quad \vec{m}_m = \mu\vec{n}I.$$

Die magnetische Dipolmomentendichte $\vec{m}_m$ kann auf einer Fläche a angesetzt werden, die von der Kontur C einer dünnen Leiterschleife mit dem Strom I begrenzt ist. Beim Durchgang durch diese Fläche erfährt das Potential einen Sprung um den Wert des Stromes.

Das Vektorpotential ist durch das Integral

$$\vec{A}(\vec{r}_p) = \frac{1}{4\pi}\int\limits_a \vec{m}_m \times \frac{\vec{r}}{r^3} da\,; \quad \vec{r} = \vec{r}_p - \vec{r}_q$$

festgelegt.

Ebene magnetische Felder sind durch ein komplexes magnetisches Potential $\underline{P}_m(z)$ zu beschreiben. Es gilt mit $\Delta P_{mr} = 0$ und $\Delta P_{mi} = 0$

$$\underline{P}_m(z) = \underline{P}_m(x + jy) = P_{mr}(x,y) + jP_{mi}(x,y) = A(x,y) + j\mu V_m(x,y)\,.$$

Daraus errechnet man die komplexe magnetische Feldstärke $\underline{H}(z)$.

$$\underline{H}(z) = H_x(x,y) + jH_y(x,y) = -j/\mu(d\underline{P}_m(z)/dz)^*$$

Für einen Linienstrom I am Ort z_q gilt zum Beispiel

$$\underline{P}_m(z) = -\frac{\mu I}{2\pi}\ln((z - z_q)/c) = A(\varrho,\varphi) + j\mu V_m(\varrho,\varphi)$$

$$A(\varrho) = -\frac{\mu I}{2\pi}\ln(\varrho/c)\,; \quad \varrho = |z - z_q|\,; \quad \varphi = \arg((z - z_q)/c)$$

$$V_m = -I\frac{\arg((z - z_q)/c)}{2\pi}\,; \quad \underline{H}(z) = j\frac{I}{2\pi}\frac{1}{(z - z_q)^*} = j\frac{I}{2\pi\varrho}\exp(j\varphi)\,.$$

c ist eine geeignete Konstante.

Die Energie W_m des magnetischen Feldes ist das Integral über die magnetische Energiedichte w_m.

$$w_m = \frac{1}{2}\vec{H}\vec{B}\,; \quad W_m = \frac{1}{2}\int\limits_v \vec{H}\vec{B}dv = \frac{1}{2}\int\limits_{v_L} \vec{A}\vec{J}dv$$

Das zweite Integral über die Leitervolumina v_L erfordert von der magnetischen Feldstärke und dem Vektorpotential ein bestimmtes Verhalten in großer Entfernung.

In einem System von n stromführenden Leitern mit den Stromdichten $\vec{J}_i$ gilt für die Energie des Feldes

$$W_m = \frac{1}{2}\sum_{i=1}^{n}\sum_{k=1}^{n}\int_v \vec{H}_i\vec{B}_k dv = \frac{1}{2}\sum_{i=1}^{n}\sum_{k=1}^{n}\int_{v_{Li}} \vec{J}_i\vec{A}_{ik} dv = \frac{1}{2}\sum_{i=1}^{n}\sum_{k=1}^{n} L_{ik}I_iI_k$$

mit der Feldstärke $\vec{H}_i$ des Leiters i allein und dem Vektorpotential $\vec{A}_{ik}$ des Stromes $\vec{J}_k$ des Leiters k im Leiter i. Daraus folgen die Selbst- und Gegeninduktivitäten

$$L_{ik} = \int_v \frac{\vec{H}_i}{I_i}\frac{\vec{B}_k}{I_k} dv = \int_{v_{Li}} \frac{\vec{J}_i}{I_i}\frac{\vec{A}_{ik}}{I_k} dv\,.$$

Für zwei linienförmige Leiter mit den Strömen I_i und I_k auf den Konturen C_i und C_k gilt

$$L_{ik} = \frac{1}{I_k}\oint_{C_i} \vec{A}_{ik} d\vec{s}_i = \frac{\Psi_{m_{ik}}}{I_k} \quad ; \quad i \neq k\,.$$

Zeitveränderliches elektromagnetisches Feld

Beschränkung der Darstellung auf Raumbereiche mit abschnittsweise homogener Permittivität, Permeabilität bzw. Leitfähigkeit.

Erregung des Feldes durch eingeprägte elektrische Stromdichten $J_E(\vec{r}_q, t)$.

$$\operatorname{rot}\vec{H} = \vec{J}_E + \vec{J} + \frac{\partial\vec{D}}{\partial t}; \quad \operatorname{rot}\vec{E} = -\frac{\partial\vec{B}}{\partial t}; \quad \operatorname{div}\vec{B} = 0; \quad \operatorname{div}\vec{D} = \varrho_E$$

$$\operatorname{div}\vec{J}_E + \frac{\partial\varrho_E}{\partial t} = 0; \quad \vec{B} = \mu\vec{H}; \quad \vec{D} = \varepsilon\vec{E}; \quad \vec{J} = \kappa\vec{E}$$

Die elektrodynamischen Potentiale $\vec{A}(\vec{r}, t)$ und $\varphi(\vec{r}, t)$ erfüllen die Differentialgleichungen

$$\Delta\vec{A} - \kappa\mu\frac{\partial\vec{A}}{\partial t} - \mu\varepsilon\frac{\partial^2\vec{A}}{\partial t^2} = -\mu\vec{J}_E; \quad \Delta\varphi - \kappa\mu\frac{\partial\varphi}{\partial t} - \mu\varepsilon\frac{\partial^2\varphi}{\partial t^2} = -\frac{\varrho_E}{\varepsilon}$$

$$\operatorname{div}\vec{A} + \kappa\mu\varphi + \mu\varepsilon\frac{\partial\varphi}{\partial t} = 0\,; \quad \vec{B} = \operatorname{rot}\vec{A}\,; \quad \vec{E} = -\frac{\partial\vec{A}}{\partial t} - \operatorname{grad}\varphi\,.$$

Für sinusförmige Zeitabhängigkeit der Feldgrößen folgt für deren komplexe Zeiger

$$\Delta\underline{\vec{A}} - j\omega\kappa\mu\underline{\vec{A}} + \omega^2\mu\varepsilon\underline{\vec{A}} = -\mu\underline{\vec{J}}_E\,; \quad \Delta\underline{\varphi} - j\omega\kappa\mu\underline{\varphi} + \omega^2\mu\varepsilon\underline{\varphi} = -\frac{\underline{\varrho}_E}{\varepsilon}$$

$$\operatorname{div}\underline{\vec{A}} + \kappa\mu\underline{\varphi} + j\omega\mu\varepsilon\underline{\varphi} = 0\,; \quad \underline{\vec{B}} = \operatorname{rot}\underline{\vec{A}}\,; \quad \underline{\vec{E}} = -j\omega\underline{\vec{A}} - \operatorname{grad}\underline{\varphi}\,.$$

Der Poyntingsche Satz formuliert die Leistungsbilanz für ein Volumen v mit der Hüllfläche a

$$\underline{P}_s = \overline{P}_{ve} + 2j\omega\left(\overline{W}_m - \overline{W}_e\right) + \oint_a \underline{\vec{S}}d\vec{a}\,; \quad \underline{\vec{S}} = \frac{1}{2}\underline{\vec{E}} \times \underline{\vec{H}}^*\,.$$

Darin bezeichnet $\underline{P}_s$ die von den Quellen in v abgegebene, komplexe Leistung, $\overline{W}_m$ und $\overline{W}_e$ sind die zeitlichen Mittelwerte der im Volumen v gespeicherten Energie des magnetischen und elektrischen Feldes

$$\overline{W}_m = \frac{1}{4}\mathrm{Re}\left\{\int_v \underline{\vec{H}}\,\underline{\vec{B}}^*dv\right\} = \frac{\mu}{4}\int_v |\underline{\vec{H}}|^2 dv$$

$$\overline{W}_e = \frac{1}{4}\mathrm{Re}\left\{\int_v \underline{\vec{E}}\,\underline{\vec{D}}^*dv\right\} = \frac{\varepsilon}{4}\int_v |\underline{\vec{E}}|^2 dv$$

und $\overline{P}_{ve}$ ist der zeitliche Mittelwert der im Volumen v umgesetzten Leistung

$$\overline{P}_{ve} = \frac{1}{2}\mathrm{Re}\left\{\int_v \underline{\vec{E}}\,\underline{\vec{J}}^*dv\right\} = \frac{\kappa}{2}\int_v |\underline{\vec{E}}|^2 dv\,.$$

$\underline{\vec{S}}$ ist der komplexe Poyntingsche Vektor.

In quellenfreien Gebieten gilt auch

$$\overline{P}_{ve} = -\frac{1}{2}\mathrm{Re}\left\{\oint_a \underline{\vec{E}} \times \underline{\vec{H}}^* d\vec{a}\right\}\,.$$

Quasistationäres Feld

Der Beitrag des Verschiebungsstromes $\partial\vec{D}/\partial t$ zum magnetischen Feld kann bei zeitlich langsam veränderlichen Feldern gegenüber dem aus Leitungsströmen vernachlässigt werden. Die Feldgleichungen lauten deshalb

$$\operatorname{rot}\vec{H} = \vec{J}; \quad \operatorname{rot}\vec{E} = -\frac{\partial\vec{B}}{\partial t}$$

$$\operatorname{div}\vec{B} = 0; \quad \operatorname{div}\vec{J} = 0; \quad \vec{B} = \mu\vec{H}; \quad \vec{J} = \kappa\vec{E}$$

$$\vec{B} = \operatorname{rot}\vec{A}; \quad \Delta\vec{A} = \kappa\mu\frac{\partial\vec{A}}{\partial t}; \quad \Delta\varphi = \kappa\mu\frac{\partial\varphi}{\partial t}; \quad \operatorname{div}\vec{A} + \kappa\mu\varphi = 0$$

$$\vec{E} = -\frac{\partial\vec{A}}{\partial t} - \operatorname{grad}\varphi\,.$$

Elektromagnetische Wellen

Bei einer ebenen Welle im homogenen Raum der Permittivität ε und Permeabilität μ hängen die Feldgrößen nur von einer gradlinigen Koordinate z und der Zeit t ab (Wellenwiderstand Z, Phasengeschwindigkeit v, Wellenlänge λ).

$$\vec{E}_{1,2}(\vec{r},t) = \vec{e}E_{1,2}(z \mp vt)\,; \quad \vec{H}_{1,2}(\vec{r},t) = \pm\frac{1}{Z}\vec{e}_z \times \vec{E}_{1,2}(\vec{r},t)$$

$$\vec{e}_z \cdot \vec{E}_{12} = 0\,; \quad \vec{e}_z\vec{H}_{12} = 0\,; \quad Z = \sqrt{\frac{\mu}{\varepsilon}}\,; \quad v = \frac{1}{\sqrt{\mu\varepsilon}}$$

Bei sinusförmiger Zeitabhängigkeit der Kreisfrequenz ω gilt mit den komplexen Zeigern $\underline{\vec{E}}_{1,2}$ und $\underline{\vec{H}}_{1,2}$

$$\vec{E}_{1,2}(z,t) = \operatorname{Re}\left\{\underline{\vec{E}}_{1,2}\exp(j(\omega t \mp \beta z))\right\}$$

$$\vec{H}_{1,2}(z,t) = \operatorname{Re}\left\{\underline{\vec{H}}_{1,2}\exp(j(\omega t \mp \beta z))\right\}$$

$$\underline{\vec{H}}_{1,2} = \pm\frac{1}{Z}\vec{e}_z \times \underline{\vec{E}}_{1,2}\,; \quad \underline{\vec{E}}_{1,2} = \pm Z\,\underline{\vec{H}}_{1,2} \times \vec{e}_z\,; \quad \beta^2 = \omega^2\mu\varepsilon = (2\pi/\lambda)^2\,.$$

Der Poyntingsche Vektor hat einen zeitlichen Mittelwert

$$\vec{S}_{1,2-} = \pm\vec{e}_z \frac{1}{2} Z |\vec{\underline{H}}_{1,2}|^2 = \pm\vec{e}_z \frac{1}{2Z} |\vec{\underline{E}}_{1,2}|^2$$

und einen mit 2ω periodisch veränderlichen Anteil

$$\vec{S}_{1,2\sim} = \pm\frac{1}{2} \operatorname{Re} \left\{ \vec{\underline{E}}_{1,2} \times \frac{1}{Z} (\vec{e}_z \times \vec{\underline{E}}_{1,2}) \exp(2j(\omega t \mp \beta z)) \right\}$$

$$\vec{S}_{1,2\sim} = \pm\vec{e}_z \frac{1}{2Z} \operatorname{Re} \left\{ \vec{\underline{E}}^2_{1,2} \exp(2j(\omega t \mp \beta z)) \right\} =$$

$$= \pm\vec{e}_z \frac{1}{2} Z \operatorname{Re} \left\{ \vec{\underline{H}}^2_{1,2} \exp(2j(\omega t \mp \beta z)) \right\}$$

In quellenfreien Gebieten können die Feldgrößen aus zwei Potentialen abgeleitet werden, die gegenüber einem gewählten konstanten Richtungsvektor $\vec{e}$ ein transversal elektrisches (TE-) bzw. transversal magnetisches (TM-)Feld beschreiben. Für die komplexen Zeiger gilt

$$\vec{\underline{A}}_{TM} = \vec{e}\underline{A}_{TM}\,; \quad \vec{\underline{F}}_{TE} = \vec{e}\underline{F}_{TE}$$

$$\Delta\underline{F}_{TE} + \beta^2 \underline{F}_{TE} = 0\,; \quad \Delta\underline{A}_{TM} + \beta^2 \underline{A}_{TM} = 0$$

$$\vec{\underline{H}} = \vec{\underline{H}}_{TE} + \vec{\underline{H}}_{TM} = \frac{1}{\mu} \operatorname{rot} \vec{\underline{A}}_{TM} + \frac{1}{j\omega\mu\varepsilon} \operatorname{rot}\operatorname{rot} \vec{\underline{F}}_{TE}$$

$$\vec{\underline{E}} = \vec{\underline{E}}_{TE} + \vec{\underline{E}}_{TM} = -\frac{1}{\varepsilon} \operatorname{rot} \vec{\underline{F}}_{TE} + \frac{1}{j\omega\mu\varepsilon} \operatorname{rot}\operatorname{rot} \vec{\underline{A}}_{TM}\,; \quad \beta^2 = \omega^2\mu\varepsilon\,; \quad \kappa = 0.$$

Ein Hertzscher Dipol mit dem Moment $\vec{\underline{M}} = \vec{e}_z\underline{M} = \vec{e}_z\underline{I}s$ mit $s << \lambda$ im Koordinatenursprung erregt im Fernfeld $r >> \lambda$ die Feldstärken

$$\vec{\underline{H}}(\vec{r}) = \frac{j\beta}{4\pi} \left(\vec{\underline{M}} \times \frac{\vec{r}}{r} \right) \frac{\exp(-j\beta r)}{r} \quad ; \quad \beta = \omega\sqrt{\mu\varepsilon} = \frac{2\pi}{\lambda}$$

$$\vec{\underline{E}}(\vec{r}) = \frac{\beta^2}{j\omega 4\pi\varepsilon} \frac{\vec{r}}{r} \times \left(\vec{\underline{M}} \times \frac{\vec{r}}{r} \right) \frac{\exp(-j\beta r)}{r} = Z\,\vec{\underline{H}} \times \frac{\vec{r}}{r}.$$

Die Richtcharakteristik Φ ist

$$\Phi = \frac{Z}{8} \left(\frac{|\vec{\underline{M}}|}{\lambda} \right)^2 \sin^2\vartheta\,; \quad \cos\vartheta = \vec{e}_z \frac{\vec{r}}{r}.$$

Eine lineare Antenne mit der vorgegebenen Stromverteilung $\underline{I}(\vec{r}_q)$ auf einer Linie mit der Kontur C führt auf die Fernfeldstärken

$$\underline{\vec{H}}(\vec{r}_p) = \frac{j\beta}{4\pi}\frac{\exp(-j\beta r_p)}{r_p}\int_C \underline{I}(\vec{r}_q)\exp\left(j\beta\vec{r}_q\frac{\vec{r}_p}{r_p}\right)\left(d\vec{s}_q \times \frac{\vec{r}_p}{r_p}\right)$$

$$\underline{\vec{E}}(\vec{r}_p) = Z\underline{\vec{H}} \times \frac{\vec{r}_p}{r_p}; \quad Z = \sqrt{\frac{\mu}{\varepsilon}}; \quad \vec{r} = \vec{r}_p - \vec{r}_q; \quad r_p = |\vec{r}_p|\,.$$

TEM-Wellen, die an idealen Leitungen entlang der Koordinate z geführt werden, können mit einfachen Potentialen beschrieben werden.

$$\underline{\vec{A}} = \vec{e}_z\Phi(x,y)\exp(\mp j\beta z)\,; \quad \underline{\vec{E}} = \mp\frac{1}{\sqrt{\mu\varepsilon}}\operatorname{grad}\Phi(x,y)\exp(\mp j\beta z)$$

$$\underline{\vec{H}} = \frac{1}{\mu}\operatorname{rot}\underline{\vec{A}} = \frac{1}{\mu}\operatorname{grad}\Phi(x,y) \times \vec{e}_z\exp(\mp j\beta z) = \pm\frac{1}{Z}\vec{e}_z \times \underline{\vec{E}}$$

$$\Delta\Phi(x,y) = 0\,; \quad \beta \doteq \omega\sqrt{\mu\varepsilon}$$

Die Integrale der Feldgrößen führen auf Spannungen und Ströme der Leiter $u(z,t)$ und $i(z,t)$

$$\frac{\partial^2 u}{\partial z^2} = L'C'\frac{\partial^2 u}{\partial t^2}\,; \quad \frac{\partial^2 i}{\partial z^2} = L'C'\frac{\partial^2 i}{\partial t^2}\,; \quad -\frac{\partial u}{\partial z} = L'\frac{\partial i}{\partial t}\,; \quad -\frac{\partial i}{\partial z} = C'\frac{\partial u}{\partial t}$$

mit den längenbezogenen Größen Induktivität L' und Kapazität C'. Die Lösungen sind

$$u(z,t) = u_{1,2}(z \mp vt)\,; \quad i(z,t) = i_{1,2}(z \mp vt)\,; \quad v = \frac{1}{\sqrt{L'C'}}$$

$$Z = \sqrt{\frac{L'}{C'}}\,; \quad u_1 = Z\,i_1 \quad ; \quad u_2 = -Z\,i_2\,.$$

TE- und TM-Wellen in idealen Hohlleitern entlang der z-Achse können durch die Potentiale $\underline{\vec{A}}_{TM}$ und $\underline{\vec{A}}_{TE}$ beschrieben werden.

$$\underline{\vec{A}}_{TM} = \vec{e}_z\underline{A}_{TM} = \vec{e}_z\underline{U}_{TM}(u_1,u_2)\exp(\mp j\beta_z^{TM}z)$$

$$\underline{\vec{F}}_{TE} = \vec{e}_z\underline{F}_{TE} = \vec{e}_z\underline{U}_{TE}(u_1,u_2)\exp(\mp j\beta_z^{TE}z)$$

$$\Delta \underline{U}_{TE,TM} + \left(\beta^2 - (\beta_z^{TE,TM})^2\right) \underline{U}_{TE,TM} = 0$$

(u_1, u_2) sind die transversalen Koordinaten in den Ebenen $z = \text{const}$.

An der perfekt leitenden Berandung der Hohlleiter mit der Kontur C sind die Randbedingungen

$$\underline{U}_{TM}|_C = 0 \quad ; \quad \left.\frac{\partial \underline{U}_{TE}}{\partial n}\right|_C = 0$$

zu erfüllen. Dadurch liegen die Phasenkonstanten β_z^{TE} und β_z^{TM} fest.

Aus vorgegebenen Quellenverteilungen $\vec{J}_E(\vec{r}_q, t)$ und $\varrho_E(\vec{r}_q, t)$ im homogenen Raum können die Feldstärken aus den retardierten Potentialen abgeleitet werden.

$$\vec{A}(\vec{r}_p, t) = \frac{\mu}{4\pi} \int_v \frac{\vec{J}_E(\vec{r}_q, t^*)}{|\vec{r}_p - \vec{r}_q|} \, dv$$

$$\varphi(\vec{r}_p, t) = \frac{1}{4\pi\varepsilon} \int_v \frac{\varrho_E(\vec{r}_q, t^*)}{|\vec{r}_p - \vec{r}_q|} \, dv$$

Darin ist $t^* = t - r/v_{ph}$ die retardierte Zeit mit der Phasengeschwindigkeit $v_{ph} = 1/\sqrt{\mu\varepsilon}$.

Bei sinusförmiger Zeitabhängigkeit gilt für die komplexen Zeiger

$$\underline{\vec{A}}(\vec{r}_p) = \frac{\mu}{4\pi} \int_v \underline{\vec{J}}_E(\vec{r}_q) \frac{\exp(-j\beta|\vec{r}_p - \vec{r}_q|)}{|\vec{r}_p - \vec{r}_q|} \, dv$$

$$\underline{\varphi}(\vec{r}_p) = \frac{1}{4\pi\varepsilon} \int_v \underline{\varrho}_E(\vec{r}_q) \frac{\exp(-j\beta|\vec{r}_p - \vec{r}_q|)}{|\vec{r}_p - \vec{r}_q|} \, dv$$

mit $\beta = \omega\sqrt{\mu\varepsilon}$.

2. Elektrostatik

2.1 Geladene konzentrische Kugeln

Innerhalb zweier kugelförmiger, konzentrischer, leitender Beläge der Radien $r = b$ und $r = c > b$ befindet sich, exzentrisch um die Strecke e verschoben, der Mittelpunkt einer kugelförmigen Raumladung der Dichte ϱ [As/m^3] vom Radius $a < b - e$. Der Raum $b < r < c$ besitzt die homogene Permittivität ε, der restliche Raum die Permittivität ε_0.

Welches Potential stellt sich auf der ungeladenen Kugel $r = b$ ein, wenn die äußere Kugel $r = c$ das Potential V_0 aufweist? Auf welches Potential V_1 muss die Kugel $r = b$ gebracht werden, damit sie die Ladung Q_1 trägt? Welche Ladung Q_0 trägt dann die Kugel $r = c$?

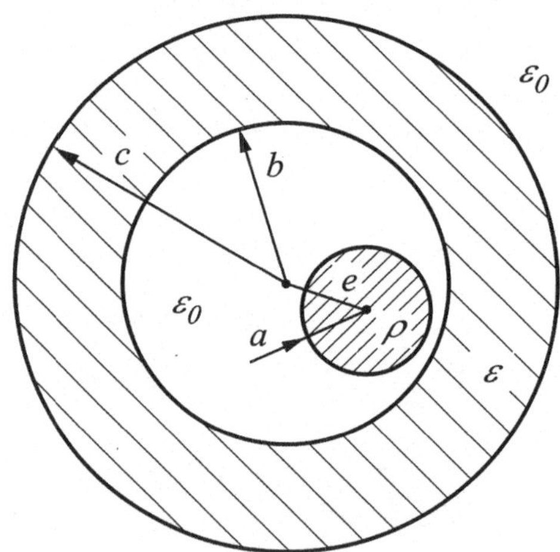

Im Raum $b < r < c$ ist das Feld kugelsymmetrisch und kann durch das Potential $V(r)$ beschrieben werden.

$$V(r) = C_1 + C_2/r\,; \quad \vec{E} = -\operatorname{grad} V = -\vec{e}_r \frac{\partial V}{\partial r} = \vec{e}_r E(r)$$

$$E(r) = C_2/r^2 \quad ; \quad D(r) = \varepsilon E(r) = \varepsilon\, C_2/r^2$$

Da die Kugel $r = b$ ungeladen ist, muss der elektrische Fluss durch eine Kugel $b < r = \text{const} < c$ gleich der Ladungsmenge im Raum $r < b$ sein.

$$D(r)\,4\pi r^2 = \varrho\, 4/3\,\pi a^3 = Q = 4\pi\varepsilon\, C_2 \quad ; \quad C_2 = \frac{Q}{4\pi\varepsilon}$$

Damit gilt

$$V(r) = C_1 + \frac{Q}{4\pi\varepsilon}\frac{1}{r} \quad ; \quad b \leq r \leq c \quad ; \quad V(r) = V_0\, c/r \quad ; \quad r \geq c\,.$$

Weiterhin folgt

$$V(r=c) = V_0 = C_1 + \frac{Q}{4\pi\varepsilon}\frac{1}{c} \quad ; \quad C_1 = V_0 - \frac{Q}{4\pi\varepsilon}\frac{1}{c}\,,$$

also

$$V(r) = V_0 + \frac{Q}{4\pi\varepsilon}\left(\frac{1}{r} - \frac{1}{c}\right) ; \quad b \leq r \leq c\,.$$

Die Kugel $r = b$ hat bei verschwindender Gesamtladung das Potential

$$V(r=b) = V_0 + \frac{Q}{4\pi\varepsilon}\left(\frac{1}{b} - \frac{1}{c}\right).$$

Trägt die Kugel $r = b$ die Ladung Q_1, lautet das Potential

$$V(r) = V_0 + \frac{Q + Q_1}{4\pi\varepsilon}\left(\frac{1}{r} - \frac{1}{c}\right) ; \quad b \leq r \leq c; \quad V(r) = V_0\frac{c}{r}; \quad r \geq c\,.$$

Die Kugel $r = c$ trägt dann auf ihrer inneren Fläche die Gesamtladung $-(Q + Q_1)$. Auf ihrer Außenseite trägt sie die Flächenladung σ

$$\sigma = D(r)\big|_{\substack{r \geq c \\ r \to c}} = -\varepsilon_0 \frac{\partial V}{\partial r}\bigg|_{\substack{r \geq c \\ r \to c}} = \varepsilon_0 \frac{V_0}{c}$$

und damit die Gesamtladung

$$Q_0 = -(Q + Q_1) + 4\pi\,\varepsilon_0\, c V_0\,.$$

2.2 Teilkapazitäten einer geschirmten Paralleldrahtleitung

Eine Paralleldrahtleitung aus idealen Leitern mit dem Abstand $2b$ und dem Leiterradius $d << b$ ist symmetrisch von einem perfekt leitenden, kreiszylindrischen Schirm vom Radius $a > b$ mit $a - b >> d$ umgeben. Der Raum innerhalb des Schirmes hat die Permittivität ε. Zu berechnen sind das elektrische Feld innerhalb des Schirmes und die längenbezogenen Teilkapazitäten der Anordnung.

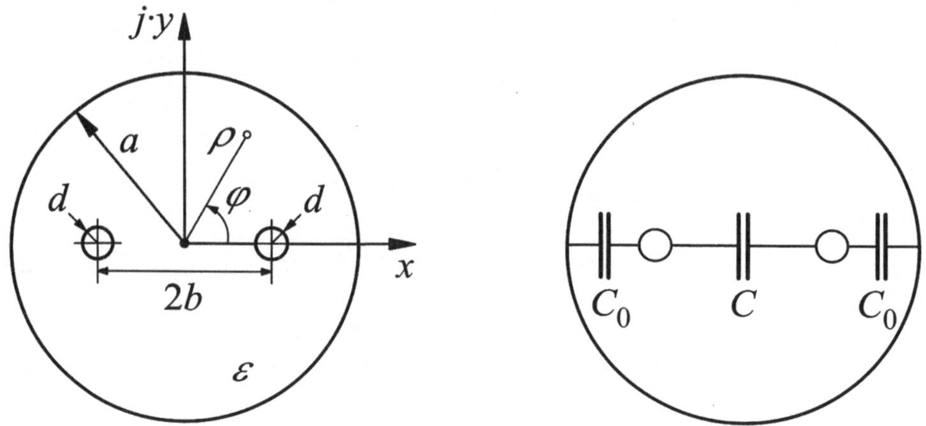

Das Feld kann in der komplexen Ebene $z = x + jy = \varrho \exp(j\varphi)$ näherungsweise durch das Feld zweier Linienladungen λ_{q1} in $z = b$ und λ_{q2} in $z = -b$ und deren am Zylinder $\varrho = a$ gespiegelte Ladungen $-\lambda_{q1}$ am Ort $z = a^2/b$ und $-\lambda_{q2}$ am Ort $z = -a^2/b$ beschrieben werden. Das komplexe Potential $\underline{P}_e(z)$ lautet

$$\underline{P}_e(z) = -\frac{\lambda_{q1}}{2\pi\varepsilon}\left(\ln\frac{z-b}{a-b} - \ln\frac{z-a^2/b}{a-a^2/b}\right) - \frac{\lambda_{q2}}{2\pi\varepsilon}\left(\ln\frac{z+b}{a+b} - \ln\frac{z+a^2/b}{a+a^2/b}\right).$$

Dessen Realteil verschwindet auf dem Zylinder $\varrho = a$.

$$\underline{P}_e(z) = \frac{\lambda_{q1}}{2\pi\varepsilon}\left(\ln\frac{z-a^2/b}{z-b} + \ln\left(\frac{b}{a}\frac{a-b}{b-a}\right)\right) + \frac{\lambda_{q2}}{2\pi\varepsilon}\left(\ln\frac{z+a^2/b}{z+b} + \ln(b/a)\right).$$

Das Potential $V(\varrho, \varphi) = \text{Re}\ \{\underline{P}_e(z)\}$ ist

$$V(\varrho, \varphi) = \frac{\lambda_{q1}}{2\pi\varepsilon} \ln\left|\frac{z - a^2/b}{z - b}\frac{b}{a}\right| + \frac{\lambda_{q2}}{2\pi\varepsilon} \ln\left|\frac{z + a^2/b}{z + b}\frac{b}{a}\right| .$$

Für das vorliegende Leitersystem gilt mit den Potentialkoeffizienten p_{ik} bei verschwindendem Potential des Schirmes

$$V_1 = p_{11}\,\lambda_{q1} + p_{12}\,\lambda_{q2} = V(\varrho = b - d, \varphi = \pi)$$

$$V_2 = p_{21}\,\lambda_{q1} + p_{22}\,\lambda_{q2} = V(\varrho = b - d, \varphi = 0)$$

$$V_1 = \frac{\lambda_{q1}}{2\pi\varepsilon} \ln\left|\frac{b - a^2/b}{d}\frac{b}{a}\right| + \frac{\lambda_{q2}}{2\pi\varepsilon} \ln\left|\frac{b + a^2/b}{2a}\right| ;\ d << b$$

$$V_2 = \frac{\lambda_{q1}}{2\pi\varepsilon} \ln\left|\frac{-b - a^2/b}{-2b}\frac{b}{a}\right| + \frac{\lambda_{q2}}{2\pi\varepsilon} \ln\left|\frac{-b + a^2/b}{d}\frac{b}{a}\right| .$$

Durch Vergleich folgt das Ergebnis für die Potentialkoeffizienten

$$p_{11} = p_{22} = \frac{1}{2\pi\varepsilon} \ln\left(b/d(a/b - b/a)\right) = p_0$$

$$p_{12} = p_{21} = \frac{1}{2\pi\varepsilon} \ln\left((b/a + a/b)/2\right) = p$$

und die Potentiale

$$V_1 = p_0\,\lambda_{q1} + p\,\lambda_{q2} \quad ; \quad V_2 = p\,\lambda_{q1} + p_0\,\lambda_{q2} \,.$$

Mit den Kapazitätskoeffizienten c_{ik} lauten die Gleichungen für die Ladungen

$$\lambda_{q1} = c_{11}\,V_1 + c_{12}\,V_2 = \frac{V_1 p_0 - V_2 p}{p_0^2 - p^2}$$

$$\lambda_{q2} = c_{21}\,V_1 + c_{22}\,V_2 = \frac{V_2 p_0 - V_1 p}{p_0^2 - p^2}$$

Die Kapazitätskoeffizienten sind dann

$$c_{11} = c_{22} = \frac{p_0}{p_0^2 - p^2} = c_0 \quad ; \quad c_{12} = c_{21} = \frac{-p}{p_0^2 - p^2} = c$$

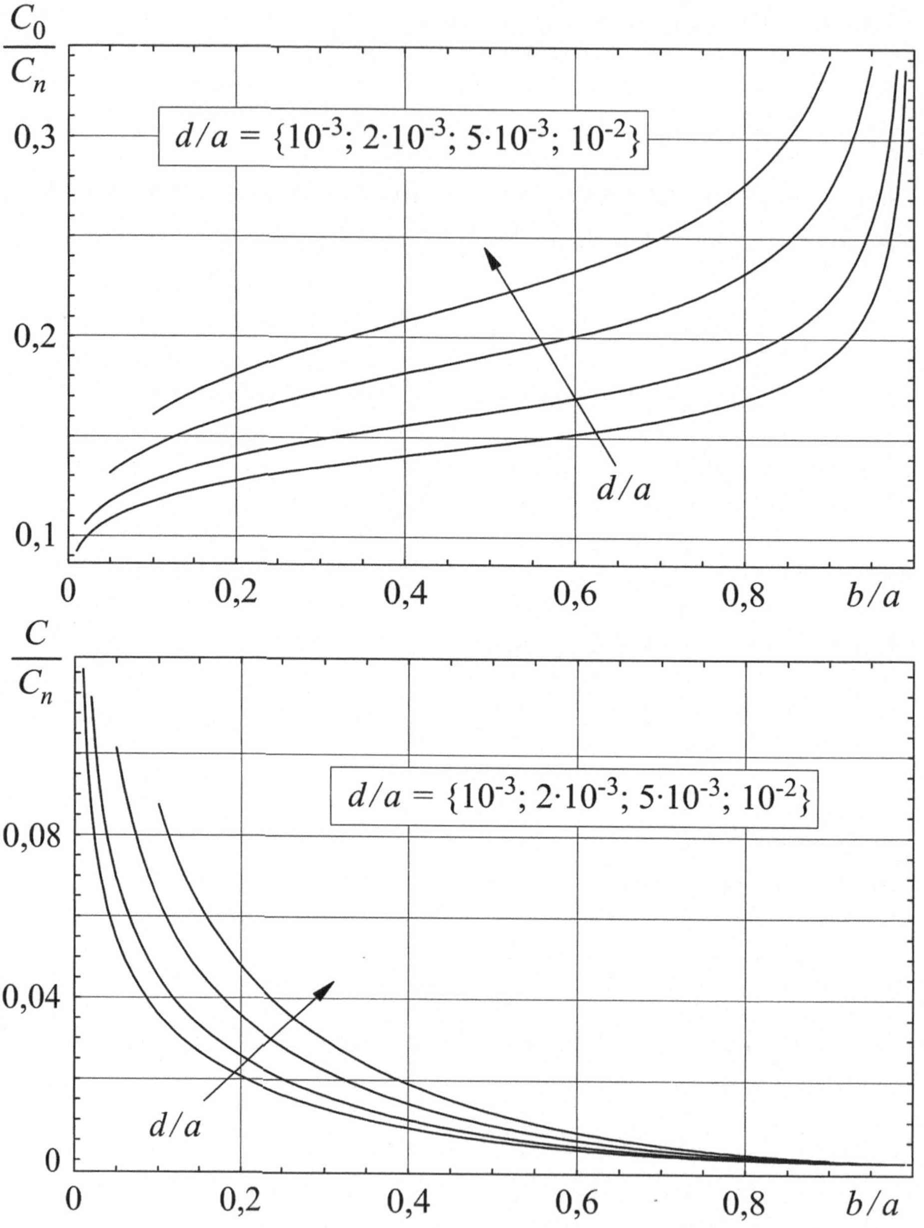

Bild 2.2–1: Normierte Teilkapazitäten als Funktion des Verhältnisses b/a (Leiterabstand $2b$, Schirmradius a, $C_n = 2\pi\varepsilon$)

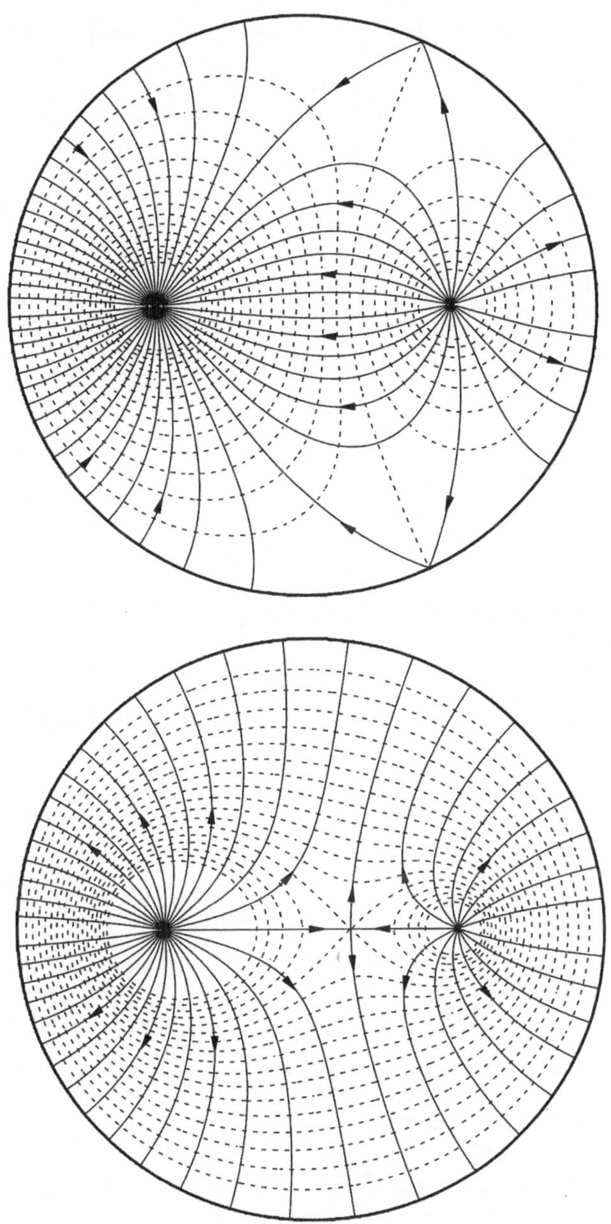

Bild 2.2–2: Äquipotential- und Feldlinien für $\lambda_{q1}/\lambda_{q2} = -2$ (oben), $\lambda_{q1}/\lambda_{q2} = 2$ (unten)

Aus der Darstellung des Zusammenhangs zwischen Ladungen und Potentialdifferenzen mit den Teilkapazitäten

$$\begin{aligned}\lambda_{q1} &= C_0V_1 + C_{12}(V_1 - V_2) = (c_{11} + c_{12})V_1 - c_{12}(V_1 - V_2)\\ \lambda_{q2} &= C_0V_2 + C_{21}(V_2 - V_1) = (c_{21} + c_{22})V_2 - c_{21}(V_2 - V_1)\end{aligned}$$

folgen die Teilkapazitäten

$$C_0 = \frac{1}{p_0 + p} \quad ; \quad C_{12} = C_{21} = \frac{p}{p_0^2 - p^2} = C$$

$$C_0 = \frac{2\pi\varepsilon}{\ln\left[b/(2d)\left((a/b)^2 - (b/a)^2\right)\right]}$$

$$C = \frac{2\pi\varepsilon\ln\left[1/2\,(a/b + b/a)\right]}{\left[\ln\left((a/b - b/a)\,b/d\right)\right]^2 - \left[\ln\left(1/2\,(a/b + b/a)\right)\right]^2}$$

2.3 Singuläre Punkte und Linien im Feld von Punktladungen

Auf einer Geraden im Raum der Permittivität ε sind die Punktladungen Q_1 und Q_2 in den Abständen $\vec{r}_1$ und $\vec{r}_2$ von einer Ladung Q angeordnet. Welche Werte müssen die Ladungen Q_1, Q_2 haben, damit im beliebigen Abstand $\vec{r}_s$ von Q ein singulärer Punkt (eine singuläre Linie) auftritt?

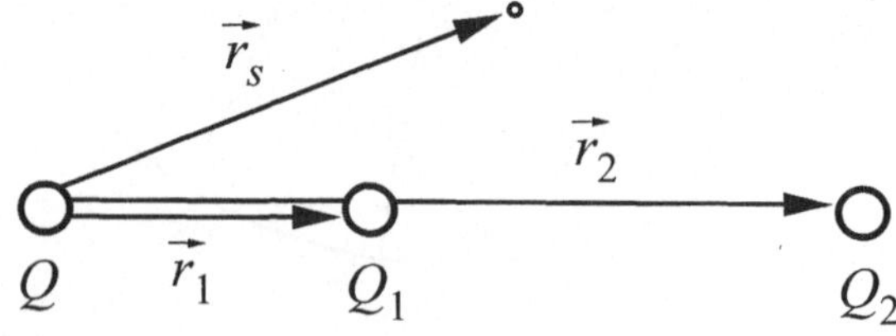

Die Bedingung lautet:

$$\frac{Q}{4\pi\varepsilon}\frac{\vec{r}_s}{r_s^3} + \frac{Q_1}{4\pi\varepsilon}\frac{\vec{r}_s - \vec{r}_1}{|\vec{r}_s - \vec{r}_1|^3} + \frac{Q_2}{4\pi\varepsilon}\frac{\vec{r}_s - \vec{r}_2}{|\vec{r}_s - \vec{r}_2|^3} = 0; \quad |\vec{r}_s| = r_s$$

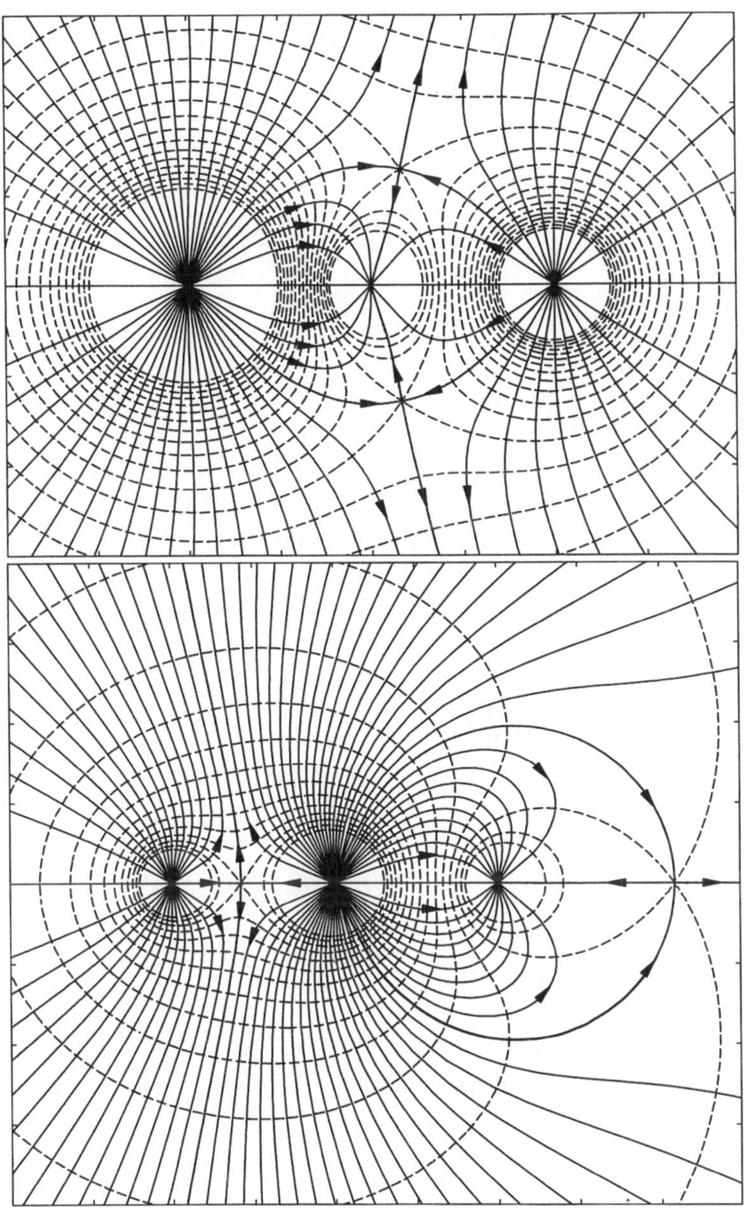

Bild 2.3–1: Äquipotential- und Feldlinien von 3 Punktladungen, $|\vec{r}_2| = 2|\vec{r}_1|$; oben: $Q_1/Q = -1/4$; $Q_2/Q = 1/2$; unten: $Q_1/Q = 2$; $Q_2/Q = -2/3$

Vektorielle und skalare Multiplikation mit $\vec{r}_s$ liefern die Gleichungen:

$$Q_1 \frac{\vec{r}_s \times \vec{r}_1}{|\vec{r}_s - \vec{r}_1|^3} + Q_2 \frac{\vec{r}_s \times \vec{r}_2}{|\vec{r}_s - \vec{r}_2|^3} = 0$$

und

$$\frac{Q}{r_s} + Q_1 \frac{r_s^2 - \vec{r}_1 \vec{r}_s}{|\vec{r}_s - \vec{r}_1|^3} + Q_2 \frac{r_s^2 - \vec{r}_2 \vec{r}_s}{|\vec{r}_s - \vec{r}_2|^3} = 0$$

Daraus folgt die Lösung:

$$Q_1 = -Q_2 \frac{r_2}{r_1} \left| \frac{\vec{r}_s - \vec{r}_1}{\vec{r}_s - \vec{r}_2} \right|^3 = Q \frac{|\vec{r}_s - \vec{r}_1|^3}{r_s^3} \frac{r_2}{r_1 - r_2} \,; \; Q_2 = Q \frac{|\vec{r}_s - \vec{r}_2|^3}{r_s^3} \frac{r_1}{r_2 - r_1} \,.$$

2.4 Kraft auf eine Punktladung im Feld einer Raumladung

Vor einer leitenden, unendlich ausgedehnten Ebene $z = 0$ befindet sich mit dem Mittelpunktsabstand $z = c > b$ eine mit Raumladung der Dichte ϱ [As/m^3] gefüllte Hohlkugel der Radien a und $b > a$. Auf der Geraden normal zur Ebene durch den Kugelmittelpunkt ist im Abstand $c - b < d < c - a$ von der Ebene eine Punktladung Q angeordnet. Der Raum hat die Permittivität ε.

Welche Kraft erfährt die Ladung Q?

Die Kraft $\vec{F}_1 = \vec{e}_z F_1$ normal zur leitenden Fläche auf die Ladung Q ohne Gegenwart der leitenden Ebene lautet:

$$\begin{aligned} F_1 = Q\,E_1 &= -Q\varrho \frac{4}{3}\pi \left[(c-d)^3 - a^3 \right] \frac{1}{4\pi\varepsilon} \frac{1}{(c-d)^2} \\ &= -\frac{Q\varrho}{3\varepsilon}(c-d) \left[1 - \left(\frac{a}{c-d} \right)^3 \right] \end{aligned}$$

Die Wirkung der Raumladung innerhalb der Hohlkugel mit den Radien $c - d$ und a auf die Ladung Q kann ersetzt werden durch deren Gesamtladung im Kugelmittelpunkt $z = c$.

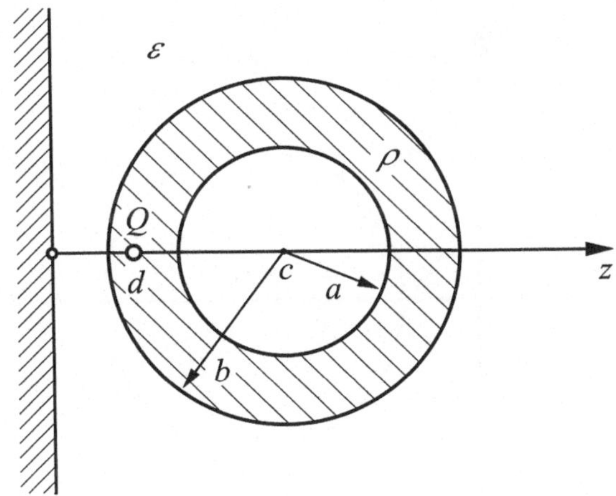

In Gegenwart der leitenden Ebene kann die Feldänderung im Raum der Ladungen aus zwei Punktladungen $-Q$ und $-4/3\pi(b^3 - a^3)\varrho$ an den gespiegelten Punkten $z = -d$ und $z = -c$ berechnet werden. Sie bewirken einen Beitrag $\vec{F}_2 = \vec{e}_z F_2$ zur Gesamtkraft $\vec{F} = \vec{e}_z F$.

$$\begin{aligned} F_2 &= -Q\left[\frac{Q}{4\pi\varepsilon}\,\frac{1}{4d^2} + \frac{4}{3}\,\pi\,\frac{(b^3 - a^3)}{4\pi\varepsilon}\,\varrho\,\frac{1}{(d+c)^2}\right] \\ &= -\frac{Q^2}{16\pi\varepsilon}\,\frac{1}{d^2} - \frac{Q\varrho}{3\varepsilon}\,\frac{b^3 - a^3}{(d+c)^2} \end{aligned}$$

Die Gesamtkraft F ist dann

$$F = F_1 + F_2\,.$$

2.5 Ladungsdichte auf einem leitenden Zylinder vor einer leitenden Ebene

Vor einer unendlich ausgedehnten, leitenden Ebene $x = 0$ mit dem Potential $V = 0$ befindet sich in $x > 0$ ein unendlich langer leitender Zylinder vom Radius a des Potentials V_0, dessen Achse parallel zur Ebene den

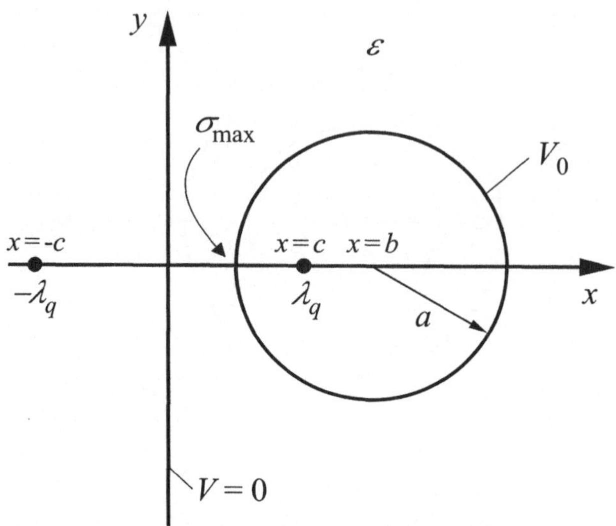

Abstand $b > a$ hat. Wie groß ist die maximale Ladungsdichte auf der Oberfläche des Zylinders im Raum der Permittivität ε ?

Im Raum $x > 0$ außerhalb des Zylinders wird das Feld durch zwei unendlich lange Linienladungen $\pm\lambda_q$ an den Orten $(x = \pm c; y = 0)$ äquivalent beschrieben.

Das Potential im Raumpunkt $(x \geq 0, y)$ außerhalb des Zylinders lautet:

$$V(x,y) = -\frac{\lambda_q}{2\pi\varepsilon} \ln \frac{\sqrt{(x-c)^2 + y^2}}{\sqrt{(x+c)^2 + y^2}}$$

Die Größen λ_q und c werden aus dem Wert V_0 des Potentials an den Orten $(x = b - a; y = 0)$ und $(x = b + a; y = 0)$ bestimmt.

$$\ln \left| \frac{b + a - c}{b + a + c} \right| = \ln \left| \frac{b - a - c}{b - a + c} \right|$$

$$[b + (a - c)]\, [b - (a - c)] = [(a + c) + b]\, [(a + c) - b]$$

$$b^2 - (a - c)^2 = (a + c)^2 - b^2 \quad ; \quad c^2 = b^2 - a^2$$

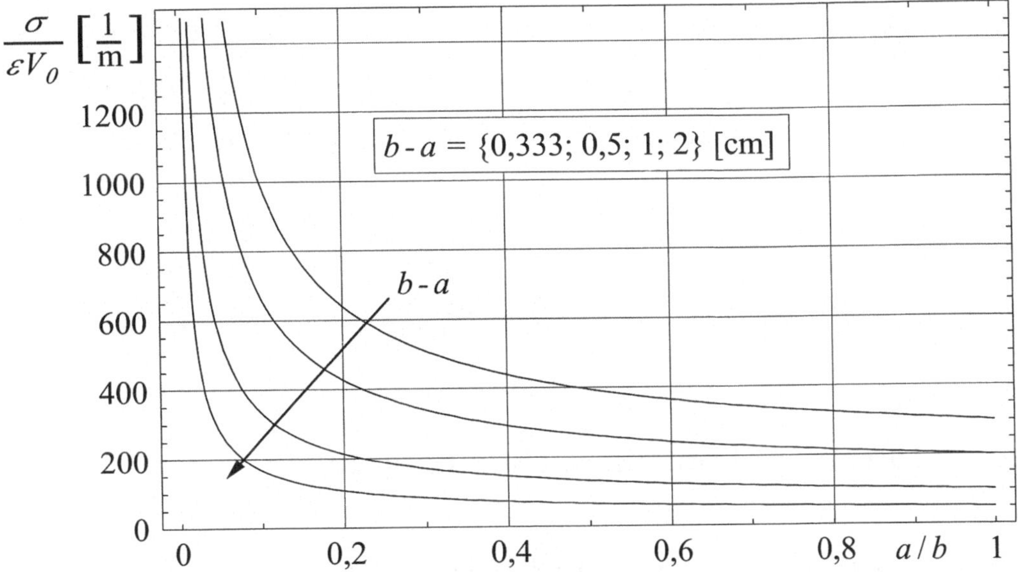

Bild 2.5–1: Maximale Ladungsdichte als Funktion des Zylinderradius bei konstantem Abstand $b - a$

Daraus folgt die Ladungsdichte λ_q zu

$$\lambda_q = -\frac{2\pi\varepsilon V_0}{\ln \dfrac{b+a-\sqrt{b^2-a^2}}{b+a+\sqrt{b^2-a^2}}} \,.$$

Die maximale Ladungsdichte σ am Ort $(x = b - a; y = 0)$ ist

$$\sigma = -\varepsilon \left.\frac{\partial V}{\partial n}\right|_{x=b-a;y=0} = \varepsilon \left.\frac{\partial V}{\partial x}\right|_{x=b-a;y=0} \,.$$

$$V(x, y=0) = -\frac{\lambda_q}{2\pi\varepsilon} \ln\left|\frac{x-c}{x+c}\right| = -\frac{\lambda_q}{2\pi\varepsilon} \ln\frac{c-x}{c+x} \,; \quad 0 \le x \le b-a$$

$$\left.\frac{\partial V}{\partial x}\right|_{x=b-a;y=0} = \frac{\lambda_q}{2\pi\varepsilon}\left[\frac{1}{c-x} + \frac{1}{c+x}\right]_{x=b-a} = \frac{\lambda_q}{2\pi\varepsilon}\,\frac{2c}{c^2-(b-a)^2}$$

$$\sigma = \frac{\lambda_q}{\pi} \frac{\sqrt{b^2 - a^2}}{(b^2 - a^2) - (b-a)^2} = \frac{\lambda_q}{\pi} \frac{\sqrt{b^2 - a^2}}{2a(b-a)}$$

$$\sigma = \frac{\lambda_q}{2\pi a} \sqrt{\frac{1 + a/b}{1 - a/b}}$$

2.6 Potential konzentrischer Kugeln

Zwei konzentrische, leitende Kugelflächen $r = a$ und $r = b$ besitzen die Potentiale $V(r = a) = V_1$ und $V(r = b) = V_2$. Der Raum $a < r < b$ hat die Permittivität ε_1, der Raum $r > b$ die Permittivität ε_2.

Welche Gesamtladungen tragen die leitenden Flächen? Unter welcher Bedingung verschwindet die Gesamtladung auf der Fläche $r = b$?

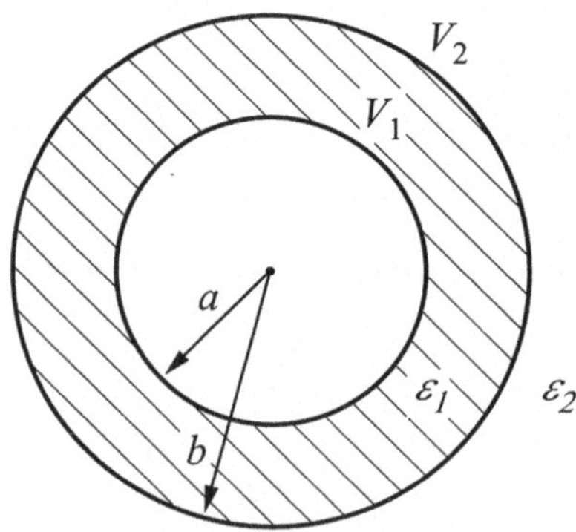

Im Bereich $r \leq a$ ist das Potential konstant und die elektrische Feldstärke verschwindet. Außerhalb der Fläche $r = b$ wird das Potential durch den reziproken Abstand $1/r$ beschrieben (vergleiche das Potential einer Punktladung oder einer homogenen, kugelförmigen Raumladung). Damit lautet der Ansatz für das Potential

$$V(r) = \begin{cases} V_2\, b/r & r \geq b \\ C_1\, a/r + C_2 & a \leq r \leq b \\ V_1 & r \leq a \end{cases} .$$

Die Konstanten C_1 und C_2 werden aus den Randbedingungen bei $r = a$ und $r = b$ berechnet.

$$V(r = a) = V_1 = C_1 + C_2 \quad ; \quad V(r = b) = V_2 = C_1\, a/b + C_2$$

$$C_1 = \frac{V_1 - V_2}{1 - a/b} \quad ; \quad C_2 = V_1 - \frac{V_1 - V_2}{1 - a/b}$$

Für das Potential gilt somit im Raum $a \leq r \leq b$

$$V(r) = V_1 - (V_1 - V_2)\,\frac{1 - a/r}{1 - a/b} .$$

σ_1 ist die Ladungsdichte auf der Kugel $r = a$. σ_{2i} und σ_{2a} bezeichnen die Ladungsdichten auf der inneren ($r < b$) bzw. äußeren ($r > b$) Seite der leitenden Fläche $r = b$.

$$\sigma_1 = -\varepsilon_1 \left.\frac{\partial V}{\partial r}\right|_{a \leq r \leq b, r \to a}$$

$$\sigma_{2i} = \varepsilon_1 \left.\frac{\partial V}{\partial r}\right|_{a \leq r \leq b, r \to b} \quad ; \quad \sigma_{2a} = -\varepsilon_2 \left.\frac{\partial V}{\partial r}\right|_{r > b, r \to b}$$

$$\sigma_1 = \varepsilon_1 \frac{C_1}{a} \quad ; \quad \sigma_{2i} = -\varepsilon_1 C_1 \frac{a}{b^2} \quad ; \quad \sigma_{2a} = \varepsilon_2 \frac{V_2}{b}$$

Die Gesamtladungen sind

$$\begin{aligned} Q_1 &= 4\pi\, a^2 \sigma_1 = 4\pi\, \varepsilon_1 \frac{a}{1 - a/b}(V_1 - V_2) \\ Q_2 &= 4\pi\, b^2(\sigma_{2i} + \sigma_{2a}) = 4\pi\, \varepsilon_2\, b \left[V_2 - \frac{\varepsilon_1/\varepsilon_2\, a/b}{1 - a/b}(V_1 - V_2)\right] . \end{aligned}$$

Die Ladung verschwindet unter der Bedingung

$$\begin{aligned} V_2 &= V_1 \frac{\varepsilon_1/\varepsilon_2\, a/b}{1 - a/b(1-\varepsilon_1/\varepsilon_2)} \\ &= V_1\, a/b \quad \text{für} \quad \varepsilon_1 = \varepsilon_2 \,. \end{aligned}$$

In diesem Fall entspricht das Potential V_2 dem Wert, der sich an der Stelle $r = b$ einstellt, wenn allein eine Kugel $r = a$ mit dem Potential V_1 vorgegeben ist ($V(r) = V_1\, a/r$ für $r \geq a$).

2.7 Dipol innerhalb einer dielektrischen Kugel

Im Mittelpunkt einer dielektrischen Kugel der Permittivität ε vom Radius a befindet sich ein elektrischer Dipol des Momentes $\vec{M} = \vec{e}_z M$. Zu berechnen sind das Potential und das elektrische Feld im Raum $r < a$ und im Raum $r > a$ der Permittivität ε_0. Welche Flächenladung σ ist auf die Kugel $r = a$ aufzubringen, wenn der Raum $r > a$ feldfrei sein soll?

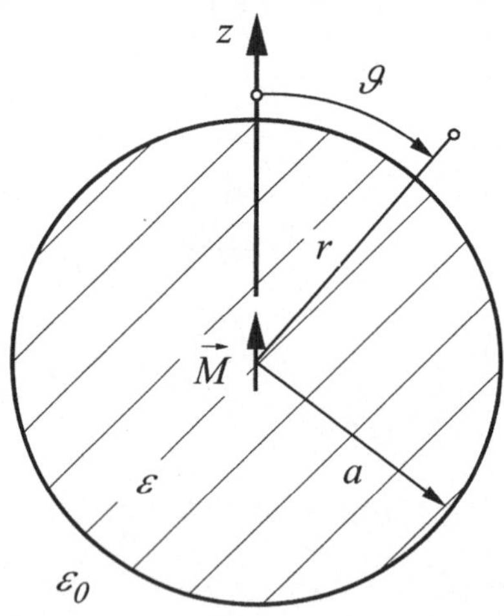

Im homogenen Raum der Permittivität ε erregt der Dipol das Potential

$$V_e(\vec{r}) = \frac{\vec{M}}{4\pi\varepsilon}\frac{\vec{r}}{r^3} = \frac{M}{4\pi\varepsilon}\frac{\cos\vartheta}{r^2} = V_e(r,\vartheta)\,; \quad \vec{r} = \vec{e}_r r\,; \quad \vec{M} = \vec{e}_z M\,.$$

Hat der Raum $r > a$ die Permittivität ε_0, so sind in beiden Räumen $r < a$ und $r > a$ dem erregenden Potential V_e Lösungen der Laplaceschen Gleichung hinzuzufügen.

$$\Delta V(r,\vartheta) = \frac{\partial^2 V}{\partial r^2} + \frac{2}{r}\frac{\partial V}{\partial r} + \frac{1}{r^2}\frac{1}{\sin\vartheta}\frac{\partial}{\partial\vartheta}\left(\sin\vartheta\frac{\partial V}{\partial\vartheta}\right) = 0\,; \qquad u = \cos\vartheta$$

$$\Delta V(r,u) = \frac{\partial^2 V}{\partial r^2} + \frac{2}{r}\frac{\partial V}{\partial r} + \frac{1}{r^2}\frac{\partial}{\partial u}\left((1-u^2)\frac{\partial V}{\partial u}\right) = 0$$

Lösungen sind die Funktionen $V(r,u) = R(r)\Theta(u)$ mit
$R_n(r) = \{r^n\,; r^{-(n+1)}\}$ und $\Theta_n(u) = \{P_n(u)\,; Q_n(u)\}$; $n = 0, 1, 2, 3, \ldots$.
Da das erregende Potential

$$V_e = \frac{M}{4\pi\varepsilon}\left.\frac{P_n(u)}{r^{(n+1)}}\right|_{n=1} = \frac{M}{4\pi\varepsilon}\frac{\cos\vartheta}{r^2} = \frac{M}{4\pi\varepsilon a^2}\left[\left(\frac{a}{r}\right)^2\cos\vartheta\right]$$

allein durch die Lösung für $n = 1$ beschrieben wird, gilt für die gesamte Lösung

$$V(r,\vartheta) = \frac{M}{4\pi\varepsilon a^2}\left\{\begin{array}{l}(a/r)^2 + C_1\,r/a\\ C_2(a/r)^2\end{array}\right\}\cos\vartheta\,; \qquad \begin{array}{l} r \le a \\ r \ge a\end{array}.$$

Die Konstanten C_1 und C_2 ergeben sich aus den Randbedingungen für das Potential und die Normalkomponente der elektrischen Flussdichte.

$$V(r,\vartheta)|_{\substack{r>a\\ r\to a}} = V(r,\vartheta)|_{\substack{r<a\\ r\to a}} \quad ; \quad \varepsilon_0\left.\frac{\partial V}{\partial r}\right|_{\substack{r>a\\ r\to a}} = \varepsilon\left.\frac{\partial V}{\partial r}\right|_{\substack{r<a\\ r\to a}}$$

$$1 + C_1 = C_2\,; \quad C_1 - 2 = -2\,\varepsilon_0/\varepsilon\, C_2$$

$$C_2 = \frac{3}{1 + 2\,\varepsilon_0/\varepsilon}\,; \quad C_1 = 2\frac{1 - \varepsilon_0/\varepsilon}{1 + 2\varepsilon_0/\varepsilon}$$

Die elektrische Feldstärke ist $\vec{E} = -\operatorname{grad} V$.

$$\vec{E} = -\vec{e}_r\frac{\partial V}{\partial r} - \frac{\vec{e}_\vartheta}{r}\frac{\partial V}{\partial\vartheta} = \vec{e}_r\,E_r + \vec{e}_\vartheta E_\vartheta$$

$$E_r = \frac{M}{4\pi\varepsilon a^3} \left\{ \begin{array}{l} 2(a/r)^3 - C_1 \\ 2C_2(a/r)^3 \end{array} \right\} \cos\vartheta \, ; \quad E_\vartheta = \frac{M}{4\pi\varepsilon a^3} \left\{ \begin{array}{l} (a/r)^3 + C_1 \\ C_2(a/r)^3 \end{array} \right\} \sin\vartheta$$

Das im Raum $r < a$ hinzugefügte Potential beschreibt also ein homogenes, z-gerichtetes Feld.

$$\frac{MC_1}{4\pi\varepsilon a^3} \left[-\vec{e}_r \cos\vartheta + \vec{e}_\vartheta \sin\vartheta \right] = -\vec{e}_z \frac{MC_1}{4\pi\varepsilon a^3}$$

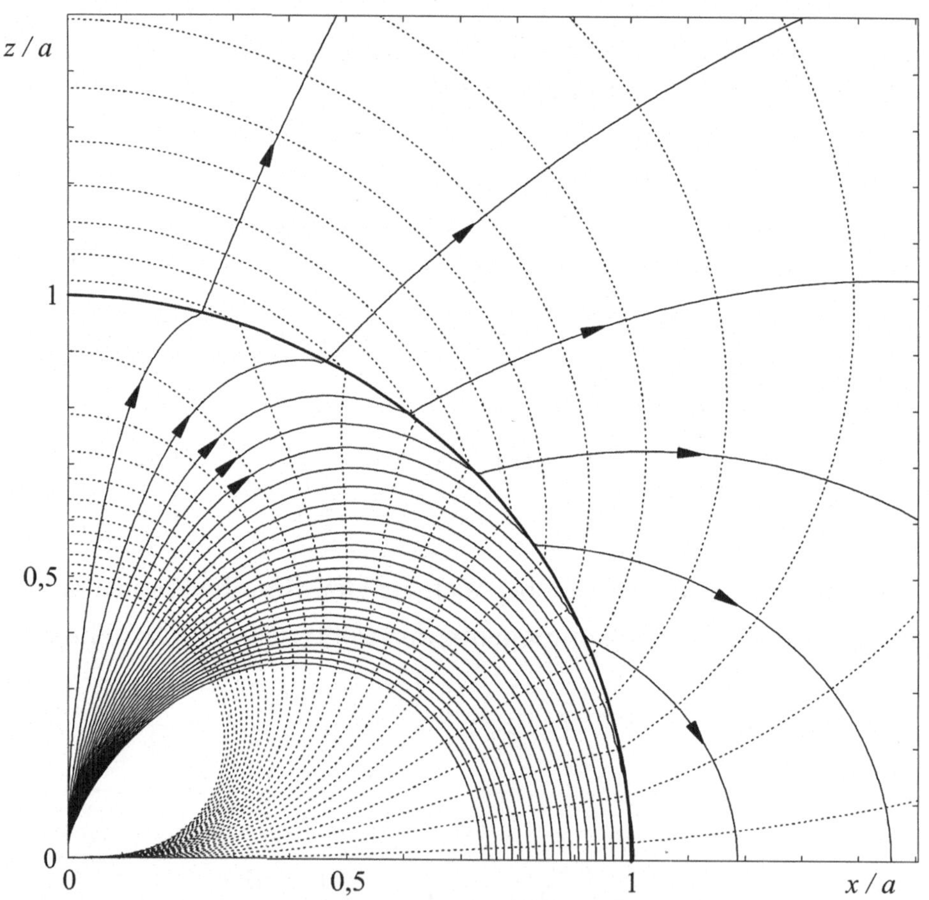

Bild 2.7–1: Äquipotential- und Feldlinien für $\varepsilon/\varepsilon_0 = 10$

Eine Flächenladung σ soll auf $r = a$ so angeordnet werden, dass das Feld außerhalb von $r = a$ verschwindet. Es muss also im Raum $r < a$ ein

Potential überlagert werden, das das Potential

$$V_c = -\frac{M}{4\pi\varepsilon a^2} C_2 (a/r)^2 \cos\vartheta \quad ; \quad r \geq a$$

des Außenraumes stetig in den Innenraum fortsetzt. Dies ist das Potential

$$V_c(r,\vartheta) = -\frac{M}{4\pi\varepsilon a^2} C_2(r/a) \cos\vartheta \quad ; \quad r \leq a\,.$$

Dann gilt in $r < a$

$$V(r,\vartheta) = \frac{M}{4\pi\varepsilon a^2} \Big[(a/r)^2 + C_1(r/a) - C_2(r/a)\Big] \cos\vartheta \quad ; \quad r \leq a\,.$$

Es ist $C_1 - C_2 = -1$ und somit das Potential

$$V(r,\vartheta) = \frac{M}{4\pi\varepsilon a^2} \Big[(a/r)^2 - (r/a)\Big] \cos\vartheta \quad ; \quad r \leq a \quad ; \quad V(r=a,\vartheta) = 0$$

Die Flächenladung σ ist dann

$$\sigma = \vec{n}\left(\vec{D}_c\Big|_{\substack{r>a\\ r\to a}} - \vec{D}_c\Big|_{\substack{r<a\\ r\to a}}\right) = -\varepsilon_0 \frac{\partial V_c}{\partial r}\Big|_{\substack{r>a\\ r\to a}} + \varepsilon \frac{\partial V_c}{\partial r}\Big|_{\substack{r<a\\ r\to a}} =$$

$$= -\frac{\varepsilon + 2\varepsilon_0}{4\pi\varepsilon} \frac{M}{a^3} C_2 \cos\vartheta = -\frac{3M}{4\pi a^3} \cos\vartheta\,.$$

2.8 Potential einer Raumladung mit ortsabhängiger Dichte

Gegeben sei der kugelsymmetrische Potentialverlauf

$$V(r) = C\,\frac{\exp(-\alpha r)}{r}\,.$$

α, C seien positive Konstanten.

Welche Ladungsverteilung ruft dieses Potential im homogenen Raum der Permittivität ε hervor?

Die Kugelflächen $r = \text{const}$ sind Äquipotentialflächen. Die elektrische Feldstärke ist somit

$$\vec{E}(r) = \vec{e}_r\, E(r) = -\vec{e}_r \frac{dV}{dr} = \vec{e}_r\, C(1+\alpha r)\, \frac{\exp(-\alpha r)}{r^2}\,.$$

Berechnung der Raumladungsverteilung ϱ aus der Laplace–Poissonschen Differentialgleichung:

$$\begin{aligned}
\Delta V &= \frac{d^2V}{dr^2} + \frac{2}{r}\frac{dV}{dr} = -\frac{\varrho}{\varepsilon} \quad ; \quad r > 0 \\
\frac{dV}{dr} &= -C\,(1+\alpha r)\,\frac{\exp(-\alpha r)}{r^2} \\
\frac{d^2V}{dr^2} &= -C\,\left[\alpha r + (1+\alpha r)\,(-\alpha r - 2)\right]\,\frac{\exp(-\alpha r)}{r^3} \\
-\frac{\varrho}{\varepsilon} &= C\,(\alpha r)^2\,\frac{\exp(-\alpha r)}{r^3} \\
\varrho(r) &= -\varepsilon\, C\,(\alpha r)^2\,\frac{\exp(-\alpha r)}{r^3} \quad ; \quad r > 0\,.
\end{aligned}$$

Positives Potential und negative Raumladung in $r > 0$ weisen darauf hin, dass die Lösung nicht vollständig ist.

Berechnung der Ladung Q_k innerhalb der Kugel vom Radius r_k und der Fläche $a_k = 4\pi r_k^2$.

$$Q_k(r_k) = \Psi_e(r_k) = \oint\limits_{a_k} \vec{D}\, d\vec{a} = 4\pi\varepsilon\, r_k^2\, C\,(1+\alpha r_k)\,\frac{\exp(-\alpha r_k)}{r_k^2}$$

$$\Psi_e(r_k) = 4\pi\varepsilon\, C\,(1+\alpha r_k)\,\exp(-\alpha r_k)$$

$$\lim_{r_k \to 0} Q_k(r_k) = 4\pi\varepsilon\, C = Q_0\,.$$

Im Ursprung des Koordinatensystems befindet sich offensichtlich eine Punktladung der Größe Q_0, die bei Beschränkung der Berechnung des Laplaceoperators auf $r > 0$ nicht erfasst wird.

Berechnung der Ladung innerhalb der Kugel $r = r_k$ des Volumens v_k allein aus der Raumladung ϱ.

$$Q_k\,(r_k) = \int\limits_{v_k} \varrho\, d\,v = 4\pi \int\limits_0^{r_k} \varrho\,(r)\, r^2\, dr = -4\pi\varepsilon\, C\,\alpha^2 \int\limits_0^{r_k} r\, \exp(-\alpha r)\, dr$$

$$= -Q_0\,\alpha^2 \left[\frac{r\exp(-\alpha r)}{-\alpha} + \frac{1}{\alpha}\,\frac{\exp(-\alpha r)}{-\alpha}\right]_0^{r_k}$$

$$Q_k = Q_0\,[(1+\alpha r_k)\exp(-\alpha r_k) - 1] \quad ; \quad \lim_{r_k\to 0} Q_k(r_k) = 0$$

Die vollständige Darstellung der Ladungsverteilung lautet deshalb

$$\varrho(r) = Q_0\,\delta(r) - \varepsilon\,C\,(\alpha r)^2\,\frac{\exp(-\alpha r)}{r^3}$$

mit der Deltafunktion

$$\delta(r) = 0 \quad \text{für} \quad r > 0 \quad \text{und} \quad \int_v \delta(r)\,dv = 1\,.$$

Mit dieser Ladungsverteilung gilt

$$\int_{v_k} \varrho(r)\,dv = \oint_{a_k} \vec{D}\,d\vec{a} = Q_k(r_k) = Q_0(1+\alpha r_k)\exp(-\alpha r_k)\,.$$

2.9 Dielektrische Kugel im Feld einer axialen Linienladung

Die Kugel $r = a$ grenzt den Raum $r < a$ der Permittivität ε_1 gegen den Raum $r > a$ der Permittivität ε_2 ab. Auf der z–Achse durch den Mittelpunkt der Kugel ist im Bereich $|z_q| < c < a$ oder $a < b < z_q < d$ eine homogene Linienladung der Dichte λ_{q0} vorgegeben. Zu berechnen sind Potential und Feldstärke im gesamten Raum.

Vorbetrachtung: Eine ortsabhängige Linienladung $\lambda_q(z_q)$ sei im homogenen Raum der Permittivität ε_0 im Bereich $|z_q| < c$ auf der z–Achse vorgegeben. Zur Berechnung des Potentials $V(r_p, \vartheta)$ wird zunächst das Feld einer Punktladung Q am Ort z_q untersucht. Deren Potential am Ort $(r_p; \vartheta)$ lautet:

$$V(r_p,\vartheta) = \frac{Q}{4\pi\varepsilon_0}\,\frac{1}{R(z_q,r_p,\vartheta)}\,; \qquad R^2 = r_p^2 + z_q^2 - 2z_q r_p\cos\vartheta$$

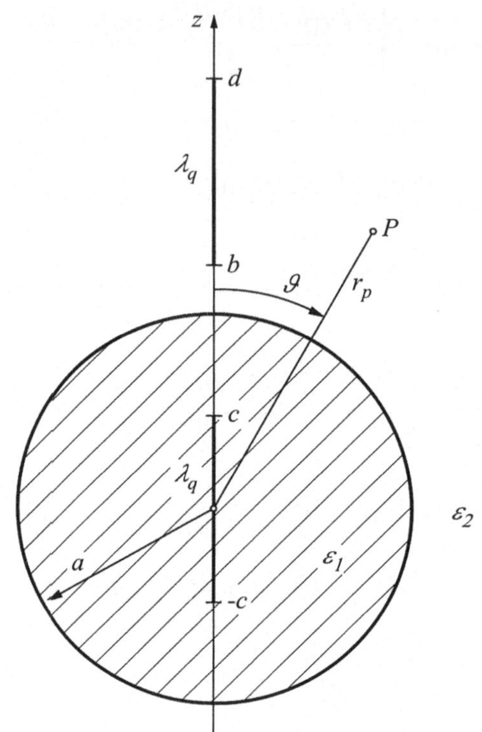

$$\frac{1}{R} = \frac{1}{z_q}\left[1 + \left(\frac{r_p}{z_q}\right)^2 - 2\left(\frac{r_p}{z_q}\right)\cos\vartheta\right]^{-\frac{1}{2}}$$

Für

$$\left|\frac{r_p}{z_q}\right|^2 + 2\left|\frac{r_p}{z_q}\cos\vartheta\right| < 1$$

gilt

$$\begin{aligned}\frac{1}{R} = \frac{1}{z_q}\Bigg\{1 &- \frac{1}{2}\left[\left(\frac{r_p}{z_q}\right)^2 - 2\frac{r_p}{z_q}\cos\vartheta\right] \\ &+ \frac{1}{2}\,\frac{3}{4}\left[\left(\frac{r_p}{z_q}\right)^2 - 2\frac{r_p}{z_q}\cos\vartheta\right]^2 \\ &- \frac{1}{2}\,\frac{3}{4}\,\frac{5}{6}\left[\left(\frac{r_p}{z_q}\right)^2 - 2\frac{r_p}{z_q}\cos\vartheta\right]^3 + - \ldots\Bigg\}.\end{aligned}$$

Ordnung nach Potenzen von (r_p/z_q) führt auf die Beziehung

$$\frac{1}{R} = \frac{1}{z_q}\left\{\Big[1\Big] + \frac{r_p}{z_q}\Big[\cos\vartheta\Big] + \left(\frac{r_p}{z_q}\right)^2\left[-\frac{1}{2}+\frac{3}{2}\cos^2\vartheta\right] + \right.$$
$$\left. + \left(\frac{r_p}{z_q}\right)^3\left[-\frac{3}{2}\cos\vartheta+\frac{5}{2}\cos^3\vartheta\right] + \left(\frac{r_p}{z_q}\right)^4\Big[\ldots\Big] + \ldots\right\}.$$

Die Ausdrücke in den eckigen Klammern sind die Legendreschen Polynome

$$\begin{aligned} P_0 &= 1\,,\\ P_1 &= \cos\vartheta\,,\\ P_2 &= \frac{1}{2}(3\cos^2\vartheta-1)\,,\\ P_3 &= \frac{\cos\vartheta}{2}(5\cos^2\vartheta-3)\ldots \end{aligned}$$

mit der Eigenschaft

$$\int_{-1}^{+1} P_n(u)P_k(u)du = \begin{cases} 0 & n\neq k\\ \dfrac{2}{2n+1} & n=k \end{cases}.$$

Damit gelingt die Darstellung des reziproken Abstandes $1/R$ in der Gestalt

$$\frac{1}{R} = \sum_{n=0}^{\infty}\begin{Bmatrix} \dfrac{1}{z_q}\left(\dfrac{r_p}{z_q}\right)^n \\ \dfrac{1}{r_p}\left(\dfrac{z_q}{r_p}\right)^n \end{Bmatrix} P_n(\cos\vartheta) \quad ; \quad \begin{matrix} r_p\leq z_q \\ \\ z_q\leq r_p\,, \end{matrix}$$

wenn für $z_q \leq r_p$ eine analoge Darstellung verwendet wird.

Zu einer Interpretation des reziproken Abstandes gelangt man mit der Taylorentwicklung um den Punkt $z_q = 0$:

$$\begin{aligned} \frac{1}{R} &= \left[r_p^2+z_q^2-2r_pz_q\cos\vartheta\right]^{-1/2} = f(z_q)\\ &= f(0) + f'(z_q)\Big|_{z_q=0} z_q + \frac{f''(z_q)}{2!}\Big|_{z_q=0} z_q^2 + \ldots \end{aligned}$$

In kartesischen Koordinaten gilt:

$$\begin{aligned}\frac{1}{R} &= \left[x_p^2 + y_p^2 + (z_p - z_q)^2\right]^{-1/2} \rightarrow \frac{\partial}{\partial z_q} = -\frac{\partial}{\partial z_p} \\ \left.\frac{\partial^n f(z_q, z_p)}{\partial z_q^n}\right|_{z_q=0} &= (-1)^n \left.\frac{\partial^n}{\partial z_p^n} f(z_q, z_p)\right|_{z_q=0} \quad ; \quad z_p = r_p \cos\vartheta\end{aligned}$$

Damit folgt:

$$\frac{1}{R} = \frac{1}{r_p} - z_q \frac{\partial}{\partial z_p}\left(\frac{1}{r_p}\right) + \frac{z_q^2}{2!}\frac{\partial^2}{\partial z_p^2}\left(\frac{1}{r_p}\right) - \ldots + z_q^n \frac{(-1)^n}{n!}\frac{\partial^n}{\partial z_p^n}\left(\frac{1}{r_p}\right) + \ldots .$$

Durch Gleichsetzen der Entwicklungen erhält man die grundlegende Beziehung

$$\frac{P_n(\cos\vartheta)}{r_p^{n+1}} = \frac{(-1)^n}{n!}\frac{\partial^n}{\partial z_p^n}\left(\frac{1}{r_p}\right) .$$

Mit diesem Ergebnis kann das Potential einer Linienladung $\lambda_q(z_q)$ in $|z_q| < c$ in folgender Form angegeben werden.

$$V(r_p, \vartheta) = \frac{1}{4\pi\varepsilon_0}\int_{-c}^{c} \frac{\lambda_q(z_q)}{R(z_q, r_p, \vartheta)}\, dz_q$$

$$r_p > c: \quad V(r_p, \vartheta) = \frac{1}{4\pi\varepsilon_0}\int_{-c}^{c} \underbrace{\frac{1}{r_p}\sum_{n=0}^{\infty}\left(\frac{z_q}{r_p}\right)^n P_n(\cos\vartheta)}_{\dfrac{1}{R(z_q, r_p, \vartheta)}} \lambda_q(z_q) dz_q$$

Die Untersuchung der Reihenglieder liefert für das erste Glied der Reihe

$$V_0(r_p) = \frac{1}{4\pi\varepsilon_0}\frac{1}{r_p}\int_{-c}^{c}\lambda_q(z_q)dz_q = \frac{Q}{4\pi\varepsilon}\frac{1}{r_p}$$

$$\text{mit} \quad Q = \int_{-c}^{c}\lambda_q(z_q)dz_q .$$

Es beschreibt das Potential $V_0(r_p)$ der Gesamtladung Q im Ursprung des Koordinatensystems. Das Glied für $n = 1$ ergibt

$$V_1(r_p, \vartheta) = \frac{1}{4\pi\varepsilon_0} \int_{-c}^{c} \frac{z_q}{r_p^2} \lambda_q(z_q) P_1(\cos\vartheta) dz_q = \frac{m_1}{4\pi\varepsilon_0} \frac{\cos\vartheta}{r_p^2}$$

$$\text{mit} \quad m_1 = \int_{-c}^{c} z_q \, \lambda(z_q) \, dz_q$$

und kennzeichnet ein Dipolpotential des Momentes m_1. Die weiteren Reihenglieder können als axiale Multipole höherer Ordnung

$$m_n = \int_{-c}^{c} z_q^n \lambda_q(z_q) dz_q$$

eingeführt werden. Ihre Potentialanteile

$$V_n = \frac{m_n}{4\pi\varepsilon_0} \frac{P_n(\cos\vartheta)}{r_p^{n+1}}$$

ergeben in der Summe

$$V = \sum_{n=0}^{\infty} V_n$$

das Gesamtpotential der Linienladung.

Beispiel: Homogene Linienladung:

$$\begin{aligned}
\lambda_{q0} &= Q/2c \\
m_n &= \frac{Q}{2c} \int_{-c}^{c} z_q^n dz_q \\
&= \frac{Q}{2c} \frac{c^{n+1} - (-c)^{n+1}}{n+1} \\
m_{2k+1} &= 0 \quad ; \quad m_{2k} = \frac{Qc^{2k}}{2k+1} \quad ; \quad k = 0, 1, 2, \ldots \\
\lim_{c \to 0} m_{2k} &= \begin{cases} 0 & k > 0 \\ Q & k = 0 \end{cases}
\end{aligned}$$

Die gestellten Aufgaben sollen nur mit der Entwicklung für den reziproken Abstand gelöst werden.

Ladung innerhalb der Kugel

Eine homogene Linienladung λ_{q0} ist im Bereich $|z_q| < c < a$ im Raum $r < a$ vorgegeben.

Das erregende Potential $V_e(r,\vartheta)$ der Linienladung im homogenen Raum der Permittivität ε_1 ist

$$V_e(r,\vartheta) = \sum_{n=0}^{\infty} V_n = \sum_{n=0}^{\infty} \frac{m_n}{4\pi\varepsilon_1} \frac{P_n(\cos\vartheta)}{r^{n+1}} \quad , \quad r \geq c\,.$$

Eine analoge Darstellung für $r \leq c$ ist hier im weiteren Verlauf der Rechnung nicht unmittelbar notwendig.

$$\begin{aligned} m_{2k} &= 2\lambda_{q0} \frac{c^{2k+1}}{2k+1} \quad ; \quad m_{2k+1} = 0 \\ V_e(r,\vartheta) &= \frac{\lambda_{q0}}{2\pi\varepsilon_1} \sum_{k=0}^{\infty} \frac{1}{2k+1} \left(\frac{c}{r}\right)^{2k+1} P_{2k}(\cos\vartheta) \quad ; \quad r \geq c \end{aligned}$$

Das resultierende Potential lautet:

$$V = V_e(r,\vartheta) + V_s(r,\vartheta) \quad ; \quad r \geq c\,.$$

In $r \geq c$ gilt mit der Konstanten A_k

$$V = \frac{\lambda_{q0}}{2\pi\varepsilon_1} \sum_{k=0}^{\infty} \frac{1}{2k+1} \left[\left(\frac{c}{r}\right)^{2k+1} + A_k \begin{matrix} \left(\frac{r}{a}\right)^{2k} \\ \\ \left(\frac{a}{r}\right)^{2k+1} \end{matrix} \right] P_{2k}(\cos\vartheta); \quad \begin{matrix} c \leq r \leq a \\ \\ r \geq a \end{matrix}$$

Die Stetigkeit des Potentials in $r = a$ ist durch den Ansatz erfüllt. Die Konstanten A_k werden aus der Randbedingung der Stetigkeit der Normalkomponente der elektrischen Flussdichte bestimmt.

$$\left(\varepsilon_1 \frac{\partial V}{\partial r}\bigg|_{r<a} - \varepsilon_2 \frac{\partial V}{\partial r}\bigg|_{r>a} \right)\bigg|_{r\to a} = 0$$

$$\left[-\frac{2k+1}{c}\left(\frac{c}{a}\right)^{2k+2} + A_k 2k\frac{1}{a}\right] = \frac{\varepsilon_2}{\varepsilon_1}\left[-\frac{2k+1}{c}\left(\frac{c}{a}\right)^{2k+2} - A_k\frac{2k+1}{a}\right]$$

$$A_k = \frac{(2k+1)(1-\varepsilon_2/\varepsilon_1)}{2k+\varepsilon_2/\varepsilon_1\,(2k+1)}\left(\frac{c}{a}\right)^{2k+1}$$

Im Raum $r > a$ ist das Potential unabhängig von a. Der Grenzfall $\varepsilon_1 = \varepsilon_2$ liefert unmittelbar das erregende Potential allein. Für $\varepsilon_2 \to \infty$ folgt

$$A_k\big|_{\varepsilon_2\to\infty} = -\left(\frac{c}{a}\right)^{2k+1} \quad ; \quad c \le r \le a$$

$$V\big|_{\varepsilon_2\to\infty} = \frac{\lambda_{q0}}{2\pi\varepsilon_1}\sum_{k=0}^{\infty}\frac{1}{2k+1}\left[\left(\frac{c}{r}\right)^{2k+1} - \underbrace{\left(\frac{c}{a}\right)^{2k+1}\left(\frac{r}{a}\right)^{2k}}_{a/r\,\left(cr/a^2\right)^{2k+1}}\right]P_{2k}(\cos\vartheta)$$

$$= V_e(r,\vartheta) - \frac{a}{r}V_e\left(a^2/r,\vartheta\right) = V_e(\vec{r}) - \frac{a}{r}V_e(\vec{r}(a/r)^2)\,.$$

Das resultierende Potential kann also direkt aus dem erregenden Potential abgeleitet werden (Gesetz der Potentialspiegelung).

Ladung außerhalb der Kugel

Eine homogene Linienladung λ_{q0} ist im Bereich $a < b < z_q < d$ der z–Achse vor der dielektrischen Kugel vom Radius a der Permittivität ε_1 vorgegeben.

Das erregende Potential $V_e(r,\vartheta)$ der homogenen Linienladung im homogenen Raum der Permittivität ε_2 ist

$$V_e(r,\vartheta) = \frac{1}{4\pi\varepsilon_2}\int_b^d \frac{\lambda_{q0}}{R(z_q,r,\vartheta)}dz_q \quad ; \quad R^2 = r^2 + z_q^2 - 2r\,z_q\cos\vartheta$$

$$V_e(r,\vartheta) = \frac{\lambda_{q0}}{4\pi\varepsilon_2}\int_b^d\sum_{n=0}^{\infty}\left\{\begin{array}{c}\frac{1}{z_q}\left(\frac{r}{z_q}\right)^n \\ \frac{1}{r}\left(\frac{z_q}{r}\right)^n\end{array}\right\}P_n(\cos\vartheta)\,dz_q; \quad \begin{array}{c} r \le z_q \\ r \ge z_q \end{array}\,.$$

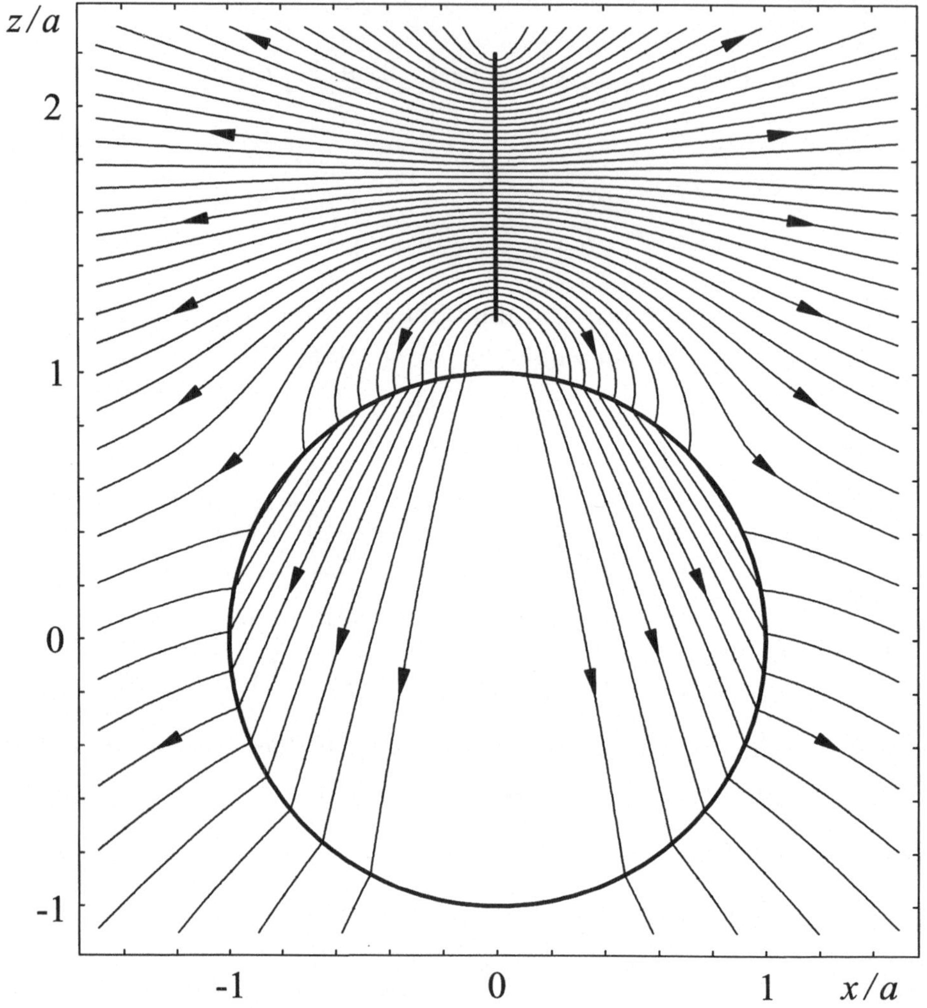

Bild 2.9–1: Feldlinien für $b/a = 1,2$; $d/a = 2,2$ und $\varepsilon_1/\varepsilon_2 = 10$

Die Ausführung der Integration erfordert die Aufteilung des Raumes in 3 Bereiche.

$$r \leq b: \quad V_e = \frac{\lambda_{q0}}{4\pi\varepsilon_2} \sum_{n=0}^{\infty} r^n \, P_n(\cos\vartheta) \int\limits_b^d z_q^{-(n+1)} dz_q$$

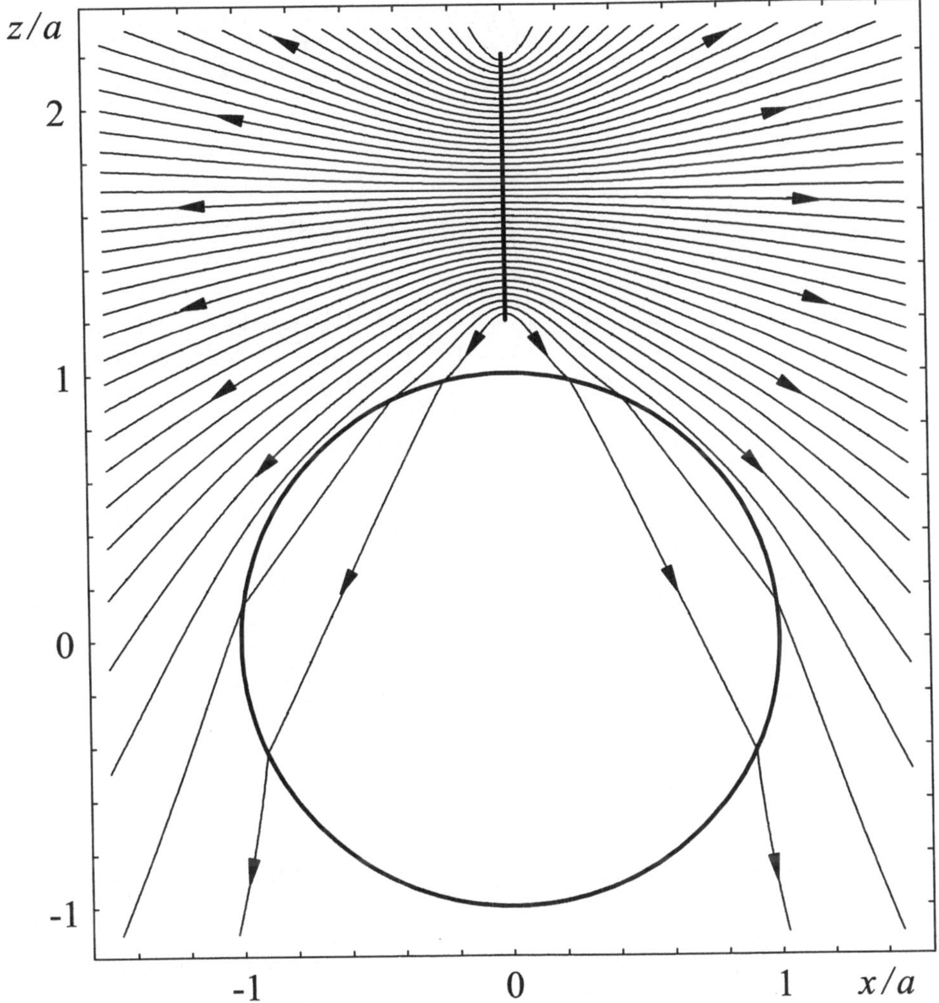

Bild 2.9–2: Feldlinien für $b/a = 1,2$; $d/a = 2,2$ und $\varepsilon_1/\varepsilon_2 = 0,5$

$$V_e = \frac{\lambda_{q0}}{4\pi\varepsilon_2} \sum_{n=0}^{\infty} \frac{1}{n} \left[1 - \left(\frac{b}{d}\right)^n\right] \left(\frac{r}{b}\right)^n P_n(\cos\vartheta) .$$

$b \leq r \leq d$:

$$V_e = \frac{\lambda_{q0}}{4\pi\varepsilon_2} \sum_{n=0}^{\infty} \left[r^{-(n+1)} \int\limits_b^r z_q^n dz_q + r^n \int\limits_r^d z_q^{-(n+1)} dz_q \right] P_n(\cos\vartheta)$$

$$V_e = \frac{\lambda_{q0}}{4\pi\varepsilon_2} \sum_{n=0}^{\infty} \left[\frac{1}{n+1} \left[1 - \left(\frac{b}{r}\right)^{n+1} \right] + \frac{1}{n} \left[1 - \left(\frac{r}{d}\right)^{n} \right] \right] P_n(\cos\vartheta) \,.$$

$r \geq d$:

$$\begin{aligned} V_e &= \frac{\lambda_{q0}}{4\pi\varepsilon_2} \sum_{n=0}^{\infty} r^{-(n+1)} \int_b^d z_q^n \, dz_q P_n(\cos\vartheta) \\ &= \frac{\lambda_{q0}}{4\pi\varepsilon_2} \sum_{n=0}^{\infty} \frac{1}{n+1} \left[1 - \left(\frac{b}{d}\right)^{n+1} \right] \left(\frac{d}{r}\right)^{n+1} P_n(\cos\vartheta) \,. \end{aligned}$$

Das resultierende Potential ist die Summe

$$V(r,\vartheta) = V_e + V_s = V_e + \frac{\lambda_{q0}}{4\pi\varepsilon_2} \sum_{n=0}^{\infty} B_n \left\{ \begin{array}{c} (r/a)^n \\ (a/r)^{n+1} \end{array} \right\} P_n(\cos\vartheta); \quad \begin{array}{c} r \leq a \\ r \geq a \end{array} \,.$$

Die Stetigkeit des Potentials in $r = a$ ist durch den Ansatz erfüllt. Die Konstanten werden aus der Randbedingung

$$\left(\varepsilon_1 \left. \frac{\partial V}{\partial r} \right|_{r<a} - \varepsilon_2 \left. \frac{\partial V}{\partial r} \right|_{r>a} \right) \Bigg|_{r \to a} = 0$$

bestimmt. Daraus folgt

$$B_n = \frac{1 - \varepsilon_1/\varepsilon_2}{1 + n(1 + \varepsilon_1/\varepsilon_2)} \left(\frac{a}{b}\right)^n \left[1 - \left(\frac{b}{d}\right)^n \right] \,.$$

Der Grenzfall $\varepsilon_1 = \varepsilon_2$ liefert wieder das erregende Potential. Für große Werte ε_1 folgt

$$B_n|_{\varepsilon_1 \to \infty} = -\frac{1}{n} \left(\frac{a}{b}\right)^n \left[1 - \left(\frac{b}{d}\right)^n \right]$$

und

$$V|_{\varepsilon_1 \to \infty; r \geq a} = V_e - \frac{\lambda_{q0}}{4\pi\varepsilon_2} \sum_{n=0}^{\infty} \underbrace{\frac{1}{n} \left(\frac{a}{b}\right)^n \left[1 - \left(\frac{b}{d}\right)^n \right] \left(\frac{a}{r}\right)^{n+1}}_{\frac{1}{n} \frac{a}{r} \left(\frac{a^2/r}{b}\right)^n \left[1 - \left(\frac{b}{d}\right)^n \right]} P_n(\cos\vartheta)$$

$$= V_e(r,\vartheta) - \frac{a}{r} V_e(a^2/r,\vartheta) = V_e(\vec{r}) - \frac{a}{r} V_e(\vec{r}(a/r)^2)\,.$$

Das Potential kann wieder direkt aus dem erregenden Potential berechnet werden.

2.10 Potentialvorgabe auf konzentrischen Kreiszylindern

Auf dem Kreiszylinder $\varrho = a$ ist das Potential $V(\varrho = a, z) = V_0 \sin(\pi z/h)$ und auf dem Kreiszylinder $\varrho = b > a$ das Potential $V(\varrho = b, z) = V_0 \sin(2\pi z/h)$ vorgegeben. Die Ebenen $z = 0$ und $z = h$ sind Äquipotentialflächen $V(\varrho, z = h) = V(\varrho, z = 0) = 0$. Die Permittivität ε ist im gesamten Raum konstant.

Zu berechnen sind das Potential $V(\varrho, z)$ im Bereich $(a \leq \varrho \leq b; 0 \leq z \leq h)$ und die Ladungsdichte $\sigma(\varrho)$ in der (leitenden) Ebene $z = 0$ im Bereich $a < \varrho < b$.

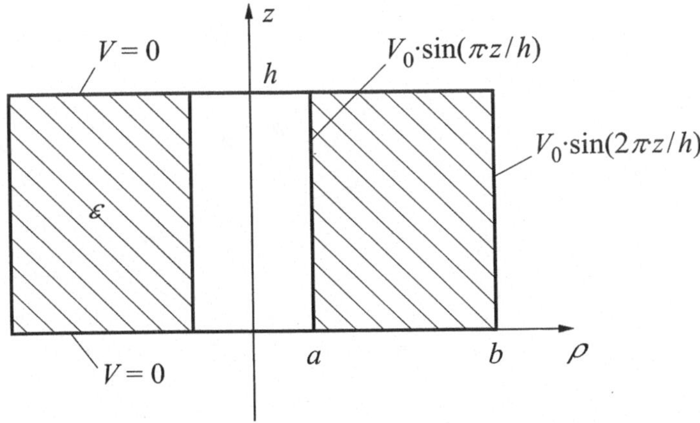

Die Lösung der Laplaceschen Gleichung $\Delta V(\varrho, z) = 0$ ist wegen der Vorgabe des Potentials als Funktion der Koordinate z auf Flächen $\varrho = \text{const}$ mit orthogonalen Funktionen der Koordinate z, also den trigonometrischen Funktionen $\sin(mz)$ anzusetzen. Die Abhängigkeit von der Koordinate ϱ

wird dann durch die modifizierten Besselschen Funktionen $I_0(m\varrho)$ und $K_0(m\varrho)$ beschrieben, die wegen der Rotationssymmetrie der Anordnung nur mit der Ordnung 0 auftreten. Wegen der Potentialvorgabe auf $\varrho = a$ und $\varrho = b$ kann der Separationsparameter m nur die Werte $m = \pi/h$ und $m = 2\pi/h$ annehmen.

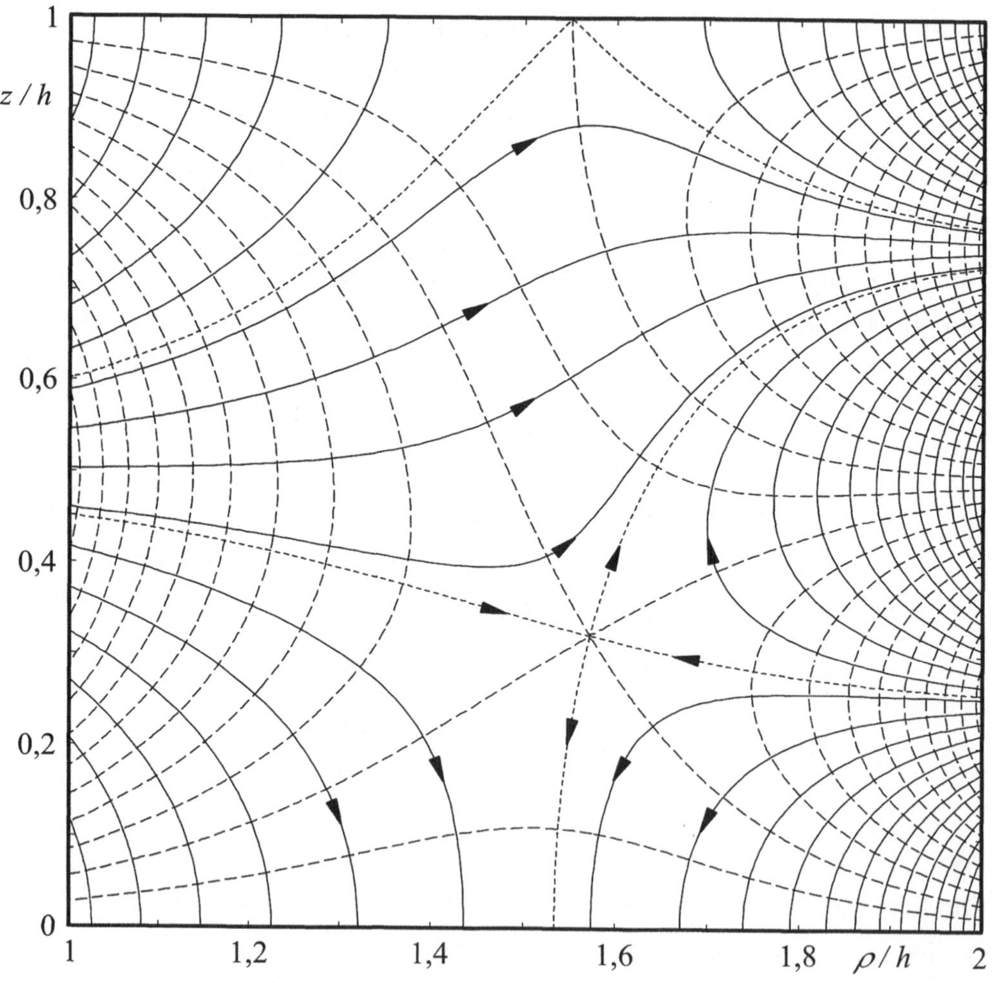

Bild 2.10–1: Äquipotential- und Feldlinien

Mit der Linearkombination

$$R_n(\varrho,\eta) \;=\; I_0(n\pi\varrho/h)\,K_0(n\pi\eta/h) - K_0(n\pi\varrho/h)\,I_0(n\pi\eta/h)$$

der Eigenschaft $R_n(\eta,\eta) \;=\; 0$ kann die Lösung unmittelbar angegeben werden.

$$V(\varrho,z) = V_0\left(\sin(\pi z/h)\frac{R_1(\varrho,b)}{R_1(a,b)} + \sin(2\pi z/h)\frac{R_2(\varrho,a)}{R_2(b,a)}\right)\;;\quad \begin{array}{l} a \le \varrho \le b \\ 0 \le z \le h. \end{array}$$

Die Flächenladungsdichte $\sigma(\varrho)$ auf der Grenzfläche $z = 0$ folgt daraus zu

$$\sigma(\varrho) \;=\; -\varepsilon\,\frac{\partial V}{\partial z}\bigg|_{z=0} \;=\; -\varepsilon V_0\,\pi/h\left(\frac{R_1(\varrho,b)}{R_1(a,b)} + 2\frac{R_2(\varrho,a)}{R_2(b,a)}\right)\;;\quad a < \varrho < b\,.$$

2.11 Spiegelung an einer leitenden Kugel

Der Mittelpunkt einer leitfähigen Kugelfläche mit dem Radius a und dem Potential V_0 befindet sich im Ursprung des Koordinatensystems, in dem auch eine Punktladung Q angeordnet ist. In der Ebene $z = c > a$ befindet sich eine zur z-Achse zentrierte, kreisförmige Flächenladung σ mit dem Radius b. Die Permittivität ist im gesamten Raum ε. Zu berechnen ist das Potential auf der z-Achse. Welche Ladung muss auf die Kugel aufgebracht werden, damit ihr Potential $V = 0$ wird?

Die Felder innerhalb und außerhalb der leitfähigen Kugel sind unabhängig voneinander zu berechnen.

Im Raum $|\vec{r}| \le a$ ist das Potential durch eine Konstante und das Potential einer Punktladung darstellbar. Da das Potential auf der Fläche $|\vec{r}| = a$ den Wert V_0 annehmen muss, lautet die Lösung

$$V(r) \;=\; V_0 + \frac{Q}{4\pi\varepsilon}\left(\frac{1}{r} - \frac{1}{a}\right)\quad ;\quad r \le a$$

und auf der z-Achse gilt

$$V(z) \;=\; V_0 + \frac{Q}{4\pi\varepsilon}\left(\frac{1}{|z|} - \frac{1}{a}\right)\quad ;\quad |z| \le a\,.$$

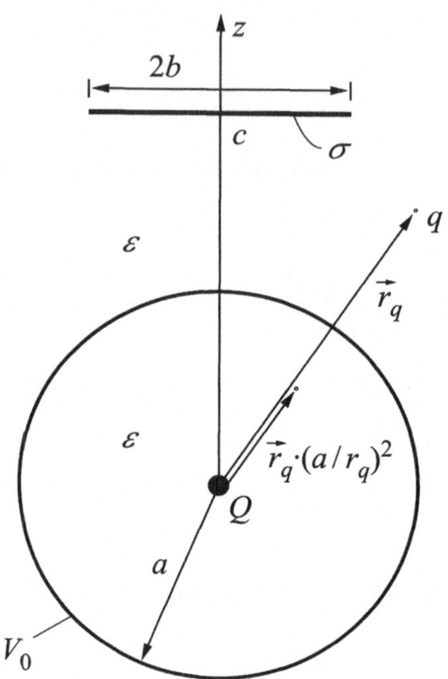

Zur Berechnung des Potentials außerhalb der leitenden Kugel könnten die Gesetze der Ladungsspiegelung an der Kugel angewendet werden. Die gespiegelte Flächenladung wäre jedoch auf einer gekrümmten Fläche inhomogen verteilt. Ihr Potentialbeitrag ist nur durch eine aufwendige Integration zu ermitteln. Wesentlich einfacher gelangt man zu einer Lösung, wenn dieser Potentialbeitrag als Potential der erregenden Ladung in einem gespiegelten Aufpunkt bestimmt wird, also keine zusätzliche Rechnung erforderlich ist (s. Kapitel 2.9).

Befindet sich z. B. eine erregende Punktladung Q vor einer geerdeten Kugel vom Radius a am Ort $\vec{r}_q$ mit $|\vec{r}_q| > a$, so kann das resultierende Potential $V(\vec{r}_p)$ am Aufpunkt $\vec{r}_p$ mit $|\vec{r}_p| \geq a$ als Potential $V_e(\vec{r}_p)$ der Ladung Q im homogenen Raum und dem Potential einer gespiegelten Ladung $-Qa/|\vec{r}_q|$ am Ort $\vec{r}_q(a/r_q)^2$ berechnet werden. Das gleiche Ergebnis erhält man, wenn das gesamte Potential $V(\vec{r}_p)$ nur aus dem erregenden

Potential abgeleitet wird.

$$V(\vec{r}_p) = V_e(\vec{r}_p) - \frac{a}{r_p} V_e(\vec{r}_p(a/r_p)^2) ; \quad |\vec{r}_p| > a$$

Diese Darstellung ist sogar unabhängig von der vorgegebenen erregenden Ladungsanordnung und immer dann vorzuziehen, wenn die vorgegebenen Ladungen nicht mehr nur einfache Punktladungen sind. Dies ist hier der Fall.

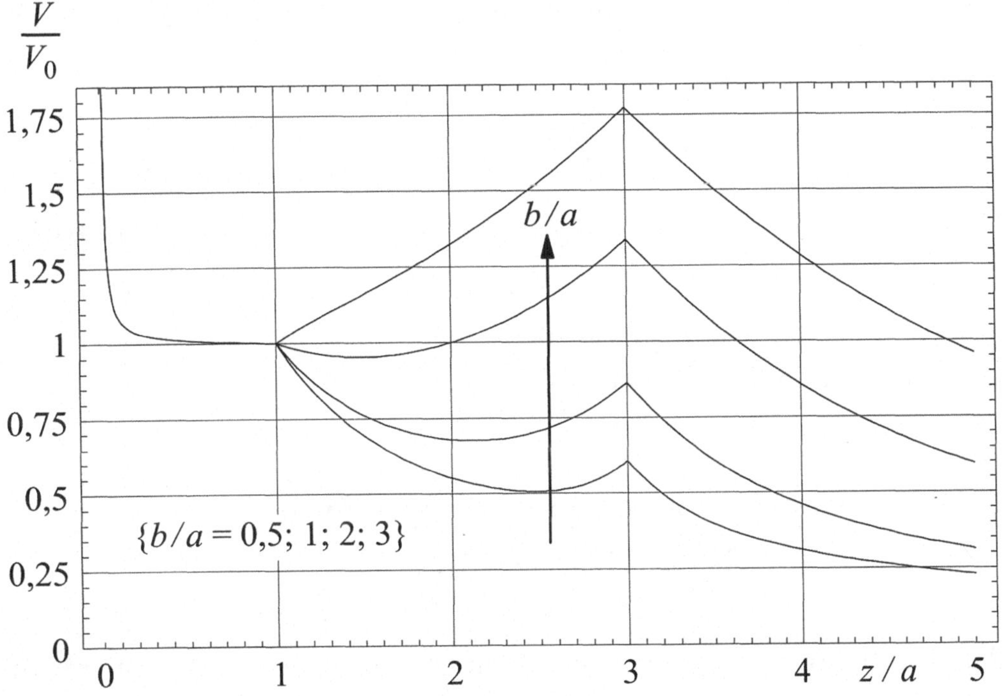

Bild 2.11–1: Potential auf der z-Achse für $Q = 10^{-12}$ [As]; $\varepsilon = \varepsilon_0$; $\sigma = 10^{-11}[\mathrm{As/m^2}]$ und $c/a = 3$

Zur Anwendung des angegebenen Verfahrens zur Berechnung des Potentials einer Flächenladung in Gegenwart der leitenden Kugel auf der Rotationsachse z ist zunächst das erregende Potential $V_e(z)$ der kreisförmigen

Flächenladung im homogenen Raum zu berechnen.

$$\begin{aligned} V_e(z) &= \frac{1}{4\pi\varepsilon}\int \frac{\sigma(\vec{r}_q)}{|\vec{r}_p-\vec{r}_q|}\,da = \\ &= \frac{\sigma}{4\pi\varepsilon}\int\limits_{\varrho_q=0}^{b}\int\limits_{\varphi_q=0}^{2\pi}\frac{\varrho_q d\varphi_q d\varrho_q}{\sqrt{\varrho_q^2+(z-c)^2}} = \frac{\sigma}{2\varepsilon}\int\limits_{\varrho_q=0}^{b}\frac{\varrho_q d\varrho_q}{\sqrt{\varrho_q^2+(z-c)^2}} \\ &= \frac{\sigma}{2\varepsilon}\sqrt{\varrho_q^2+(z-c)^2}\Big|_0^b = \frac{\sigma}{2\varepsilon}\left(\sqrt{b^2+(z-c)^2}-|z-c|\right) \end{aligned}$$

Mit dem Gesetz zur Spiegelung an einer leitenden Kugel lautet dann das Ergebnis für das resultierende Potential

$$V(z) = V_e(z) - \frac{a}{|z|}V_e(a^2/z) + \frac{a}{|z|}V_0 \quad ; \quad |z| \geq a\,.$$

Der letzte Term berücksichtigt das vorgebene Potential V_0 auf der Kugelfläche.

Das Potential der Kugel verschwindet, wenn auf sie die zusätzliche Ladung $Q_z = -4\pi\varepsilon a V_0$ aufgebracht wird.

2.12 Potentialvorgabe auf einem Zylinder mit rechteckigem Querschnitt

Auf dem Rand eines Zylinders mit rechteckigem Querschnitt existieren die Potentialvorgaben

$$V(x=0,y) = V(x=a,y) = 0\,; \quad V(y=0,x) = V_2\cos(\pi x/a)\,;$$

$$V(y=b,x) = V_1\sin(\pi x/a)\,.$$

Zu berechnen ist das Potential im Raum $(0 \leq x \leq a\,; 0 \leq y \leq b)$ der Permittivität ε.

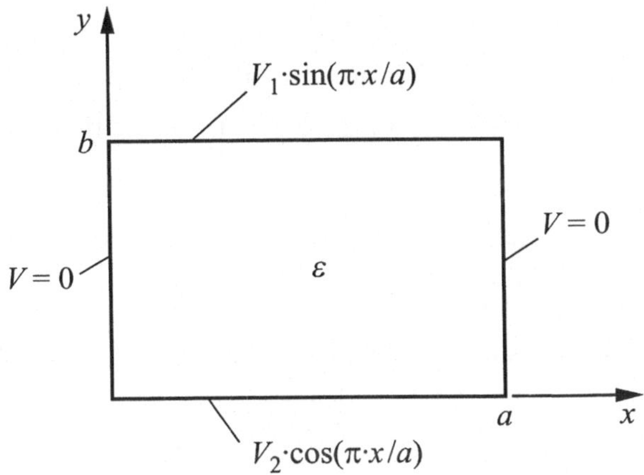

Wegen der Potentialvorgabe als Funktion der Koordinate x erfordern die Lösungen der Laplaceschen Gleichung $\Delta V(x,y) = 0$ orthogonale Funktionen in dieser Koordinate, also trigonometrische Funktionen. Wegen der homogenen Randbedingungen in $x = 0$ und $x = a$ kommen nur Funktionen $\sin(m\pi x/a)$ in Betracht. In der Koordinate y treten dann die hyperbolischen Funktionen oder Exponentialfunktionen auf. Der Ansatz könnte also für $(0 \leq x \leq a; 0 \leq y \leq b)$ lauten

$$V(x,y) = \sum_{m=1}^{\infty} \left[A_m \sinh(m\pi y/a) + B_m \cosh(m\pi y/a)\right] \sin(m\pi x/a)\,.$$

Wegen der einfachen Randwertvorgabe kann die Lösung zweckmäßig aus zwei Teillösungen V_I und V_{II} superponiert werden, wobei in der einen Lösung nur die Vorgabe auf $y = b$ existiert und in der anderen nur die Vorgabe auf $y = 0$, während auf dem gesamten restlichen Rand das Potential jeweils verschwindet.

Bei der Vorgabe des Potentials auf der Fläche $y = b$ verbleibt aus der oben angegebenen Summe allein das Glied für $m = 1$, das den vorgegebenen Potentialverlauf wiedergibt. Mit der Forderung $V_I(x, y = 0) = 0$ für diese Teillösung folgt unmittelbar das Ergebnis

$$V_I(x,y) = V_1 \sin(\pi x/a) \frac{\sinh(\pi y/a)}{\sinh(\pi b/a)}\,.$$

Anders liegen die Dinge bei der Teillösung V_{II} mit der Vorgabe des Potentials auf der Fläche $y = 0$. An den Stellen $x = 0$ und $x = a$ erfährt das Potential einen Sprung auf den Wert $V = 0$. Deshalb lautet der vollständige Ansatz

$$V_{II}(x,y) = \sum_{m=1}^{\infty} C_m \sin(m\pi x/a) \frac{\sinh(m\pi(b-y)/a)}{\sinh(m\pi b/a)} .$$

Hier wurde durch die Argumentverschiebung in den hyperbolischen Funktionen schon die Erfüllung der Randbedingung $V_{II}(x, y = b) = 0$ sichergestellt und durch die Division durch eine Konstante eine einfache Formulierung der Randbedingung erreicht.

$$V_{II}(x, y=0) = \sum_{m=1}^{\infty} C_m \sin(m\pi x/a) = V_2 \cos(\pi x/a)$$

Multiplikation mit $\sin(n\pi x/a)$ und Integration von $x = 0$ bis $x = a$ liefert mit der Orthogonalitätsrelation der trigonometrischen Funktionen

$$\sum_m C_m \int_0^a \sin(m\pi \frac{x}{a}) \sin(n\pi \frac{x}{a})\, dx = V_2 \int_0^a \cos(\pi \frac{x}{a}) \sin(n\pi \frac{x}{a})\, dx$$

$$\begin{aligned} C_n a/2 &= -V_2 \left[\frac{\cos((n+1)\pi x/a)}{2(n+1)\pi/a} + \frac{\cos((n-1)\pi x/a)}{2(n-1)\pi/a} \right]_0^a \\ &= V_2 \frac{a}{\pi} \frac{4k}{4k^2-1} \quad ; \quad n = 2k; \quad k = 1, 2, \ldots \\ C_{2k} &= V_2 \frac{8}{\pi} \frac{k}{4k^2-1} . \end{aligned}$$

Damit ist

$$V_{II}(x,y) = V_2 \frac{8}{\pi} \sum_{k=1}^{\infty} \frac{k}{4k^2-1} \sin(2k\pi x/a) \frac{\sinh(2k\pi(b-y)/a)}{\sinh(2k\pi b/a)}$$

und für die Gesamtlösung gilt

$$V(x,y) = V_I(x,y) + V_{II}(x,y) .$$

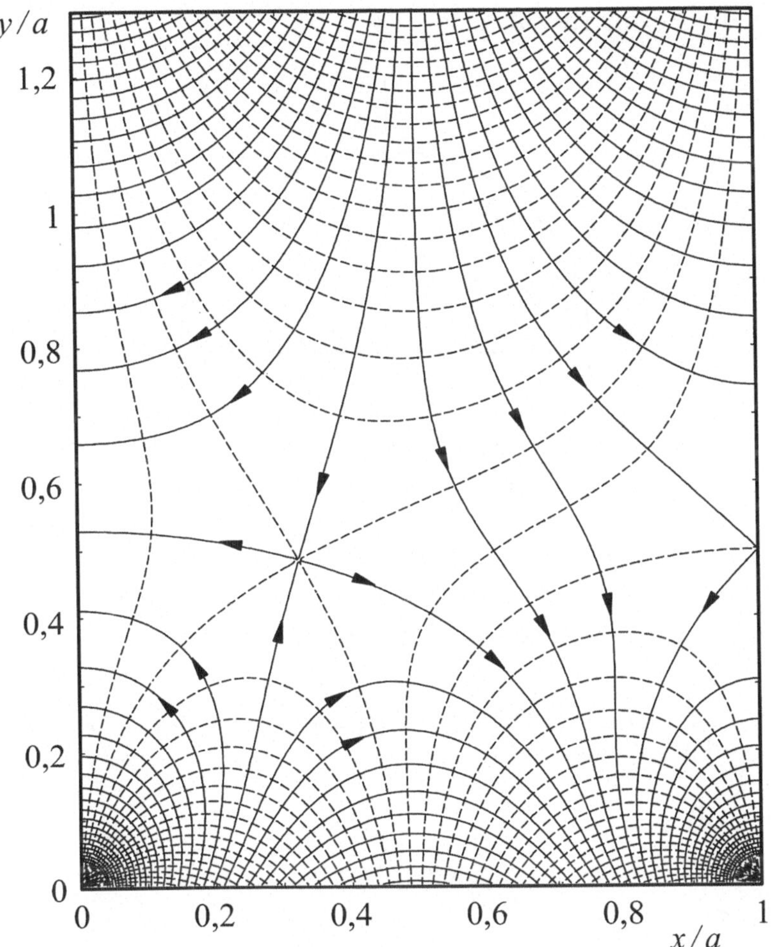

Bild 2.12–1: Äquipotential- und Feldlinien für $V_1 = V_2$.

2.13 Potential halbkugelförmiger Raumladungen

Eine Kugel vom Radius a wird durch die Ebene $z = 0$ durch ihren Mittelpunkt in zwei Hälften geteilt. Die Bereiche $z > 0$ und $z < 0$ innerhalb der Kugel sind mit einer Raumladung der Dichte $\pm\varrho$ gefüllt. Zu berechnen ist das Potential auf der z–Achse. Für $z >> a$ und in $z = 0$ sind einfache Ausdrücke für das Potential und die Feldstärke anzugeben. Der gesamte

Raum hat die Permittivität ε.

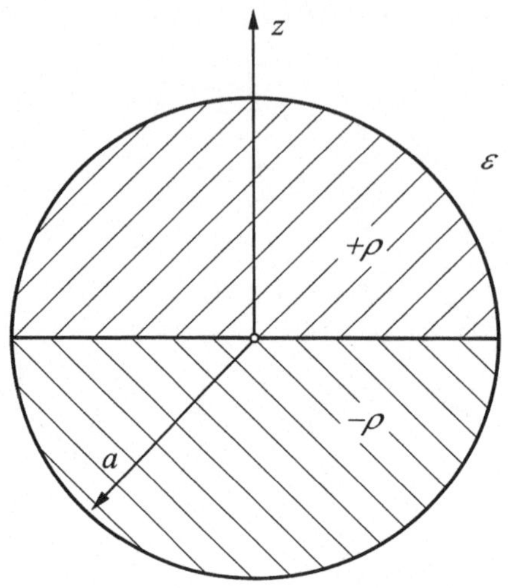

Das Potential auf der Achse ist durch das Integral

$$V(z) = \frac{1}{4\pi\,\varepsilon} \int \frac{\varrho(\vec{r}_q)}{|\vec{e}_z z - \vec{r}_q|}\, dv\,; \quad V(-z) = -V(z)\,; \quad |\vec{e}_z z - \vec{r}_q| = r$$

bestimmt. Mit

$$\frac{1}{r} = \sum_{n=0}^{\infty} \left\{ \begin{array}{c} \dfrac{1}{|z|}\left(\dfrac{r_q}{|z|}\right)^n \\ \dfrac{1}{r_q}\left(\dfrac{|z|}{r_q}\right)^n \end{array} \right\} P_n(\cos\vartheta_q) \quad ; \quad \begin{array}{c} |z| \geq r_q \\ |z| \leq r_q \end{array}$$

folgt für $z > a$

$$\begin{aligned} V(z) &= \frac{1}{4\pi\,\varepsilon} \int\limits_{r_q=0}^{a} \int\limits_{\vartheta_q=0}^{\pi/2} \int\limits_{\varphi_q=0}^{2\pi} \frac{\varrho}{z} \sum_{n=0}^{\infty} \left(\frac{r_q}{z}\right)^n [P_n(\cos\vartheta_q) + \\ &- P_n(\cos(\pi - \vartheta_q))]\; r_q^2 \sin\vartheta_q\, d\varphi_q\, d\vartheta_q\, dr_q \quad ; \quad u = \cos\vartheta_q \\ &= \frac{1}{2\varepsilon}\frac{\varrho}{z} \sum_{n=0}^{\infty} \frac{1}{z^n} \frac{a^{n+3}}{n+3} \int\limits_{u=0}^{1} [P_n(u) - P_n(-u)]\, du\,. \end{aligned}$$

Mit $P_n(-u) = (-1)^n P_n(u)$ und $\int P_n(u)du = \dfrac{P_{n+1} - P_{n-1}}{2n+1}$ gilt

$$V(z) = \frac{\varrho a^2}{2\varepsilon} \sum_{k=0}^{\infty} \frac{1}{k+2} \left(\frac{a}{z}\right)^{2(k+1)} \left.\frac{P_{2k+2} - P_{2k}}{4k+3}\right|_0^1 ; \quad n = 2k+1 .$$

Es ist:

$$P_{2k}(1) = 1 \quad \text{und} \quad P_{2k}(0) = (-1)^k \frac{1 \cdot 3 \cdot 5 \ldots (2k-1)}{2 \cdot 4 \cdot 6 \ldots 2k}$$

$$\left.\frac{P_{2k+2} - P_{2k}}{4k+3}\right|_0^1 = P_{2k}(0) \frac{\frac{2k+1}{2k+2} + 1}{4k+3} = \frac{P_{2k}(0)}{2(k+1)}$$

also

$$V(z) = \frac{\varrho a^2}{4\varepsilon} \sum_{k=0}^{\infty} \frac{1}{(k+1)(k+2)} \left(\frac{a}{z}\right)^{2(k+1)} P_{2k}(0) \,; \; z > a \,; \; V(-z) = -V(z)$$

Die elektrische Feldstärke ist

$$E_z = -\frac{\partial V}{\partial z} = \frac{\varrho a}{2\varepsilon} \sum_{k=0}^{\infty} \frac{1}{k+2} \left(\frac{a}{z}\right)^{2k+3} P_{2k}(0) \,; \quad z > a \,; \quad E(z) = E(-z)$$

Für den Bereich $0 < z < a$ ist die Integration über die Koordinate r_q wegen der Entwicklung des reziproken Abstandes $1/r$ zu teilen.

$$V(z) = \frac{\varrho}{2\varepsilon} \sum_{n=0}^{\infty} \left[\int\limits_{r_q=0}^{z} \frac{1}{z} \left(\frac{r_q}{z}\right)^n r_q^2 \, dr_q + \int\limits_{z}^{a} \frac{1}{r_q} \left(\frac{z}{r_q}\right)^n r_q^2 \, dr_q \right] \cdot$$

$$\cdot \int\limits_0^1 \left[P_n(u) - P_n(-u)\right] du =$$

$$= \frac{\varrho}{2\varepsilon} \sum_{k=0}^{\infty} \left[\frac{z^2}{2(k+2)} + \frac{a^2}{2k-1} \left(\left(\frac{z}{a}\right)^2 - \left(\frac{z}{a}\right)^{2k+1} \right) \right] \frac{P_{2k}(0)}{(k+1)}$$

$$V(z) = \frac{\varrho a^2}{2\varepsilon} \sum_{k=0}^{\infty} \left[\frac{4k+3}{2(k+2)} \left(\frac{z}{a}\right)^2 - \left(\frac{z}{a}\right)^{2k+1} \right] \frac{P_{2k}(0)}{(k+1)(2k-1)}$$

Für die elektrische Feldstärke folgt der Ausdruck

$$E_z = -\frac{\varrho a}{2\varepsilon} \sum_{k=0}^{\infty} \left[\frac{4k+3}{k+2} \frac{z}{a} - (2k+1) \left(\frac{z}{a}\right)^{2k} \right] \frac{P_{2k}(0)}{(k+1)(2k-1)},$$

der für $z \to a$ stetig in den Wert für E_z übergeht, der aus dem Potential für $z > a$ abgeleitet wurde.

Für $z \to 0$ hat die Feldstärke den Wert

$$E_z(z=0) = -\frac{\varrho a}{2\varepsilon},$$

weil nur das Reihenglied $k = 0$ einen Beitrag liefert. Dieses Ergebnis kann auch direkt durch einfache Integration für den Aufpunkt $z = 0$ gewonnen werden.

$$\vec{E} = \frac{1}{4\pi\varepsilon} \int \varrho \frac{\vec{r}}{r^3}\, dv = \vec{e}_z\, E_z \quad ; \quad \vec{r} = -\vec{r}_q$$

$$E_z = \frac{1}{4\pi\varepsilon} \int \varrho \frac{\vec{e}_z(-\vec{r}_q)}{r_q^3}\, dv \quad ; \quad dv = r_q^2 \sin\vartheta_q\, dr_q\, d\vartheta_q d\varphi_q$$

$$= -\frac{\varrho}{2\varepsilon} \int\limits_{r_q=0}^{a} \left[-\int\limits_{-1}^{0} u\, du + \int\limits_{0}^{1} u\, du \right] dr_q \quad ; \quad u = \cos\vartheta_q$$

$$E_z = -\frac{\varrho a}{2\varepsilon}$$

In großen Entfernungen $z >> a$ kann das Potential mit den Ladungsschwerpunkten der Teilladungen berechnet werden. Der Ladungsschwerpunkt der halbkugelförmigen Ladung in $z > 0$ ist (Q ist die gesamte Ladung):

$$\vec{r}_{qs} = \frac{1}{Q} \int \vec{r}_q\, \varrho\, dv = \vec{e}_z\, r_{qs}; \quad r_{qs} = \frac{3}{a^3} \int\limits_{\vartheta_q=0}^{\pi/2} \int\limits_{r_q=0}^{a} \vec{e}_z\, \vec{r}_q\, r_q^2\, dr_q\, \sin\vartheta_q d\vartheta_q$$

$$u = \cos\vartheta_q \quad ; \quad r_{qs} = \frac{3}{4} a \int\limits_{0}^{1} u du = \frac{3}{8} a$$

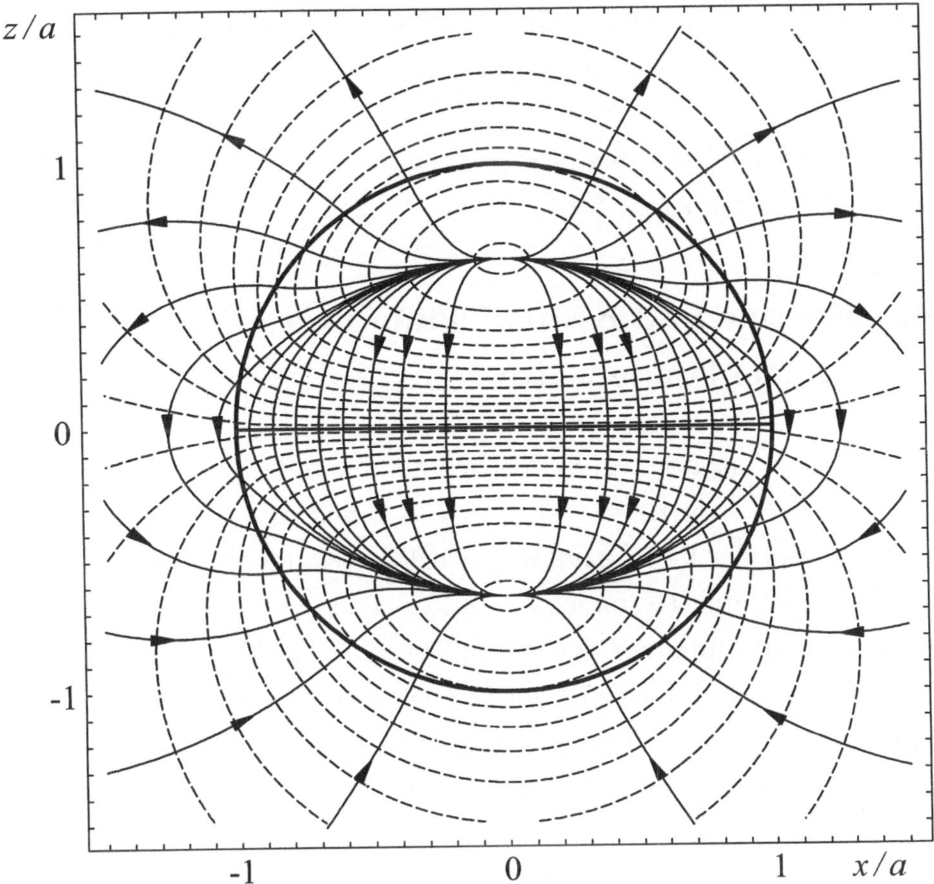

Bild 2.13–1: Äquipotential- und Feldlinien innerhalb und außerhalb der raumladungserfüllten Bereiche (im ladungserfüllten Bereich ist der Fluss innerhalb der „Flussröhre" nicht mehr konstant wie im ladungsfreien Raum, sondern nimmt bis zum Punkt verschwindender Feldstärke ab.)

In großen Entfernungen wird das Potential V_s durch einen Dipol mit dem Moment

$$\vec{m} = \vec{e}_z m \quad ; \quad m = Q \cdot s = \varrho \frac{4}{6} \pi a^3 \cdot \frac{6}{8} a = \frac{\pi}{2} \varrho a^4$$

beschrieben. Das Potential auf der z-Achse hat den Verlauf

$$V_s = \frac{\varrho\, a^4}{8\varepsilon\, z^2} \;\text{sign}\,(z) \quad ; \quad |z| >> a$$

in Übereinstimmung mit dem in großen Entfernungen bestimmenden Glied $k = 0$ der Reihe für $V(z >> a)$.

2.14 Energie und Kraftwirkung im teilweise gefüllten Plattenkondensator

Ein Plattenkondensator besteht aus den leitenden Belägen auf den Flächen $y = 0$ und $y = d$ im Bereich $0 < x < b >> d$ und $0 < z < b$. Im homogenen Raum der Permittivität ε_0 wird der Kondensator der Kapazität C_0 auf die Spannung U_0 aufgeladen und danach von der Quelle getrennt. Die Ladungsverteilung auf den Belagflächen ist zu bestimmen, wenn der felderregte Raum teilweise mit einem Dielektrikum der Permittivität ε so gefüllt wird, dass eine Fläche $x =$ const die Räume unterschiedlicher Materialeigenschaften trennt. Die auf das Dielektrikum ausgeübte Kraft ist zu berechnen.

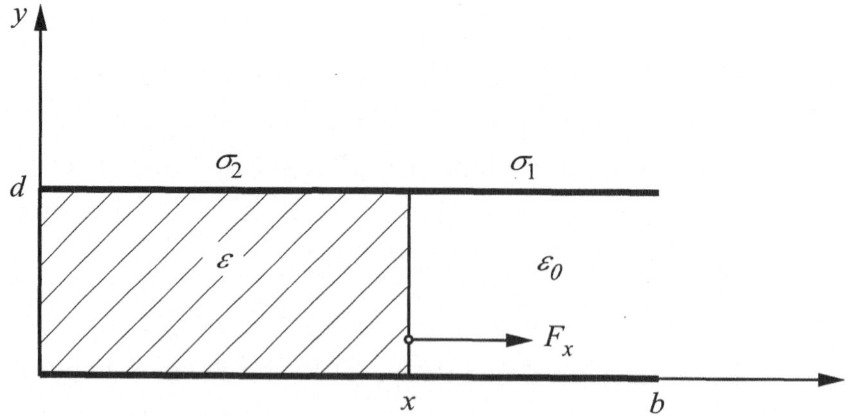

Vor Einbringen des Dielektrikums tragen die Kondensatorbeläge die Ladungsdichten $\pm\sigma_0 = \pm D_0 = \pm\varepsilon_0\, E_0$ und die Gesamtladungen $\pm Q_0 =$

$\pm\sigma_0 b^2$. Die im elektrischen Feld gespeicherte Energie W_0 ist gegeben durch das Integral der Energiedichte.

$$W_0 = \frac{1}{2} E_0 D_0 \cdot b^2 d = \frac{1}{2} \varepsilon_0 \frac{U_0^2}{d^2} b^2 d = \frac{1}{2} U_0^2 C_0 \quad ; \quad C_0 = \varepsilon_0 \frac{b^2}{d}$$

Beim Einbringen des Dielektrikums stellt sich in den Räumen mit unterschiedlicher Materialeigenschaft eine unterschiedliche Flussdichte D und damit Ladungsdichte σ auf den Belägen ein, weil die elektrische Feldstärke überall den gleichen Wert haben und an der Grenzschicht $x =$ const stetig sein muss. Ihr Wert ist abhängig von der Lage des Dielektrikums und damit vom Wert x. Da die Gesamtladung auf den Belägen erhalten bleibt, gilt mit den unterschiedlichen Ladungsdichten σ_1 und σ_2 in den Gebieten der Permittivität ε_0 bzw. ε

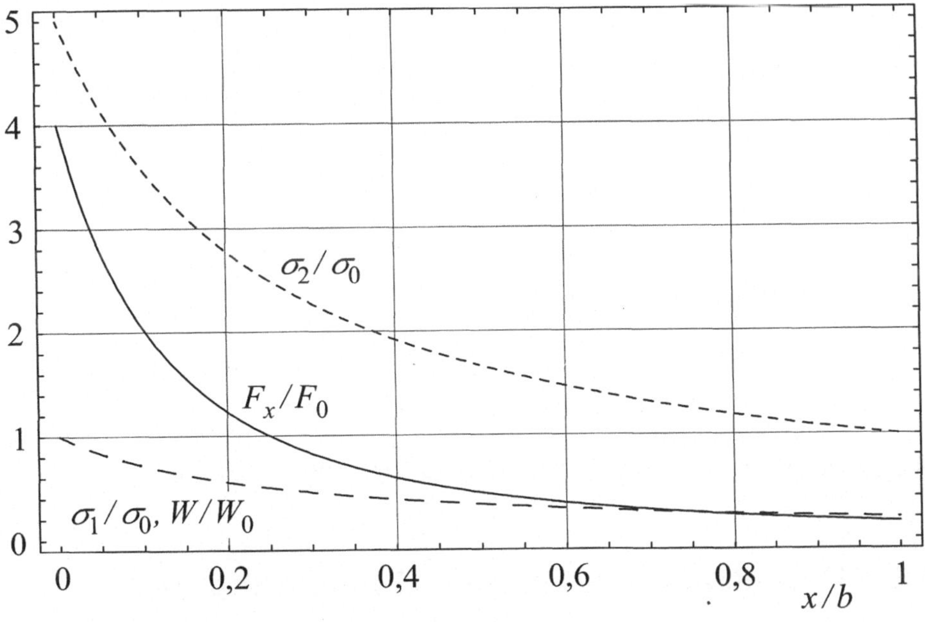

Bild 2.14–1: Ladungen $\sigma_{1,2}/\sigma_0$ und Kraft F_x/F_0 als Funktion der Füllgrenze für $\varepsilon/\varepsilon_0 = 5$; $F_0 = W_0/b$

$$\sigma_1(b - x) + \sigma_2 x = \sigma_0 b \quad ; \quad E_1 = E_2 = E$$

$$\begin{aligned}
\varepsilon_0 \varepsilon E_1 &= \varepsilon_0 \varepsilon E_2 = \varepsilon D_1 = \varepsilon \sigma_1 = \varepsilon_0 D_2 = \varepsilon_0 \sigma_2 \\
\sigma_2 &= \frac{\varepsilon}{\varepsilon_0} \sigma_1 \quad ; \quad \sigma_1 = \frac{\sigma_0}{1 + \frac{x}{b}(\frac{\varepsilon}{\varepsilon_0} - 1)} = \frac{\varepsilon_0}{\varepsilon} \sigma_2 = D_1 \\
D_1 &= \varepsilon_0 E = \frac{\varepsilon_0 E_0}{1 + \frac{x}{b}(\frac{\varepsilon}{\varepsilon_0} - 1)} = \frac{\varepsilon_0}{\varepsilon} D_2 \\
E &= \frac{E_0}{1 + \frac{x}{b}(\frac{\varepsilon}{\varepsilon_0} - 1)} .
\end{aligned}$$

Die Grenzwerte $x = 0, b$ und $\varepsilon = \varepsilon_0$ liefern die richtigen Ergebnisse.

Die gespeicherte Energie ist

$$\begin{aligned}
W(x) &= \frac{1}{2} \varepsilon_0 E^2 db(b - x) + \frac{1}{2} \varepsilon E^2 dbx \\
&= \frac{1}{2} E^2 db \left[\varepsilon_0 (b - x) + \varepsilon x\right] = \frac{1}{2} \varepsilon_0 E^2 db^2 \left[1 + \frac{x}{b} (\frac{\varepsilon}{\varepsilon_0} - 1)\right] = \\
&= \frac{W_0}{1 + \frac{x}{b} (\frac{\varepsilon}{\varepsilon_0} - 1)} .
\end{aligned}$$

Aus der Gleichung $\vec{F} = -\operatorname{grad} W$ kann die x–gerichtete Kraft F_x auf das Dielektrikum berechnet werden.

$$F_x = -\frac{\partial W}{\partial x} = \frac{W_0/b(\varepsilon/\varepsilon_0 - 1)}{[1 + \frac{x}{b}(\varepsilon/\varepsilon_0 - 1)]^2} > 0 ; \quad F_0 = W_0/b$$

Das Dielektrikum wird in den Kondensator hineingezogen.

2.15 Potential einer ebenen Anordnung mit homogenen Randbedingungen auf unterschiedlichen Koordinatenflächen

In der skizzierten Anordnung ist auf der Fläche $y = 0$ das Potential $V_0(x)$ als Funktion der Koordinate x vorgegeben, während es auf dem restlichen

Rand des Gebietes verschwindet. Zu berechnen ist das Potential im Innern des vorgegebenen Bereiches.

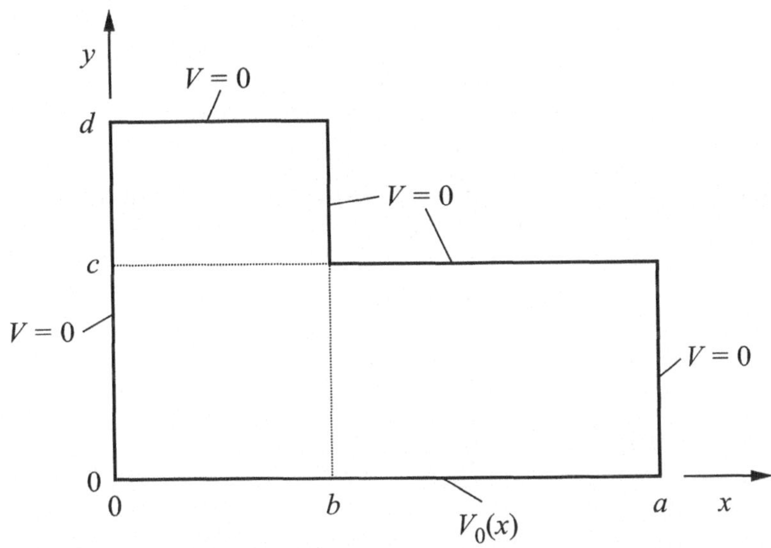

Wegen der Potentialvorgabe als Funktion der Koordinate x und der homogenen Randbedingungen in $x = (0; a)$ bzw. $x = (0; b)$ wird der Raum durch die Fläche $y = c$ in zwei Teilräume geteilt. Die Potentiale $V_{1,2}$ in den Bereichen $0 \leq y \leq c$ und $c \leq y \leq d$ erfüllen die Laplacesche Differentialgleichung $\Delta V_{1,2} = 0$. Die Lösungsfunktionen, die die homogenen Randbedingungen erfüllen, sind die trigonometrischen Funktionen $\sin(p_{1,2,n}x)$ mit $p_{1n} = n\pi/a$ und $p_{2n} = n\pi/b$. In der Koordinate y werden die Funktionen so angesetzt, dass im Bereich $c \leq y \leq d$ das Potential $V_2(x, y)$ auf $y = d$ verschwindet und im Bereich $0 \leq y \leq c$ das Potential $V_1(x, y)$ aus zwei linear unabhängigen Teillösungen besteht, die entweder auf $y = 0$ oder $y = c$ verschwinden.

$$V_1(x,y) = \sum_{n=1}^{\infty} \left[A_n \frac{\sinh(p_{1n}y)}{\sinh(p_{1n}c)} + B_n \frac{\sinh(p_{1n}(y-c))}{\sinh(p_{1n}(-c))} \right] \sin(p_{1n}x)$$

für $0 \leq y \leq c$.

$$V_2(x,y) = \sum_{n=1}^{\infty} C_n \sin(p_{2n}x) \frac{\sinh(p_{2n}(y-d))}{\sinh(p_{2n}(c-d))} \quad ; \quad c \leq y \leq d$$

Auf der Fläche $y = 0$ gilt

$$V_1(x, y=0) = V_0(x) = \sum_{n=1}^{\infty} B_n \sin(p_{1n}x)$$

$$B_n = \frac{2}{a} \int_0^a V_0(x) \sin(p_{1n}x)\, dx .$$

Die Stetigkeit des Potentials in $y = c$ führt auf die Gleichung

$$V_1(x, y=c) = \begin{cases} 0 & ; \; b \le x \le a \\ V_2(x, y=c) & ; \; 0 \le x \le b \end{cases}$$

$$\sum_{n=1}^{\infty} A_n \sin(p_{1n}x) = \begin{cases} 0 & ; \; b \le x \le a \\ \sum\limits_{n=1}^{\infty} C_n \sin(p_{2n}x) & ; \; 0 \le x \le b \end{cases} .$$

Multiplikation mit einer zum orthogonalen Funktionensystem $\sin(p_{1n}x)$ gehörenden Funktion $\sin(p_{1m}x)$ und Integration von $x = 0$ bis $x = a$ ergibt

$$\frac{a}{2} A_m = \sum_{n=1}^{\infty} C_n \underbrace{\int_0^b \sin(p_{2n}x) \sin(p_{1m}x) dx}_{\alpha_{nm}}$$

und damit das Gleichungssystem

$$A_m = \frac{2}{a} \sum_{n=1}^{\infty} \alpha_{nm} C_n .$$

Die Stetigkeit der Normalableitung des Potentials in $y = c$ liefert

$$\left.\frac{\partial V_1}{\partial y}\right|_{y=c} = \left.\frac{\partial V_2}{\partial y}\right|_{y=c} \quad ; \quad 0 \le x < b$$

$$\sum_{n=1}^{\infty} \left[A_n \coth(p_{1n}c) - \frac{B_n}{\sinh(p_{1n}c)} \right] p_{1n} \sin(p_{1n}x) =$$

$$= \sum_{n=1}^{\infty} C_n\, p_{2n} \sin(p_{2n}x) \coth\left(p_{2n}(c-d)\right) .$$

Multiplikation mit einer zum orthogonalen Funktionensystem $\sin(p_{2n}x)$ gehörenden Funktion $\sin(p_{2m}x)$ und Integration von $x = 0$ bis $x = b$ ergibt

$$\frac{b}{2}\, C_m\, p_{2m} \coth\left(p_{2m}(c-d)\right) =$$

$$= \sum_{n=1}^{\infty} \left[A_n \coth\left(p_{1n}\, c\right) - \frac{B_n}{\sinh(p_{1n}c)} \right] p_{1n} \cdot \underbrace{\int_0^b \sin(p_{1n}x)\, \sin(p_{2m}x) dx}_{\alpha_{mn}}$$

$$C_m = \frac{2}{m\pi \coth(p_{2m}(c-d))} \sum_{n=1}^{\infty} p_{1n}\alpha_{mn} \left[A_n \coth(p_{1n}c) - \frac{B_n}{\sinh(p_{1n}c)} \right] .$$

Mit der Auflösung beider Gleichungssysteme sind Potential und Feldstärke im Gebiet bekannt.

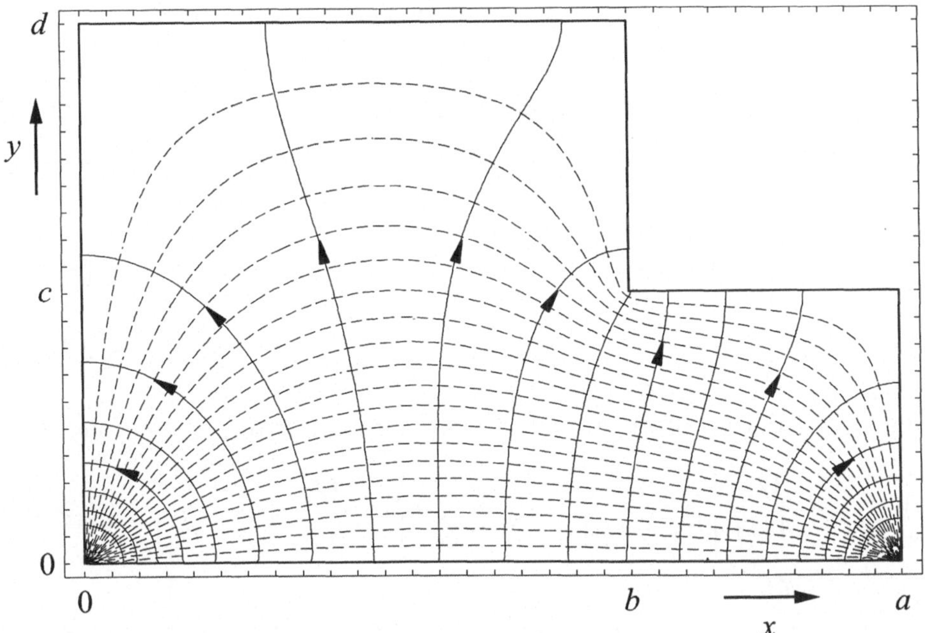

Bild 2.15–1: Äquipotential- und Feldlinien für $b/a = 2/3; c/a = 1/3;$ $d/a = 2/3$ und $V_0 = 1[V]$

2.16 Ladungsspiegelung am dielektrischen Halbraum

Die Ebene $z = 0$ trennt zwei Halbräume der Permittivitäten ε_1 in $z > 0$ und ε_2 in $z < 0$. Am Ort $\vec{r}_{q1}$ in $z > 0$ befindet sich eine Punktladung Q_1 und am Ort $\vec{r}_{q2} = \vec{r}_{q1} - 2\vec{e}_z(\vec{r}_{q1}\vec{e}_z) = \vec{r}^*_{q1}$ in $z < 0$ die Punktladung Q_2. Welche Kräfte werden auf die Ladungen ausgeübt?

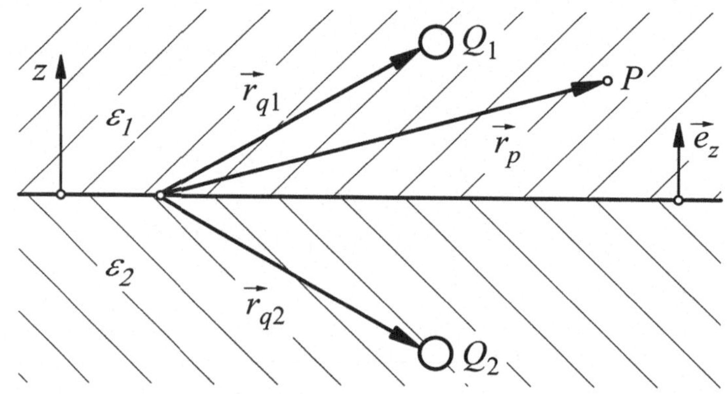

Befindet sich allein die Punktladung Q_1 im Raum $z > 0$, folgt aus den Gesetzen der Spiegelung von Ladungen am dielektrischen Halbraum das Potential

$$V(\vec{r}_p) = \frac{Q_1}{4\pi\varepsilon_1} \begin{cases} \dfrac{1}{|\vec{r}_p - \vec{r}_{q1}|} - \dfrac{k}{|\vec{r}_p - \vec{r}^*_{q1}|}; & z \geq 0; \quad k = (\varepsilon_2 - \varepsilon_1)/(\varepsilon_2 + \varepsilon_1) \\ \dfrac{1-k}{|\vec{r}_p - \vec{r}_{q1}|}; & z \leq 0; \quad \vec{r}^*_{q1,2} = \vec{r}_{q1,2} - 2\vec{e}_z(\vec{e}_z\vec{r}_{q1,2}) \end{cases}$$

In Gegenwart der zweiten Punktladung Q_2 im Halbraum $z < 0$ folgt analog

$$V(\vec{r}_p) = \frac{Q_1}{4\pi\varepsilon_1}\left[\frac{1}{|\vec{r}_p - \vec{r}_{q1}|} - \frac{k}{|\vec{r}_p - \vec{r}^*_{q1}|}\right] + \frac{Q_2}{4\pi\varepsilon_2}\frac{1+k}{|\vec{r}_p - \vec{r}_{q2}|}; \quad z \geq 0$$

$$V(\vec{r}_p) = \frac{Q_1}{4\pi\varepsilon_1}\frac{1-k}{|\vec{r}_p - \vec{r}_{q1}|} + \frac{Q_2}{4\pi\varepsilon_2}\left[\frac{1}{|\vec{r}_p - \vec{r}_{q2}|} + \frac{k}{|\vec{r}_p - \vec{r}^*_{q2}|}\right]; \quad z \leq 0 .$$

Für $\varepsilon_1 = \varepsilon_2 = \varepsilon$ wird $k = 0$ und es gilt

$$V(\vec{r}_p) = \frac{Q_1}{4\pi\varepsilon}\frac{1}{|\vec{r}_p - \vec{r}_{q1}|} + \frac{Q_2}{4\pi\varepsilon}\frac{1}{|\vec{r}_p - \vec{r}_{q2}|} .$$

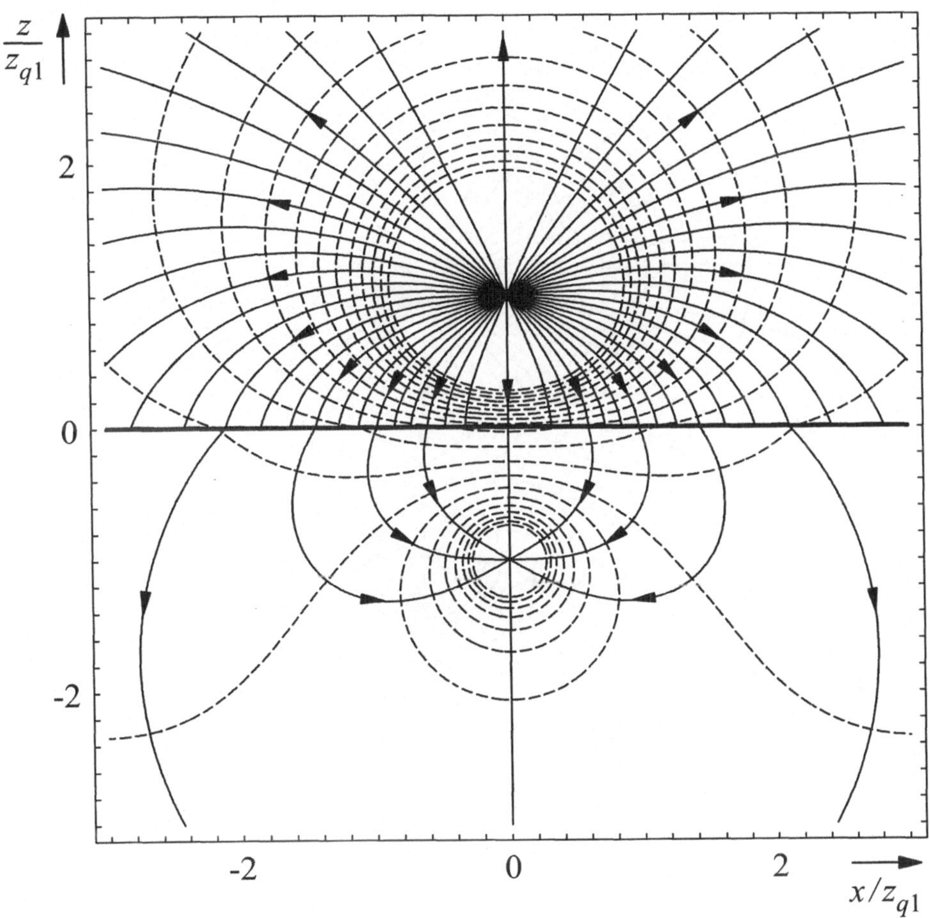

Bild 2.16–1: Äquipotential- und Feldlinien für $Q_1/Q_2 = -2$; $\varepsilon_1/\varepsilon_2 = 1/3$; $z_{q2} = -z_{q1}$

Für $\varepsilon_2 \gg \varepsilon_1$ mit $k \to 1$ folgt das Spiegelungsgesetz am leitenden Halbraum mit

$$V(\vec{r}_p) = \frac{Q_1}{4\pi\varepsilon_1}\left[\frac{1}{|\vec{r}_p - \vec{r}_{q1}|} - \frac{1}{|\vec{r}_p - \vec{r}^{\,*}_{q1}|}\right]\,; \quad z > 0\,; \quad V = 0\,; \quad z < 0\,.$$

Ebenso gilt mit $\varepsilon_1 \gg \varepsilon_1$ und $k \to -1$

$$V = 0\,; \quad z > 0\,; \quad V(\vec{r}_p) = \frac{Q_2}{4\pi\varepsilon_2}\left[\frac{1}{|\vec{r}_p - \vec{r}_{q2}|} - \frac{1}{|\vec{r}_p - \vec{r}^{\,*}_{q2}|}\right]\,; \quad z < 0\,.$$

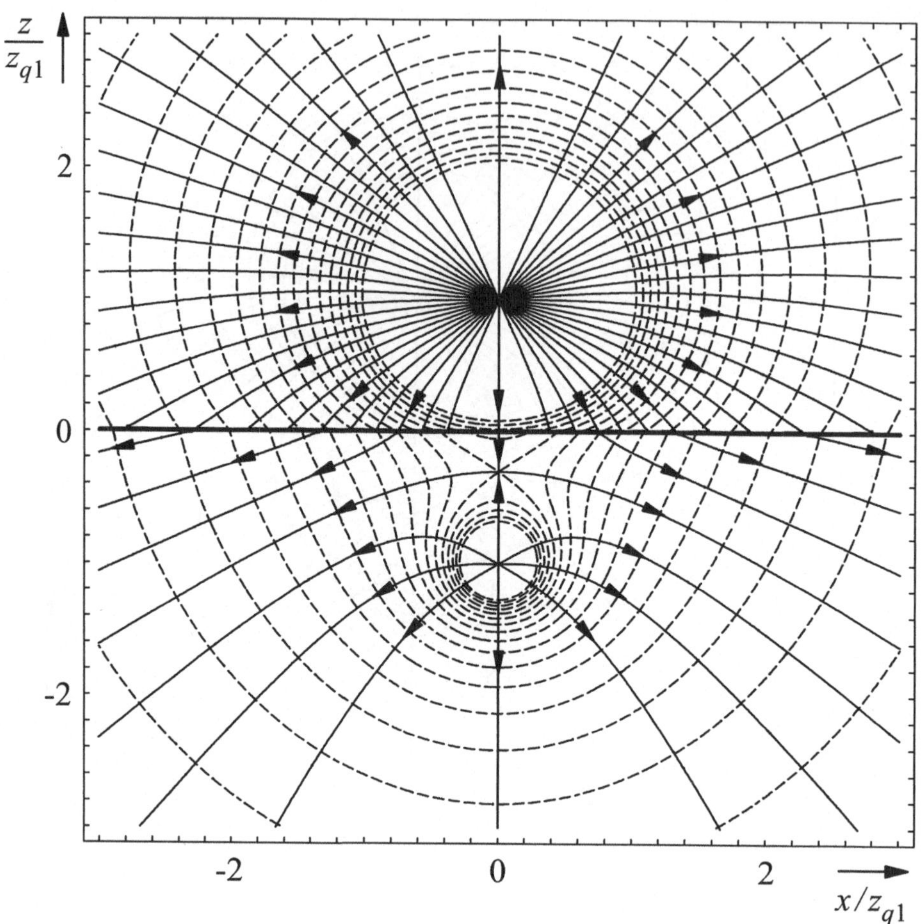

Bild 2.16–2: Äquipotential- und Feldlinien für $Q_1/Q_2 = 2$; $\varepsilon_1/\varepsilon_2 = 1/3$; $z_{q2} = -z_{q1}$

Für die Kräfte $\vec{F}_{1,2} = \vec{e}_z\, F_{1,2}$ auf die Ladungen $Q_{1,2}$ erhält man

$$F_1 = \frac{Q_1}{4\pi\varepsilon_1} \frac{1}{(z_1 - z_2)^2} \left[-kQ_1 + \frac{\varepsilon_1}{\varepsilon_2}(1+k)Q_2 \right]$$

$$F_2 = \frac{Q_2}{4\pi\varepsilon_2} \frac{1}{(z_1 - z_2)^2} \left[-kQ_2 - \frac{\varepsilon_2}{\varepsilon_1}(1-k)Q_1 \right] .$$

2.17 Potentialvorgabe auf konzentrischen Zylindern in einer ebenen Anordnung

Innerhalb eines Zylinders vom Radius $\varrho = b$ mit dem Potential V_1 ist auf einem Zylinder $\varrho = a < b$ das Potential $V(\varrho = a, 0 < \varphi < \pi) = V_0$ und $V(\varrho = a, \pi < \varphi < 2\pi) = -V_0$ vorgegeben. Zu berechnen ist das elektrische Feld im gesamten Raum der homogenen Permittivität ε.

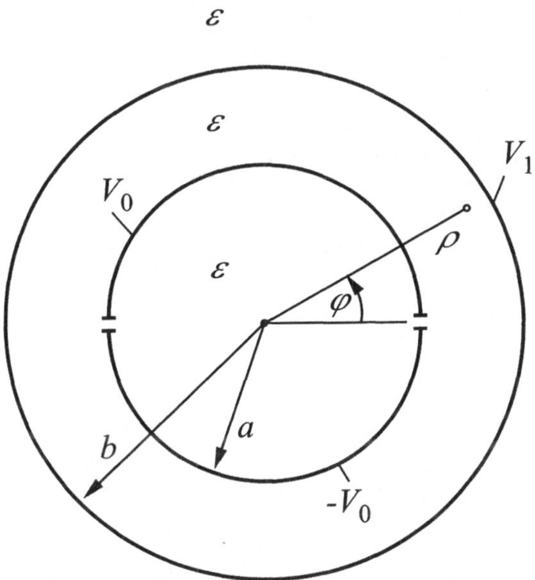

Die Lösung der Laplaceschen Gleichung $\Delta V(\varrho, \varphi) = 0$ lautet

$$V(\varrho, \varphi) = \begin{cases} \sum\limits_{n=1}^{\infty} A_n (\varrho/a)^n \sin(n\varphi) \\ B_0 + C_0 \ln(\varrho)/\ln(a) + \sum\limits_{n=1}^{\infty} [B_n (\varrho/a)^n + C_n (a/\varrho)^n] \sin(n\varphi) \\ V_1 \ln(\varrho)/\ln(b) \end{cases}$$

für die Bereiche $\varrho \leq a, a \leq \varrho \leq b$ und $\varrho \geq b$.

Aus der Randbedingung in $\varrho = a$ folgt

$$\sum_{n=1}^{\infty} A_n \sin(n\varphi) = B_0 + C_0 + \sum_{n=1}^{\infty} [B_n + C_n] \sin(n\varphi) = \begin{cases} V_0\,; & 0 < \varphi < \pi \\ -V_0\,; & \pi < \varphi < 2\pi \end{cases}.$$

Mit der Orthogonalitätseigenschaft der trigonometrischen Funktionen berechnet man nach Multiplikation mit $\sin(m\varphi)$ und Integration von $\varphi = 0$ bis $\varphi = 2\pi$

$$B_0 + C_0 = 0\,; \quad A_n\,\pi = (B_n + C_n)\pi = 2V_0 \int_0^{\pi} \sin(n\varphi) d\varphi =$$

$$= \frac{2V_0}{n}[1 - \cos(n\pi)] = \frac{4V_0}{n}\,; \quad n = 2k+1\,; \quad k = 0, 1, 2, \ldots$$

$$A_n = \frac{4V_0}{n\pi} = B_n + C_n \quad ; \quad n = 2k+1\,.$$

Auf dem Zylinder $\varrho = b$ gilt

$$B_0 + C_0 \frac{\ln(b)}{\ln(a)} + \sum_{n=1}^{\infty} [B_n (b/a)^n + C_n (a/b)^n] \sin(n\varphi) = V_1$$

und damit

$$B_0 + C_0 \ln(b)/\ln(a) = V_1 \quad ; \quad B_n (b/a)^n + C_n (a/b)^n = 0$$

also

$$B_0 = \frac{V_1}{1 - \ln(b)/\ln(a)} \quad ; \quad C_0 = -B_0$$

$$B_n = \frac{4V_0}{n\pi[1 - (b/a)^{2n}]} \quad ; \quad C_n = -B_n (b/a)^{2n}\,.$$

Die elektrische Feldstärke $\vec{E}$ ist

$$\vec{E} = -\operatorname{grad} V = -\vec{e}_\varrho \frac{\partial V}{\partial \varrho} - \frac{\vec{e}_\varphi}{\varrho} \frac{\partial V}{\partial \varphi} = \vec{e}_\varrho E_\varrho + \vec{e}_\varphi E_\varphi\,.$$

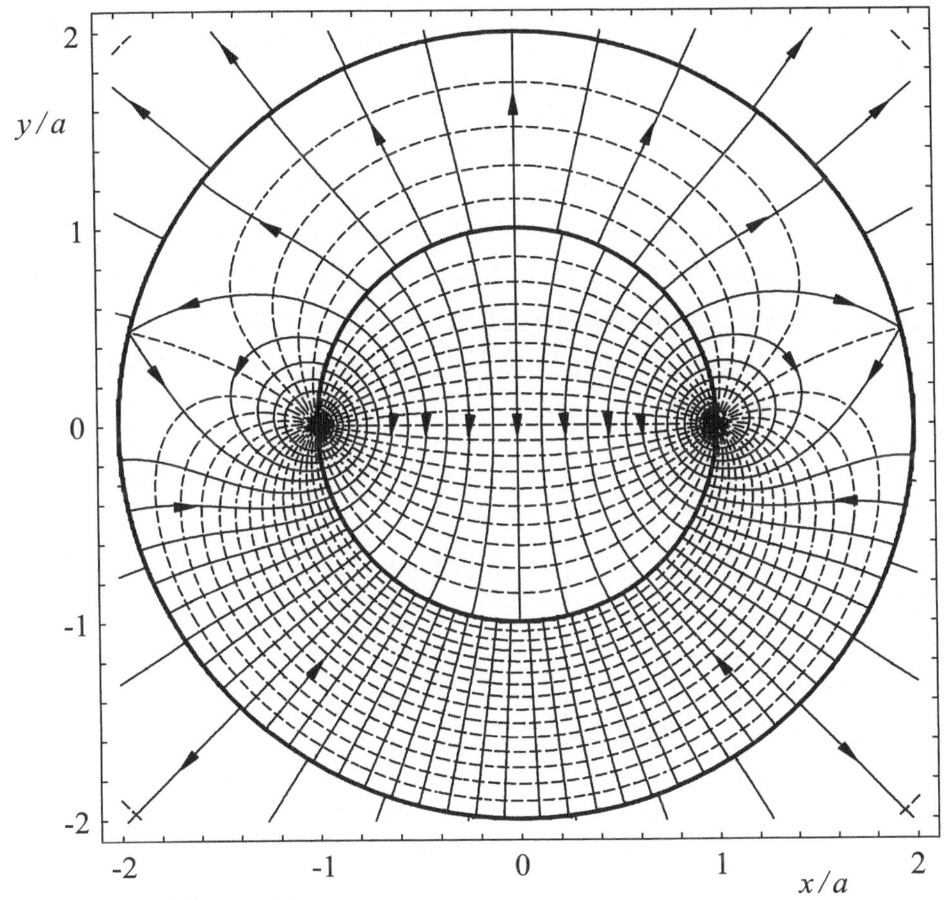

Bild 2.17–1: Äquipotential- und Feldlinien für $b/a = 2$ und $V_1/V_0 = 0{,}5$.

$$E_\varrho = -\begin{cases} \sum\limits_{k=0}^{\infty} A_n\, n/\varrho\,(\varrho/a)^n \sin(n\varphi)\,; & \varrho \le a \\ \frac{C_0}{\varrho \ln(a)} + \sum\limits_{k=0}^{\infty} n/\varrho[B_n(\varrho/a)^n - C_n(a/\varrho)^n]\sin(n\varphi); & a \le \varrho \le b \\ V_1/(\varrho \ln(b))\,; & \varrho \ge b \end{cases}$$

$$E_\varphi = \begin{cases} -\sum\limits_{k=0}^{\infty} n/\varrho \begin{Bmatrix} A_n(\varrho/a)^n \\ B_n(\varrho/a)^n + C_n(a/\varrho)^n \end{Bmatrix} \cos(n\varphi)\,; & \begin{matrix} \varrho \le a \\ a \le \varrho \le b\,. \end{matrix} \\ 0\,; & \varrho \ge b \end{cases}$$

$$n = 2k + 1$$

2.18 Kraftwirkung auf eine Ringladung innerhalb eines leitenden Zylinders

Innerhalb eines unendlich langen, leitenden, geerdeten Zylinders vom Radius a ist in einer Ebene $z = c$ konzentrisch eine kreisförmige Linienladung λ_q mit dem Radius b angeordnet. Sie befindet sich im Raum $z > 0$ der Permittivität ε_0 vor einer Grenzschicht $z = 0$, die den Raum $z < 0$ der Permittivität ε begrenzt. Welche Kraft wird auf die Linienladung ausgeübt?

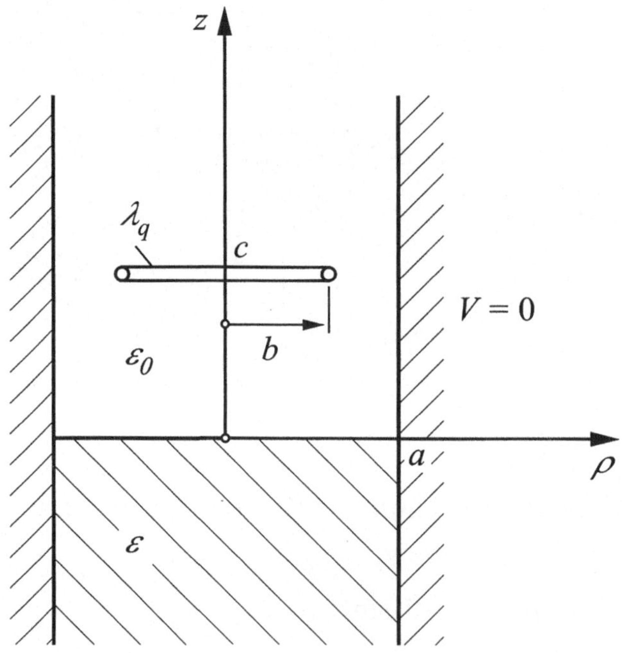

Im Grenzfall $\varepsilon = \varepsilon_0$ erfährt die Ringladung keine Kraft. Zur Berechnung der Kraft in der resultierenden Anordnung muss die Feldänderung bekannt sein, die entsteht, wenn der Raum $z < 0$ in Gegenwart der Ladung mit Material der Permittivität ε gefüllt wird.

Zunächst ist das erregende Potential V_E der Ringladung für den Fall $\varepsilon = \varepsilon_0$ als Lösung der Potentialgleichung $\Delta V_E(\varrho, z) = 0$ mit den Besselfunktionen der Ordnung 0 zu berechnen:

$$V_E(\varrho, z) = \sum_{r=1}^{\infty} A_r \, J_0(x_{0r} \, \varrho/a) \, \exp(-x_{0r}|z-c|/a) \, .$$

Der Ansatz mit den Nullstellen x_{0r} der Besselfunktion erfüllt die Randbedingung $V_E(\varrho = a, z) = 0$ und beschreibt das Abklingen des Potentials in $|z-c| > 0$ vom Ort der Ladung. In der Ebene $z = c$ wird eine von der Koordinate ϱ abhängige Flächenladung $\sigma(\varrho)$ angenommen, die im vorliegenden Fall zu einer auf dem Kreis ($\varrho = b$; $z = c$) existierenden Linienladung konzentriert ist. In $z = c$ lauten die Bedingungen für die z–Komponente der elektrischen Flussdichte $\vec{D}$:

$$\begin{aligned}
\vec{e}_z \left(\vec{D} \Big|_{\substack{z>c \\ z \to c}} - \vec{D} \Big|_{\substack{z<c \\ z \to c}} \right) &= \sigma(\varrho) \\
\frac{\partial V}{\partial z} \Big|_{\substack{z<c \\ z \to c}} - \frac{\partial V}{\partial z} \Big|_{\substack{z>c \\ z \to c}} &= \frac{\sigma(\varrho)}{\varepsilon_0} \\
\frac{2}{a} \sum_{r=1}^{\infty} x_{0r} \, A_r \, J_0(x_{0r}\varrho/a) &= \frac{1}{\varepsilon_0} \sigma(\varrho) \, .
\end{aligned}$$

Multiplikation mit einer zum orthogonalen Funktionensystem der $J_0(x_{0r}\varrho/a)$ gehörenden Funktion $J_0(x_{0s}\varrho/a)$ und der Gewichtsfunktion ϱ und Integration von $\varrho = 0$ bis $\varrho = a$ führt auf das Ergebnis

$$\frac{2}{a} \, x_{0s} \, A_s \, \frac{1}{2} \, a^2 \, J_1^2(x_{0s}) = \frac{1}{\varepsilon_0} \int_0^a \sigma(\varrho) \, J_0(x_{0s}\varrho/a) \, \varrho d\varrho \, ,$$

wenn die Orthogonalitätsrelation der Besselschen Funktionen berücksichtigt wird. Für das Integral folgt bei Beschränkung des Integrationsbereichs auf die unmittelbare Umgebung $\varrho = b \pm \delta$ des Ortes der Linienladung

$$\begin{aligned}
A_r &= \frac{1}{\varepsilon_0 x_{0r} a J_1^2(x_{0r})} \int_{b-\delta}^{b+\delta} \sigma(\varrho) \, J_0(x_{0r}\varrho/a) \, \varrho d\varrho \\
&= \frac{J_0(x_{0r}b/a) b}{\varepsilon_0 a x_{0r} J_1^2(x_{0r})} \underbrace{\int_{b-\delta}^{b+\delta} \sigma(\varrho) d\varrho}_{\lambda_q}
\end{aligned}$$

$$A_r = V_0 \frac{J_0(x_{0r}b/a)}{x_{0r}J_1^2(x_{0r})} \quad ; \quad V_0 = \frac{2\pi\lambda_q b}{2\pi\varepsilon_0 a} = \frac{Q}{2\pi\varepsilon_0 a} = E_0 a\,.$$

Damit gilt für das erregende Potential

$$V_E(\varrho, z) = V_0 \sum_{r=1}^{\infty} \frac{J_0(x_{0r}b/a)}{x_{0r}J_1^2(x_{0r})} J_0(x_{0r}\varrho/a) \cdot \exp(-x_{0r}\left|z-c\right|/a)\,.$$

Ist der Raum $z < 0$ mit einem Material der Permittivität ε gefüllt, kann die Feldänderung aus dem Potentialunterschied zwischen erregendem und resultierendem Potential $V(\varrho, z)$ berechnet werden.

$$V(\varrho, z) = V_E(\varrho, z) + V_0 \sum_{r=1}^{\infty} B_r \frac{J_0(x_{0r}b/a)}{x_{0r}J_1^2(x_{0r})} J_0(x_{0r}\varrho/a) \exp -(x_{0r}|z|/a)$$

Der Ansatz für das Potential der Feldänderung orientiert sich am erregenden Potential. Die Konstante B_r wird aus der Randbedingung in der Grenzfläche $z = 0$ der Räume unterschiedlicher Materialeigenschaft bestimmt. Der Ansatz selbst erfüllt schon die Stetigkeit des Potentials in $z = 0$. Die Stetigkeit der Normalkomponente der elektrischen Flussdichte ergibt

$$\begin{aligned}
\varepsilon_0 \left.\frac{\partial V}{\partial z}\right|_{\substack{z>0\\ z\to 0}} &= \varepsilon \left.\frac{\partial V}{\partial z}\right|_{\substack{z<0\\ z\to 0}} \\
\varepsilon_0 \left[\exp(-x_{0r}c/a) - B_r\right] &= \varepsilon \left[\exp(-x_{0r}c/a) + B_r\right] \\
B_r &= -k \exp(-x_{0r}c/a) \quad ; \quad k = \frac{\varepsilon - \varepsilon_0}{\varepsilon + \varepsilon_0}
\end{aligned}$$

$$\begin{aligned}
V(\varrho, z) &= V_E(\varrho, z) - kV_0 \sum_{r=1}^{\infty} \frac{J_0(x_{0r}b/a)}{x_{0r}J_1^2(x_{0r})} J_0(x_{0r}\varrho/a) \cdot \\
&\quad \cdot \exp(-x_{0r}c/a) \left\{ \begin{array}{c} \exp(-x_{0r}z/a) \\ \exp(x_{0r}z/a) \end{array} \right\} \begin{array}{l} ; \quad z \geq 0 \\ ; \quad z \leq 0 \end{array} \\
&= V_E(\varrho, z) - kV_E(\varrho, -z) \quad ; \quad z \geq 0 \\
&= (1-k)\, V_E(\varrho, z) \quad ; \quad z \leq 0\,.
\end{aligned}$$

Das Ergebnis ist in Übereinstimmung mit den Gesetzen der Spiegelung an einer ebenen Grenzschicht zwischen zwei Räumen mit unterschiedlicher Permittivität.

Die Kraft $\vec{F}$ auf die Ringladung ist axial gerichtet.

$$\vec{F} = \vec{e}_z F \quad ; \quad F = 2\pi\, b\, \lambda_q E_z\big|_{\substack{z=c\\ \varrho=b}} = -2\pi\, b\, \lambda_q \left.\frac{\partial V_s}{\partial z}\right|_{\substack{z=c\\ \varrho=b}}$$

$$V_s = V(\varrho, z) - V_E(\varrho, z)$$

$$F = -2\pi\, b\, \lambda_q\, k\, V_0/a \sum_{r=1}^{\infty} \frac{J_0^2(x_{0r}b/a)}{J_1^2(x_{0r})} \exp(-2x_{0r}c/a)$$

$$F = -k\, Q\, E_0 \sum_{r=1}^{\infty} \frac{J_0^2(x_{0r}b/a)}{J_1^2(x_{0r})} \exp(-2x_{0r}c/a)$$

Der Grenzwert $b \to 0$ bei konstanter Ladungsmenge Q liefert

$$F\Big|_{\substack{b\to 0\\ Q=\text{const}}} = -k\, Q\, E_0 \sum_{r=1}^{\infty} \frac{\exp(-2x_{0r}c/a)}{J_1^2(x_{0r})} \,.$$

Im weiteren Grenzfall $c \to 0$ entsteht eine divergierende Reihe und damit eine nicht beschränkte Kraft. In Grenzschichten von Räumen unterschiedlicher Permittivität existieren allein Flächenladungen.

2.19 Potentialvorgabe auf parallelen Ebenen einer kreiszylindrischen Anordnung

Auf zwei Ebenen $z = \pm a$ ist das Potential $V(\varrho, z = \pm a) = \pm V_0$ vorgegeben. Die Zylinderfläche $\varrho = c$ zwischen diesen Ebenen hat das Potential $V(\varrho = c, z) = 0$ für $|z| < a$. Zu berechnen ist das Potential $V(\varrho, z)$ im Bereich ($\varrho \geq c$; $|z| \leq a$).

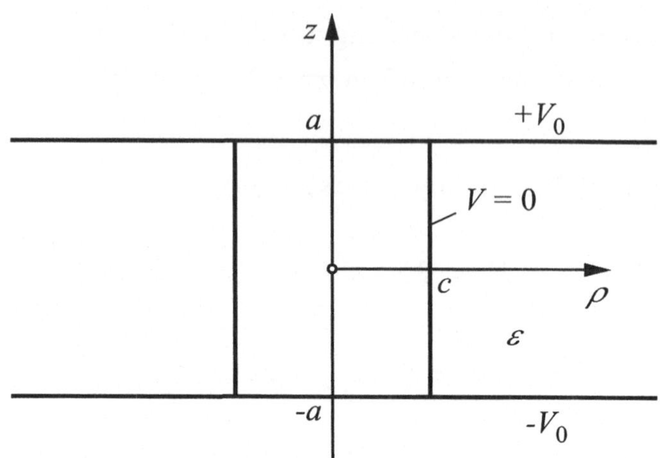

Es wird das Potential $V_s(\varrho, z) = V(\varrho, z) - V_0 z/a$ betrachtet, für das die Randbedingungen $V_s(\varrho, z = \pm a) = 0$ und $V_s(\varrho = c, z) = -V_0 z/a$ gelten.

Aus der Differentialgleichung $\Delta V_s = 0$ folgt wegen der Potentialvorgabe auf $\varrho = c$ als Funktion der Koordinate z der Ansatz

$$V_s(\varrho, z) = \sum_{n=1}^{\infty} A_n \frac{I_0(p_n \varrho)}{I_0(p_n c)} \sin(p_n z) .$$

Die Randbedingungen für V_s auf $z = \pm a$ ergeben

$$\sin(p_n a) = 0 \quad ; \quad p_n = n\pi/a \quad ; \quad n = 1, 2, 3, \ldots$$

und auf $\varrho = c$

$$-V_0 \, z/a = \sum_{n=1}^{\infty} A_n \sin(p_n z) .$$

Mit der Orthogonalitätseigenschaft der trigonometrischen Funktionen folgt

$$A_n \, a = -V_0 \int_{-a}^{a} \frac{z}{a} \sin(p_n z) \, dz \quad ; \quad A_n = -\frac{V_0}{(p_n a)^2} \int_{-p_n a}^{p_n a} x \sin(x) dx$$

$$A_n = \frac{2V_0}{p_n a} (-1)^n$$

und als Ergebnis

$$V(\varrho, z) = V_0 \left[\frac{z}{a} + 2 \sum_{n=1}^{\infty} \frac{(-1)^n}{p_n a} \frac{I_0(p_n \varrho)}{I_0(p_n c)} \sin(p_n z) \right] .$$

2.20 Dielektrischer Zylinder mit ortsabhängiger Flächenladung

Im Raum der Permittivität ε_0 ist der Zylinder $\varrho \leq a$ mit Material der Permittivität ε gefüllt. Auf seiner Oberfläche $\varrho = a$ befindet sich die ortsabhängige Flächenladung

$$\sigma(\varphi) = \begin{cases} \sigma_0 & |\varphi| < \varphi_0 \\ -\sigma_0 & \varphi_0 < \varphi < 2\pi - \varphi_0 \, . \end{cases}$$

Zu berechnen sind Potential und Feldstärke im gesamten Raum.

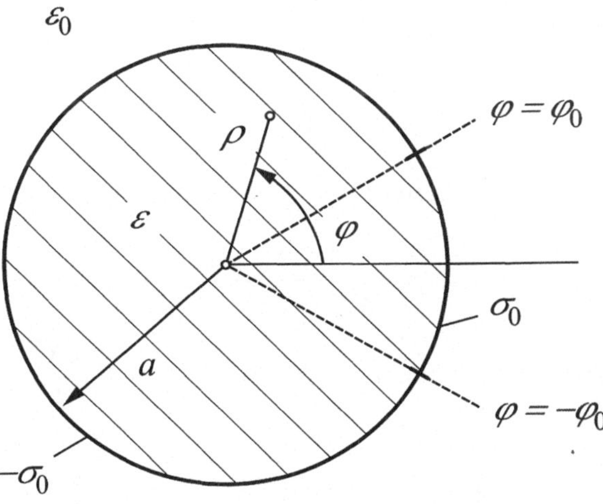

Die Lösung der Laplace-Gleichung $\Delta V = 0$ in $\varrho \neq a$ lautet hier

$$V(\varrho, \varphi) = C_0 \begin{Bmatrix} 1 \\ \ln \varrho / \ln a \end{Bmatrix} + \sum_{n=1}^{\infty} C_n \begin{Bmatrix} (\varrho/a)^n \\ (a/\varrho)^n \end{Bmatrix} \cos(n\varphi) ; \qquad \begin{matrix} \varrho \leq a \\ \varrho \geq a \end{matrix} .$$

Der Ansatz berücksichtigt bereits die Stetigkeit des Potentials auf der Zylinderfläche $\varrho = a$.

Die verbleibenden Konstanten werden aus der Bedingung für die Normalkomponente D_ϱ der elektrischen Flussdichte $\vec{D}$ auf der Zylinderfläche berechnet.

$$D_\varrho\big|_{\substack{\varrho>a\\ \varrho\to a}} - D_\varrho\big|_{\substack{\varrho<a\\ \varrho\to a}} = \sigma(\varphi)$$

$$\varepsilon \left.\frac{\partial V}{\partial \varrho}\right|_{\substack{\varrho<a\\ \varrho\to a}} - \varepsilon_0 \left.\frac{\partial V}{\partial \varrho}\right|_{\substack{\varrho>a\\ \varrho\to a}} = \sigma(\varphi)$$

$$-\varepsilon_0 \frac{C_0}{a \ln a} + \sum_{n=1}^{\infty} \frac{nC_n}{a}(\varepsilon + \varepsilon_0)\cos(n\varphi) = \sigma(\varphi)$$

Integration über die Koordinate φ von $\varphi = 0$ bis $\varphi = 2\pi$ liefert

$$C_0 = -\frac{a \ln a}{2\pi\varepsilon_0}\int_0^{2\pi} \sigma(\varphi)\,d\varphi \quad ; \quad C_0 = \frac{\sigma_0 a \ln a}{\varepsilon_0}\left[1 - 2\,\frac{\varphi_0}{\pi}\right] .$$

Mit der Orthogonalitätsrelation für die trigonometrischen Funktionen werden die Konstanten $C_n, n \geq 1$ berechnet.

$$\frac{nC_n}{a}\,\pi(\varepsilon + \varepsilon_0) = \int_0^{2\pi} \sigma(\varphi)\cos(n\varphi)d\varphi =$$

$$= \frac{\sigma_0}{n}\left[\sin(n\varphi)\big|_{-\varphi_0}^{\varphi_0} - \sin(n\varphi)\big|_{\varphi_0}^{2\pi-\varphi_0}\right]$$

$$C_n = \frac{4\sigma_0 a}{\pi(\varepsilon + \varepsilon_0)}\,\frac{\sin(n\varphi_0)}{n^2}$$

Für die elektrische Feldstärke $\vec{E} = -\operatorname{grad} V = -\vec{e}_\varrho \frac{\partial V}{\partial \varrho} - \frac{\vec{e}_\varphi}{\varrho}\frac{\partial V}{\partial \varphi} = \vec{e}_\varrho E_\varrho + \vec{e}_\varphi E_\varphi$ gilt

$$E_\varrho = -\left\{\begin{array}{c} 0 \\ C_0/(\varrho \ln a) \end{array}\right\} - \sum_{n=1}^{\infty} \frac{n}{a} C_n \left\{\begin{array}{c} (\varrho/a)^{n-1} \\ -(a/\varrho)^{n+1} \end{array}\right\} \cos(n\varphi) \quad ; \quad \begin{array}{c} \varrho < a \\ \varrho > a \end{array}$$

$$E_\varphi = \sum_{n=1}^{\infty} \frac{n}{a} C_n \left\{\begin{array}{c} (\varrho/a)^{n-1} \\ (a/\varrho)^{n+1} \end{array}\right\} \sin(n\varphi) \quad ; \quad \begin{array}{c} \varrho < a \\ \varrho > a \end{array} .$$

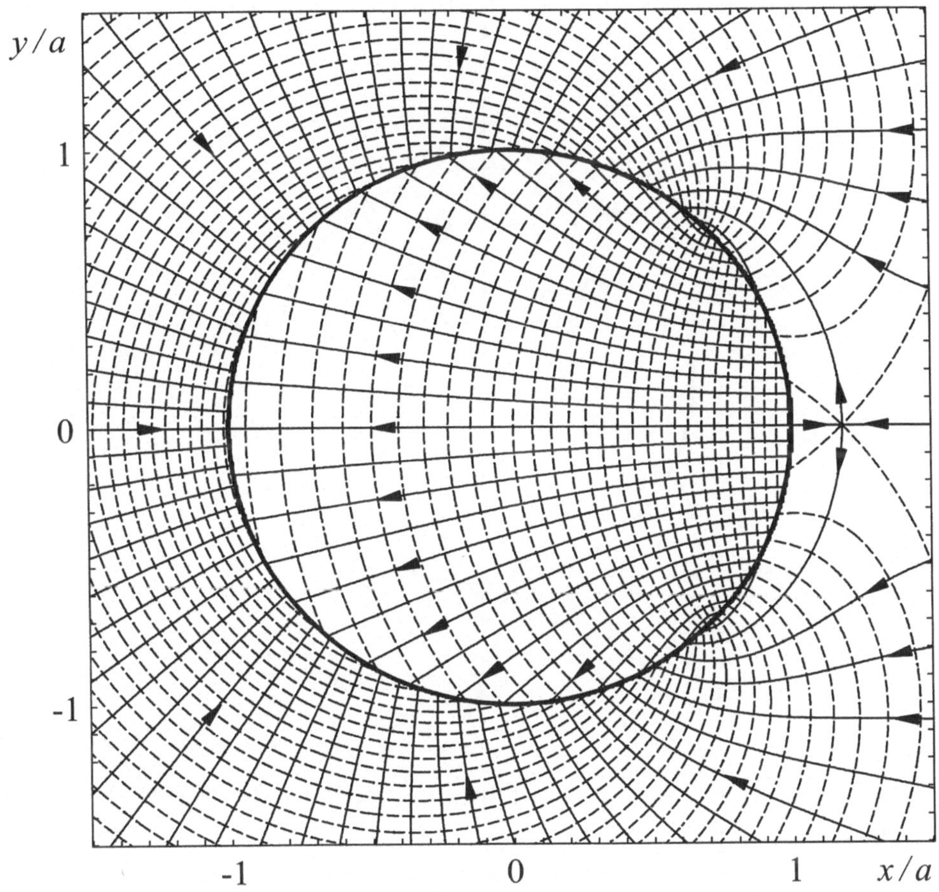

Bild 2.20–1: Elektrische Feldlinien und Äquipotentiallinien für $\varphi_0 = \pi/4$ und $\varepsilon/\varepsilon_0 = 3/2$

2.21 Potential und Feldstärke dipolbelegter Flächen

Die Kugelfläche $r = a$ ist im Bereich $0 \leq \vartheta < \vartheta_0$ mit einer radial gerichteten elektrischen Dipolmomentendichte $\vec{m} = \vec{r}/rm$ und im Bereich $\vartheta_0 < \vartheta \leq \pi$ mit der Dipolmomentendichte $\vec{m} = -\vec{r}/rm$ belegt. Der Betrag m und die Permittivität ε sind im gesamten Raum konstant. Zu berechnen sind Potential und Feldstärke auf der z-Achse.

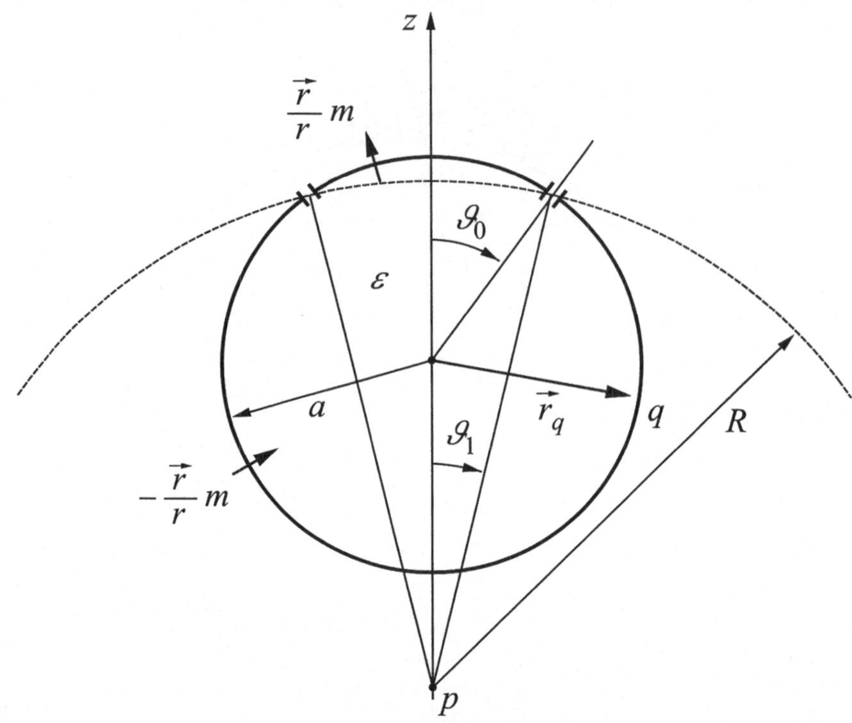

Das Potential einer homogenen Dipolmomentendichte in Richtung der Normale auf einer Fläche a_D ist gegeben durch

$$V(\vec{r}_p) = \frac{m}{4\pi\varepsilon}\int\limits_{a_D}\frac{\vec{r}}{r^3}\,d\vec{a}_D = \frac{m}{4\pi\varepsilon}\int\limits_{a_D}\vec{n}\frac{\vec{r}}{r^3}da_D = -\frac{m}{4\pi\varepsilon}\Omega\,; \quad \vec{r} = \vec{r}_p - \vec{r}_q$$

mit dem Raumwinkel Ω der Fläche a_D

$$\Omega = -\int\limits_{a_D}\vec{n}\,\vec{r}/r^3 da_D\,,$$

der der Fläche auf der Einheitskugel vom Radius 1 um den Aufpunkt p entspricht, die durch Projektion der Randkurve der Fläche a_D auf die Einheitskugel entsteht. Diese Überlegung zeigt, dass der Raumwinkel allein von der Randkontur der Fläche a_D und der Orientierung der Flächennormale $\vec{n}$ gegenüber dem Aufpunkt abhängt. Das Potential der Dipolschicht $\vec{r}/rm$ auf $r = a$ im Bereich $0 \leq \vartheta < \vartheta_0$ kann also auf der z-Achse im

Bereich $-\infty < z < a$ auch aus dem Raumwinkel einer Kugelkalotte berechnet werden, die den Radius R hat, die gleiche Randkontur wie die Fläche a_D besitzt und den Öffnungswinkel $2\vartheta_1$ hat. Für den Raumwinkel gilt somit in $z < a$

$$\Omega = -\int\limits_{a_D} \vec{n}\,\vec{r}/r^3 da_D = 2\pi(1-\cos\vartheta_1) = 2\pi\left[1 - \frac{-z + a\cos\vartheta_0}{R}\right]$$

$$R^2 = (-z + a\cos\vartheta_0)^2 + (a\sin\vartheta_0)^2 = z^2 + a^2 - 2az\cos\vartheta_0\,.$$

Für das Potential folgt

$$V(z) = -\frac{m}{2\varepsilon}\left[1 + Z_0/R\right] \quad ; \quad z < a \quad ; \quad Z_0 = z - a\cos\vartheta_0\,.$$

Im Bereich $z > a$ ist der Beitrag der Dipolschicht auf $r = a$ im Bereich $0 \le \vartheta < \vartheta_0$ wegen der bezüglich des Aufpunktes anderen Orientierung der Flächennormalen durch den Raumwinkel

$$\Omega = -2\pi\left[1 - Z_0/R\right] \quad ; \quad z > a$$

bestimmt und ergibt ein Potential

$$V = \frac{m}{2\varepsilon}\left[1 - Z_0/R\right] = V_0\left[1 - Z_0/R\right]/2 \quad ; \quad z > a\,.$$

Am Ort der Dipolschicht selbst erfährt das Potential einen Sprung der Größe

$$V\big|_{\substack{z>a\\ z\to a}} - V\big|_{\substack{z<a\\ z\to a}} = \frac{m}{2\varepsilon} - \left(-\frac{m}{2\varepsilon}\right) = \frac{m}{\varepsilon}\,.$$

Die Dipolschicht auf der Kalotte $r = a$ im Bereich $\vartheta_0 < \vartheta \le \pi$ mit der Dichte $-\vec{r}/r\,m$ liefert in analoger Rechnung die Potentialbeiträge

$$V = -\frac{m}{2\varepsilon}\left[1 + Z_0/R\right] = -V_0\left[1 + Z_0/R\right]/2 \quad ; \quad z < -a$$

und

$$V = \frac{m}{2\varepsilon}\left[1 - Z_0/R\right] = V_0\left[1 - Z_0/R\right]/2 \quad ; \quad z > -a\,.$$

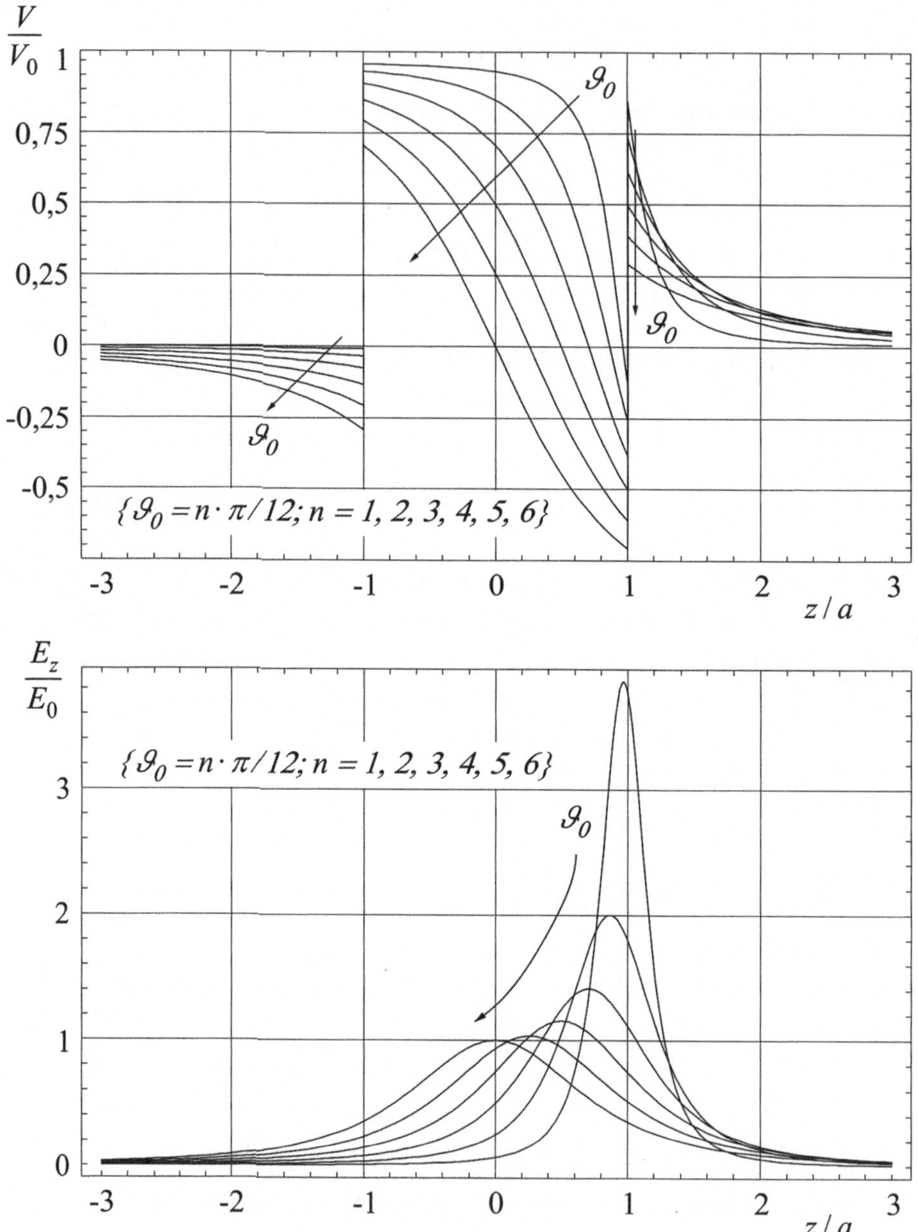

Bild 2.21–1: Potential V/V_0 und Feldstärke E_z/E_0 auf der Achse ($V_0 = m/\varepsilon$; $E_0 = m/(a\varepsilon)$)

Die Superposition der Beiträge liefert das Ergebnis

$$V(z) = -\frac{m}{\varepsilon} Z_0/R + \begin{cases} m/\varepsilon & ; \quad z > a \\ 0 & ; \quad -a < z < a \\ -m/\varepsilon & ; \quad z < -a\,. \end{cases}$$

Das elektrische Feld auf der z-Achse berechnet sich daraus zu

$$\vec{E} = -\operatorname{grad} V\,; \quad E_z(z) = -\frac{\partial V}{\partial z} = \frac{m}{\varepsilon}\frac{\partial}{\partial z}\left(\frac{Z_0}{R}\right)\,; \quad E_0 = \frac{V_0}{a}\,;\ z \neq \pm a$$

$$E_z = \frac{m}{\varepsilon}\left[\frac{1}{R} - (z - a\cos\vartheta_0)^2\,\frac{1}{R^3}\right] = E_0\frac{a}{R}\left[1 - \left(\frac{Z_0}{R}\right)^2\right]\,; \quad z \neq \pm a$$

2.22 Potentialvorgabe auf einer Kugelfläche

Auf der leitenden Kugelfläche $r = a$ ist im Bereich $0 \leq \vartheta < \vartheta_0$ das Potential V_0 und, davon getrennt, im Bereich $\vartheta_0 < \vartheta \leq \pi$ das Potential $-V_0$ vorgegeben. Zu berechnen ist das Potential im gesamten Raum und die Gesamtladung auf der Teilfläche $(r = a; 0 \leq \vartheta < \vartheta_0)$.

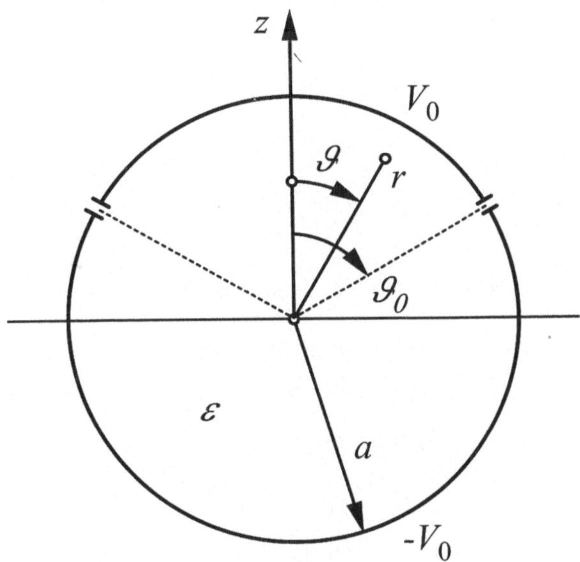

Die Lösungsfunktionen der Laplaceschen Differentialgleichung $\Delta V(r,\vartheta,\varphi) = 0$ in den Kugelkoordinaten (r,ϑ,φ) führen für das rotationssymmetrische Feld mit $\partial V/\partial\varphi = 0$ auf den Ansatz

$$V(r,\vartheta) = \sum_{n=0}^{\infty} A_n \left\{ \begin{array}{c} (r/a)^n \\ (a/r)^{n+1} \end{array} \right\} P_n(\cos\vartheta) \quad ; \quad \begin{array}{c} r \leq a \\ r \geq a \end{array} .$$

Da die Rotationsachse der Anordnung zu dem Gebiet gehört, in dem das Potential zu berechnen ist, kann die Funktion $Q_n(\cos\vartheta)$ nicht auftreten.

Mit der Substitution $u = \cos\vartheta, u_0 = \cos\vartheta_0$ und der Orthogonalitätseigenschaft der Legendre-Polynome $P_n(u)$ folgt

$$\sum_{n=0}^{\infty} A_n \int_{-1}^{1} P_n(u)P_k(u)du = V_0 \left[\int_{u_0}^{1} P_k(u)du - \int_{-1}^{u_0} P_k(u)du \right]$$

$$A_k \frac{2}{2k+1} = V_0 \left\{ \begin{array}{ll} -2u_0 & ; \quad k = 0 \\ \left. \dfrac{P_{k+1} - P_{k-1}}{2k+1} \right|_{u_0}^{1} - \left. \dfrac{P_{k+1} - P_{k-1}}{2k+1} \right|_{-1}^{u_0} & ; \quad k > 0 \end{array} \right.$$

$$A_0 = -u_0 V_0$$

$$\begin{aligned} A_n &= V_0/2\,[P_{n+1}(1) - P_{n-1}(1) + P_{n+1}(-1) - P_{n-1}(-1) \\ &- P_{n+1}(u_0) + P_{n-1}(u_0) - P_{n+1}(u_0) + P_{n-1}(u_0)] \; ; \quad n > 0 \\ P_n(+1) &= 1 \; ; \quad P_n(-1) = (-1)^n \\ A_n &= V_0\,[P_{n-1}(u_0) - P_{n+1}(u_0)] \quad ; \quad n > 0\,. \end{aligned}$$

Damit ist das Potential eindeutig bestimmt.

Die Ladung Q auf der Kugelkalotte $(r = a, u_0 < u < 1)$ ist gegeben durch das Integral der Normalkomponente der elektrischen Flussdichte über die innere und äußere Kalottenfläche.

$$Q = 2\pi \int_{u_0}^{1} \varepsilon \left(\left. \frac{\partial V}{\partial r} \right|_{\substack{r<a \\ r\to a}} - \left. \frac{\partial V}{\partial r} \right|_{\substack{r>a \\ r\to a}} \right) a^2 du$$

$$
\begin{aligned}
&= 2\pi\varepsilon a \left[\sum_{n=1}^{\infty}(2n+1)A_n \int_{u_0}^{1} P_n(u)du + \int_{u_0}^{1} A_0 P_0(u)du\right] \\
&= 2\pi\varepsilon a \left[V_0 u_0(u_0-1) + \sum_{n=1}^{\infty}(2n+1)A_n \frac{P_{n-1}(u_0)-P_{n+1}(u_0)}{2n+1}\right] \\
Q &= 2\pi\varepsilon a V_0 \left[u_0(u_0-1) + \sum_{n=1}^{\infty}\left[P_{n-1}(u_0)-P_{n+1}(u_0)\right]^2\right]
\end{aligned}
$$

Spezielle Werte sind

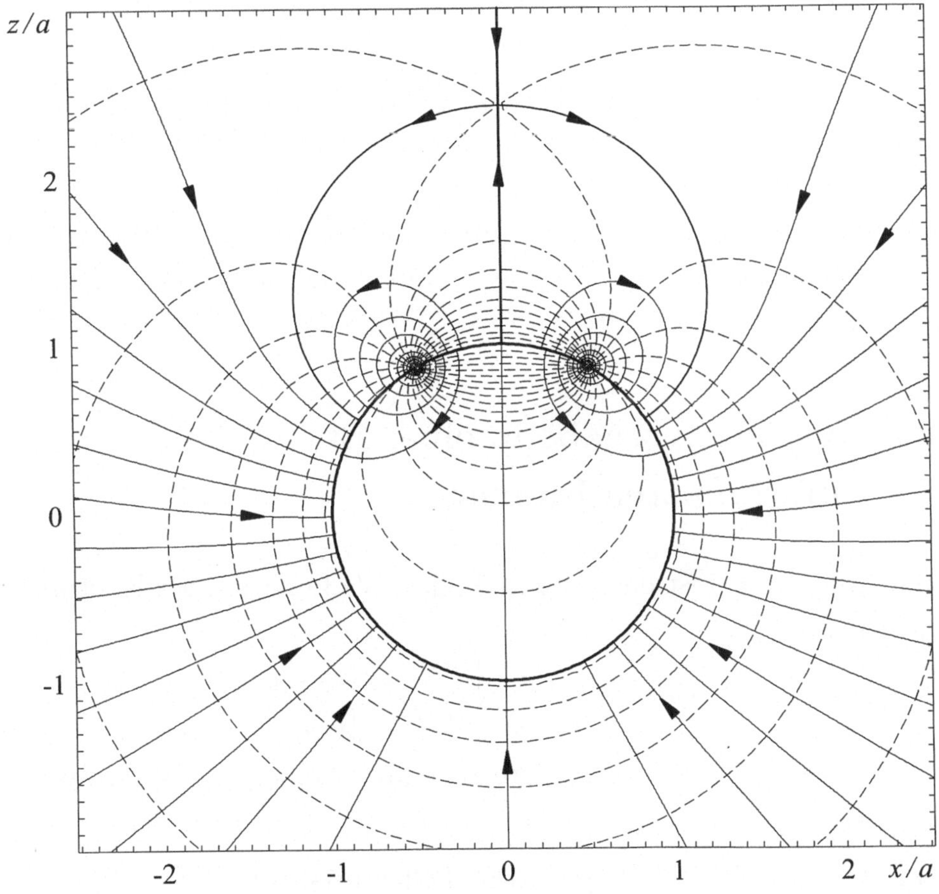

Bild 2.22–1: Äquipotential- und Feldlinien für $\vartheta_0 = \pi/6$.

$$Q\big|_{u_0=1} = 0 \quad ; \quad Q\big|_{u_0=-1} = 4\pi\varepsilon a V_0$$

$$Q\big|_{u_0=0} = 1/2\pi\varepsilon a V_0 \left[9 + \sum_{n=1}^{\infty}\left[\frac{1\cdot 3\cdot 5\ldots(2n-1)}{2\cdot 4\cdot 6\ldots 2n}\,\frac{4n+3}{n+1}\right]^2\right] .$$

Es gilt

$$P_{2n+1}(0) = 0 \quad ; \quad P_{2n}(0) = (-1)^n \frac{1\cdot 3\cdot 5\ldots(2n-1)}{2\cdot 4\cdot 6\ldots 2n} .$$

Aufteilung der Ladung auf den inneren (Q_i) und äußeren (Q_a) Bereich der Kugelkalotte ergibt

$$\begin{aligned} Q_i &= 2\pi\varepsilon a V_0 \sum_{n=1}^{\infty} \frac{n}{2n+1}\left[P_{n-1}(u_0) - P_{n+1}(u_0)\right]^2 \\ Q_a &= 2\pi\varepsilon a V_0 \left[u_0(u_0-1) + \sum_{n=1}^{\infty} \frac{n+1}{2n+1}\left[P_{n-1}(u_0) - P_{n+1}(u_0)\right]^2\right] \\ Q &= Q_i + Q_a . \end{aligned}$$

Die formale Rechnung führt hier zu Reihen, die nicht konvergieren. Ursache ist die Singularität der Feldstärke am Ort der Sprungstelle des Potentials.

2.23 Potentialvorgabe in einer Ebene des unbegrenzten Raumes

In der Ebene $y = 0$ ist das Potential allein als Funktion der Koordinate x vorgegeben

$$V(x, y=0) = \begin{cases} V_0 & ; \quad |x| < a \\ 0 & ; \quad |x| > a . \end{cases}$$

Zu berechnen ist das Potential im gesamten homogenen Raum der Permittivität ε.

Das Potential erfüllt die Laplacesche Differentialgleichung

$$\Delta V = \frac{\partial^2 V}{\partial x^2} + \frac{\partial^2 V}{\partial y^2} = 0 \quad ; \quad y \neq 0 \quad ; \quad \frac{\partial V}{\partial z} = 0 .$$

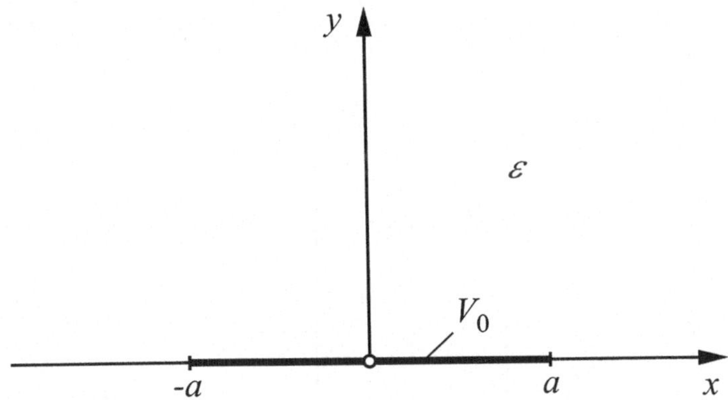

Wegen der Potentialvorgabe ist $V(x,y) = V(-x,y)$ und es gilt der Ansatz

$$V(x,y) = \int_0^\infty C(p)\cos(px)\exp(-p|y|)\,dp$$

mit der Spektralfunktion $C(p)$.

Der vorgegebene Potentialverlauf in $y = 0$ wird durch das Fourierintegral

$$2V_0/\pi \int_0^\infty 1/p\,\sin(pa)\cos(px)\,dp = \begin{cases} V_0\,; & |x| < a \\ 0\,; & |x| > a \end{cases}$$

beschrieben. Damit folgt für die Spektralfunktion

$$C(p) = \frac{2V_0}{p\pi}\sin(pa)\,,$$

das Potential

$$V(x,y) = 2V_0/\pi \int_0^\infty 1/p\,\sin(pa)\cos(px)\exp(-p|y|)dp$$

und die Feldstärke

$$\vec{E} = -\mathrm{grad}\,V = 2V_0/\pi \int_0^\infty \sin(pa)\,[\vec{e}_x\sin(px)+$$

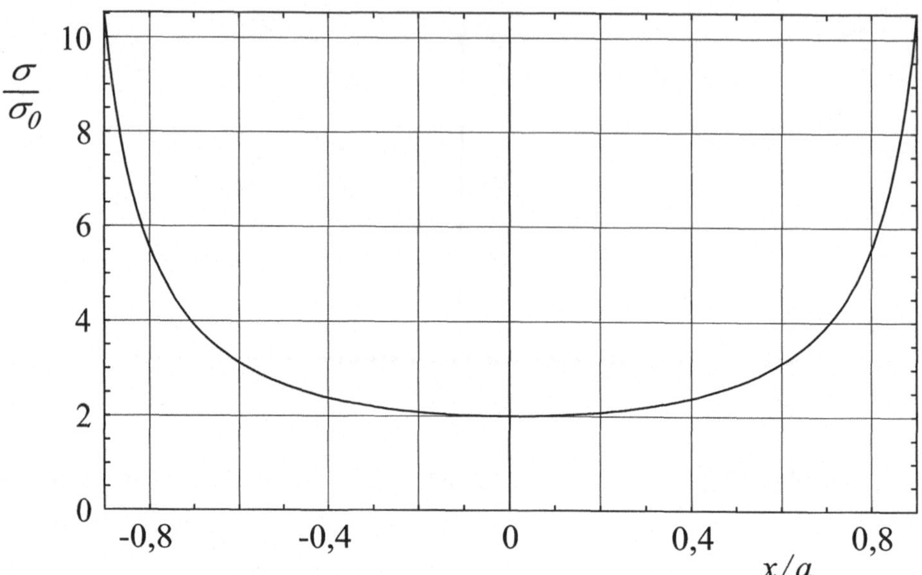

Bild 2.23–1: Ladungsdichte im Bereich $|x| < 0,9a$

$$+ \vec{e}_y \cos(px) \operatorname{sign}(y)] \exp(-p|y|)\, dp\,.$$

Die Integrale sind in diesem speziellen Fall geschlossen lösbar. Es folgt

$$V(x, y > 0) \;=\; \frac{V_0}{\pi} \left[\arctan((a-x)/y) + \arctan((a+x)/y)\right]\,.$$

Damit kann auch die Ladungsdichte $\sigma(x)$ einfach berechnet werden.

$$\sigma(x) \;=\; -\varepsilon \left.\frac{\partial V}{\partial y}\right|_{\substack{y\to 0\\ x\neq\pm a}} \;=\; \varepsilon \frac{V_0}{\pi}\left[\frac{1}{a-x} + \frac{1}{a+x}\right] \;=\; \frac{2\sigma_0}{1-(x/a)^2}\,; \quad \sigma_0 \;=\; \frac{\varepsilon V_0}{\pi a}$$

Das Integral für die längenbezogene Gesamtladung

$$Q/l \;=\; \int\limits_{-a}^{a} \sigma(x) dx$$

ist nicht beschränkt. Ursache ist der Sprung des Potentials in $x = \pm a$.

2.24 Flächenladung in der Grenzschicht zweier Dielektrika

In der Ebene $z = 0$, die zwei Halbräume der Permittivitäten ε_0 in $z > 0$ und ε in $z < 0$ trennt, befindet sich eine kreisförmige, homogene Flächenladung der Dichte $\sigma = Q/(\pi a^2)$ in $\varrho \leq a$.

Zu bestimmen sind Potential und Feldstärke auf der Symmetrieachse z. Der Grenzübergang $a \to 0$ bei konstanter Ladung Q (Punktladung in $(\varrho = 0\,; z = 0)$ ist zu untersuchen.

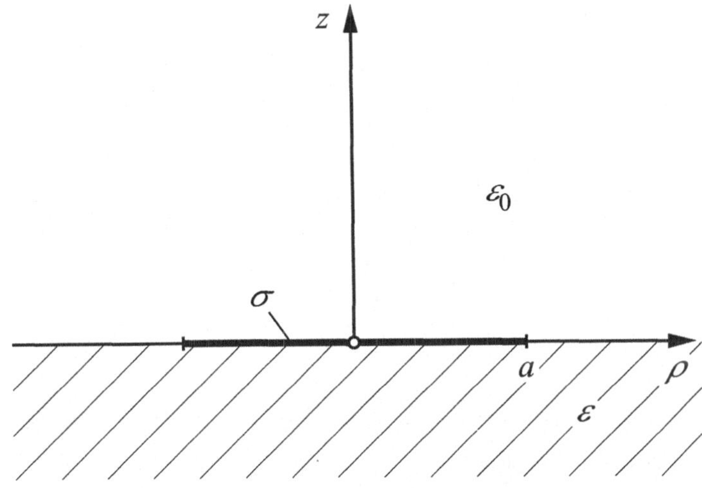

Befände sich die Flächenladung in einer Ebene $z = c > 0$, so könnte für die Berechnung des Potentials in $z \geq 0$ eine Ersatzladungsanordnung angegeben werden, bei der sich die gegebene Flächenladung in $z = c$ und eine Flächenladung $-k\sigma$ mit $k = (\varepsilon - \varepsilon_0)/(\varepsilon + \varepsilon_0)$ in $z = -c$ im homogenen Gesamtraum der Permittivität ε_0 befindet. In $z < 0$ kann das Potential dann aus einer Flächenladung $(1 - k)\sigma$ in $z = c$ berechnet werden. Für $c \to 0$ entsteht für die gegebene Aufgabenstellung eine Ersatzanordnung, bei der sich eine Flächenladung $(1 - k)\sigma$ in $z = 0$ im homogenen Gesamtraum der Permittivität ε_0 befindet.

Das Potential auf der z-Achse ist deshalb

$$V(z) = \frac{1}{4\pi\varepsilon_0} \int\limits_{a_S} \frac{(1-k)\sigma}{r}\, da_S = \frac{(1-k)Q}{4\pi^2\varepsilon_0 a^2} \int\limits_{\varphi=0}^{2\pi} \int\limits_{\varrho=0}^{a} \frac{\varrho\, d\varrho\, d\varphi}{\sqrt{z^2+\varrho^2}} =$$

$$= \frac{(1-k)Q}{2\pi\varepsilon_0 a^2} \int\limits_{\zeta=z^2}^{z^2+a^2} \frac{d\zeta}{2\sqrt{\zeta}}$$

$$V(z) = \frac{(1-k)Q}{2\pi\varepsilon_0 a^2} \left[\sqrt{z^2+a^2} - |z|\right] .$$

Die elektrische Feldstärke folgt mit

$$\vec{E} = -\operatorname{grad} V = \vec{e}_z E_z + \vec{e}_\varrho E_\varrho \quad ; \quad \vec{E}(\varrho = 0, z) = \vec{e}_z E_z = -\vec{e}_z \frac{\partial V}{\partial z}$$

zu

$$E_z = -\frac{\partial V}{\partial z} = -\frac{(1-k)Q}{2\pi\varepsilon_0 a^2} \left[\frac{z}{\sqrt{z^2+a^2}} \begin{matrix} -1 \\ +1 \end{matrix}\right] ; \quad \begin{matrix} z > 0 \\ z < 0 \end{matrix}$$

$$= -\frac{\sigma}{\varepsilon+\varepsilon_0} \left[\frac{z}{\sqrt{z^2+a^2}} \begin{matrix} -1 \\ +1 \end{matrix}\right] ; \quad \begin{matrix} z > 0 \\ z < 0 \end{matrix} .$$

Für die elektrische Flussdichte $\vec{D}$ muss im Bereich $\varrho < a$ der Flächenladung in $z = 0$ die Bedingung

$$\vec{e}_z \left(\vec{D}\Big|_{\substack{z>0 \\ z\to 0}} - \vec{D}\Big|_{\substack{z<0 \\ z\to 0}} \right) = \sigma = \varepsilon \left.\frac{\partial V}{\partial z}\right|_{\substack{z<0 \\ z\to 0}} - \varepsilon_0 \left.\frac{\partial V}{\partial z}\right|_{\substack{z>0 \\ z\to 0}}$$

erfüllt scin. Es gilt

$$\frac{(1-k)Q}{2\pi\varepsilon_0 a^2}(\varepsilon+\varepsilon_0) = \frac{Q}{2\pi\varepsilon_0 a^2}\left(1 - \frac{\varepsilon-\varepsilon_0}{\varepsilon+\varepsilon_0}\right)(\varepsilon+\varepsilon_0) = \frac{Q}{\pi a^2} = \sigma .$$

Beim Grenzübergang $a \to 0$ mit $Q = \text{const}$ erführe die Punktladung eine unendlich große Kraft. In einer Grenzschicht zweier Dielektrika ist also nur eine Flächenladung sinnvoll.

2.25 Kraft auf eine Punktladung im Feld einer Linienladung vor einer leitenden Kugel

Eine leitende Kugel vom Radius a mit dem Potential V_0 ist in der Äquatorialebene $z = 0$ konzentrisch von einer ringförmigen Linienladung λ_q vom Radius $b > a$ umgeben. Auf der z-Achse befindet sich im Abstand $c > a$ vom Mittelpunkt der Kugel eine Punktladung Q. Welches Potential muss die Kugel haben, damit auf die Ladung Q keine Kraft ausgeübt wird? Welche Ladung trägt die leitende Kugel? Der gesamte Raum hat die Permittivität ε.

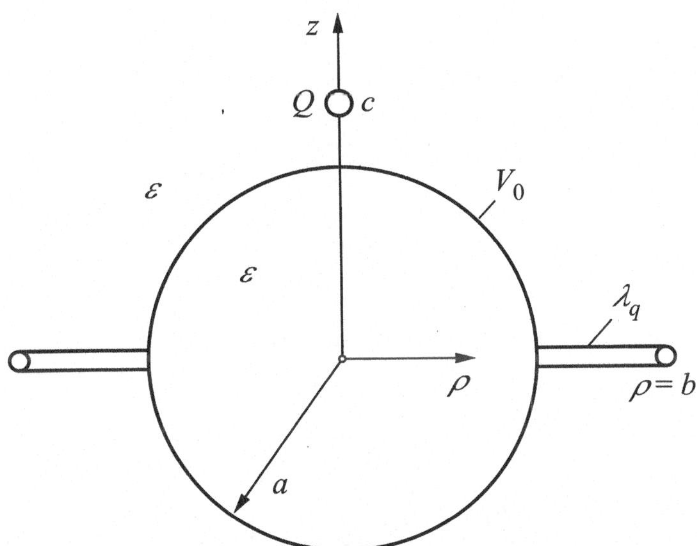

Zur Berechnung der Kraft muss die Feldstärke außerhalb der Kugel bekannt sein. Nach den Gesetzen der Spiegelung an einer leitenden Kugel mit vorgegebenem Potential oder vorgegebener Ladung kann dieses Feld außerhalb der Kugel aus einer Ladungsanordnung berechnet werden, die neben den erregenden Ladungen Q und λ_q die Punktladung $-(a/c)\,Q$ am Ort $z = a^2/c$, die Linienladung $-b/a\lambda_q$ auf einem Kreis vom Radius $\varrho = a^2/b$ in der Ebene $z = 0$ und die Punktladung $4\pi\,\varepsilon\,a\,V_0$ in $(\varrho = 0;\, z = 0)$

enthält.

Die Linienladung λ_q auf dem Kreis $\varrho = b$ in $z = 0$ erregt auf der z-Achse das Potential

$$V_1 = \frac{1}{4\pi\varepsilon} \int_s \frac{\lambda_q}{r}\, ds = \frac{1}{4\pi\varepsilon} \lambda_q \frac{2\pi b}{\sqrt{z^2 + b^2}} = \frac{\lambda_q}{2\varepsilon} \frac{b}{\sqrt{z^2 + b^2}}$$

und die Feldstärke

$$\vec{E}_1(\varrho = 0, z) = \vec{e}_z\, E_1(z) = -\vec{e}_z \frac{\partial V_1}{\partial z} \quad ; \quad E_1(z) = \frac{\lambda_q}{2\varepsilon} \frac{bz}{[z^2 + b^2]^{3/2}} \, .$$

Analog erhält man als Beitrag der Linienladung $-b/a\lambda_q$

$$E_2(z) = \frac{-\lambda_q b/a}{2\varepsilon} \frac{a^2/bz}{[z^2 + (a^2/b)^2]^{3/2}} = -\frac{\lambda_q}{2\varepsilon} \frac{az}{[z^2 + (a^2/b)^2]^{3/2}} \, .$$

Die Ladung $-Qa/c$ am Ort $z = a^2/c$ liefert die Feldstärke

$$E_3(z) = \frac{-Qa/c}{4\pi\varepsilon} \frac{1}{(z - a^2/c)^2}$$

und die Punktladung $4\pi\, \varepsilon\, a\, V_0$ in $(\varrho = 0\, ;\, z = 0)$ den Beitrag

$$E_4(z) = V_0\, a/z^2 \, .$$

Die gesamte auf die Punktladung Q in $z = c$ ausgeübte Kraft $\vec{F} = \vec{e}_z F$ ist dann

$$F = Q \left[\frac{\lambda_q c}{2\varepsilon} \left(\frac{b}{[c^2 + b^2]^{3/2}} - \frac{a}{[c^2 + (a^2/b)^2]^{3/2}} \right) + \right. \\ \left. - \frac{Qa/c}{4\pi\varepsilon} \frac{1}{(c - a^2/c)^2} + V_0\, a/c^2 \right] .$$

Sie verschwindet, wenn das Potential den Wert

$$V_0 = \frac{Q}{4\pi\varepsilon} \frac{c}{(c - a^2/c)^2} - \frac{\lambda_q c^3}{2\varepsilon} \left(\frac{b/a}{[c^2 + b^2]^{3/2}} - \frac{1}{[c^2 + (a^2/b)^2]^{3/2}} \right)$$

annimmt.

Die Kugel trägt die Ladung

$$Q_K = 4\pi\varepsilon\, a\, V_0 - Q\, a/c - 2\pi a\, \lambda_q \, .$$

2.26 Randfeld eines Plattenkondensators

Zwei leitende Beläge auf den Flächen ($y = \pm a\,;\ |x| < b >> a$) mit den Potentialen $\pm V_0$ bilden einen Kondensator. Das elektrische Feld in unmittelbarer Umgebung des Randes der Beläge ist zu berechnen.

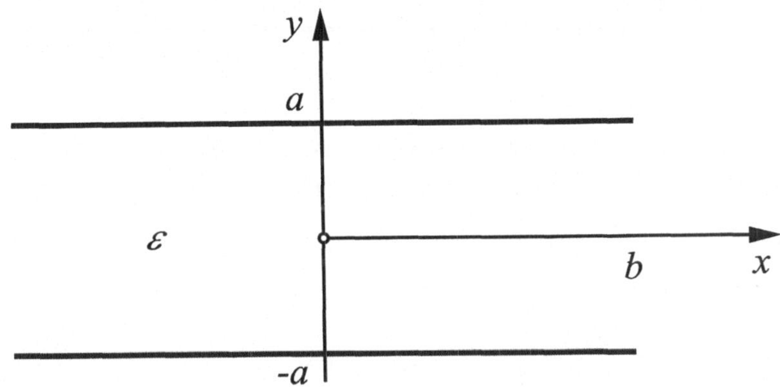

Für die Berechnung des Feldes wird der felderregte Raum zwischen den Belägen in der komplexen Ebene $z = x + jy$ mit der Schwarz-Christoffel-Transformation auf einen Halbraum $u \geq 0$ der komplexen Ebene $w = u + jv$ konform abgebildet. Die Abbildung kann auf den Raum $y \geq 0$ beschränkt werden, weil die Ebene $y = 0$ eine Symmetrieebene $V = 0$ ist. Wegen $b >> a$ kann angenommen werden, dass sich beide Beläge einseitig in das Unendliche erstrecken. Der Ursprung des Koordinatensystems wird zweckmäßig wie in der Skizze angegeben verlegt. Mit der angegebenen Zuordnung der Punkte in der z- und w-Ebene kann die allgemeine Abbildungsfunktion für eine Kontur mit n Ecken der Winkel α_λ

$$z(w) = \underline{C}_1 \int \prod_{\lambda=1}^{n-1} (w - u_\lambda)^{-\alpha_\lambda} dw + \underline{C}_2$$

für eine Kontur mit 3 Ecken angegeben werden:

$$\begin{aligned} z(w) &= \underline{C}_1 \int (w+1)^1\, w^{-1}\, dw + \underline{C}_2 \\ &= \underline{C}_1 [w + \ln(w)] + \underline{C}_2 \,. \end{aligned}$$

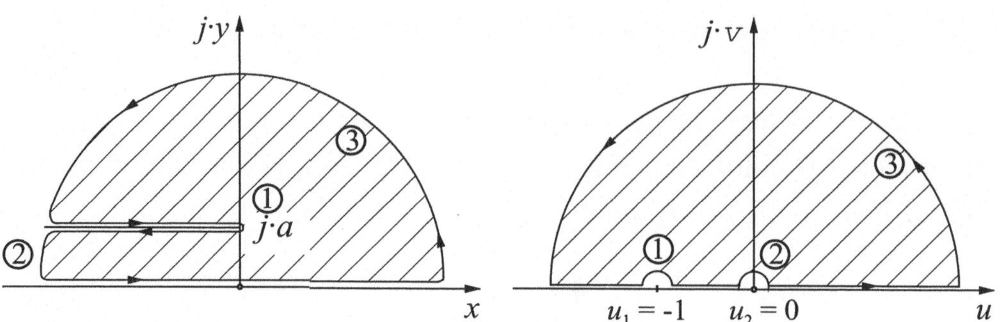

Die zwei reellen Werte u_1 und u_2 konnten frei zu $u_1 = -1$ und $u_2 = 0$ gewählt werden. Die letzte Ecke liegt im Unendlichen der w-Ebene. Die Konstanten $\underline{C}_1$ und $\underline{C}_2$ müssen aus der Zuordnung der Punkte der z- und w-Ebene bestimmt werden.

$$z(w=-1) = ja = \underline{C}_1\,[-1+\ln(-1)] + \underline{C}_2 = \underline{C}_1[j\pi - 1] + \underline{C}_2$$

Bei der Zuordnung der Punkte 2 ist über zugehörige Strecken zu integrieren. In der w-Ebene erfolgt die Integration über einen Halbkreis mit dem Radius $\varrho \to 0$ um den Punkt $w = 0$ in der Richtung, in der die Kontur durchlaufen wird. In der z-Ebene entspricht dieser Weg der Integration vom Punkt $ja - c$ zum Punkt $-c$ mit $c \to \infty$.

$$\int\limits_{ja-c}^{-c} dz = \underline{C}_1 \int\limits_{\varphi=\pi}^{0} \frac{w+1}{w} dw \quad ; \quad w = \varrho \exp(j\varphi) \quad ; \quad dw = \varrho \exp(j\varphi)\, j d\varphi$$

$$-ja = \underline{C}_1 \int\limits_{\varphi=\pi}^{0} \frac{1+\varrho \exp(j\varphi)}{\varrho \exp(j\varphi)} \varrho \exp(j\varphi)\bigg|_{\varrho\to 0} j d\varphi = \underline{C}_1(-j\pi)$$

$$\underline{C}_1 = \underline{C}_2 = a/\pi \quad ; \quad z(w) = \frac{a}{\pi}\,[1 + w + \ln(w)]$$

Damit ist die Abbildung vollzogen. Das Bild der Kontur der z-Ebene entspricht der reellen Achse der w-Ebene mit dem Potential $V = V_0$ in $u < 0$ und dem Potential $V = 0$ in $u > 0$. Diese Potentialvorgabe erregt ein rotationssymmetrisches Feld in der w-Ebene mit Äquipotentialflächen

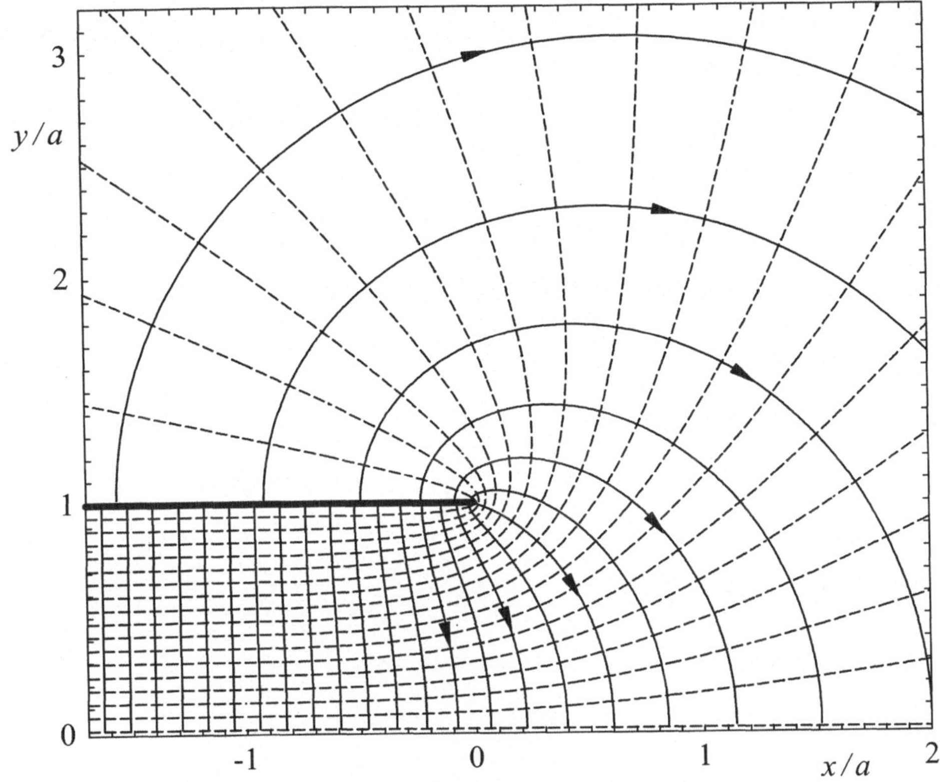

Bild 2.26–1: Äquipotential- und Feldlinien

$\arg(w) = \text{const}$. Es wird von einer in $w = 0$ gedachten Linienladung λ_q erregt, der das komplexe Potential

$$\underline{P}_e(w) = -j \frac{\lambda_q}{2\pi\varepsilon} \ln(w) \quad \text{mit} \quad V(u,v) = \text{Re}\,\{\underline{P}_e(w)\} = \frac{\lambda_q}{\varepsilon} \frac{\varphi}{2\pi}$$

zugeordnet wird. Mit $V(u > 0, v = 0) = 0$ und $V(u < 0, v = 0) = V_0$ folgt als Resultat

$$\underline{P}_e(w) = -j \frac{V_0}{\pi} \ln(w) \,.$$

Die Rücktransformation ergibt das komplexe Potential $\underline{P}_e(w(z)) = \underline{P}_e(z)$. Leider ist es hier, wie in vielen Fällen nicht möglich, die Umkehrfunktion $w(z)$ in die explizite Form zu bringen. Die Rücktransformation ist dann punktweise numerisch durchzuführen.

Die komplexe elektrische Feldstärke $\underline{E}(z) = E_x(x,y) + j\,E_y(x,y)$ ist aus dem Potential zu berechnen.

$$\begin{aligned}\underline{E}(z) &= -\left(\frac{d\underline{P}_e}{dz}\right)^* = -\left(\frac{d\underline{P}_e}{dw}\frac{dw}{dz}\right)^* = -\left(\frac{d\underline{P}_e(w)}{dw}\right)^* \frac{1}{(dz/dw)^*} \\ &= -\left(-j\,\frac{V_0}{\pi}\frac{1}{w}\right)^* \frac{1}{a/\pi(1+1/w^*)} = -j\,\frac{V_0}{a}\frac{1}{1+w^*(z)} = E_x + j\,E_y\end{aligned}$$

3. Stationäres Strömungsfeld

3.1 Radiale Einströmung in einen leitenden Zylinder

Auf der Oberfläche eines Zylinders $\varrho \leq a$ der Leitfähigkeit κ ist die radiale Komponente E_ϱ der elektrischen Feldstärke vorgegeben.

$$E_\varrho(\varrho = a) = E_0 \begin{cases} \cos(k\varphi) & ; \quad |\varphi| < \pi/3 \\ 0 & ; \quad \pi/3 \leq \varphi \leq 5\pi/3 \end{cases}$$

Für welche Werte k ist das Problem wohldefiniert? Zu berechnen ist die Stromverteilung im Raum $\varrho \leq a$ und die im Zylinder pro Längeneinheit umgesetzte Leistung.

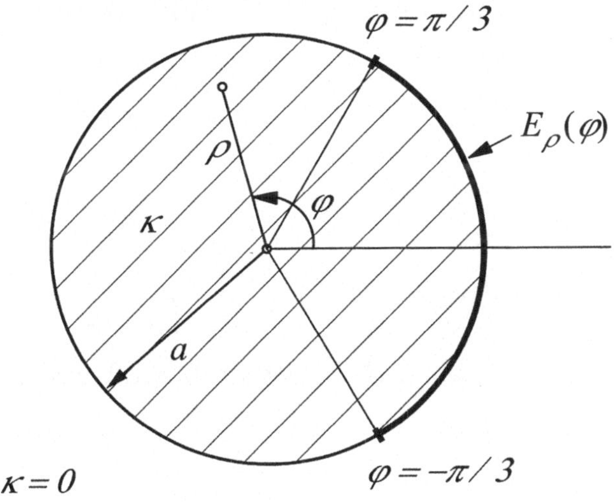

Das stationäre Strömungsfeld $\vec{J}(\vec{r}) = \kappa\vec{E} = -\kappa \operatorname{grad} V$ kann durch das Potential $V(\vec{r})$ mit $\Delta V = 0$ beschrieben werden. Auf der Oberfläche des leitenden Zylinders ist die Normalableitung $\partial V/\partial n$ des Potentials vorgegeben. Da das Gebiet quellenfrei ist, muss die Normalableitung die Bedingung

$$\int\limits_{\varphi=0}^{2\pi} \left.\frac{\partial V}{\partial n}\right|_{\varrho=a} a d\varphi = 0 = \int\limits_{0}^{2\pi} \left.\frac{\partial V}{\partial \varrho}\right|_{\varrho=a} a d\varphi = -E_0 \int\limits_{\varphi=-\pi/3}^{\pi/3} \cos(k\varphi)\, a\, d\varphi = 0$$

erfüllen. Diese Bedingung ist für Werte $k = 3p$; $p = 1, 2, 3, \ldots$ erfüllt.

Der Ansatz für das Potential lautet

$$V(\varrho, \varphi) = A_0 + \sum_{n=1}^{\infty} A_n (\varrho/a)^n \cos(n\varphi) \quad ; \quad \varrho \leq a\,,$$

das die Randbedingung

$$E_\varrho|_{\varrho=a} = -\left.\frac{\partial V}{\partial \varrho}\right|_{\varrho=a} = -\sum_{n=1}^{\infty} n A_n / a \cos(n\varphi) = E_0 \begin{cases} \cos(3p\varphi)\ ;\ |\varphi| < \pi/3 \\ 0\ ;\ \pi/3 \leq \varphi \leq 5\pi/3 \end{cases}$$

zu erfüllen hat. Wegen der Orthogonalitätseigenschaft der trigonometrischen Funktionen folgt nach Multiplikation mit $\cos(m\varphi)$ und Integration

$$-m\pi\, A_m / a = E_0 \int\limits_{-\pi/3}^{\pi/3} \cos(3p\varphi)\, \cos(m\varphi) d\varphi$$

$$A_n = -\frac{aE_0}{n\pi} \begin{cases} \pi/3; & n = 3p \\ \dfrac{\sin((3p-n)\pi/3)}{3p-n} + \dfrac{\sin((3p+n)\pi/3)}{3p+n}; & n \neq 3p \end{cases} .$$

Die Konstante A_0 bleibt beim Randwertproblem 2. Art unbestimmt.

Die Stromdichte ist damit

$$\vec{J} = -\frac{\kappa}{a} \sum_{n=1}^{\infty} n A_n (\varrho/a)^{n-1} \left(\vec{e}_\varrho \cos(n\varphi) - \vec{e}_\varphi \sin(n\varphi)\right).$$

Die im Längenabschnitt l des Zylinders umgesetzte Leistung ist

$$P_v / l = \int\limits_v \vec{J}\,\vec{E}\, dv / l =$$

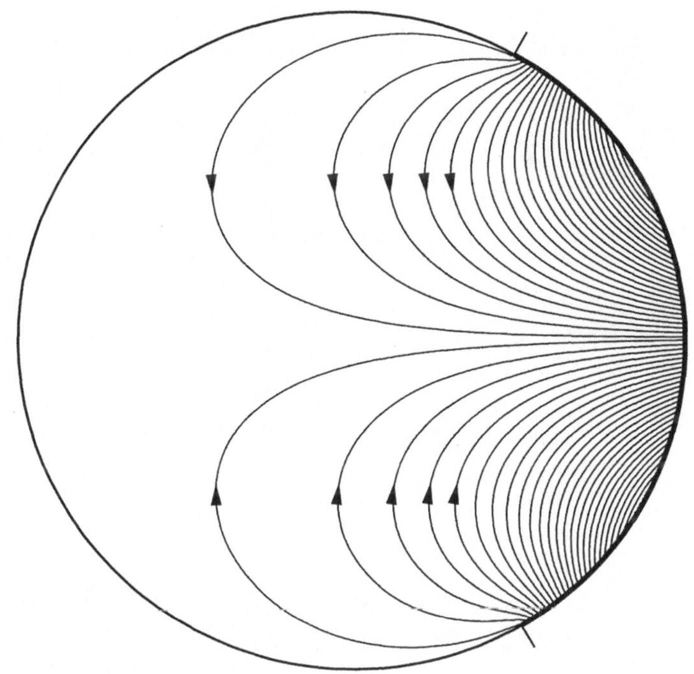

Bild 3.1–1: Stromlinien bei $k = 3$

$$= \frac{1}{\kappa}\left(\frac{\kappa}{a}\right)^2 \sum_{n=1}^{\infty} n^2 A_n^2 \int\limits_{\varrho=0}^{a} (\varrho/a)^{2n-2} \varrho d\varrho \int\limits_{\varphi=0}^{2\pi} (\cos^2(n\varphi) + \sin^2(n\varphi))d\varphi\,.$$

$$P_v/l = \kappa\pi \sum_{n=1}^{\infty} n A_n^2\,.$$

3.2 Stationäres Strömungsfeld um eine Hohlkugel

In einem Raum der Leitfähigkeit κ, in dem ursprünglich ein homogenes Strömungsfeld mit der Stromdichte $\vec{J}_0 = -\vec{e}_z\, J_0$ existierte, wird ein kugelförmiger nichtleitender Bereich mit dem Radius a der Permittivität ε_0 ausgespart. Zu berechnen sind Potential und Feldstärke im gesamten Raum und die Ladungsdichte auf der Kugeloberfläche.

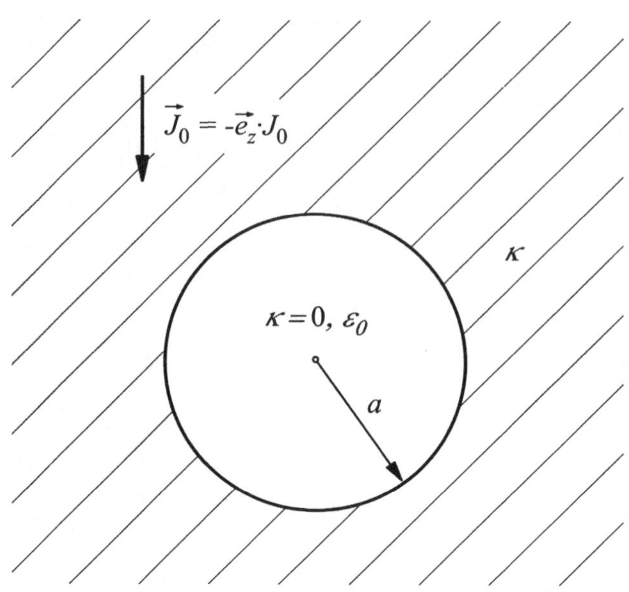

Das ursprünglich homogene Strömungsfeld

$$\vec{J}_0 = -\vec{e}_z\, J_0 = -\vec{e}_z\, \kappa\, E_0 = -\kappa\, \text{grad}\, V_0 = -\vec{e}_z\, \kappa \frac{\partial V_0}{\partial z}$$

wird durch das Potential $V_0 = E_0 z = E_0\, r\, \cos\vartheta$ beschrieben.

Das Potential der resultierenden Anordnung

$$V = V_0 + V_s \quad \text{mit} \quad \Delta V_s = 0$$

lautet dann

$$V = \begin{cases} V_0 + \sum\limits_{n=0}^{\infty} A_n\, (a/r)^{n+1}\, P_n(\cos\vartheta) & ;\ r \geq a \\ \sum\limits_{n=0}^{\infty} B_n\, (r/a)^n\, P_n(\cos\vartheta) & ;\ r \leq a \end{cases} .$$

Da das ursprünglich homogene Feld allein durch das Potential

$$V_0 = E_0\, a \left(\frac{r}{a}\right) P_1(\cos\vartheta)$$

bestimmt ist, reduziert sich der obige Ansatz auf die Funktionen mit $n = 1$:

$$V(r, \vartheta) = \begin{cases} V_0 + A\, (a/r)^2 \cos\vartheta & ;\ r \geq a \\ B\, r/a \cos\vartheta & ;\ r \leq a \end{cases} .$$

Im Raum $r \geq a$ müssen die Stromlinien an der Grenze zum nichtleitenden Bereich tangential verlaufen. Die Normalableitung des Potentials muss also auf der Kugelfläche $r = a$ verschwinden

$$\left.\frac{\partial V}{\partial r}\right|_{r>a, r\to a} = (E_0 - 2A/a)\cos\vartheta = 0 \to A = \frac{a\,E_0}{2}\,,$$

und das Potential selbst muss stetig sein.

$$E_0\,a + A = B \quad ; \quad B = \frac{3}{2}\,a\,E_0\,.$$

Damit gilt

$$V(r,\vartheta) = a\,E_0 \left\{ \begin{array}{l} r/a + 1/2\ (a/r)^2 \\ 3/2\,r/a \end{array} \right\} \cos\vartheta \quad ; \quad \begin{array}{r} r \geq a \\ r \leq a\,. \end{array}$$

Im Raum $r < a$ gilt für die elektrische Feldstärke

$$\vec{E} = -\text{grad}\ V|_{r<a} = -\vec{e}_z\,\frac{\partial}{\partial z}\,E_0\,\frac{3}{2}\,(r\,\cos\vartheta) = -\vec{e}_z\,\frac{3}{2}\,E_0\,.$$

In $r < a$ bleibt also ein homogenes Feld erhalten.

Die Ladungsdichte auf $r = a$ folgt aus der Normalableitung des Potentials $V|_{r<a}$ zu

$$\sigma = -\varepsilon_0 \left.\frac{\partial V}{\partial n}\right|_{r=a} = \varepsilon_0 \left.\frac{\partial V}{\partial r}\right|_{r=a} = \varepsilon_0\,\frac{3}{2}\,E_0\,\cos\vartheta\,.$$

Die Stromdichte $\vec{J} = -\kappa\,\text{grad}\ V$ in $r > a$ ist

$$\begin{aligned} \vec{J} &= -\kappa\,E_0\left[(\vec{e}_r\cos\vartheta - \vec{e}_\vartheta\sin\vartheta) - (a/r)^3(\vec{e}_r\cos\vartheta + 1/2\vec{e}_\vartheta\sin\vartheta)\right] \\ &= -J_0\left[\vec{e}_z - (a/r)^3(\vec{e}_r\cos\vartheta + 1/2\vec{e}_\vartheta\sin\vartheta)\right]\,. \end{aligned}$$

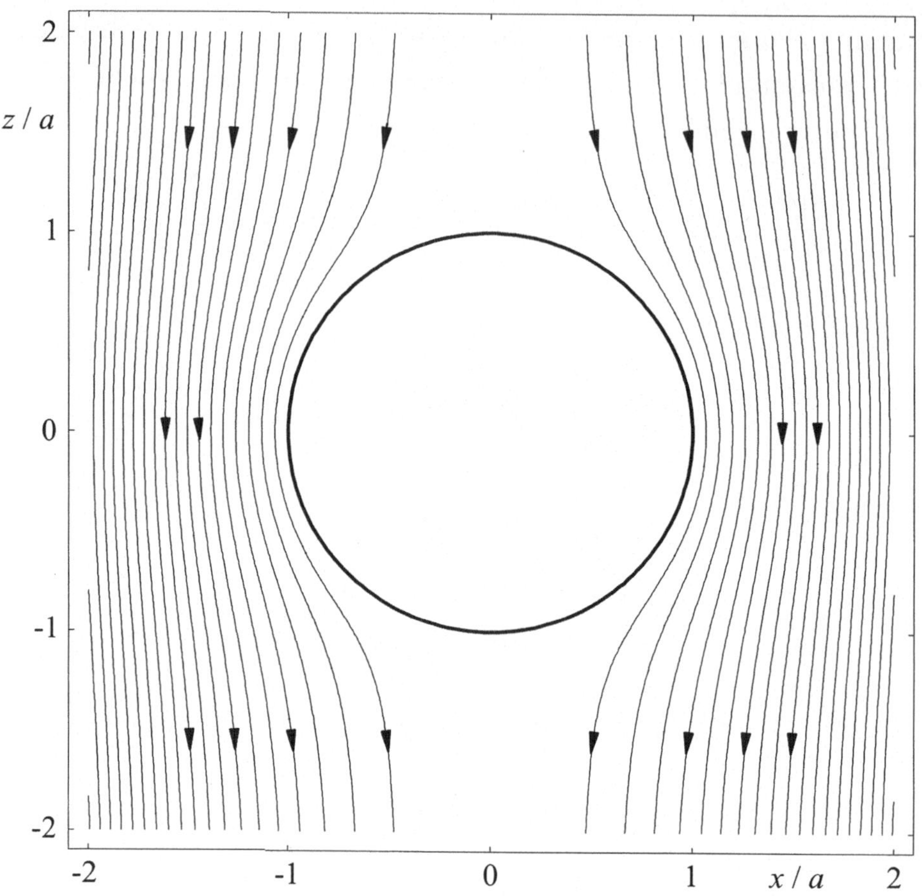

Bild 3.2–1: Stromlinien

3.3 Strömungsfeld in einem rechteckigen Massivzylinder

Einem unendlich langen Massivzylinder mit rechteckigem Leiterquerschnitt der Fläche $a \cdot b$ und der Leitfähigkeit κ wird über zwei perfekt leitende Schneiden der Breite $2s << b < a$ pro axiale Längeneinheit der Strom I/l zugeführt bzw. entnommen. Zu berechnen sind das Strömungsfeld, die Verlustleistung P_v/l und der Widerstand $R/l = P_v/(lI^2)$.

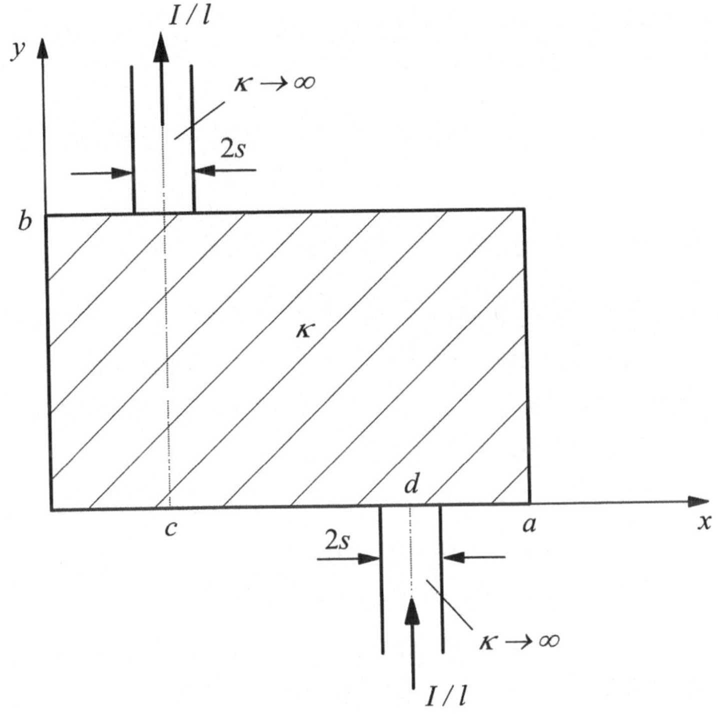

Auf dem Rand des rechteckigen Gebietes ist außerhalb der Schneiden die Normalableitung des Potentials $\partial V/\partial n = 0$ vorgegeben. Im Bereich der Schneiden ist das Potential wegen der perfekten Leitfähigkeit konstant. Damit liegt ein gemischtes Randwertproblem vor. Wegen $2s << b$ kann aber angenommen werden, dass im Bereich der Schneiden die Normalableitung des Potentials näherungsweise konstant ist. Damit gilt auf $y = b$ für die Normalkomponente der Stromdichte

$$J_n = \frac{I/l}{2s} = -\kappa\frac{\partial V}{\partial n} = -\kappa\frac{\partial V}{\partial y} \quad ; \quad \left.\frac{\partial V}{\partial y}\right|_{y=b} = -\frac{I/l}{2\kappa s} \quad ; \quad |x-c| < s$$

und auf $y = 0$

$$J_n = -\frac{I/l}{2s} = -\kappa\frac{\partial V}{\partial n} = \kappa\frac{\partial V}{\partial y} \quad ; \quad \left.\frac{\partial V}{\partial y}\right|_{y=0} = -\frac{I/l}{2\kappa s} \quad ; \quad |x-d| < s\,.$$

Es liegen homogene Randbedingungen für die Normalableitung des Potentials in der Koordinate x vor. Unter weiterer Berücksichtigung der zu erfüllenden Randbedingungen auf den Flächen $y = 0$ und $y = b$ lautet der Ansatz für das Potential zweckmäßig

$$V(x,y) = A_0 + B_0 y + \sum_{n=1}^{\infty} \frac{\cos(n\pi x/a)}{\sinh(n\pi b/a)} \cdot$$

$$\cdot \left[A_n \cosh(n\pi y/a) + B_n \cosh(n\pi(y-b)/a)\right] ,$$

da mit rot $\vec{E} = 0$; div $\vec{J} = 0$ und $\vec{J} = \kappa\vec{E}$ das Potential V die Laplacesche Gleichung $\Delta V = 0$ erfüllen muss. Der Ansatz erfüllt bereits die homogenen Randbedingungen $\partial V/\partial x|_{x=0,a} = 0$. Die Normalableitung des Potentials $\partial V/\partial y$ ist auf $y = b$ wie folgt vorgegeben.

$$\left.\frac{\partial V}{\partial y}\right|_{y=b} = B_0 + \sum_{n=1}^{\infty} \cos(n\pi x/a)\,(n\pi/a)\,A_n = \begin{cases} -I/(2\kappa s l) & ; \; |x-c| < s \\ 0 & ; \; |x-c| \geq s \end{cases}$$

Aufgrund der Orthogonalität der trigonometrischen Funktionen folgt nach Multiplikation mit $\cos(m\pi x/a)$ und Integration

$$B_0 a = -\frac{I/l}{2\kappa s} 2s \quad ; \quad A_m(m\pi/a)\,a/2 = -\frac{I/l}{2\kappa s} \int_{c-s}^{c+s} \cos(m\pi x/a)dx$$

$$B_0 = -\frac{I/l}{\kappa a} \quad ; \quad A_n = -\frac{2I/l}{\kappa n\pi} \cos(n\pi c/a) \frac{\sin(n\pi s/a)}{n\pi s/a} .$$

In analoger Rechnung ergibt sich aus der Vorgabe der Normalableitung auf der Fläche $y = 0$

$$\left.\frac{\partial V}{\partial y}\right|_{y=0} = B_0 - \sum_{n=1}^{\infty} \cos(n\pi x/a)\,B_n\,(n\pi/a) = \begin{cases} -I/(2\kappa s l) & ; \; |x-d| < s \\ 0 & ; \; |x-d| \geq s \end{cases}$$

Man erhält die gleiche Beziehung für B_0, und für die Konstanten B_n ergibt sich

$$B_n = \frac{2I/l}{\kappa n\pi} \cos(n\pi d/a) \frac{\sin(n\pi s/a)}{n\pi s/a} .$$

Die Konstante A_0 bleibt unbestimmt.

Für die Verlustleistung P_v/l gilt

$$P_v/l = \int\limits_{y=0}^{b} \int\limits_{x=0}^{a} \vec{J}\vec{E} dx\, dy = \kappa \int\limits_{y=0}^{b} \int\limits_{x=0}^{a} (\operatorname{grad} V)^2\, dx\, dy\,.$$

Mit dem 2. Greenschen Satz kann dieses Flächenintegral in ein Integral über die Randkontur C des Leiters umgeformt werden.

$$P_v/l = \kappa \oint\limits_C V \frac{\partial V}{\partial n} ds = \kappa V(x = c\,, y = b) \int\limits_{c-s}^{c+s} \frac{\partial V}{\partial n} dx +$$

$$+\kappa V(x = d,\; y = 0) \int\limits_{d-s}^{d+s} \frac{\partial V}{\partial n} dx$$

$$P_v/l = V(x = c, y = b) \underbrace{\int\limits_{c-s}^{c+s} \kappa \frac{\partial V}{\partial y} dx}_{-I/l} + V(x = d, y = 0) \underbrace{\int\limits_{d-s}^{d+s} \left(-\kappa \frac{\partial V}{\partial y}\right) dx}_{I/l}$$

$$P_v/l = I/l\,[V(x = d, y = 0) - V(x = c, y = b)] = I/l \cdot U = I^2R/l$$

$$P_v/l = I/l \left[-B_0 b + \sum_{n=1}^{\infty} \frac{\cos(n\pi d/a)}{\sinh(n\pi b/a)}(A_n + B_n \cosh(n\pi b/a)) + \right.$$

$$\left. - \frac{\cos(n\pi c/a)}{\sinh(n\pi b/a)}(A_n \cosh(n\pi b/a) + B_n)\right]$$

Dieses Ergebnis erhält man auch aus dem Flächenintegral nach längerer Rechnung.

Im Grenzfall linienförmiger Einspeisung ergibt sich mit $s \to 0$ und $\lim\limits_{x \to 0} \sin(x)/x = 1$

$$A_n|_{s\to 0} = -\frac{2I/l}{\kappa n\pi} \cos(n\pi c/a) \quad ; \quad B_n|_{s\to 0} = \frac{2I/l}{\kappa n\pi} \cos(n\pi d/a)$$

das zugehörige Potential und Strömungsfeld. Die Reihen für die Verlustleistung bzw. den Widerstand divergieren jedoch, d. h. der Widerstand wächst mit $s \to 0$ unbeschränkt.

3.4 Strömungsfeld in einem Zylinder mit Stromzuführung über Schneiden

Auf der Oberfläche eines unendlich langen Zylinders vom Radius $\varrho = a$ und der Leitfähigkeit κ werde über zwei perfekt leitende, in axialer Richtung unendlich ausgedehnte Schneiden der Breite $2c \ll a$ pro axiale Längeneinheit l ein Strom I in der Halbebene $\varphi = \varphi_0$ zugeführt und in der Halbebene $\varphi = 0$ entnommen. Zu berechnen ist das Strömungsfeld der ebenen Anordnung und der längenbezogene Widerstand. Für den Grenzfall $c \longrightarrow 0$ ist das Strömungsfeld aus einer Ersatzanordnung mit Linienquellen zu bestimmen.

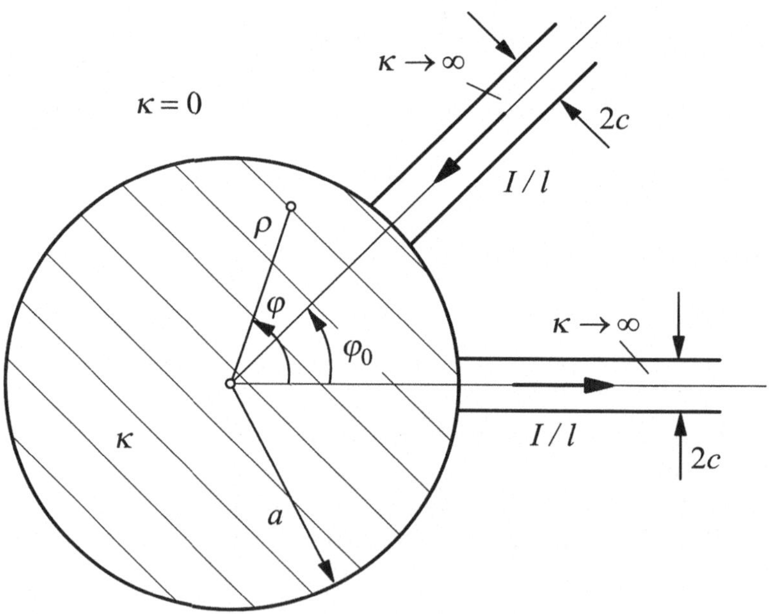

Im Bereich der perfekt leitenden Zuleitungen ist das Potential auf der Zylinderoberfläche konstant. Wegen $2c \ll a$ kann angenommen werden, dass die allein existierende Normalkomponente der Stromdichte homogen über den Querschnitt $2cl$ der Schneiden verteilt ist. Die Normalableitung des Potentials hat den konstanten Wert

$$-\left.\frac{\partial V}{\partial n}\right|_{\varrho=a} = -\left.\frac{\partial V}{\partial \varrho}\right|_{\varrho=a} = E_n(\varphi)|_{\varrho=a} = E_\varrho(\varphi)|_{\varrho=a} =$$

$$= \begin{cases} \dfrac{I}{2c\kappa l} & -\dfrac{c}{a} < \varphi < \dfrac{c}{a} \\ -\dfrac{I}{2c\kappa l} & \varphi_0 - \dfrac{c}{a} < \varphi < \varphi_0 + \dfrac{c}{a} \\ 0 & \text{sonst} \end{cases}$$

$$\text{mit} \int\limits_0^{2\pi} \left.\frac{\partial V}{\partial n}\right|_{\varrho=a} a d\varphi = 0\,.$$

Für das Potential $V(\varrho, \varphi)$ kann entsprechend der Symmetrie zur Ebene $\varphi = \varphi_0/2$ der Ansatz

$$V(\varrho, \varphi) = \sum_{n=1}^{\infty} C_n \left(\frac{\varrho}{a}\right)^n \sin(n\,(\varphi - \varphi_0/2))$$

gemacht werden. Die Lösung für $n = 0$ entfällt, weil die Zylinderachse zum betrachteten Gebiet gehört. Auf dem Zylinder $\varrho = a$ ist die Normalkomponente der elektrischen Feldstärke $\vec{E} = -\operatorname{grad} V$ vorgegeben.

$$E_\varrho|_{\varrho=a} = -\left.\frac{\partial V}{\partial \varrho}\right|_{\varrho=a} = -\sum_{n=1}^{\infty} C_n \frac{n}{a} \sin\left(n\,(\varphi - \varphi_0/2)\right)$$

Mit der Orthogonalitätseigenschaft der trigonometrischen Funktionen folgt

$$-\sum_{n=1}^{\infty} C_n \frac{n}{a} \underbrace{\int\limits_0^{2\pi} \sin\left(n\,(\varphi - \varphi_0/2)\right) \sin\left(k\,(\varphi - \varphi_0/2)\right) d\varphi}_{\substack{=\pi \quad n=k \\ =0 \quad n\neq k}} =$$

$$= \int\limits_0^{2\pi} E_\varrho(\varphi)|_{\varrho=a} \sin\left(k\,(\varphi - \varphi_0/2)\right) d\varphi$$

$$-C_n \frac{n}{a}\pi = \int_{-c/a}^{c/a} \frac{I}{2c\kappa l} \sin(n(\varphi-\varphi_0/2))d\varphi + \int_{\varphi_0-\frac{c}{a}}^{\varphi_0+\frac{c}{a}} \frac{-I}{2c\kappa l} \sin(n(\varphi-\varphi_0/2))d\varphi$$

$$= \frac{I}{2c\kappa l} \int_{-c/a}^{c/a} [\sin(n(\varphi-\varphi_0/2)) - \sin(n(\varphi+\varphi_0/2))]\, d\varphi$$

$$= \frac{-I}{c\kappa l} \sin(n\,\varphi_0/2) \int_{-c/a}^{c/a} \cos(n\,\varphi)\, d\varphi = -\frac{2I}{c\kappa l} \sin(n\,\varphi_0/2) \frac{\sin(n\,c/a)}{n} .$$

Das Ergebnis lautet

$$C_n = \frac{2I}{\kappa\pi l} \frac{\sin(n\,\varphi_0/2)}{n} \frac{\sin(n\,c/a)}{n\,c/a}$$

$$V(\varrho,\varphi) = \frac{2I}{\kappa\pi l} \sum_{n=1}^{\infty} \frac{\sin(n\varphi_0/2)}{n} \frac{\sin(n\,c/a)}{n\,c/a} \left(\frac{\varrho}{a}\right)^n \sin(n(\varphi-\varphi_0/2)) .$$

Der längenbezogene Widerstand R/l zwischen den Schneiden ist definiert durch die Beziehung

$$\frac{1}{l}\frac{V(a,\varphi_0) - V(a,0)}{I} = \frac{R}{l} = \frac{4}{\kappa\pi l^2} \sum_{n=1}^{\infty} \frac{\sin^2(n\,\varphi_0/2)}{n} \frac{\sin(n\,c/a)}{n\,c/a} .$$

Es gilt:

$$V(a,0) = -V(a,\varphi_0) .$$

Im Grenzfall $c/a \to 0$ folgt mit dem Grenzwert $\lim_{x\to 0} \sin(x)/x = 1$ das Potential zu

$$V_0(\varrho,\varphi) = \frac{2I}{\kappa\pi l} \sum_{n=1}^{\infty} \frac{\sin(n\varphi_0/2)}{n} \left(\frac{\varrho}{a}\right)^n \sin(n(\varphi-\varphi_0/2)) .$$

Der Widerstand für $\varphi_0 = \pi$ und $c/a \to 0$ lautet:

$$\frac{R}{l} = \frac{4}{\kappa\pi l^2} \sum_{k=0}^{\infty} \frac{1}{2k+1} .$$

Diese Reihe divergiert. Die Potentiale in den Punkten ($\varrho = a; \varphi = \varphi_0$) und ($\varrho = a; \varphi = 0$) und der Widerstand R/l wachsen für $c/a \to 0$ unbeschränkt.

Eine Lösung kann auch gefunden werden, wenn die Gesetze der Spiegelung von Linienquellen vor einem dielektrischen Zylinder zur Berechnung des resultierenden elektrischen Feldes analog angewendet werden. Für Linienquellen $\pm I$ auf der Oberfläche eines leitenden Zylinders erhält man als Ersatzbild Linienquellen $\pm 2I$ an den Orten ($\varrho = a; \varphi = \varphi_0$) und ($\varrho = a; \varphi = 0$) im homogenen Raum der Leitfähigkeit κ. Das resultierende Potential $V(\varrho, \varphi)$ ist dann der Realteil des komplexen Potentials $\underline{P}(z)$.

$$\begin{aligned}
\underline{P}(z) &= -\frac{I}{\pi\kappa l} \ln \frac{z - z_1}{z - z_2} \quad ; \quad z_1 = a \quad ; \quad z_2 = a \exp(j\varphi_0) \\
V(\varrho, \varphi) &= \text{Re } \{\underline{P}(z)\} = -\frac{I}{\pi\kappa l} \ln(\varrho_1/\varrho_2) ; \quad \varrho_i = |z - z_i| ; \quad i = 1, 2
\end{aligned}$$

Für die komplexe Feldstärke folgt

$$\underline{E}(z) = -(d\underline{P}/dz)^* = \frac{I}{\pi\kappa l} \left[1/(z - z_1) - 1/(z - z_2)\right]^* .$$

Mit der Flussfunktion Ψ_s lautet die Gleichung der Feldlinien

$$\Psi_s = \text{Im}\{\underline{P}(z)\} = \text{const} .$$

Zum Nachweis der Identität der Lösung mit der aus der vorangegangenen Rechnung verwendet man die Entwicklung des Logarithmus des Abstandes

$$\begin{aligned}
|z - z_0| &= \varrho_0 ; \quad z = \varrho \exp(j\varphi) ; \quad z_0 = |z_0| \exp(j\varphi_0) ; \quad |z_0| = a \\
\ln \varrho_0 &= \ln a - \sum_{n=1}^{\infty} (\varrho/a)^n/n \cos(n(\varphi - \varphi_0)) \quad ; \quad \varrho < a
\end{aligned}$$

Damit gilt

$$V(\varrho, \varphi) = -\frac{I}{\kappa\pi l} \sum_{n=1}^{\infty} (\varrho/a)^n/n \cdot \underbrace{[\cos(n\varphi) - \cos(n(\varphi - \varphi_0))] =}_{-2\sin(n(\varphi - \varphi_0 + \varphi)/2)\sin(n(\varphi + \varphi_0 - \varphi)/2)}$$

$$= \frac{2I}{\kappa \pi l} \sum_{n=1}^{\infty} (\varrho/a)^n / n \sin(n\varphi_0/2) \sin(n(\varphi - \varphi_0/2))$$

in Übereinstimmung mit obenstehender Lösung.

3.5 Stromverteilung in einem kreiszylindrischen Leiter mit axialer Inhomogenität

Ein kreiszylindrischer Leiter vom Radius b wird in der Ebene $z = 0$ auf einen Kreisquerschnitt mit dem Radius $a < b$ verringert. In die rotationssymmetrische Anordnung, die in $\pm z$–Richtung unendlich ausgedehnt ist, wird ein zeitlich konstanter Strom I in positive z-Richtung fließend eingespeist. Zu berechnen ist die Stromverteilung im Leiter mit der Leitfähigkeit κ.

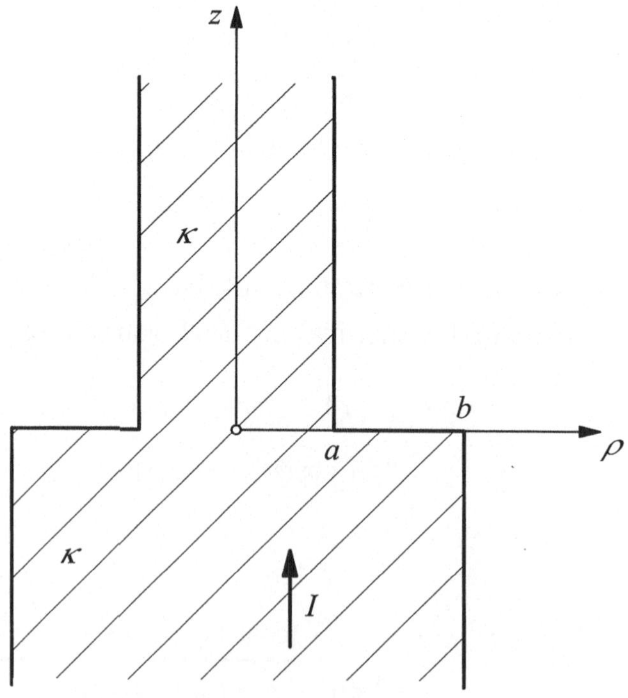

Das stationäre Strömungsfeld $\vec{J}(\vec{r}) = \vec{e}_z J_z(\vec{r}) + \vec{e}_\varrho J_\varrho(\vec{r}) = \kappa \vec{E}(\vec{r}) = -\kappa \operatorname{grad} V(\vec{r})$ wird durch das skalare Potential $V(\vec{r})$ mit $\Delta V = 0$ beschrieben.

In großer Entfernung vom Ort $z = 0$ gilt

$$\vec{e}_z \ \vec{J}(\vec{r})\Big|_{z\to\infty} = J_z\big|_{z\to\infty} = \frac{I}{\pi a^2}$$

$$E_z\big|_{z\to\infty} = \frac{I}{\kappa\pi a^2} = -\left.\frac{\partial V}{\partial z}\right|_{z\to\infty} \quad ; \quad \left.\frac{\partial V}{\partial z}\right|_{z\to\infty} = -E_0$$

und analog

$$\left.\frac{\partial V}{\partial z}\right|_{z\to-\infty} = -E_0 \left(\frac{a}{b}\right)^2 .$$

Mit den Lösungsfunktionen der Laplaceschen Differentialgleichung sind nachstehende Ansätze sinnvoll, die für $z \to \pm\infty$ das homogene Strömungsfeld separat darstellen.

$$\begin{aligned} V_1(\varrho, z) &= -E_0\, z + \sum_{m_1} A_{m_1}\, J_0(m_1\varrho)\, \exp(-m_1 z)\,; \qquad z \geq 0 \\ V_2(\varrho, z) &= -E_0 \left(\frac{a}{b}\right)^2 z + \sum_{m_2} B_{m_2}\, J_0(m_2\varrho)\, \exp(m_2 z)\,; \qquad z \leq 0 \end{aligned}$$

Auf den Zylinderwandungen existiert keine radiale Stromkomponente. Deshalb gilt auf den Flächen $\varrho = a$ und $\varrho = b$ mit $J_0' = -J_1$

$$\left.\frac{\partial V_1}{\partial \varrho}\right|_{\varrho=a} = 0 \quad ; \quad J_1(m_1 a) = 0 \quad ; \quad \left.\frac{\partial V_2}{\partial \varrho}\right|_{\varrho=b} = 0 \quad ; \quad J_1(m_2 b) = 0$$

$$m_{1r} = \frac{x_{1r}}{a} \quad ; \quad m_{2r} = \frac{x_{1r}}{b} \quad ; \quad J_1(x_{1r}) = 0; \quad r = 1, 2, 3, \ldots$$

$$\begin{aligned} V_1(\varrho, z) &= -E_0\, z + \sum_{r=1}^{\infty} A_r\, J_0(x_{1r}\varrho/a)\, \exp(-x_{1r} z/a)\,; \qquad z \geq 0 \\ V_2(\varrho, z) &= -E_0 \left(\frac{a}{b}\right)^2 z + \sum_{r=1}^{\infty} B_r\, J_0(x_{1r}\varrho/b)\, \exp(x_{1r} z/b)\,; \qquad z \leq 0 . \end{aligned}$$

Die Konstanten A_r und B_r werden aus den Randbedingungen in der Grenzfläche $z = 0$ bestimmt. Die Bedingung für die Normalkomponente der Stromdichte führt auf die Gleichung

$$E_{z2}\big|_{z=0} = \begin{cases} E_{z1}\big|_{z=0} & ; \quad \varrho < a \\ 0 & ; \quad a < \varrho < b \end{cases}$$

$$E_0 \left(\frac{a}{b}\right)^2 - \sum_{r=1}^{\infty} B_r\, x_{1r}/b\, J_0\left(x_{1r}\, \varrho/b\right) =$$

$$= \begin{cases} E_0 + \sum\limits_{r=1}^{\infty} A_r\, x_{1r}/a\, J_0(x_{1r}\varrho/a) & ; \quad \varrho < a \\ 0 & ; \quad a < \varrho < b\,. \end{cases}$$

Multiplikation mit einer zum orthogonalen Funktionensystem der $J_0(x_{1r}\varrho/b)$ gehörenden Funktion $J_0(x_{1s}\varrho/b)$ und Integration von $\varrho = 0$ bis $\varrho = b$ liefert

$$E_0 \left(\frac{a}{b}\right)^2 \underbrace{\int_0^b J_0(x_{1s}\frac{\varrho}{b})\, \varrho d\varrho}_{I_1} - \sum_{r=1}^{\infty} B_r\, \frac{x_{1r}}{b} \underbrace{\int_0^b J_0(x_{1r}\frac{\varrho}{b})\, J_0(x_{1s}\frac{\varrho}{b})\, \varrho d\varrho}_{I_2} =$$

$$E_0 \underbrace{\int_0^a J_0(x_{1s}\varrho/b)\, \varrho d\varrho}_{I_3} + \sum_{r=1}^{\infty} A_r\, \frac{x_{1r}}{a} \underbrace{\int_0^a J_0(x_{1r}\varrho/a)\, J_0(x_{1s}\varrho/b)\, \varrho d\varrho}_{I_4}\,.$$

Die Integrale haben die Werte

$$I_1 = 0 \quad ; \quad I_2 = \frac{1}{2}\, b^2\, J_0^2(x_{1s}) \quad ; \quad I_3 = a\frac{b}{x_{1s}}\, J_1(x_{1s}a/b)$$

$$I_4 = -\frac{x_{1s}\, a/b\, J_1(x_{1s}a/b)\, J_0(x_{1r})}{(x_{1r}/a)^2 - (x_{1s}/b)^2}\,.$$

Daraus folgt das Gleichungssystem

$$\frac{1}{2}\, B_s\, \frac{J_0^2(x_{1s})}{J_1(x_{1s}\, a/b)} = -E_0\, \frac{a}{x_{1s}^2} + \sum_{r=1}^{\infty} A_r\, \frac{x_{1r}\, J_0(x_{1r})}{(x_{1r}\, b/a)^2 - x_{1s}^2}\,.$$

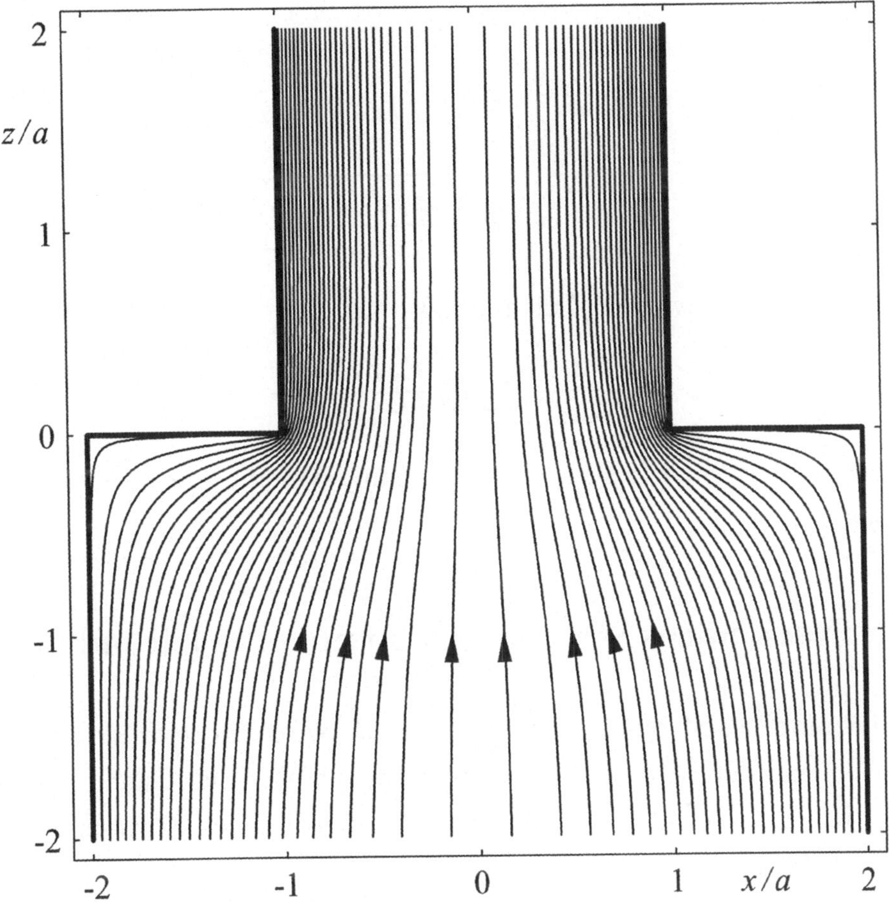

Bild 3.5–1: Stromlinien

Die Stetigkeit der Tangentialkomponente der elektrischen Feldstärke ist identisch mit der Stetigkeit des Potentials und führt zu der Gleichung

$$\left.\frac{\partial V_1}{\partial \varrho}\right|_{z=0} = \left.\frac{\partial V_2}{\partial \varrho}\right|_{z=0} \rightarrow V_1(\varrho, z=0) = V_2(\varrho, z=0) \quad ; \quad \varrho < a$$

$$\sum_{r=1}^{\infty} A_r\, J_0(x_{1r}\varrho/a) = \sum_{r=1}^{\infty} B_r\, J_0(x_{1r}\varrho/b) \quad ; \quad \varrho < a\,.$$

Multiplikation mit einer zum orthogonalen Funktionensystem der $J_0(x_{1r}\,\varrho/a)$ gehörenden Funktion und Integration von $\varrho = 0$ bis $\varrho = a$

liefert

$$A_s \frac{1}{2} a^2 J_0^2(x_{1s}) = \sum_{r=1}^{\infty} B_r \underbrace{\int_0^a J_0(x_{1r}\,\varrho/b)\,J_0(x_{1s}\,\varrho/a)\,\varrho d\varrho}_{\dfrac{x_{1r}\,a/b\,J_1(x_{1r}a/b)\,J_0(x_{1s})}{(x_{1r}/b)^2-(x_{1s}/a)^2}}$$

und führt auf ein zweites Gleichungssystem

$$A_s = \frac{2}{J_0(x_{1s})} \sum_{r=1}^{\infty} B_r \frac{x_{1r}\,a/b\,J_1(x_{1r}\,a/b)}{(x_{1r}\,a/b)^2 - x_{1s}^2} \,.$$

Mit der numerischen Lösung der Gleichungssysteme sind die Feldstärken bekannt.

3.6 Stationäres Strömungsfeld um eine leitende Kugel

In ein homogenes Strömungsfeld $\vec{J}_E = -\vec{e}_z J_E$ wird eine leitende Kugel vom Radius a und der Leitfähigkeit κ_1 eingebracht. Der die Kugel umgebende Raum hat die Leitfähigkeit κ_2. Zu berechnen ist das Strömungsfeld im gesamten Raum.

Das erregende Strömungsfeld im homogenen Raum der Leitfähigkeit κ_2

$$\vec{J}_E = -\vec{e}_z\,J_E = -\left[\vec{e}_r \cos\vartheta - \vec{e}_\vartheta \sin\vartheta\right] J_E = \kappa_2\,\vec{E}_E$$

kann aus einem erregenden Potential V_E abgeleitet werden:

$$\vec{J}_E = -\kappa_2 \operatorname{grad} V_E = -\kappa_2 \left[\vec{e}_r \frac{\partial V_E}{\partial r} + \frac{\vec{e}_\vartheta}{r} \frac{\partial V_E}{\partial \vartheta}\right]$$

$$\kappa_2 \frac{\partial V_E}{\partial r} = J_E \cos\vartheta \quad ; \quad \frac{\kappa_2}{r}\frac{\partial V_E}{\partial \vartheta} = -J_E \sin\vartheta$$

Damit gilt für das Potential

$$V_E(r,\vartheta) = \frac{J_E}{\kappa_2}\,r \cos\vartheta = \frac{J_E}{\kappa_2}\,r\,P_1(\cos\vartheta)$$

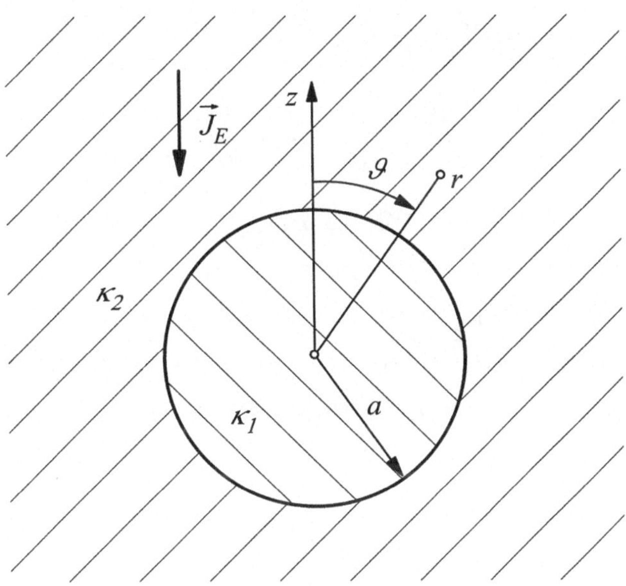

mit der Festlegung $V(r, \vartheta = \pi/2) = 0$ ohne Einschränkung der Allgemeinheit.

Die Änderung des Feldes durch Einbringen der leitenden Kugel kann nur durch Funktionen beschrieben werden, die Lösungen der Laplaceschen Gleichung $\Delta V(r, \vartheta) = 0$ sind. Das sind die Potenzen des Abstandes $(r^n, r^{-(n+1)})$ und die Legendreschen Funktionen $P_n(\cos\vartheta)$ und $Q_n(\cos\vartheta)$. Da das erregende Feld nur mit der Ordnung $n = 1$ auftritt, kann auch die Feldänderung nur mit Funktionen dieser Ordnung beschrieben werden. Damit gilt für das resultierende Potential der Ansatz

$$V(r, \vartheta) = \frac{J_E\, a}{\kappa_2} \left\{ \begin{matrix} r/a + C_1 (a/r)^2 \\ C_2\, r/a \end{matrix} \right\} P_1(\cos\vartheta)\,; \quad \begin{matrix} r \geq a \\ r \leq a \end{matrix}\,.$$

Die Konstanten C_1 und C_2 werden aus den Randbedingungen auf der Fläche $r = a$ bestimmt.

Aus der Stetigkeit des Potentials folgt

$$1 + C_1 = C_2.$$

Die Stetigkeit der Normalkomponente der Stromdichte führt auf die Beziehung

$$\kappa_2 \left.\frac{\partial V}{\partial r}\right|_{\substack{r>a \\ r\to a}} = \kappa_1 \left.\frac{\partial V}{\partial r}\right|_{\substack{r<a \\ r\to a}}$$

$$1 - 2\,C_1 = \kappa_1/\kappa_2\,C_2\,.$$

Damit gilt

$$C_1 = \frac{\kappa_2 - \kappa_1}{\kappa_1 + 2\kappa_2} \quad ; \quad C_2 = \frac{3\kappa_2}{\kappa_1 + 2\kappa_2}\,.$$

Das Strömungsfeld ist durch den Gradienten des resultierenden Potentials bestimmt.

$$\vec{J} = -\kappa \operatorname{grad} V = J_E \begin{cases} -\vec{e}_z + \dfrac{\kappa_2 - \kappa_1}{\kappa_1 + 2\kappa_2}(a/r)^3[2\vec{e}_r \cos\vartheta + \vec{e}_\vartheta \sin\vartheta]\,; & r > a \\ -\dfrac{3\kappa_1}{\kappa_1 + 2\kappa_2}\,\vec{e}_z\,; & r < a \end{cases}$$

Im Grenzfall $\kappa_1 \to 0$ entsteht wieder die im Kapitel 3.2 angegebene Lösung. Nur innerhalb der Kugel $r < a$ bildet sich ein homogenes Strömungsfeld aus.

Die Stromlinien werden aus der Gleichung

$$I(r,\vartheta) = \int_a \vec{J}\,d\vec{a} = 2\pi \int_{\vartheta'=0}^{\vartheta} \vec{e}_r\vec{J}\,r^2 \sin\vartheta' d\vartheta' = \text{const}\ .$$

bestimmt. Es gilt somit

$$I(r,\vartheta) = -2\pi\kappa_{1,2}\,r^2 \int_{\vartheta'=0}^{\vartheta} \frac{J_E a}{\kappa_2 a} \left\{ \begin{array}{c} 1 - 2\,C_1(a/r)^3 \\ C_2 \end{array} \right\} \cos\vartheta' \sin\vartheta' d\vartheta'$$

$$I(r,\vartheta)/I_0 = \left\{ \begin{array}{c} 1 - 2\,C_1(a/r)^3 \\ \kappa_1/\kappa_2 C_2 \end{array} \right\} [\cos 2\vartheta - 1] = \text{const}\ .$$

mit $I_0 = \pi r^2 J_E/2$.

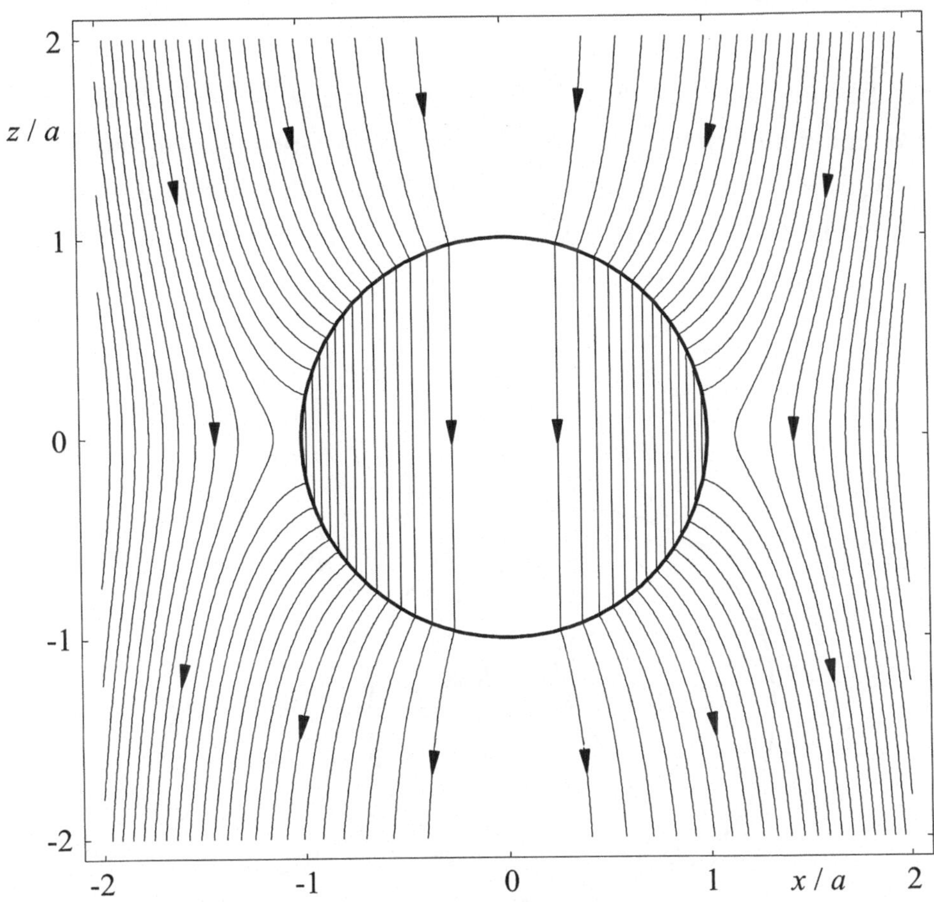

Bild 3.6–1: Stromlinien in der Umgebung der Kugel bei $\kappa_1/\kappa_2 = 100$

4. Magnetisches Feld stationärer Ströme

4.1 Magnetisches Feld einer Anordnung aus Linienleitern

In der Ebene $z = 0$ befindet sich eine kreisförmige Leiterschleife vom Radius a mit dem Mittelpunkt im Koordinatenursprung. An den Punkten $(\varrho = a\,;\varphi = \mp\varphi_0)$ wird ihr ein zeitlich konstanter Strom I über radial gerichtete Leiter zugeführt bzw. entnommen. Zu berechnen ist die magnetische Feldstärke im Ursprung $(\varrho = 0\,; z = 0)$.

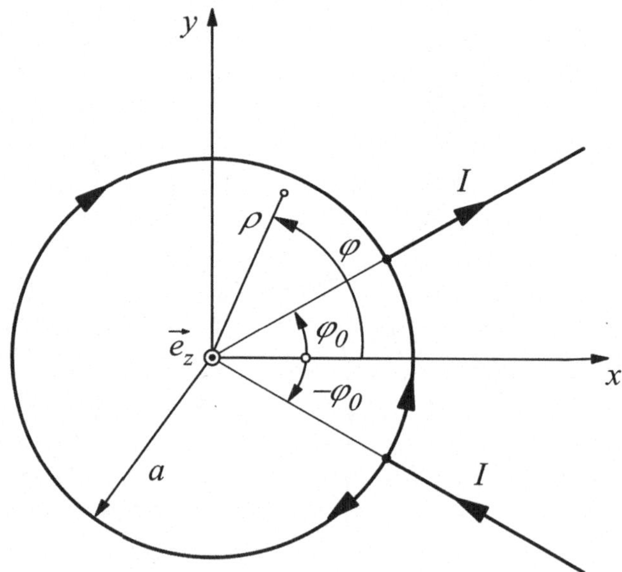

Da der Strom zeitlich konstant ist, teilt er sich auf die beiden Wege entsprechend dem Widerstand bzw. der Leiterlänge auf. Im Zweig $|\varphi| < \varphi_0$ fließt der Anteil $I(1 - \varphi_0/\pi)$ und im Zweig $\varphi_0 < \varphi < 2\pi - \varphi_0$ der Anteil $I\varphi_0/\pi$.

Die magnetische Feldstärke eines Linienleiters mit der Kontur C am Ort

$\vec{r}_p$ ist

$$\vec{H}(\vec{r}_p) = \frac{I}{4\pi} \oint_C d\vec{s}_q \times \vec{r}/r^3 \quad ; \quad \vec{r} = \vec{r}_p - \vec{r}_q \,.$$

Die radialen Leiterkonturen liefern keinen Beitrag zur magnetischen Feldstärke am Ort $\vec{r}_p = 0$, weil das Wegelement $d\vec{s}_q$ radial gerichtet ist wie der Vektor $\vec{r} = \vec{r}_p - \vec{r}_q = -\vec{r}_q$ und der Integrand als Vektorprodukt verschwindet. Der Beitrag des kreisförmigen Leiterelementes ($\varrho = a\,; -\varphi_0 < \varphi < \varphi_0$) liefert

$$I\frac{1-\varphi_0/\pi}{4\pi} \int_{\varphi=-\varphi_0}^{\varphi_0} \vec{e}_\varphi\, a\, d\varphi_q \times (-\vec{e}_\varrho/a^2) = \vec{e}_z \frac{I}{2\pi a}(1-\varphi_0/\pi)\,\varphi_0 \,.$$

Analog ist der Beitrag des Elementes ($\varrho = a\,; \varphi_0 < \varphi < 2\pi - \varphi_0$)

$$-\vec{e}_z \frac{I}{2\pi a}\varphi_0(1-\varphi_0/\pi)$$

und damit die Gesamtfeldstärke

$$\vec{H} = 0 \,.$$

Bei einer gleichmäßigen Stromaufteilung auf die Zweige der Leiterschleife wären die Teilfeldstärken $\vec{e}_z I/(4a)(\varphi_0/\pi)$ und $-\vec{e}_z I/(4a)(1-\varphi_0/\pi)$ und die Gesamtfeldstärke im Punkt ($z = 0$; $\varrho = 0$) wäre $\vec{H} = \vec{e}_z I/(4a)(2\varphi_0/\pi - 1)$.

4.2 Magnetisches Feld eines planaren Leiters

Einem planaren Leiter der Schichtstärke $s << a$ und der Leitfähigkeit κ mit kreisförmiger Randkontur der Radien a und $b > a$ wird über zwei perfekt leitende Elektroden ein zeitlich konstanter Strom I zugeführt bzw. entnommen. Zu berechnen ist die magnetische Feldstärke im Mittelpunkt der Randkonturen.

Das Strömungsfeld im Leiter und das durch ihn erregte magnetische Feld können bei zeitlich konstantem Strom unabhängig voneinander berechnet

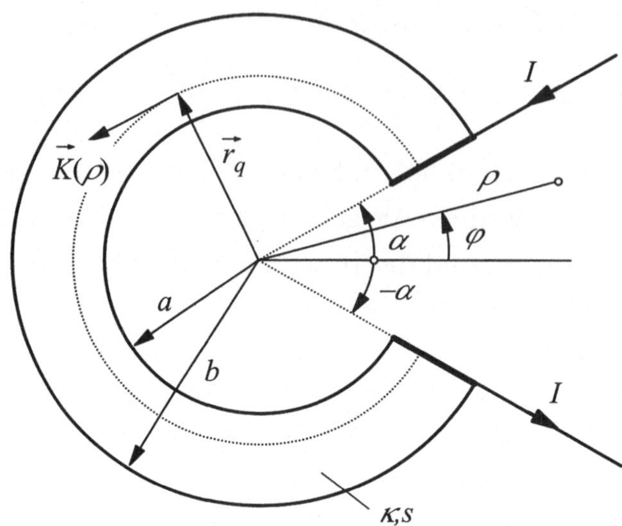

werden. Wegen $s << a$ und der perfekt leitenden Elektroden bei der Einspeisung bzw. Stromentnahme kann das Strömungsfeld im Leiter durch einen Strombelag $\vec{K}(\varrho) = \vec{e}_\varphi K(\varrho)$ beschrieben werden. Es gilt

$$\int_1^2 \vec{E}\,d\vec{s} = -\int_1^2 \operatorname{grad} V\,d\vec{s} = -\int_1^2 dV = V_1 - V_2 =$$

$$= V(\varrho,\,\varphi = \alpha) - V(\varrho,\,\varphi = 2\pi - \alpha) = U = 2(\pi - \alpha)\,\varrho\,E(\varrho)\,; \quad a < \varrho < b$$

$$K(\varrho) = \kappa s\,E(\varrho) = \frac{\kappa s U}{2(\pi - \alpha)\varrho} \quad ; \quad \int_{\varrho=a}^{b} K(\varrho)d\varrho = I = \frac{\kappa s U}{2(\pi - \alpha)} \ln(b/a)$$

$$K(\varrho) = \frac{I}{\varrho \ln(b/a)}\,.$$

Das magnetische Feld ist mit dem Gesetz

$$\vec{H} = \frac{1}{4\pi}\int_{a_K} \vec{K} \times \vec{r}/r^3\,da \quad ; \quad \vec{r} = \vec{r}_p - \vec{r}_q$$

zu berechnen. a_K ist die Fläche, auf der der Strombelag vorgegeben ist. Im Mittelpunkt $\vec{r}_p = 0$ folgt mit $\vec{r}_q = \vec{e}_\varrho \varrho$ zunächst für einen Stromfaden auf $\varrho = \text{const}$

$$d\vec{H} = \frac{1}{4\pi} \int_{\varphi=\alpha}^{2\pi-\alpha} \vec{e}_\varphi K(\varrho)\, d\varrho \times \frac{-\vec{e}_\varrho \varrho}{\varrho^3} \varrho d\varphi = \vec{e}_z \frac{\pi - \alpha}{2\pi} K(\varrho) \frac{d\varrho}{\varrho}$$

und für die Feldstärke

$$\vec{H} = \vec{e}_z \frac{\pi - \alpha}{2\pi} \int_{\varrho=a}^{b} K(\varrho) \frac{d\varrho}{\varrho} = \vec{e}_z \frac{\pi - \alpha}{2\pi} \frac{I}{\ln(b/a)} \int_{\varrho=a}^{b} \frac{d\varrho}{\varrho^2}$$

$$\vec{H} = \vec{e}_z \frac{\pi - \alpha}{2\pi a} \frac{I}{\ln(b/a)} (1 - a/b)\,.$$

Im Grenzfall $a \to b$ gilt $\vec{H} = \vec{e}_z(\pi - \alpha)\dfrac{I}{2\pi a}$.

4.3 Magnetische Energie und Induktivität kreiszylindrischer Anordnungen

Zu untersuchen sind magnetische Energie und Induktivität ebener zylindrischer Anordnungen.

In den homogenen Raum der Permeabilität μ werde eine unendliche lange kreiszylindrische Bohrung vom Radius $\varrho = a$ eingebracht, so dass der entstehende Raum die Permittivität μ_0 hat. Auf der Zylinderfläche $\varrho = a$ existiere ein axial gerichteter Strombelag $\vec{K} = \vec{e}_z K_0$.

Für die magnetische Feldstärke gilt

$$\vec{H} = \vec{e}_\varphi K_0 \begin{cases} 0 & ;\ \varrho < a \\ a/\varrho & ;\ \varrho > a \end{cases} .$$

Eine daraus abzuleitende längenbezogene Energie W_m/l des magnetischen Feldes käme zu dem Ergebnis

$$W_m/l = \frac{1}{2} \int_a \vec{H}\vec{B} da = \frac{1}{2} \int_{\varphi=0}^{2\pi} \int_{\varrho=a}^{\infty} \mu K_0^2 \left(\frac{a}{\varrho}\right)^2 \varrho d\varrho d\varphi = \frac{\mu}{2} K_0^2 2\pi a^2 \lim_{c\to\infty} \int_a^c \frac{d\varrho}{\varrho},$$

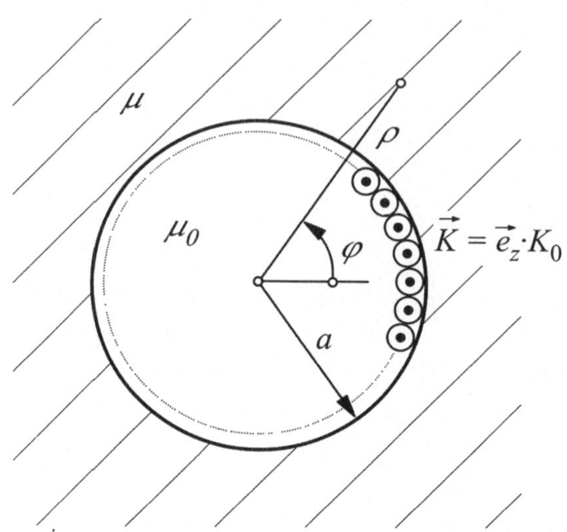

das im Grenzfall $c \to \infty$ nicht beschränkt ist. Es handelt sich um ein nichtreguläres Feld und um keine sinnvolle Aufgabenstellung. (Der Strombelag ließe sich wegen der theoretisch unendlich hohen Induktivität nicht einschalten).

Auf einem kreiszylindrischen Hohlzylinder der Permeabilität μ und der Radien a und $b > a$ sind auf der Innen- und Außenseite axial gerichtete Strombeläge $\vec{K} = \vec{e}_z K_0$ auf $\varrho = a$ und $\vec{K} = -\vec{e}_z K_0 a/b$ auf $\varrho = b$ vorgegeben.

Die magnetische Feldstärke hat den Verlauf

$$\vec{H} = \vec{e}_\varphi K_0 \begin{cases} 0; & \varrho < a \\ a/\varrho; & a < \varrho < b \\ 0; & \varrho > b \end{cases}.$$

Die Energie des magnetischen Feldes pro axialer Längeneinheit l ist

$$W_m/l = \frac{1}{2}\mu \int\limits_{\varphi=0}^{2\pi} \int\limits_{\varrho=0}^{a} K_0^2 \left(\frac{a}{\varrho}\right)^2 \varrho d\varrho d\varphi = \mu K_0^2 a^2 \pi \ln\frac{b}{a} = \frac{1}{2} L/l\, I^2 .$$

Die längenbezogene Induktivität L/l folgt Gesamtstrom

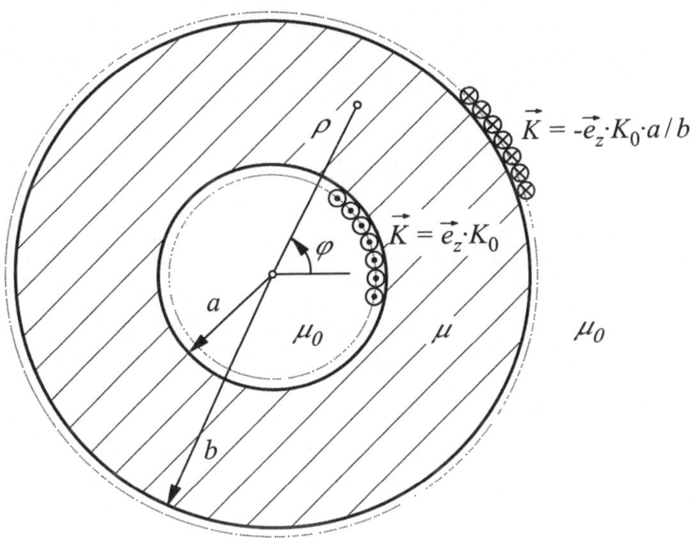

$I = 2a\pi\, K_0$ zu

$$L/l \;=\; \frac{\mu}{2\pi}\,\ln\frac{b}{a}$$

unabhängig von μ_0, da sich im umgebenden Raum kein Feld ausbildet.

Das Vektorpotential $\vec{A} = \vec{e}_z A(\varrho)$ folgt aus der magnetischen Feldstärke

$$\vec{H} \;=\; \frac{1}{\mu}\mathrm{rot}\,\vec{A} \;=\; -\vec{e}_\varphi \frac{1}{\mu}\frac{dA}{d\varrho}\,; \quad A(\varrho) \;=\; -\mu K_0 \int\limits_c^{\varrho} \frac{a}{\varrho'} d\varrho' \;=\; -\mu K_0 a \ln\frac{\varrho}{c}\,.$$

In diesem Fall prüft man die Berechnung der magnetischen Energie aus der Beziehung

$$W_m/l \;=\; \frac{1}{2}\int\limits_a \vec{A}\vec{J} da \;=\; \frac{1}{2}\int\limits_s \vec{A}\vec{K} ds \;=\; \frac{1}{2}\,L/l\, I^2 \;=$$

$$=\; \frac{1}{2}\int\limits_0^{2\pi} [A(a)K(a)a - A(b)K(b)b]\, d\varphi \;=\; \frac{\mu}{4\pi}\,(2\pi a K_0)^2 \ln\frac{b}{a}$$

und erkennt bei verschwindender Stromsumme der Gesamtanordnung in Ebenen $z = \mathrm{const}$ die Gültigkeit der Beziehung für die Induktivität.

In der gleichen Anordnung sei jetzt allein auf der Fläche $\varrho = b$ ein Strombelag $\vec{K} = \vec{e}_z K_0 \cos\varphi$ angenommen. Der Gesamtstrom ist

$$I = \int_0^{2\pi} K(\varrho) b d\varphi = 0 \,.$$

Vektorpotential und Feldstärke sind gegeben durch

$$\vec{A} = \vec{e}_z\, A(\varrho,\varphi)\,; \quad \Delta A(\varrho,\varphi) = 0\,; \quad \varrho \neq b$$

$$\vec{H} = \frac{1}{\mu}\mathrm{rot}\,\vec{A} = \vec{e}_\varrho H_\varrho(\varrho,\varphi) + \vec{e}_\varphi H_\varphi(\varrho,\varphi) = \frac{1}{\mu}\left[\vec{e}_\varrho \frac{1}{\varrho}\frac{\partial A}{\partial\varphi} - \vec{e}_\varphi \frac{\partial A}{\partial\varrho}\right] .$$

Die Lösungen der Laplace-Gleichung für das Vektorpotential sind die Funktionen

$$A(\varrho,\varphi) = \sum_{n=1}^{\infty}\left[a_n\left(\frac{\varrho}{a}\right)^n + b_n\left(\frac{a}{\varrho}\right)^n\right]\left[c_n\cos(n\varphi) + d_n\sin(n\varphi)\right] .$$

Mit der vorgegebenen Funktion für den Strombelag gelten die Ansätze

$$A(\varrho,\varphi) = \sum_{n=1}^{\infty}\left[\begin{array}{c} c_n(\varrho/a)^n \\ a_n(\varrho/a)^n + b_n(a/\varrho)^n \\ d_n(b/\varrho)^n \end{array}\right]\cos(n\varphi) \quad ; \quad \begin{array}{c} \varrho < a \\ a < \varrho < b \\ \varrho > b \end{array}$$

mit Konstanten anderer Bewertung. Die zu $n = 0$ gehörenden Funktionen treten wegen des verschwindenden Gesamtstromes nicht auf.

Die Stetigkeit der Normalkomponente der magnetischen Flussdichte ist hier identisch mit der Stetigkeit des Vektorpotentials

$$\begin{aligned} c_n &= a_n + b_n \\ d_n &= a_n\left(\frac{b}{a}\right)^n + b_n\left(\frac{a}{b}\right)^n . \end{aligned}$$

In der Fläche $\varrho = a$ ist die Tangentialkomponente der magnetischen Feldstärke stetig.

$$H_\varphi\big|_{\substack{a<\varrho<b \\ \varrho\to a}} = H_\varphi\big|_{\substack{\varrho<a \\ \varrho\to a}} \,; \quad \frac{1}{\mu_0}\frac{\partial A}{\partial\varrho}\bigg|_{\substack{\varrho<a \\ \varrho\to a}} = \frac{1}{\mu}\frac{\partial A}{\partial\varrho}\bigg|_{\substack{a<\varrho<b \\ \varrho\to a}}$$

$$c_n = \frac{\mu_0}{\mu}[a_n - b_n] = a_n + b_n$$

Auf der Fläche $\varrho = b$ gilt

$$H_\varphi\big|_{\substack{\varrho>b\\ \varrho\to b}} - H_\varphi\big|_{\substack{a<\varrho<b\\ \varrho\to b}} = -\frac{1}{\mu_0}\frac{\partial A}{\partial \varrho}\bigg|_{\substack{\varrho>b\\ \varrho\to b}} + \frac{1}{\mu}\frac{\partial A}{\partial \varrho}\bigg|_{\substack{a<\varrho<b\\ \varrho\to b}} = K_0 \cos\varphi$$

$$\sum_{n=1}^{\infty}\left[\frac{1}{\mu_0}\frac{n}{b}d_n + \frac{1}{\mu}\frac{n}{a}\left[a_n\left(\frac{b}{a}\right)^{n-1} - b_n\left(\frac{a}{b}\right)^{n+1}\right]\right]\cos(n\,\varphi) = K_0\cos\varphi$$

$$n = 1 \quad ; \quad d_1 + \frac{\mu_0}{\mu}\left[a_1\left(\frac{b}{a}\right) - b_1\left(\frac{a}{b}\right)\right] = \mu_0 K_0 b\,.$$

Daraus ergeben sich die Konstanten

$$\left[a_1\left(1+\frac{\mu_0}{\mu}\right)\frac{b}{a} + b_1\left(1-\frac{\mu_0}{\mu}\right)\frac{a}{b}\right] = \mu_0 K_0 b$$

$$a_1 = \frac{\mu_0\, K_0 b}{(1+\mu_0/\mu)b/a - k(1-\mu_0/\mu)a/b}\,; \quad a_1\big|_{\mu\to\infty} = \frac{\mu_0\, K_0 a}{1-(a/b)^2}$$

$$b_1 = -a_1 k \quad ; \quad k = \frac{\mu-\mu_0}{\mu+\mu_0} \quad ; \quad b_1\big|_{\mu\to\infty} = \frac{-\mu_0\, K_0 a}{1-(a/b)^2}$$

$$c_1 = a_1(1-k) \quad ; \quad c_1\big|_{\mu\to\infty} = 0$$

$$d_1 = a_1[b/a - k\,a/b] \quad ; \quad d_1\big|_{\mu\to\infty} = \mu_0\, K_0 b\,.$$

Die Energie des magnetischen Feldes der Anordnung ist dann gegeben durch das Integral

$$\begin{aligned} W_m/l &= \frac{1}{2}\mu\int_{\varphi=0}^{2\pi}\int_{\varrho=0}^{\infty} H^2(\varrho,\varphi)\varrho\, d\varrho\, d\varphi = \\ &= \frac{1}{2}\int_{\varphi=0}^{2\pi}\vec{K}(b)\,\vec{A}(b)\,b d\varphi = \\ &= \frac{1}{2}bK_0 a_1\left[\frac{b}{a} - k\frac{a}{b}\right]\int_0^{2\pi}\cos^2\varphi d\varphi = \frac{\pi}{2}b\,K_0 a_1\left[\frac{b}{a} - k\frac{a}{b}\right]. \end{aligned}$$

Die Integration des Quadrates der magnetischen Feldstärke über die gesamte Querschnittsfläche ist aufwendiger. Im Grenzfall $\mu \to \infty$ gilt

$$W_m/l|_{\mu\to\infty} = \frac{\pi}{2}\,\mu_0\,K_0^2\,b^2\,.$$

Dieser Anordnung mit vorgegebenem ortsabhängigen Strombelag und verschwindendem Gesamtstrom kann unmittelbar keine Induktivität sinnvoll zugeordnet werden.

4.4 Schirmung des magnetischen Feldes einer Paralleldrahtleitung

Zwei parallele Linienleiter mit dem Strom $\pm I$ auf der Fläche $\varrho = c$ mit der Winkelöffnung $2\varphi_0$ im Raum der Permeabilität μ_0 sind von einem Hohlzylinder der Radien a und $b > a > c$ mit der Permeabilität μ umgeben. Zu berechnen ist das magnetische Feld im gesamten Raum. Die Grenzfälle $\mu = \mu_0, \mu \to \infty$ und $b \to \infty$ sind zu untersuchen. Die Rechnungen sind mit dem Skalarpotential und dem Vektorpotential durchzuführen.

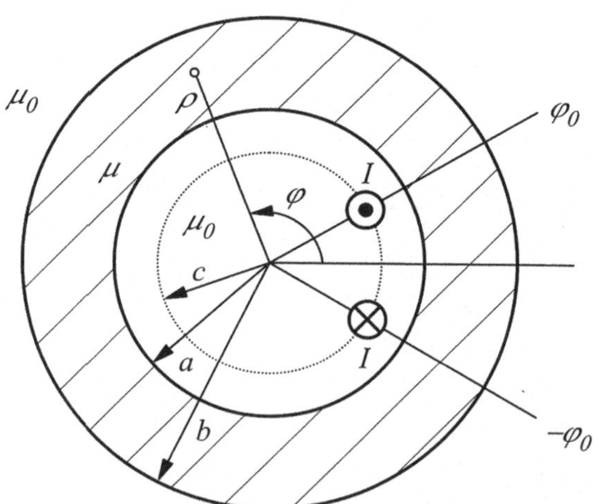

Die Erregung des Feldes durch Linienleiter legt es nahe, das Feld durch ein magnetisches Skalarpotential V_m zu beschreiben. Die Linienströme an den Orten ($\varrho = c; \varphi = \pm\varphi_0$) können durch eine magnetische Dipolschicht $\vec{m}_m = \vec{e}_\varrho \mu_0 I$ auf der Fläche ($\varrho = c; -\varphi_0 < \varphi < \varphi_0$) ersetzt werden. Die Feldgleichungen lauten

$$\operatorname{rot} \vec{H} = 0\,; \quad \vec{B} = \mu \vec{H}\,; \quad \vec{H} = -\operatorname{grad} V_m\,; \quad \Delta V_m = 0\,; \quad \varrho \neq c\,.$$

Zunächst wird das erregende Feld $\vec{H}_e = -\operatorname{grad} V_{me}$ der Linienleiter bzw. der magnetischen Dipolschicht im homogenen Raum der Permeabilität μ_0 bestimmt.

$$V_{me} = V_{me}(\varrho, \varphi)\,; \quad \Delta V_{me} = \frac{1}{\varrho}\frac{\partial}{\partial \varrho}\left(\varrho \frac{\partial V_{me}}{\partial \varrho}\right) + \frac{1}{\varrho^2}\frac{\partial^2 V_{me}}{\partial \varphi^2} = 0$$

$$V_{me}(\varrho, \varphi) = R(\varrho)\Phi(\varphi)$$

$$\vec{H}_e = -\operatorname{grad} V_{me} = -\vec{e}_\varrho \frac{\partial V_{me}}{\partial \varrho} - \vec{e}_\varphi \frac{1}{\varrho}\frac{\partial V_{me}}{\partial \varphi} = \vec{B}_e/\mu_0$$

Die Lösungsfunktionen der Differentialgleichung sind die Potenzen des Achsabstandes $R_n(\varrho) = \{\varrho^n\,;\, \varrho^{-n}\}$ und die trigonometrischen Funktionen $\Phi_n(\varphi) = \{\cos(n\varphi)\,;\, \sin(n\varphi)\}$.

Wegen der Symmetrie des magnetischen Feldes zu den Halbebenen $\varphi = 0$ und $\varphi = \pi$ lautet der Lösungsansatz für das Potential V_{me}

$$V_{me}(\varrho, \varphi) = \left\{ \begin{array}{l} E_{01} \\ E_{02} \ln \varrho / \ln c \end{array} \right\} + \sum_{n=1}^{\infty} \left\{ \begin{array}{l} E_{n1}(\varrho/c)^n \\ E_{n2}(c/\varrho)^n \end{array} \right\} \cos(n\varphi)\,; \quad \begin{array}{l} \varrho < c \\ \varrho > c\,. \end{array}$$

Die Normalkomponente $\vec{e}_\varrho\, B_{e\varrho}$ ist stetig beim Durchgang durch die dipolbelegte Fläche $\varrho = c$. Daraus folgen die Gleichungen

$$\left.\frac{\partial V_{me}}{\partial \varrho}\right|_{\substack{\varrho > c \\ \varrho \to c}} = \left.\frac{\partial V_{me}}{\partial \varrho}\right|_{\substack{\varrho < c \\ \varrho \to c}}\,; \quad E_{n1} = -E_{n2} = -E_n\,; \quad E_{01} = E_{02} = 0\,.$$

Das Potential erfährt beim Durchgang durch die dipolbelegte Fläche einen Sprung.

$$V_{me}\big|_{\substack{\varrho > c \\ \varrho \to c}} - V_{me}\big|_{\substack{\varrho < c \\ \varrho \to c}} = \left\{ \begin{array}{lll} m_m/\mu_0 = I\,; & & |\varphi| < \varphi_0 \\ 0\,; & & \varphi_0 < \varphi < 2\pi - \varphi_0 \end{array} \right.$$

$$\sum_{n=1}^{\infty}(E_{n2} - E_{n1})\cos(n\varphi) = 2\sum_{n=1}^{\infty} E_n \cos(n\varphi) = \begin{cases} I; & |\varphi| < \varphi_0 \\ 0; & \varphi_0 < \varphi < 2\pi - \varphi_0 \end{cases}$$

Der in der Fourierentwicklung der Potentialdifferenz auf $\varrho = c$ entstehende Koeffizient E_0 ergäbe ein reines Quellenfeld. Er kann somit kein magnetisches Feld beschreiben und wird deshalb hier nicht weiter betrachtet.

Multiplikation der obigen Gleichung mit $\cos(k\varphi)$ und Integration von $\varphi = 0$ bis $\varphi = 2\pi$ führt wegen der Orthogonalität der trigonometrischen Funktionen auf die Gleichung

$$2E_n\pi = I\int_{-\varphi_0}^{\varphi_0} \cos(n\varphi)d\varphi = I\frac{2}{n}\sin(n\varphi_0)\,; \quad E_n = \frac{I}{n\pi}\sin(n\varphi_0)\,.$$

Damit ist das erregende Potential bestimmt.

$$V_{me} = \frac{I}{\pi}\sum_{n=1}^{\infty}\left\{\begin{array}{c} -(\varrho/c)^n \\ (c/\varrho)^n \end{array}\right\}\frac{\sin(n\varphi_0)}{n}\cos(n\varphi)$$

Nach Einbringen des permeablen Hohlzylinders lauten die Ansätze für das resultierende Potential

$$V_m = \frac{I}{\pi}\sum_{n=1}^{\infty}\frac{\sin(n\varphi_0)}{n}\left\{\begin{array}{l} \left\{\begin{array}{c} -(\varrho/c)^n \\ (c/\varrho)^n \end{array}\right\} + A_n(\varrho/a)^n \\ B_n(\varrho/a)^n + C_n(a/\varrho)^n \\ D_n(b/\varrho)^n \end{array}\right\}\cos(n\varphi)\,; \quad \begin{array}{r} \varrho < a \\ a < \varrho < b \\ \varrho > b\,. \end{array}$$

An den Grenzflächen des permeablen Hohlzylinders ist das magnetische Skalarpotential und damit die Tangentialkomponente des magnetischen Feldes stetig.

$$V_m\big|_{\substack{\varrho<a \\ \varrho\to a}} = V_m\big|_{\substack{a<\varrho<b \\ \varrho\to a}}\;; \quad V_m\big|_{\substack{a<\varrho<b \\ \varrho\to b}} = V_m\big|_{\substack{\varrho>b \\ \varrho\to b}}$$

$$(c/a)^n + A_n = B_n + C_n \quad ; \quad B_n(b/a)^n + C_n(a/b)^n = D_n\,.$$

Die Stetigkeit der Normalkomponente der magnetischen Flussdichte führt auf die Bedingung

$$\mu_0 \left.\frac{\partial V_m}{\partial \varrho}\right|_{\substack{\varrho<a\\ \varrho\to a}} = \mu \left.\frac{\partial V_m}{\partial \varrho}\right|_{\substack{a<\varrho<b\\ \varrho\to a}} \quad ; \quad \mu \left.\frac{\partial V_m}{\partial \varrho}\right|_{\substack{a<\varrho<b\\ \varrho\to b}} = \mu_0 \left.\frac{\partial V_m}{\partial \varrho}\right|_{\substack{\varrho>b\\ \varrho\to b}}$$

$$A_n - (c/a)^n = \mu/\mu_0 (B_n - C_n)\,; -D_n = \mu/\mu_0 (B_n (b/a)^n - C_n (a/b)^n)\,.$$

Aus diesen 4 Gleichungen können die Konstanten berechnet werden.

$$A_n = 2\left[(c/a)^n + k(c/b)^n (a/b)^n\right]/M_n - (c/a)^n\,; \quad k = (\mu - \mu_0)/(\mu + \mu_0)$$

$$B_n = 2k(c/b)^n (a/b)^n / M_n \quad ; \quad C_n = 2(c/a)^n / M_n$$

$$D_n = 2(c/b)^n (1+k)/M_n \quad ; \quad M_n = (1 + \mu/\mu_0)(1 - k^2 (a/b)^{2n})$$

Im Grenzfall $\mu = \mu_0$ gilt

$$k|_{\mu=\mu_0} = 0\,; \quad M_n|_{\mu=\mu_0} = 2; \quad A_n|_{\mu=\mu_0} = 0; \quad B_n|_{\mu=\mu_0} = 0$$

$$C_n|_{\mu=\mu_0} = (c/a)^n; \quad D_n|_{\mu=\mu_0} = (c/b)^n.$$

Damit geht das Potential V_m in das erregende Potential V_{me} über.

Der Grenzfall $\mu \to \infty$ ergibt mit $k \to 1$ und $M_n \to \infty$

$$A_n|_{\mu\to\infty} = -(c/a)^n\,; \quad B_n|_{\mu\to\infty} = C_n|_{\mu\to\infty} = D_n|_{\mu\to\infty} = 0\,.$$

In diesem Fall folgt für das Potential

$$V_m|_{\mu\to\infty} = \frac{I}{\pi} \sum_{n=1}^{\infty} \frac{\sin(n\varphi_0)}{n} \left\{ \begin{array}{l} -(\varrho/c)^n \\ (c/\varrho)^n \end{array} - (\varrho/a)^n (c/a)^n \right\} \cos(n\varphi)$$

für $\varrho < c$ bzw. $c < \varrho < a$ mit

$$V_m|_{\mu\to\infty} = V_{me}(\varrho, \varphi) - V_{me}(a^2/\varrho, \varphi)$$

das Spiegelungsgesetz für den hochpermeablen Zylinder.

Bei sehr großen Radien $b >> a$ erhält man mit $b \to \infty$ die Werte

$$M_n|_{b\to\infty} = (1 + \mu/\mu_0)\,; \qquad A_n|_{b\to\infty} = (c/a)^n \frac{1 - \mu/\mu_0}{1 + \mu/\mu_0} = -k(c/a)^n$$

$$B_n|_{b\to\infty} = 0 \quad ; \quad C_n|_{b\to\infty} = (c/a)^n \frac{2}{1 + \mu/\mu_0}\,.$$

Das Potential lautet damit

$$V_m|_{b\to\infty} = \frac{I}{\pi} \sum_{n=1}^{\infty} \frac{\sin(n\varphi_0)}{n} \left\{ \begin{array}{l} \left\{ \begin{array}{c} -(\varrho/c)^n \\ (c/\varrho)^n \end{array} \right\} - k(c/a)^n (\varrho/a)^n \\ 2/(1 + \mu/\mu_0)\,(c/\varrho)^n \end{array} \right\} \cos(n\varphi)$$

für $\varrho < a$ bzw. $\varrho > a$

$$V_m|_{b\to\infty} = \left\{ \begin{array}{ll} V_{me}(\varrho,\varphi) - kV_{me}(a^2/\varrho,\varphi)\,; & \varrho < a \\ (1-k)V_{me}(\varrho,\varphi)\,; & \varrho > a\,. \end{array} \right.$$

Das Ergebnis ist das Spiegelungsgesetz am permeablen Zylinder.

Das Vektorpotential hat bei der gegebenen Erregung allein eine z-Komponente. Das Feld wird also auch hier durch eine skalare Funktion beschrieben, die die Laplacesche Differentialgleichung erfüllt.

$$\vec{A}(\varrho,\varphi) = \vec{e}_z\, A(\varrho,\varphi)\,; \quad \Delta A(\varrho,\varphi) = 0\,; \quad \vec{B} = \operatorname{rot} \vec{A} = \vec{e}_\varrho \frac{1}{\varrho}\frac{\partial A}{\partial \varphi} - \vec{e}_\varphi \frac{\partial A}{\partial \varrho}$$

Zunächst wird das erregende Vektorpotential $\vec{A}_e(\varrho,\varphi) = \vec{e}_z A_e(\varrho,\varphi)$ der Paralleldrahtleitung im homogenen Raum der Permeabilität μ_0 beschrieben, die als z-gerichteter Strombelag $K(\varphi)$ gedeutet wird. Die Lösungen der Laplaceschen Differentialgleichung $\Delta A_e(\varrho,\varphi) = 0$ sind

$$A_e(\varrho,\varphi) = \sum_{n=1}^{\infty} A_n \left\{ \begin{array}{c} (\varrho/c)^n \\ (c/\varrho)^n \end{array} \right\} \sin(n\varphi)\,; \qquad \begin{array}{l} \varrho \le c \\ \varrho \ge c\,. \end{array}$$

Die Lösung zu $n = 0$ entfällt, da die Summe der Ströme verschwindet.

Alle Konstanten haben nachfolgend eine andere Bedeutung als in der Rechnung mit dem Skalarpotential.

Der Ansatz erfüllt die Stetigkeit der Normalkomponente $B_{e\varrho}$ der Flussdichte in $\varrho = c$, die mit der Stetigkeit des Vektorpotentials identisch ist. Für die Tangentialkomponente $\vec{e}_\varphi \vec{B}_e/\mu$ gilt

$$H_{e\varphi}\big|_{\substack{\varrho>c\\ \varrho\to c}} - H_{e\varphi}\big|_{\substack{\varrho<c\\ \varrho\to c}} = K(\varphi)\,; \qquad \frac{\partial A_e}{\partial \varrho}\bigg|_{\substack{\varrho<c\\ \varrho\to c}} - \frac{\partial A_e}{\partial \varrho}\bigg|_{\substack{\varrho>c\\ \varrho\to c}} = \mu_0 K(\varphi)\,.$$

$$\sum_{n=1}^{\infty} 2n/c\, A_n \sin(n\varphi) = \mu_0 K(\varphi)$$

Die Anwendung der Orthogonalitätsrelation der trigonometrischen Funktionen führt auf die Gleichung

$$2n/cA_n\pi = \mu_0 \int_0^{2\pi} K(\varphi)\sin(n\varphi)d\varphi = 2\mu_0/c\sin(n\varphi_0)\underbrace{\int_0^{\pi} K(\varphi)cd\varphi}_{I} =$$

$$= \frac{2\mu_0 I}{c}\sin(n\varphi_0)\,; \qquad A_n = \frac{\mu_0 I}{\pi}\,\frac{\sin(n\varphi_0)}{n}\,.$$

Der Ansatz für das resultierende Potential der gesamten Anordnung lautet

$$A(\varrho,\varphi) = \frac{\mu_0 I}{\pi}\sum_{n=1}^{\infty}\frac{\sin(n\varphi_0)}{n}\left\{\begin{array}{l} \left\{\begin{array}{c} (\varrho/c)^n \\ (c/\varrho)^n \end{array}\right\} + B_n(\varrho/a)^n \\ C_n(\varrho/a)^n + D_n(a/\varrho)^n \\ E_n(b/\varrho)^n \end{array}\right\}\sin(n\varphi)$$

für $\varrho < a$; $a < \varrho < b$ bzw. $\varrho > b$.

Die Stetigkeit der Normalkomponente der magnetischen Flussdichte bzw. des Vektorpotentials auf den Flächen $\varrho = a$ und $\varrho = b$ führt auf die Gleichungen

$$(c/a)^n + B_n = C_n + D_n\,; \quad C_n(b/a)^n + D_n(a/b)^n = E_n\,.$$

Die Stetigkeit der Tangentialkomponente der magnetischen Feldstärke ergibt

$$-E_n = \mu_0/\mu\,[C_n(b/a)^n - D_n(a/b)^n]\;; \quad -(c/a)^n + B_n = \mu_0/\mu\,[C_n - D_n]\;.$$

Daraus folgen die Konstanten

$$B_n = 2(c/a)^n\left[1 - k(a/b)^{2n}\right]/M - (c/a)^n\;; \quad E_n = 2(c/b)^n(1-k)/M$$

$$C_n = -2k(c/b)^n(a/b)^n/M; \quad D_n = 2(c/a)^n/M$$

$$M = (1+\mu_0/\mu)(1-k^2(a/b)^{2n})\;; \quad k = (\mu-\mu_0)/(\mu+\mu_0)\,.$$

Der Grenzfall $\mu = \mu_0$ führt mit $k = 0$ und $M = 2$ auf

$$B_n|_{\mu=\mu_0} = 0\;; \quad C_n|_{\mu=\mu_0} = 0\;; \quad D_n|_{\mu=\mu_0} = (c/a)^n\;; \quad E_n|_{\mu=\mu_0} = (c/b)^n$$

und damit auf das erregende Potential im gesamten Raum. Für den Grenzfall $b \to \infty$ erkennt man mit

$$M_n|_{b\to\infty} = 1 + \mu_0/\mu; \quad B_n|_{b\to\infty} = k(c/a)^n$$

$$C_n|_{b\to\infty} = 0; \quad D_n|_{b\to\infty} = \frac{2(c/a)^n}{1+\mu_0/\mu}$$

$$A(\varrho,\varphi)|_{b\to\infty} = \frac{\mu_0 I}{\pi}\sum_{n=1}^{\infty}\frac{\sin(n\varphi_0)}{n}\left\{\begin{matrix}\left\{\begin{matrix}(\varrho/c)^n\\(c/\varrho)^n\end{matrix}\right\} + k(c/a)^n(\varrho/a)^n\\ \dfrac{2}{1+\mu_0/\mu}(c/\varrho)^n\end{matrix}\right\}\sin(n\varphi)$$

für $\varrho < a$ bzw. $\varrho > a$

$$A(\varrho,\varphi)|_{b\to\infty} = \left\{\begin{array}{ll} A_e(\varrho,\varphi) + k\,A_e(a^2/\varrho,\varphi)\;; & \varrho < a\\ (1+k)A_e(\varrho,\varphi)\;; & \varrho > a\end{array}\right.$$

das Spiegelungsgesetz für den permeablen Zylinder.

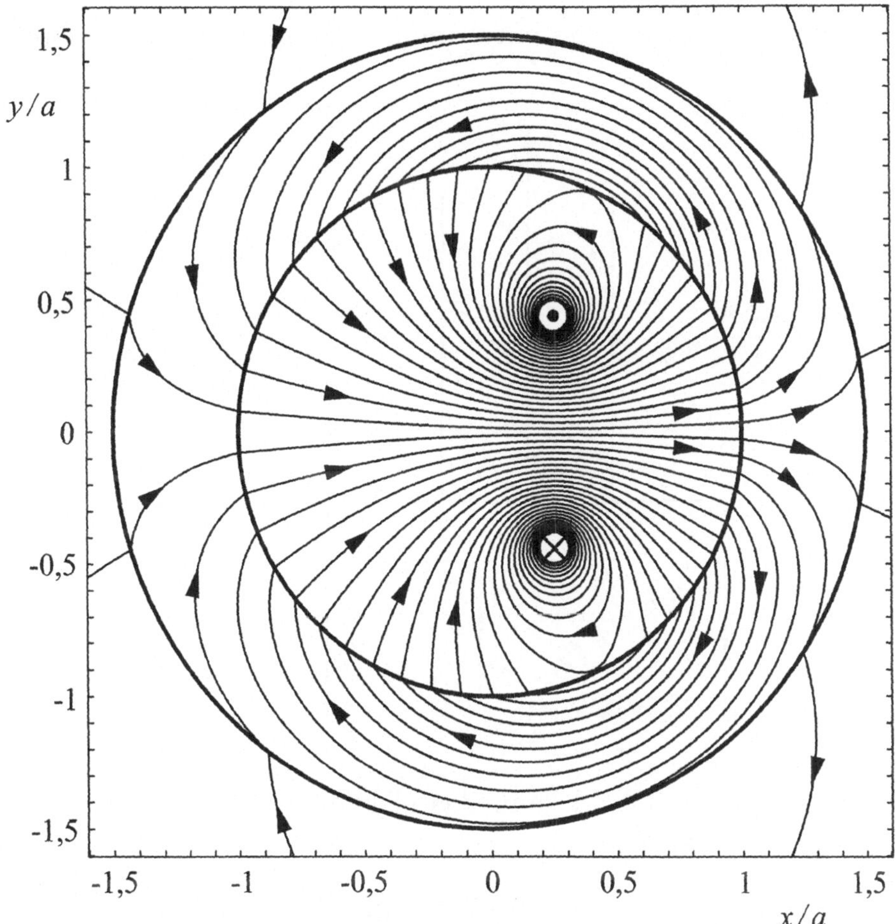

Bild 4.4–1: Magnetische Feldlinien für $\mu/\mu_0 = 10$; $b/a = 1,5$; $c/a = 0,5; \varphi_0 = \pi/3$

4.5 Magnetisches Feld in einem abgesetzten Zylinder mit stationärer Stromverteilung

Der Querschnitt eines leitenden Zylinders der Leitfähigkeit κ wird in einer Ebene $z = 0$ senkrecht zu seiner z-Achse sprungartig vom Radius b in $z < 0$ auf den Radius a in $z > 0$ verringert. Zu berechnen ist das magnetische Feld im Zylinder, wenn er von einem zeitlich konstanten Strom I_0

durchflossen wird und der gesamte Raum die homogene Permeabilität μ hat.

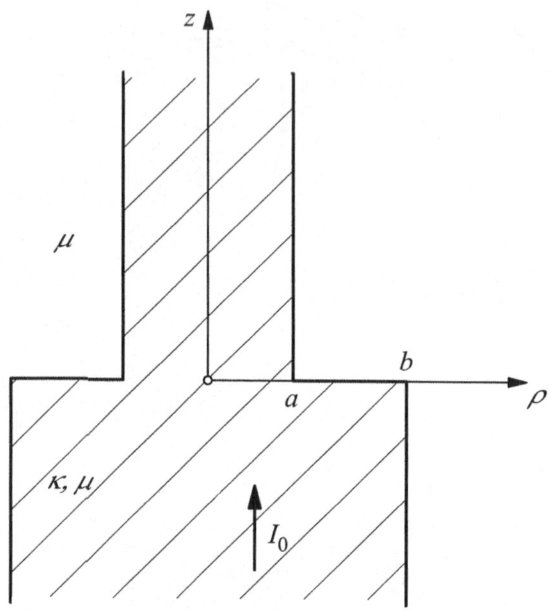

Im zeitlich konstanten Feld kann das elektrische Feld unabhängig vom magnetischen Feld berechnet werden.

Das elektrische Feld wurde bereits im Kapitel 3 behandelt.

Das $\vec{e}_\varphi$–gerichtete magnetische Feld ist außerhalb des Zylinders identisch mit dem Feld eines axialen Linienstromes I_0 auf der z–Achse und erfüllt im leitenden Zylinder die Differentialgleichung

$$\text{rot rot } \vec{H} = \text{rot rot } [\vec{e}_\varphi \, H(\varrho, z)] =$$

$$= \vec{e}_\varphi \left[-\frac{\partial^2 H}{\partial z^2} - \frac{\partial}{\partial \varrho} \left(\frac{1}{\varrho} \frac{\partial}{\partial \varrho} (\varrho \, H) \right) \right] = 0$$

$$\frac{\partial^2 H}{\partial \varrho^2} + \frac{1}{\varrho} \frac{\partial H}{\partial \varrho} - \frac{H}{\varrho^2} + \frac{\partial^2 H}{\partial z^2} = 0; \quad H(\varrho, z) = R(\varrho) \, Z(z) .$$

Lösungen dieser Differentialgleichung sind die gewöhnlichen Besselfunktionen $R_m(\varrho) = \{J_1(m\varrho); \, N_1(m\varrho)\}$ und die Exponentialfunktionen $Z_m(z) =$

$\exp(\pm mz)$ mit dem Separationsparameter $m \neq 0$ und die Potenzen von ϱ für $m = 0$.

Für die magnetische Feldstärke gilt mit $H_0 = I_0/(2\pi a)$

$$H_1(\varrho, z) = H_0 \left[\frac{\varrho}{a} + \sum_{r=1}^{\infty} A_r \, J_1(x_{1r}\varrho/a) \, \exp(-x_{1r}z/a) \right] ; \quad \varrho \leq a \, , \, z \geq 0$$

$$H_2(\varrho, z) = H_0 \, \frac{a}{b} \left[\frac{\varrho}{b} + \sum_{r=1}^{\infty} B_r \, J_1(x_{1r}\varrho/b) \, \exp(x_{1r}z/b) \right] ; \quad \varrho \leq b ; \, z \leq 0 \, .$$

Der von der Koordinate z unabhängige Anteil beschreibt das Feld, das sich für Werte $|z| >> b$ einstellt.

Die Konstanten können aus einem linearen Gleichungssystem bestimmt werden, das aus den Randbedingungen in der Fläche $z = 0$ hervorgeht. Die Stetigkeit der magnetischen Feldstärke führt zunächst auf die Gleichung

$$\frac{a}{b} \left[\frac{\varrho}{b} + \sum_{r=1}^{\infty} B_r \, J_1(x_{1r} \, \varrho/b) \right] = \begin{cases} \varrho/a + \sum\limits_{r=1}^{\infty} A_r J_1(x_{1r}\varrho/a) \, ; & \varrho \leq a \\ a/\varrho \, ; & a \leq \varrho \leq b \end{cases} .$$

Multiplikation mit $J_1(x_{1s} \, \varrho/b)\varrho$ und Integration von $\varrho = 0$ bis $\varrho = b$ ergibt unter Ausnutzung der Orthogonalitätseigenschaft der Besselfunktionen

$$\frac{a}{b} \left[S_4 + B_s \, \frac{1}{2} \, b^2 \, J_0^2(x_{1s}) \right] = S_1 + \sum_{r=1}^{\infty} A_r \, S_2 + S_3$$

mit

$$S_1 = \int_0^a \frac{\varrho}{a} \, J_1(x_{1s} \, \varrho/b) \, \varrho d\varrho = \frac{ab}{x_{1s}} \, J_2(x_{1s} \, a/b)$$

$$S_2 = \int_0^a J_1(x_{1r} \, \varrho/a) \, J_1(x_{1s} \, \varrho/b) \, \varrho d\varrho = \frac{x_{1r} \, J_1(x_{1s} \, a/b) \, J_0(x_{1r})}{(x_{1s}/b)^2 - (x_{1r}/a)^2}$$

$$S_3 = \int_a^b \frac{a}{\varrho} \, J_1(x_{1s} \, \varrho/b) \, \varrho d\varrho = \frac{ab}{x_{1s}} \, [J_0(x_{1s} \, a/b) - J_0(x_{1s})]$$

$$S_4 = \int_0^b \frac{\varrho}{b} \, J_1(x_{1s} \, \varrho/b) \, \varrho d\varrho = \frac{b^2}{x_{1s}} \, J_2(x_{1s}) \, .$$

Das Ergebnis ist das lineare Gleichungssystem

$$\frac{1}{2}\frac{b}{a}\,J_0^2(x_{1s})\,B_s = 2\,\frac{J_1(x_{1s}\,a/b)}{(x_{1s}\,a/b)^2} + J_1(x_{1s}\,a/b)\sum_{r=1}^{\infty} A_r\,\frac{x_{1r}J_0(x_{1r})}{(x_{1s}\,a/b)^2 - x_{1r}^2}\,.$$

Die Stetigkeit der Tangentialkomponente J_ϱ der Stromdichte $J_\varrho|_{z>0,z\to 0} = J_\varrho|_{z<0,z\to 0}$ ergibt

$$\begin{aligned}\left.\frac{\partial H_1}{\partial z}\right|_{z=0} &= \left.\frac{\partial H_2}{\partial z}\right|_{z=0}\\ -\sum_{r=1}^{\infty} A_r\,\frac{x_{1r}}{a}\,J_1(x_{1r}\,\varrho/a) &= \frac{a}{b}\sum_{r=1}^{\infty} B_r\,\frac{x_{1r}}{b}\,J_1(x_{1r}\varrho/b) \quad ; \quad \varrho < a\,.\end{aligned}$$

Multiplikation mit $J_1(x_{1s}\,\varrho/a)\varrho$ und Integration von $\varrho = 0$ bis $\varrho = a$ führt auf das Ergebnis

$$A_s = \frac{2}{J_0(x_{1s})}\,\frac{a}{b}\sum_{r=1}^{\infty} x_{1r}\,a/b\,B_r\,\frac{J_1(x_{1r}a/b)}{x_{1s}^2 - (x_{1r}a/b)^2}\,,$$

wenn die schon angegebenen Ergebnisse für die entstehenden Integrale verwendet werden.

Damit sind alle Konstanten durch die Gleichungssysteme bestimmt und das magnetische Feld bekannt.

Für die Stromdichte folgt

$$\vec{J} = \operatorname{rot}\vec{H} = -\vec{e}_\varrho\,\frac{\partial H}{\partial z} + \vec{e}_z\,\frac{1}{\varrho}\,\frac{\partial}{\partial \varrho}(\varrho H)$$

und damit

$$\begin{aligned}\vec{J}_1(\varrho, z) &= H_0/a\Big[2\vec{e}_z + \sum_{r=1}^{\infty} x_{1r}\,A_r\,\big(\vec{e}_z\,J_0(x_{1r}\varrho/a) +\\ &\qquad + \vec{e}_\varrho\,J_1\,(x_{1r}\varrho/a)\,\big)\exp(-x_{1r}z/a)\Big]\\ \vec{J}_2(\varrho, z) &= H_0 a/b^2\Big[2\vec{e}_z - \sum_{r=1}^{\infty} x_{1r}\,B_r\,\big(\vec{e}_\varrho\,J_1(x_{1r}\varrho/b) +\\ &\qquad - \vec{e}_z J_0\,(x_{1r}\varrho/b)\big)\,\exp(x_{1r}z/b)\Big]\,.\end{aligned}$$

Für $z \to \pm\infty$ ergeben sich die homogenen Stromdichten $2H_0/a = I_0/(\pi a^2)$ und $2H_0 a/b^2 = I_0/(\pi b^2)$.

4.6 Kraft auf eine Leiterschleife vor einer permeablen Kugel

Vor einer Kugel vom Radius a und der Permeabilität μ befindet sich im umgebenden Raum der Permeabilität μ_0 am Ort $(r = b > a; \vartheta = \vartheta_0)$ eine kreisförmige Leiterschleife, die den zeitlich konstanten Strom I führt. Welche Kraft wirkt auf die Leiterschleife? Der Grenzfall $\mu \to \infty$ ist anzugeben. Aus dem Ergebnis ist das Feld einer permeablen Kugel im erregenden homogenen Feld abzuleiten.

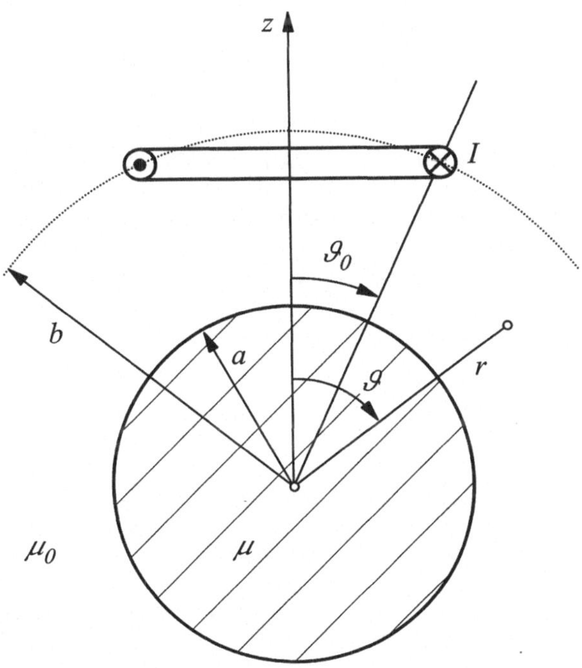

Die Berechnung des magnetischen Feldes erfolgt zweckmäßig mit dem magnetischen Skalarpotential V_m, aus dem die magnetische Feldstärke $\vec{H} = -\operatorname{grad} V_m$ hervorgeht.

Zur Erfüllung der Randbedingungen auf der Kugel $r = a$ wird zunächst das erregende Skalarpotential V_{me} der Leiterschleife im homogenen Raum der Permeabilität μ_0 berechnet. Hierzu wird auf der Kugelkappe

$(r = b, \vartheta < \vartheta_0)$ die magnetische Dipolschicht $\vec{m}_m = \vec{r}/r\mu_0 I = \vec{r}/r\, m_m$ angesetzt.

Das magnetische Skalarpotential

$$V_{me} = \frac{1}{4\pi\mu_0} \int\limits_a \vec{m}_m \frac{\vec{r}}{r^3}\, da$$

erfüllt auf der Kugel $r = b$ die Randbedingung

$$\left[V_{me}\big|_{\substack{r>b \\ r\to b}} - V_{me}\big|_{\substack{r<b \\ r\to b}} \right]_{0\le\vartheta\le\vartheta_0} = \frac{m_m}{\mu_0} = I\,.$$

Es wird durch die Lösungen der Laplace-Gleichung $\Delta V_{me} = 0$ dargestellt.

$$V_{me} = \sum_{n=0}^{\infty} \left\{ \begin{array}{c} A_n (b/r)^{n+1} \\ B_n (r/b)^n \end{array} \right\} P_n(\cos\vartheta); \qquad \begin{array}{c} r > b \\ r < b \end{array}$$

$$\vec{H}_e = -\operatorname{grad} V_{me} = -\vec{e}_r \frac{\partial V_{me}}{\partial r} - \vec{e}_\vartheta \frac{1}{r} \frac{\partial V_{me}}{\partial \vartheta}$$

Aus der Stetigkeit der Normalkomponente der magnetischen Flussdichte

$$\vec{r}/r \left(\vec{B}\Big|_{\substack{r>b \\ r\to b}} - \vec{B}\Big|_{\substack{r<b \\ r\to b}} \right) = 0$$

folgt

$$\mu_0 \left.\frac{\partial V_{me}}{\partial r}\right|_{\substack{r>b \\ r\to b}} = \mu_0 \left.\frac{\partial V_{me}}{\partial r}\right|_{\substack{r<b \\ r\to b}}$$

$$-(n+1)\, A_n = n\, B_n\,; \qquad A_n = -\frac{n}{n+1} B_n\,.$$

Aus dem Potentialsprung an der Dipolschicht ergibt sich die Folgerung

$$\sum_{n=0}^{\infty} (A_n - B_n)\, P_n(\cos\vartheta) = \left\{ \begin{array}{lcl} I & ; & 0 \le \vartheta < \vartheta_0 \\ 0 & ; & \vartheta_0 < \vartheta \le \pi \end{array} \right. .$$

Wegen der Orthogonalität der Legendre-Polynome P_n gilt mit $u = \cos\vartheta$ und $u_0 = \cos\vartheta_0$

$$\sum_{n=0}^{\infty} (A_n - B_n) \cdot \underbrace{\int\limits_{-1}^{+1} P_n(u) P_k(u)\, du}_{\substack{= 2/(2k+1)\ \text{für}\ n = k \\ \text{und} = 0\ \text{für}\ n \ne k}} = I \int\limits_{u_0}^{1} P_k(u)\, du.$$

$$(A_n - B_n)\,\frac{2}{2n+1} = I\,\left.\frac{P_{n+1} - P_{n-1}}{2n+1}\right|_{u_0}^{1} \;; \quad P_{n+1}(1) - P_{n-1}(1) = 0$$

$$A_n - B_n = \frac{I}{2}\,[P_{n-1}(u_0) - P_{n+1}(u_0)] = -\frac{2n+1}{n+1}\,B_n = \frac{2n+1}{n}\,A_n$$

$$K_n = \frac{P_{n-1}(u_0) - P_{n+1}(u_0)}{2n+1}\,; \quad A_n = n\,\frac{I}{2}\,K_n\,; \quad B_n = -(n+1)\,\frac{I}{2}\,K_n\,.$$

Die Einführung einer magnetischen Dipolschicht $-\vec{r}/r\mu_0 I$ auf der Kugelkappe ($r = b$; $\vartheta_0 < \vartheta \leq \pi$) käme in analoger Rechnung zum gleichen Ergebnis.

Nach dem Einbringen der permeablen Kugel gilt für das resultierende magnetische Skalarpotential V_m mit $\Delta V_m = 0$

$$V_m = \left\{\begin{array}{c} V_{me} \\ 0 \end{array}\right\} + \sum_{n=0}^{\infty} \left\{\begin{array}{c} C_n(a/r)^{n+1} \\ D_n(r/a)^n \end{array}\right\} P_n(\cos\vartheta)\,; \quad \begin{array}{c} r > a \\ r < a \end{array}\,.$$

Im Raum $r < a$ hat das erregende Potential die gleiche Abhängigkeit von den Ortskoordinaten wie der Ansatz, der die Feldänderung durch Einbringen der Kugel beschreibt. Es muss daher nicht explizit angegeben werden.

Auf der Kugel $r = a$ ist das Potential und damit die Tangentialkomponente der magnetischen Feldstärke stetig.

$$-(n+1)\,\frac{I}{2}\,K_n \left(\frac{a}{b}\right)^n + C_n = D_n\,.$$

Die Stetigkeit der Normalkomponente der magnetischen Flussdichte auf der Kugel $r = a$ ergibt

$$\mu_0 \left[B_n \left(\frac{a}{b}\right)^{n-1} n\,\frac{1}{b} - (n+1)\,C_n\,\frac{1}{a}\right] = \mu\,\frac{n}{a}\,D_n\,.$$

$$C_n = \frac{n(n+1)(1-\mu_0/\mu)}{n + (n+1)\mu_0/\mu}\,\frac{I}{2}\,K_n \left(\frac{a}{b}\right)^n$$

$$D_n = -\frac{(n+1)(2n+1)\mu_0/\mu}{n+(n+1)\mu_0/\mu}\,\frac{I}{2}\,K_n\left(\frac{a}{b}\right)^n .$$

Der Grenzfall $\mu \to \mu_0$ führt richtig wieder auf das erregende Potential. Im Grenzfall hoher Permeabilität $\mu \to \infty$ folgt

$$C_n\big|_{\mu\to\infty} = (n+1)\,\frac{I}{2}\,K_n\left(\frac{a}{b}\right)^n \quad ; \quad D_n\big|_{\mu\to\infty} = 0$$

$$\begin{aligned} V_m\big|_{\mu\to\infty} &= V_{me} + \frac{I}{2}\sum_{n=1}^{\infty}(n+1)\,K_n\left(\frac{a}{b}\right)^n\left(\frac{a}{r}\right)^{n+1} P_n(\cos\vartheta)\,; \quad r \geq a \\ &= V_{me}(r,\vartheta) - \left(\frac{a}{r}\right) V_{me}\left(a^2/r,\vartheta\right) \quad ; \quad r \geq a \end{aligned}$$

das Spiegelungsgesetz für das magnetische Feld an der hochpermeablen Kugel. Dieses Gesetz lässt sich hier, anders als beim permeablen Zylinder und permeablen Halbraum, nur für $\mu \to \infty$ formulieren.

Für sehr große Werte b mit $\vartheta_0 = \pi/2$ wirkt auf die Kugel ein nahezu homogenes, z-gerichtetes magnetisches Feld.

$$\begin{aligned} \vec{H}_e &= \vec{e}_z H_0 = \vec{e}_z\, I/(2b) = (\vec{e}_r\cos\vartheta - \vec{e}_\vartheta\sin\vartheta)\, H_0 = \\ &= -\mathrm{grad}\; V_{me}\big|_{b\to\infty} = \mathrm{grad}\,(H_0 r\cos\vartheta) \end{aligned}$$

Dies entspricht der Lösung für $n = 1$. Damit gilt für das resultierende Potential

$$\begin{aligned} V_m\big|_{b\to\infty} &= \left\{\begin{array}{l} B_1(r/b) + C_1(a/r)^2 \\ D_1(r/a) \end{array}\right\} P_1(\cos\vartheta)\,; \quad \begin{array}{l} r \geq a \\ r \leq a \end{array} \\ &= -H_0 a \left\{\begin{array}{l} r/a - \dfrac{1-\mu_0/\mu}{1+2\mu_0/\mu}(a/r)^2 \\ \dfrac{3\mu_0/\mu}{1+2\mu_0/\mu}(r/a) \end{array}\right\} \cos\vartheta\,; \quad \begin{array}{l} r \geq a \\ r \leq a\,. \end{array} \end{aligned}$$

Die auf die Leiterschleife der Kontur C ausgeübte Kraft ist z-gerichtet.

$$\vec{F} = I\oint\limits_C d\vec{s}\times\vec{B}_s = \vec{e}_z\, F$$

$$F = I \oint_C \vec{e}_z(d\vec{s} \times \vec{B}_s) = -I \oint_C (\vec{e}_z \times \vec{B}_s) d\vec{s}$$

$$\vec{e}_z = \vec{e}_r \cos\vartheta - \vec{e}_\vartheta \sin\vartheta \quad ; \quad \vec{B}_s = \vec{e}_r B_{sr} + \vec{e}_\vartheta B_{s\vartheta} \quad ; \quad d\vec{s} = b \sin\vartheta_0 \, \vec{e}_\varphi \, d\varphi \, .$$

Damit wird

$$F = -I\, b \sin\vartheta_0 \, 2\pi \left[\cos\vartheta_0 \, B_{s\vartheta}(b,\vartheta_0) + \sin\vartheta_0 \, B_{sr}(b,\vartheta_0)\right]$$

$$\vec{B}_s = -\mu_0 \mathrm{grad}\,(V_m - V_{me})$$

$$B_{sr}(b,\vartheta_0) = -\mu_0 \frac{\partial}{\partial r} (V_m - V_{me})\Big|_{\substack{r=b \\ \vartheta=\vartheta_0}} =$$

$$= \mu_0 \sum_{n=0}^{\infty} C_n \frac{(n+1)}{a} \left(\frac{a}{b}\right)^{n+2} P_n(\cos\vartheta_0)$$

$$B_{s\vartheta}(b,\vartheta_0) = -\frac{\mu_0}{r} \frac{\partial}{\partial\vartheta} (V_m - V_{me})\Big|_{\substack{r=b \\ \vartheta=\vartheta_0}} =$$

$$= \frac{\mu_0}{b} \sum_{n=0}^{\infty} C_n \left(\frac{a}{b}\right)^{n+1} P_n'(\cos\vartheta_0) \sin\vartheta_0$$

$$F = -2\pi \, \mu_0 \, I \sin^2\vartheta_0 \sum_{n=0}^{\infty} C_n \left(\frac{a}{b}\right)^{n+1} \cdot$$

$$\cdot \left[(n+1)\, P_n(\cos\vartheta_0) + \cos\vartheta_0 \, P_n'(\cos\vartheta_0)\right] \, .$$

4.7 Schirmung eines homogenen magnetischen Feldes durch einen permeablen Hohlzylinder

Ein Hohlzylinder der Radien $\varrho = a$ und $\varrho = b > a$ aus Material der Permeabilität μ wird im Raum der Permeabilität μ_0 einem homogenen,

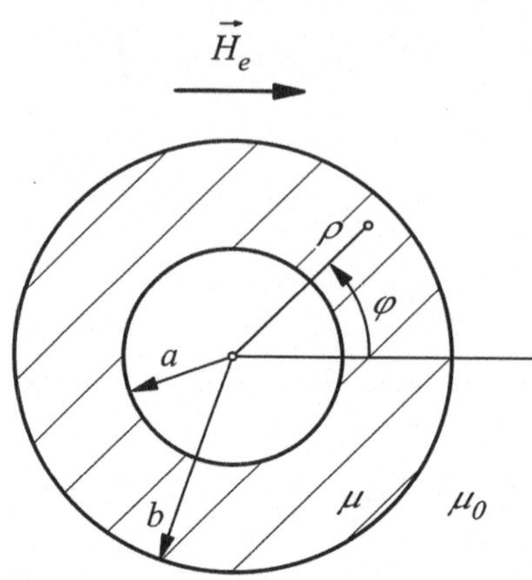

erregenden Feld $\vec{H}_e = \vec{e}_x H_e$ quer zu seiner Zylinderachse ausgesetzt. Zu berechnen sind das resultierende Feld $\vec{H}$ und der Schirmfaktor $\eta_s = |\vec{H}_e|/|\vec{H}|$ im Hohlraum $\varrho < a$. Die Grenzwerte für $\mu = \mu_0$ und $\mu \to \infty$ sind anzugeben.

Das homogene erregende Feld kann durch zwei entgegengerichtete, auf Ebenen $y =$ const in z-Richtung fließende, homogene Strombeläge außerhalb des Zylinders entstehen. Zur Feldbeschreibung kann deshalb ein z-gerichtetes Vektorpotential $\vec{A} = \vec{e}_z A(\varrho, \varphi)$ verwendet werden.

Aus dem Vektorpotential $\vec{A}_e = \vec{e}_z A_e(\varrho, \varphi)$ des erregenden Feldes wird die magnetische Flussdichte $\vec{B}_e = \operatorname{rot} \vec{A}_e = \mu_0 \vec{H}_e = \vec{e}_x \mu_0 H_e$ berechnet.

$$\vec{B}_e = \operatorname{grad} A_e \times \vec{e}_z = \left[\vec{e}_\varrho \frac{\partial A_e}{\partial \varrho} + \frac{\vec{e}_\varphi}{\varrho} \frac{\partial A_e}{\partial \varphi}\right] \times \vec{e}_z = \frac{\vec{e}_\varrho}{\varrho} \frac{\partial A_e}{\partial \varphi} - \vec{e}_\varphi \frac{\partial A_e}{\partial \varrho}$$

$$= \mu_0 \vec{H}_e = \mu_0 H_e \vec{e}_x = \mu_0 H_e [\vec{e}_\varrho \cos\varphi - \vec{e}_\varphi \sin\varphi]$$

$$\frac{1}{\varrho} \frac{\partial A_e}{\partial \varphi} = \mu_0 H_e \cos\varphi \quad ; \quad \frac{\partial A_e}{\partial \varrho} = \mu_0 H_e \sin\varphi .$$

Das Vektorpotential erfüllt die Differentialgleichung $\Delta A_e(\varrho, \varphi) = 0$ und hat die Lösungen

$$A_e(\varrho, \varphi) = (a_0 + b_0 \ln \varrho)(c_0 + d_0 \varphi) +$$

$$+\sum_{n=1}^{\infty}(a_n\varrho^n + b_n\varrho^{-n})\,(c_n\,\cos(n\varphi) + d_n\,\sin(n\varphi))\,.$$

Wegen der vorgegebenen erregenden Feldstärke müssen obige Gleichungen gelten, und es kann nur die Lösung für $n = 1$ existieren, mit $b_1 = 0$; $c_1 = 0; d_1 = 1$.

$$A_e(\varrho,\varphi) \;=\; a_1\varrho\sin\varphi \;=\; \mu_0\,H_e\,\varrho\,\sin\varphi$$

Entsprechend folgt für das resultierende Vektorpotential $A(\varrho,\varphi)$ in Gegenwart des Zylinders der Ansatz

$$A(\varrho,\varphi) \;=\; \mu_0\,H_e\,b\left\{\begin{array}{c} a_1\,\varrho/a \\ a_2\varrho/a + b_2 a/\varrho \\ \varrho/b + b_3\,b/\varrho \end{array}\right\}\sin\,\varphi \quad ; \qquad \begin{array}{c} \varrho \le a \\ a \le \varrho \le b \\ \varrho \ge b. \end{array}$$

Die Konstanten des Lösungsansatzes folgen aus den Randbedingungen. Die Stetigkeit der Normalkomponente der magnetischen Flussdichte ist identisch mit der Stetigkeit des Vektorpotentials.

$$a_1 \;=\; a_2 + b_2\,; \quad a_2\,b/a + b_2\,a/b \;=\; 1 + b_3\,; \quad a_2 + b_2\left(\frac{a}{b}\right)^2 \;=\; \frac{a}{b}\,(1 + b_3)\,.$$

Die Stetigkeit der Tangentialkomponente der magnetischen Feldstärke H_φ führt auf die Gleichungen

$$a_1 \;=\; \frac{\mu_0}{\mu}\,(a_2 - b_2) \quad ; \quad a_2 - b_2\left(\frac{a}{b}\right)^2 \;=\; \frac{\mu}{\mu_0}\,\frac{a}{b}\,(1 - b_3)\,.$$

Aus diesen vier Gleichungen sind die Konstanten zu berechnen. Mit den Werten $k = (\mu - \mu_0)/(\mu + \mu_0)$ und $M = (1 + \mu_0/\mu)(1 - k^2(a/b)^2)$ lauten sie

$$b_2 \;=\; -\frac{2\,(a/b)\,k}{M} \quad ; \quad a_2 \;=\; \frac{2\,a/b}{M}\,.$$

$$a_1 \;=\; 2\frac{a}{b}\,\frac{1-k}{M} \quad ; \quad b_3 \;=\; \frac{2(1 - k(a/b)^2)}{M} \;-1\,.$$

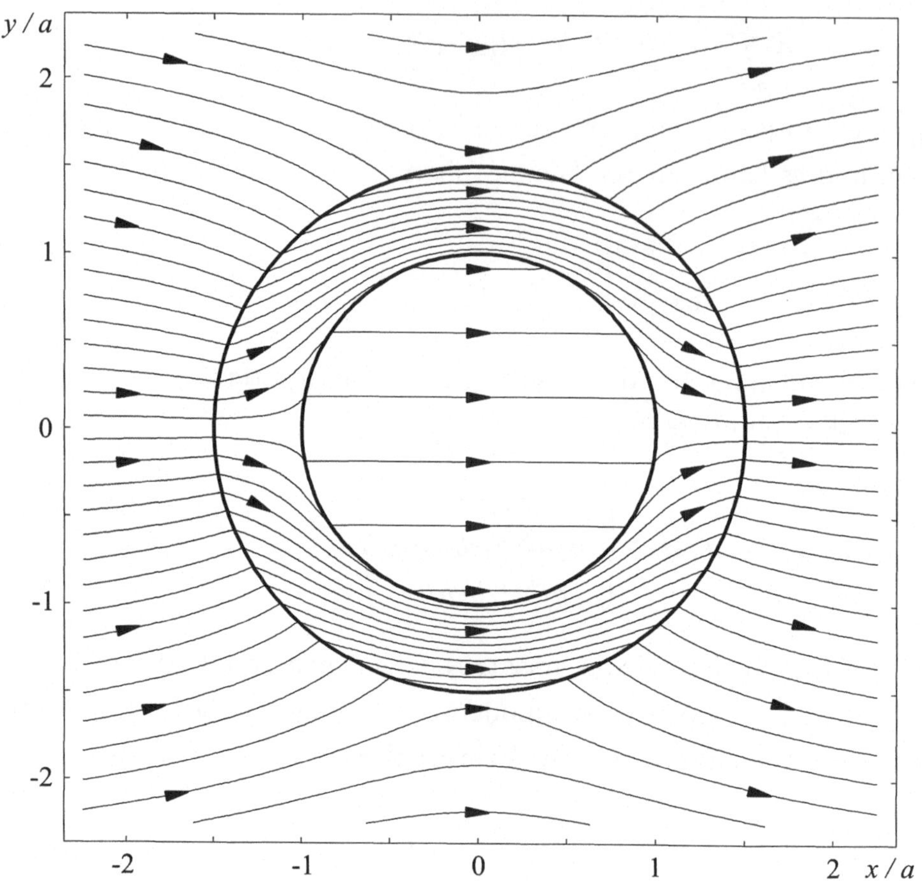

Bild 4.7–1: Magnetische Feldlinien für $\mu/\mu_0 = 10$ und $b/a = 1,5$

Der Grenzfall $\mu \to \mu_0$ führt auf die Werte

$$a_1|_{\mu\to\mu_0} = a/b\,; \quad a_2|_{\mu\to\mu_0} = a/b\,; \quad b_2|_{\mu\to\mu_0} = 0\,; \quad b_3|_{\mu\to\mu_0} = 0\,.$$

Es verbleibt das erregende Potential.

Der Grenzfall hoher Permeabilität $\mu \to \infty$ hat das Ergebnis $a_1|_{\mu\to\infty} = 0$;

$$b_2|_{\mu\to\infty} = -\frac{2a/b}{1-(a/b)^2}\,; \quad a_2|_{\mu\to\infty} = -b_2|_{\mu\to\infty}\,; \quad b_3|_{\mu\to\infty} = 1\,.$$

Das magnetische Feld verschwindet im Raum $\varrho < b$. Auf dem Zylinder $\varrho = b$ existiert nur die Radialkomponente B_ϱ.

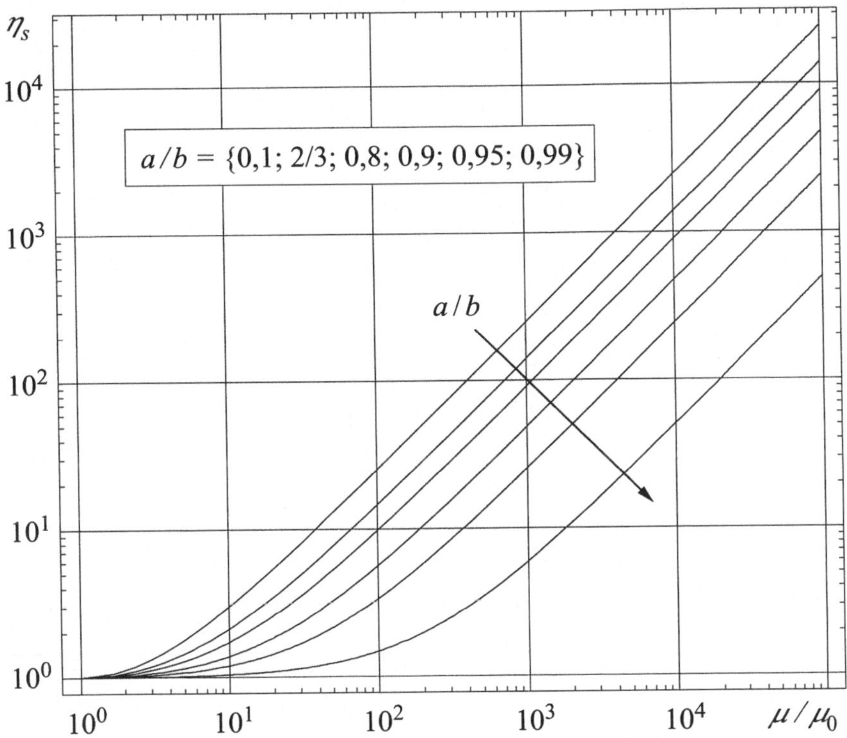

Bild 4.7–2: Schirmfaktor als Funktion der Permeabilität

Bei endlicher Permeabilität existiert im geschirmten Raum $\varrho < a$ die magnetische Feldstärke

$$\vec{H} = \frac{1}{\mu_0}\left[\frac{\vec{e}_\varrho}{\varrho}\frac{\partial A}{\partial\varphi} - \vec{e}_\varphi\frac{\partial A}{\partial\varrho}\right] = H_e\, b\left[\vec{e}_\varrho\,\frac{a_1}{a}\cos\varphi - \vec{e}_\varphi\,\frac{a_1}{a}\sin\varphi\right]$$

$$= H_e\, b\,\frac{a_1}{a}\left[\vec{e}_\varrho\cos\varphi - \vec{e}_\varphi\sin\varphi\right] = \vec{e}_x\, H_e\,\frac{b}{a}\, a_1$$

$$\vec{H} = \vec{e}_x\, H_e\,\frac{2(1-k)}{(1+\mu_0/\mu)[1-k^2(a/b)^2]}\,.$$

Der Schirmfaktor η_s ist somit

$$\eta_s = \frac{1}{4}\,\frac{(\mu+\mu_0)^2}{\mu\mu_0}\left[1-k^2\left(\frac{a}{b}\right)^2\right]\,.$$

4.8 Gegeninduktivität ebener Leiterschleifen

Zwei ebene, parallele, dünne Leiterschleifen befinden sich im Halbraum $y > 0$ der Permeabilität μ_0 an den Orten $\vec{r}_{11}$ und $\vec{r}_{12}$ bzw. $\vec{r}_{21}$ und $\vec{r}_{22}$ vor einem Halbraum $y \leq 0$ der Permeabilität μ.

Zu berechnen ist die Gegeninduktivität zwischen den Leiterschleifen.

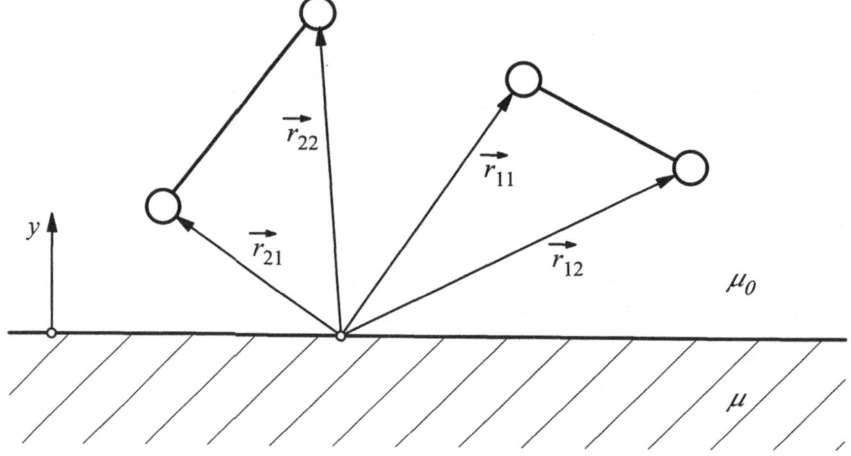

Ein Strom I in einer Leiterschleife hat einen magnetischen Fluss Ψ_m/l pro Längeneinheit durch die zweite Leiterschleife zur Folge.

$$\Psi_m/l = \int_a \vec{B}\, d\vec{a}/l = \oint_C \vec{A}\, d\vec{s}/l = A_1(\vec{r}_{21}) - A_1(\vec{r}_{22})\,; \quad \vec{B} = \operatorname{rot} \vec{A}$$

Darin ist a die Fläche der Leiterschleife, C ihre Randkontur und $\vec{A}_1$ das magnetische Vektorpotential, das die Ströme $\pm I$ an den Orten $(\vec{r}_{11}\,; \vec{r}_{12})$ am Ort $\vec{r}$ hervorrufen.

$$\vec{A}_1(\vec{r}) = -\vec{e}_z \frac{\mu I}{2\pi} \ln \frac{|\vec{r} - \vec{r}_{11}|}{|\vec{r} - \vec{r}_{12}|}$$

Der Einfluss des permeablen Halbraums $y \leq 0$ auf das magnetische Feld im Halbraum $y > 0$ wird durch zwei Spiegelströme kI am Ort $\vec{r}^{\,*}_{11} = \vec{r}_{11} - 2\vec{e}_y(\vec{e}_y\vec{r}_{11})$ und $-kI$ am Ort $\vec{r}^{\,*}_{12} = \vec{r}_{12} - 2\vec{e}_y(\vec{e}_y\vec{r}_{12})$ beschrieben. Diese

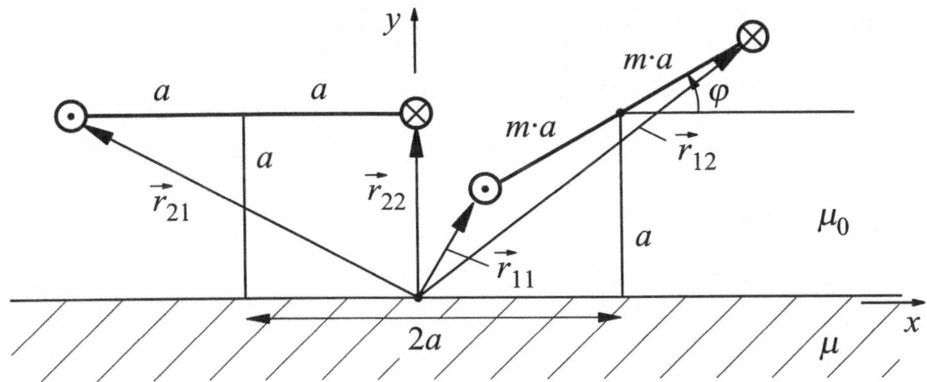

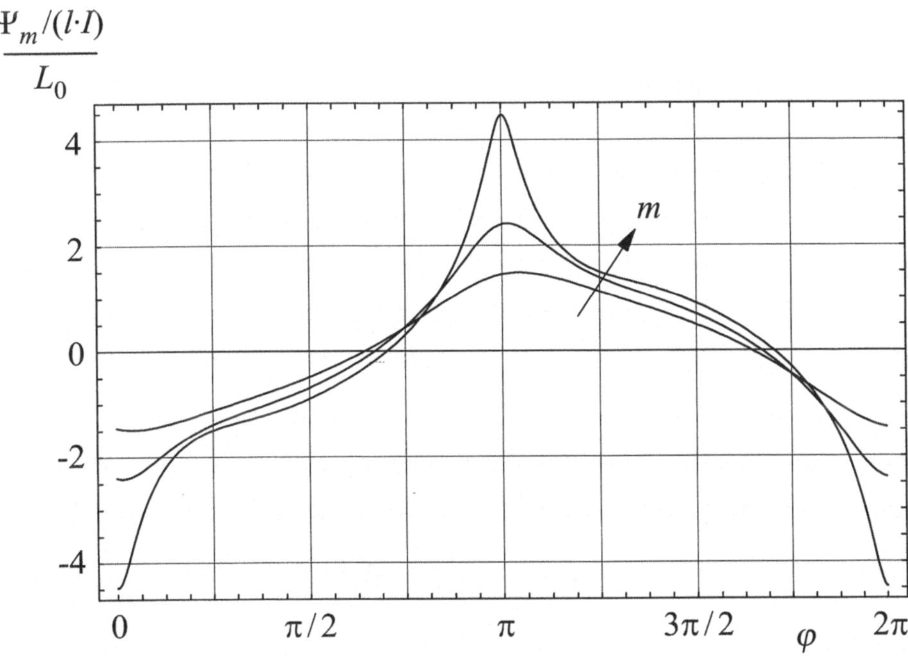

Bild 4.8–1: Anordnung (oben) und normierte Flussfunktion $\Psi_m/(lI)$ (unten) als Funktion des Winkels φ. $\mu/\mu_0 = 100$; $L_0 = \mu/(4\pi)$; $m = 0{,}5;\ 0{,}7;\ 0{,}9$.

und die erregenden Ströme $\pm I$ rufen das Vektorpotential $\vec{A}(\vec{r}) = \vec{e}_z\, A(\vec{r})$ hervor.

Der magnetische Fluss durch die Leiterschleife $(\vec{r}_{21}, \vec{r}_{22})$ ist dann

$$\Psi_m/l = A(\vec{r}_{21}) - A(\vec{r}_{22}) \quad ; \quad \vec{A} = \vec{e}_z A$$

$$A = -\frac{\mu I}{2\pi}\left[\ln\frac{|\vec{r}-\vec{r}_{11}|}{|\vec{r}-\vec{r}_{12}|} + k\,\ln\frac{|\vec{r}-\vec{r}^{*}_{11}|}{|\vec{r}-\vec{r}^{*}_{12}|}\right] \quad ; \quad k = \frac{\mu-\mu_0}{\mu+\mu_0}$$

$$\Psi_m/l = -\frac{\mu I}{2\pi}\left[\ln\left(\frac{|\vec{r}_{21}-\vec{r}_{11}|\,|\vec{r}_{22}-\vec{r}_{12}|}{|\vec{r}_{21}-\vec{r}_{12}|\,|\vec{r}_{22}-\vec{r}_{11}|}\right) + k\,\ln\left(\frac{|\vec{r}_{21}-\vec{r}^{*}_{11}|\,|\vec{r}_{22}-\vec{r}^{*}_{12}|}{|\vec{r}_{21}-\vec{r}^{*}_{12}|\,|\vec{r}_{22}-\vec{r}^{*}_{11}|}\right)\right]$$

Die Gegeninduktivität ist damit

$$L_{12} = L_{21} = (\Psi_m/l)/I\,.$$

4.9 Magnetische Kopplung von Leiterschleifen

In einer Ebene $z = 0$ befinden sich eine Leiterschleife aus zwei unendlich langen, parallelen Linienleitern mit dem Abstand $2a$ und eine weitere Leiterschleife mit einer Kontur C gemäß Abbildung. Unter welcher Bedingung sind die beiden Leiterschleifen magnetisch entkoppelt? Für spezielle Werte $b = 2a$ und $c = 3a$ ist der Wert für d zu berechnen.

Die Leiterschleifen sind entkoppelt, wenn der magnetische Fluss, der von einem Strom I in den parallelen Leitern erregt wird und die zweite Leiterschleife durchsetzt, verschwindet. Für den magnetischen Fluss gilt

$$\Psi_m = \int_a \vec{B}d\vec{a} = \int_a \operatorname{rot}\vec{A}\,d\vec{a} = \oint_C \vec{A}\,d\vec{s}$$

$$\vec{A} = -\vec{e}_z\,\frac{\mu I}{2\pi}\,\ln(\varrho_1/\varrho_2) = -\vec{e}_z\,\frac{\mu I}{2\pi}\,\ln\sqrt{\frac{(x-a)^2+y^2}{(x+a)^2+y^2}}\,.$$

Der Fluss durch die zweite Leiterschleife ist dann

$$\begin{aligned}\Psi_m &= -\frac{\mu I}{2\pi}\left[h\ln\frac{b-a}{b+a} + h\ln\frac{d-a}{d+a} - 2h\ln\frac{c-a}{c+a}\right]\\ &= -\frac{\mu I h}{2\pi}\left[\ln\frac{(b-a)(d-a)}{(b+a)(d+a)} - \ln\left(\frac{c-a}{c+a}\right)^2\right]\end{aligned}$$

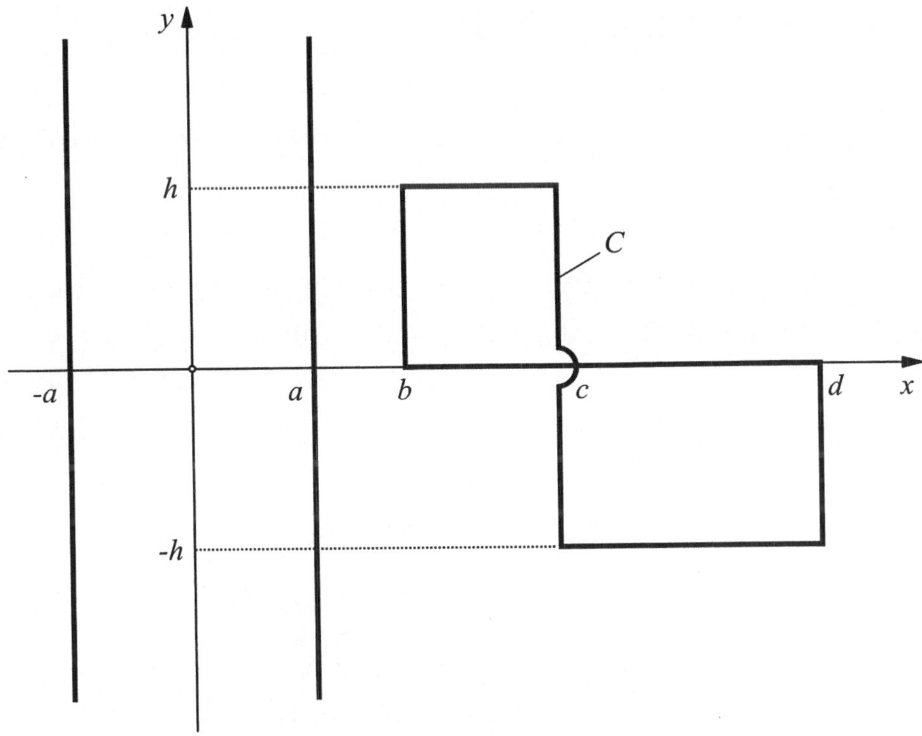

Die Leiterschleifen sind magnetisch entkoppelt, wenn

$$\frac{(b-a)(d-a)}{(b+a)(d+a)} = \left(\frac{c-a}{c+a}\right)^2$$

ist. Für $b = 2a$ und $c = 3a$ ergibt sich $d = 7a$.

5. Quasistationäres Feld

5.1 Stromverteilung in einem leitenden, geschichteten Zylinder

Ein geschichteter, leitender Zylinder der Leitfähigkeit κ_1 und Permeabilität μ_1 in $\varrho < a$ und der Leitfähigkeit κ_2 und Permeabilität μ_2 in $a < \varrho < b$ ist in der Grenzfläche $\varrho = a$ leitend verbunden. Er führt den Gesamtstrom $i(t) = \text{Re}\,\{\underline{i}_0 \exp(j\omega t)\}$. Zu berechnen sind Stromverteilung und magnetisches Feld.

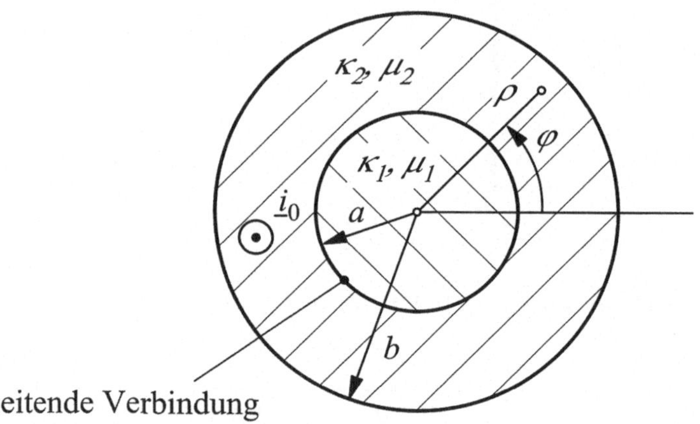

Das Feld wird durch den komplexen Zeiger $\vec{\underline{A}}$ des axialen Vektorpotentials beschrieben.

$$\vec{\underline{A}} = \vec{e}_z \underline{A}(\varrho)\,; \quad \vec{\underline{B}} = \text{rot}\,\vec{\underline{A}}\,; \quad \Delta \underline{A} = \frac{d^2 \underline{A}}{d\varrho^2} + \frac{1}{\varrho}\frac{d\underline{A}}{d\varrho} = \alpha^2 \underline{A}\,; \quad \alpha^2 = j\omega\kappa\mu$$

Die Lösungsansätze mit den modifizierten Besselschen Funktionen lauten

$$\underline{A}(\varrho) = \begin{cases} \underline{C}_1 \dfrac{I_0(\alpha_1 \varrho)}{I_0(\alpha_1 a)}\,; & \varrho < a \\ \underline{C}_2 \dfrac{I_0(\alpha_2 \varrho)}{I_0(\alpha_2 a)} + \underline{C}_3 \dfrac{K_0(\alpha_2 \varrho)}{K_0(\alpha_2 a)}\,; & a < \varrho < b \end{cases}$$

$$\alpha_1^2 = j\omega\kappa_1\mu_1 \quad , \quad \alpha_2^2 = j\omega\kappa_2\mu_2$$

$$\underline{\vec{H}} = \frac{1}{\mu}\,\text{rot}\,[\vec{e}_z\underline{A}] = -\vec{e}_\varphi\frac{1}{\mu}\frac{\partial\underline{A}}{\partial\varrho} = \vec{e}_\varphi\underline{H}(\varrho)\,; \quad \underline{\vec{E}} = -j\omega\underline{\vec{A}}\,; \quad \underline{\vec{J}} = \kappa\underline{\vec{E}}\,.$$

Die Randbedingungen sind

$$2\pi b\underline{H}(\varrho=b) = \underline{i}_0\,; \quad \underline{E}(\varrho)|_{\substack{\varrho<a\\ \varrho\to a}} = \underline{E}(\varrho)|_{\substack{\varrho>a\\ \varrho\to a}}\,; \quad \underline{H}(\varrho)|_{\substack{\varrho>a\\ \varrho\to a}} = \underline{H}(\varrho)|_{\substack{\varrho<a\\ \varrho\to a}}\,.$$

Daraus sind die Konstanten aus einem Gleichungssystem zu bestimmen.

$$\underline{C}_1 = \underline{C}_2 + \underline{C}_3\,; \quad I_0' = I_1\,; \quad K_0' = -K_1$$

$$\underline{C}_1\frac{I_1(\alpha_1 a)}{I_0(\alpha_1 a)} = \frac{\mu_1}{\mu_2}\frac{\alpha_2}{\alpha_1}\left[\underline{C}_2\frac{I_1(\alpha_2 a)}{I_0(\alpha_2 a)} - \underline{C}_3\frac{K_1(\alpha_2 a)}{K_0(\alpha_2 a)}\right]$$

$$-\frac{\mu_2\underline{i}_0}{2\pi\alpha_2 b} = \underline{C}_2\frac{I_1(\alpha_2 b)}{I_0(\alpha_2 a)} - \underline{C}_3\frac{K_1(\alpha_2 b)}{K_0(\alpha_2 a)}$$

Die Auflösung dieses Gleichungssystems wird hier nicht weiter behandelt.

Das magnetische Feld außerhalb des Leiters ist

$$\underline{H}(\varrho) = \frac{\underline{i}_0}{2\pi\varrho}\quad ; \quad \varrho \ge b\,.$$

Die Ströme $\underline{i}_1$ und $\underline{i}_2$ in den Leitern $\varrho < a$ bzw. $a < \varrho < b$ sind

$$\underline{i}_1 = 2\pi a\,\underline{H}(a) = -\frac{2\pi a}{\mu_1}\left.\frac{\partial\underline{A}}{\partial\varrho}\right|_{\varrho=a} = -2\pi a\frac{\alpha_1}{\mu_1}\underline{C}_1\frac{I_1(\alpha_1 a)}{I_0(\alpha_1 a)}\,; \quad \underline{i}_2 = \underline{i}_0 - \underline{i}_1$$

5.2 Rotierende Leiterschleife

Eine dünne Leiterschleife der rechteckigen Kontur C mit den Abmessungen $2a$ und b rotiert mit der Winkelgeschwindigkeit $\vec{\omega}(t) = \vec{e}_z\omega_0\,t/T$ um ihre Symmetrieachse ($x = c$; $y = 0$). Sie wird dabei teilweise von einem homogenen Magnetfeld $\vec{H} = \vec{e}_y H$ im Raum $x \le 0$ durchsetzt. Der gesamte Raum hat die homogene Permeabilität μ.

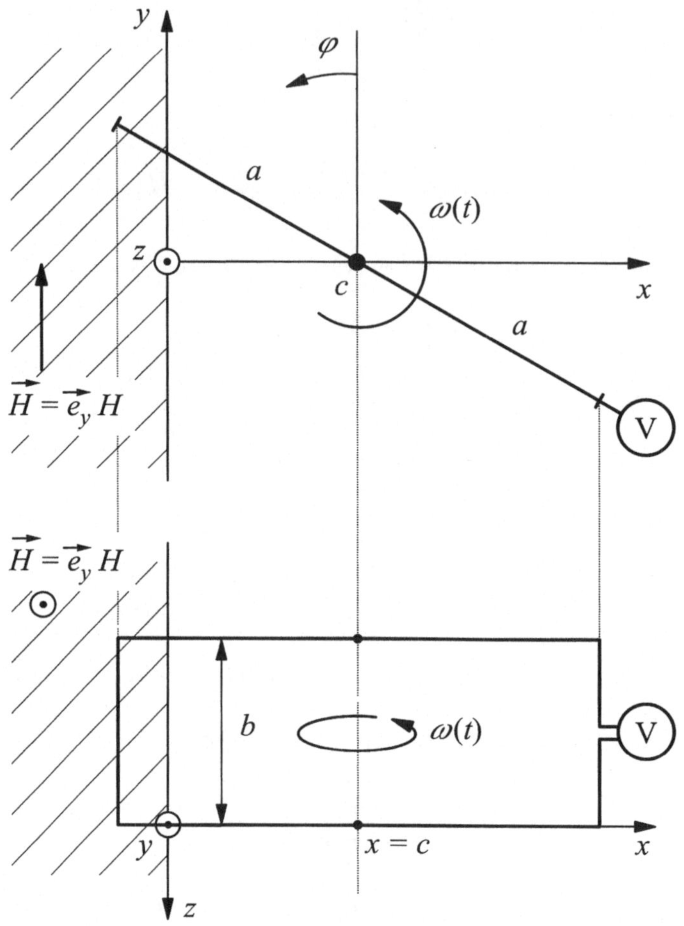

Welche Spannung zeigt das hochohmige Voltmeter in dem Zeitraum an, in dem sich die Schleife um 180^0 gegenüber der Ausgangslage in der Ebene $x = c$ zum Zeitpunkt $t = 0$ gedreht hat?

Die induzierte Spannung kann durch Konturintegration des Vektors $\vec{v} \times \vec{B}$ berechnet werden, wenn $\vec{v} = \vec{\omega} \times \vec{r}$ die Geschwindigkeit des Leiterelementes am Ort $\vec{r}$ bezeichnet.

$$u(t) = \oint_C \vec{v} \times \vec{B}\, d\vec{s} = \mu \oint_C (\vec{\omega} \times \vec{r}) \times \vec{H}\, d\vec{s} = \mu \oint_C [\vec{r}\underbrace{(\vec{\omega}\vec{H})}_{=0} - \vec{\omega}(\vec{r}\vec{H})]\, d\vec{s}$$

$$= -\mu \int_{-b}^{0} \vec{e}_z \omega_0 t/T \, (\vec{r}(\vec{e}_y H)) \, (\vec{e}_z dz) \; = \; -\mu \, H \, \omega_0 \, t/T \int_{-b}^{0} \vec{r} \vec{e}_y \, dz \; =$$

$$= -\mu H \, ab \, \omega_0 \, t/T \, \cos(\varphi(t)) \quad ; \quad \varphi(t) = \int_0^t \omega(t') \, dt' = \omega_0 \frac{t^2}{2T}$$

$$u(t) = - \underbrace{\mu H ab}_{\Psi_m} \omega_0 \, t/T \, \cos(\omega_0 \, t^2/(2T)) \quad ; \quad t_1 < t < t_2$$

$$\varphi(t_1) = \arcsin(c/a) = \frac{\omega_0}{2} \frac{t_1^2}{T} \quad ; \quad t_1 = \left[\frac{2T}{\omega_0} \arcsin(c/a) \right]^{1/2}$$

$$\varphi(t_2) = \pi - \arcsin(c/a) = \frac{\omega_0}{2} \frac{t_2^2}{T} \quad ; \quad t_2 = \left[\frac{2T}{\omega_0} (\pi - \arcsin(c/a)) \right]^{1/2}$$

Damit lautet das Ergebnis für $t < \sqrt{2\pi \, T/\omega_0}$

$$u(t) = \begin{cases} 0 & 0 < t < t_1 \\ -\Psi_m \, \omega_0 t/T \, \cos(\omega_0 t^2/(2T)) \;\; ; & t_1 < t < t_2 \\ 0 & t_2 < t < \sqrt{2\pi T/\omega_0} \, . \end{cases}$$

5.3 Kraftwirkung durch induzierte Stromverteilung in einer leitenden Kugel

Vor einer Kugel vom Radius a und der Leitfähigkeit κ befindet sich auf der Schnittlinie einer konzentrischen Kugel vom Radius $b > a$ mit dem Kegel $\vartheta = \vartheta_0$ eine vom Strom $i = i_0 \cos(\omega t + \varphi) = \text{Re}\,\{\underline{i}_0 \, \exp(j\omega t)\}$ durchflossene, dünne Leiterschleife. Zu berechnen ist die in der Kugel induzierte Stromverteilung und die auf die Leiterschleife ausgeübte Kraft, wenn der umgebende nichtleitende Raum die gleiche Permeabilität μ wie die Kugel hat. Die Grenzfälle der Erregung einer Stromverteilung durch ein homogenes magnetisches Feld und einen magnetischen Dipol sind abzuleiten und der Grenzfall der hochfrequenten Erregung ist zu untersuchen.

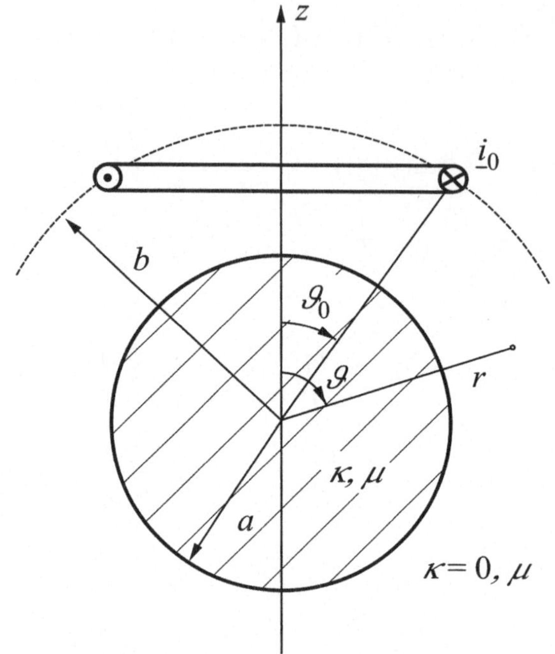

Differentialgleichungen und Lösungsfunktionen

Die komplexe Amplitude des feldbeschreibenden Vektorpotentials hat im gesamten Raum nur eine φ–Komponente

$$\underline{\vec{B}} = \operatorname{rot} \underline{\vec{A}}; \quad \underline{\vec{A}} = \vec{e}_\varphi \, \underline{A}(r, \vartheta) \quad ; \quad \frac{\partial \underline{A}}{\partial \varphi} = 0$$

und muss im Raum $r < a$ die Stromverdrängungsdifferentialgleichung

$$\operatorname{rot}\operatorname{rot}(\vec{e}_\varphi A) = -\kappa\mu \frac{\partial}{\partial t} \vec{e}_\varphi A \quad ; \quad \operatorname{rot}\operatorname{rot}(\vec{e}_\varphi \underline{A}) = -j\omega\kappa\mu \vec{e}_\varphi \underline{A}$$

und im Raum $r > a, r \neq b$ wegen $\kappa = 0$ die Gleichung

$$\operatorname{rot}\ \operatorname{rot}\ (\vec{e}_\varphi \underline{A}) = 0$$

erfüllen. In Kugelkoordinaten (r, ϑ, φ) lautet die Differentialgleichung für die komplexe Amplitude $\underline{A}$ des Vektorpotentials

$$r^2 \frac{\partial^2 \underline{A}}{\partial r^2} + 2r \frac{\partial \underline{A}}{\partial r} + \frac{\partial}{\partial \vartheta} \left[\frac{1}{\sin \vartheta} \frac{\partial}{\partial \vartheta} (\sin \vartheta \, \underline{A}) \right] = j\omega\kappa\mu \underline{A} \cdot r^2 = (\alpha r)^2 \underline{A} \, ,$$

wenn man die allgemeine Vektoroperation rot $\vec{F}$ in Kugelkoordinaten

$$\operatorname{rot}\vec{F} = \frac{1}{r^2\sin\vartheta}\begin{vmatrix} \vec{e}_r & \vec{e}_\vartheta \cdot r & \vec{e}_\varphi r\,\sin\vartheta \\ \partial/\partial r & \partial/\partial\vartheta & \partial/\partial\varphi \\ F_r & r\,F_\vartheta & r\,\sin\vartheta\,F_\varphi \end{vmatrix}$$

zweimal auf den Vektor $\underline{\vec{A}} = \vec{e}_\varphi\,\underline{A}$ anwendet. Die Differentialgleichung soll nun mit Hilfe des Produktansatzes

$$\underline{A} = \underline{R}(r)\cdot\Theta(\vartheta)$$

separiert werden.

$$\frac{1}{\underline{R}}\left(r^2\,\frac{d^2\underline{R}}{dr^2} + 2r\,\frac{d\underline{R}}{dr}\right) + \underbrace{\frac{1}{\Theta}\,\frac{d}{d\vartheta}\left[\frac{1}{\sin\vartheta}\,\frac{d}{d\vartheta}(\sin\vartheta\,\Theta)\right]}_{-n(n+1)} -(\alpha r)^2 = 0$$

Mit der Substitution $u = \cos\vartheta$

$$\frac{d}{d\vartheta} = \frac{d}{du}\,\frac{du}{d\vartheta} = -\sin\vartheta\,\frac{d}{du} = -\sqrt{1-u^2}\,\frac{d}{du}\,; \qquad n = 0, 1, 2, \ldots$$

folgt für $\Theta(u)$ die Differentialgleichung

$$\frac{d}{du}\left[\left(1-u^2\right)\frac{d\Theta}{du}\right] + \left[n(n+1) - \frac{1}{1-u^2}\right]\Theta = 0\,.$$

Sie ist ein Spezialfall der allgemeineren Differentialgleichung

$$\frac{d}{du}\left[\left(1-u^2\right)\frac{d\Theta}{du}\right] + \left[n(n+1) - \frac{m^2}{1-u^2}\right]\Theta = 0\,,$$

deren Lösungen die zugeordneten Kugelfunktionen $P_n^m(u)$ und $Q_n^m(u)$ sind. Offensichtlich treten hier die Lösungen $P_n^1(u)$ und $Q_n^1(u)$ auf, von denen die zugeordneten Kugelfunktionen 2. Art Q_n^1 ausgeschlossen sind, da diese Funktionen für $u = \pm 1$, d. h. $\vartheta = 0, \pi$ unbeschränkt wachsen, im betrachteten Gebiet aber die Rotationsachse eingeschlossen ist.

Als zweite Differentialgleichung verbleibt

$$r^2 \frac{d^2 \underline{R}}{dr^2} + 2r\, \frac{d\underline{R}}{dr} - \left[n(n+1) + (\alpha r)^2 \right] \underline{R} \,=\, 0\,; \quad \alpha^2 \,=\, j\omega\kappa\mu = 2j/\delta^2\,,$$

deren Lösungen die modifizierten sphärischen Besselfunktionen

$$R_n(\alpha r) \,=\, \sqrt{\frac{\pi}{2\alpha r}} I_{n+\frac{1}{2}}(\alpha r) \quad \text{und} \quad T_n(\alpha r) \,=\, \sqrt{\frac{\pi}{2\alpha r}} K_{n+\frac{1}{2}}(\alpha r)$$

sind.

Aus dem Verlauf der Funktionen ergibt sich, dass nur die Funktionen $R_n(\alpha r)$ auftreten können, da die Funktionen $T_n(\alpha r)$ für $r \to 0$ nicht beschränkt sind.

Damit sind die Lösungsfunktionen der Stromverdrängungsdifferentialgleichung für ein φ–gerichtetes Vektorpotential in der leitenden Kugel bestimmt.

Im nichtleitenden Raum $r > a$ außerhalb der Kugel ist $\alpha^2 = 0$ zu setzen. Die Differentialgleichung für die Funktion $\Theta(\vartheta)$ gilt dabei ungeändert und die Differentialgleichung für $\underline{R}$ lautet mit $\alpha^2 = 0$

$$r^2\, \frac{d^2 \underline{R}}{dr^2} + 2r\, \frac{d\underline{R}}{dr} - n(n+1)\underline{R} \,=\, 0\,.$$

Lösungen dieser Differentialgleichung sind die Funktionen r^n und $r^{-(n+1)}$.

Berechnung des Feldes bei Erregung durch die Leiterschleife
Im ersten Schritt zur Lösung des vorliegenden Problems soll nun das erregende Vektorpotential $\underline{\vec{A}}_e = \vec{e}_\varphi \underline{A}_e(r, \vartheta)$ der kreisförmigen Leiterschleife am Ort $(r = b; \vartheta = \vartheta_0)$ bestimmt werden, wenn sich diese allein im homogenen Raum der Permeabilität μ befindet.

Dazu denkt man sich zunächst auf der Kugel $r = b$ einen von der Koordinate ϑ abhängigen φ–gerichteten Strombelag $\underline{K}(\vartheta)$. Im umgebenden, nichtleitenden Raum außerhalb der Fläche $r = b$ muss das Vektorpotential die Gleichung

$$\text{rot}\,\text{rot}\; (\vec{e}_\varphi\, \underline{A}_e) \,=\, 0$$

erfüllen, also nach den Betrachtungen des 1. Abschnittes folgendermaßen darstellbar sein:

$$\underline{A}_e = \sum_{n=1}^{\infty} \left\{ \begin{array}{ll} \underline{B}_n & (b/r)^{n+1} \\ \underline{C}_n & (r/b)^n \end{array} \right\} P_n^1 (\cos \vartheta) \quad ; \quad \begin{array}{l} r > b \\ \\ r < b \end{array}$$

Die Lösung zu $n = 0$ verschwindet.

In der Grenzfläche muss wegen der zu erfüllenden Stetigkeit der Normalkomponente der magnetischen Flussdichte das Vektorpotential selbst stetig sein. Also ist

$$\underline{B}_n = \underline{C}_n \,.$$

Die zweite Bedingung folgt aus der Tatsache, dass das Umlaufintegral der magnetischen Feldstärke $\underline{\vec{H}}_e = 1/\mu \underline{\vec{B}}_e = 1/\mu \operatorname{rot} \underline{\vec{A}}_e$ in der Grenzschicht gerade dem eingeschlossenen Strom gleich sein muss:

$$\vec{e}_\vartheta \operatorname{rot} \left(\underline{\vec{A}}_e \Big|_{r>b} - \underline{\vec{A}}_e \Big|_{r<b} \right) \Big|_{r \to b} = \mu \underline{K}(\vartheta) \,.$$

Mit dem angegebenen Ausdruck für die Bildung der Rotation in Kugelkoordinaten folgt

$$\frac{1}{r} \frac{\partial}{\partial r} \left[r \left(\underline{A}_e|_{r<b} - \underline{A}_e|_{r>b} \right) \right] \Big|_{r \to b} = \mu \underline{K}(\vartheta)$$

und mit den Ansätzen für $\underline{A}_e$

$$\sum_{n=1}^{\infty} \underline{B}_n \left[\frac{n}{r} \left(\frac{b}{r} \right)^{n+1} + \frac{n+1}{r} \left(\frac{r}{b} \right)^n \right]_{r=b} P_n^1(\cos \vartheta) = \mu \, \underline{K}\,(\vartheta) \,.$$

Multiplikation mit $P_i^1(\cos \vartheta) \sin \vartheta$ und Integration liefert

$$\sum_{n=1}^{\infty} (2n+1) \underline{B}_n \int_0^{\pi} P_n^1 (\cos \vartheta) \, P_i^1 (\cos \vartheta) \sin \vartheta \, d\vartheta =$$

$$= \int_0^{\pi} \mu \, b \, \underline{K}\,(\vartheta) \, P_i^1 (\cos \vartheta) \sin \vartheta \, d\vartheta$$

und mit der Orthogonalitätseigenschaft der Kugelfunktionen

$$\int_0^\pi P_n^m(\cos\vartheta)\,P_i^m\,(\cos\vartheta)\sin\vartheta\,d\vartheta \;=\; \begin{cases} \dfrac{(n+m)!}{(n-m)!}\,\dfrac{2}{2n+1}\,; & i = n \\ 0\,; & i \neq n \end{cases}$$

lautet das Ergebnis:

$$(2n+1)\underline{B}_n\frac{(n+1)!}{(n-1)!}\,\frac{2}{2n+1} \;=\; \mu\,P_n^1\,(\cos\vartheta_0)\sin\vartheta_0\underbrace{\int_0^\pi \underline{K}\,(\vartheta) b\,d\vartheta}_{\underline{i}_0}\,,$$

da $\underline{K}(\vartheta)$ nur an der Stelle $\vartheta = \vartheta_0$ existiert und das Integral somit den Strom $\underline{i}_0$ ergeben muss. Die Konstanten sind damit festgelegt.

$$\underline{C}_n \;=\; \underline{B}_n \;=\; \frac{\mu\,\underline{i}_0\,\sin\vartheta_0\,P_n^1\,(\cos\vartheta_0)}{2n\,(n+1)}$$

In der ursprünglichen Anordnung muss nun dem erregenden Vektorpotential $\underline{A}_e$ das Vektorpotential der induzierten Stromverteilung überlagert werden. Im Raum $r < a$ lautet die Lösung nach dem einleitenden Abschnitt mit einer zweckmäßig gewählten Konstanten $\underline{D}_n$

$$\underline{A} \;=\; \frac{\mu\,\underline{i}_0\,\sin\vartheta_0}{2}\sum_{n=1}^{\infty}\underline{D}_n\,R_n\,(\alpha r)\,P_n^1\,(\cos\vartheta_0)\,P_n^1\,(\cos\vartheta)\,.$$

Im Raum $r > a$ gilt dann

$$\underline{A} = \underline{A}_e + \frac{\mu\underline{i}_0\,\sin\vartheta_0}{2}\sum_{n=1}^{\infty}\underline{E}_n\left(\frac{b}{r}\right)^{n+1} P_n^1(\cos\vartheta_0)P_n^1(\cos\vartheta) = \underline{A}_e + \underline{A}_S\,.$$

Die angesetzten Konstanten $\underline{D}_n$ und $\underline{E}_n$ sind aus den Randbedingungen zu bestimmen.

Zunächst folgt aus der Stetigkeit der Normalkomponente der magnetischen Flussdichte auf $r = a$ die Stetigkeit des resultierenden Vektorpotentials

$$\underline{D}_n\,R_n\,(\alpha a) \;=\; \frac{(a/b)^n}{n(n+1)} + \underline{E}_n\,\left(b/a\right)^{n+1}\,.$$

Die Stetigkeit der Tangentialkomponente der magnetischen Feldstärke führt auf die Bedingung

$$\left(\frac{\partial}{\partial r} (r\,\underline{A}) \Big|_{r<a} - \frac{\partial}{\partial r} (r\,\underline{A}) \Big|_{r>a} \right) \Big|_{r \to a} = 0$$

und zu der Gleichung

$$\underline{D}_n \left[R_n(\alpha a) + \alpha a\, R_n'(\alpha a) \right] = \underline{D}_n \left[(n+1)\, R_n + \alpha a\, R_{n+1} \right] =$$
$$= \frac{1}{n} \left(\frac{a}{b} \right)^n - n \left(\frac{b}{a} \right)^{n+1} \underline{E}_n \, .$$

Es gilt

$$\alpha r\, R_n'(\alpha r) = \left[n\, R_n(\alpha r) + \alpha r\, R_{n+1}(\alpha r) \right]$$

und die Rekursion

$$(2n+1)\, R_n(\alpha r) + \alpha r\, R_{n+1}(\alpha r) = \alpha r\, R_{n-1}(\alpha r) \, .$$

Multiplikation der ersten Gleichung mit n und Addition zur zweiten Gleichung ergibt

$$\underline{D}_n \underbrace{\left[(2n+1)\, R_n(\alpha a) + \alpha a\, R_{n+1}(\alpha a) \right]}_{\alpha a\, R_{n-1}(\alpha a)} = \frac{2n+1}{n(n+1)} \left(\frac{a}{b} \right)^n$$

$$\underline{D}_n = \frac{2n+1}{n(n+1)} \frac{(a/b)^n}{\alpha a\, R_{n-1}(\alpha a)} \quad ; \quad \underline{E}_n = -\frac{(a/b)^{2n+1}}{n(n+1)} \frac{R_{n+1}(\alpha a)}{R_{n-1}(\alpha a)} \, .$$

Damit gilt für das Vektorpotential

$$\underline{A} = \frac{\mu\, \underline{i}_0 \sin\vartheta_0}{2} \sum_{n=1}^{\infty} \frac{2n+1}{n(n+1)} \frac{R_n(\alpha r)}{\alpha a\, R_{n-1}(\alpha a)} \left(\frac{a}{b} \right)^n \cdot$$
$$\cdot \; P_n^1(\cos\vartheta_0)\, P_n^1(\cos\vartheta) \quad ; \quad r \leq a \, .$$

Die Stromdichte $\vec{J}$ berechnet sich bei diesem Problem aus der einfachen Zeitableitung des Vektorpotentials.

$$\underline{\vec{J}} = -j\omega\kappa \underline{\vec{A}} = \vec{e}_\varphi\, \underline{J}$$

$$\underline{J}(r,\vartheta) = -\frac{1}{2}\frac{\underline{i}_0}{a^2}\alpha a \sin\vartheta_0 \sum_{n=1}^{\infty} \frac{2n+1}{n(n+1)} \frac{R_n(\alpha r)}{R_{n-1}(\alpha a)} \cdot$$

$$\cdot \left(\frac{a}{b}\right)^n P_n^1(\cos\vartheta_0) P_n^1(\cos\vartheta)$$

Für den Grenzfall $\omega \to 0$ folgt mit der asymptotischen Darstellung für die sphärischen Besselfunktionen

$$R_n(\alpha r)\,|_{\alpha\to 0} = \frac{(\alpha r)^n}{1\cdot 3\cdot 5\cdots(2n+1)}$$

$$\left.\frac{R_n(\alpha r)}{\alpha a\, R_{n-1}(\alpha a)}\right|_{\alpha\to 0} = \frac{(\alpha r)^n}{(2n+1)(\alpha a)^n} = \frac{1}{2n+1}\left(\frac{r}{a}\right)^n .$$

Damit geht das Vektorpotential

$$\underline{A}|_{\omega\to 0} = \frac{\mu \underline{i}_0 \sin\vartheta_0}{2} \sum_{n=1}^{\infty} \frac{1}{n(n+1)} \left(\frac{r}{b}\right)^n P_n^1(\cos\vartheta_0)\, P_n^1(\cos\vartheta) = \underline{A}_e$$

in das erregende Vektorpotential über. Die Differentialgleichung der magnetischen Feldlinien lautet zum Zeitpunkt $t = 0$

$$d\vec{s} \times \mathrm{Re}\,\{\underline{\vec{B}}\} = d\vec{s} \times \mathrm{rot}\,\left[\vec{e}_\varphi \mathrm{Re}\,\{\underline{A}(r,\vartheta)\}\right] = 0\,.$$

Im vorliegenden Fall lassen sich die Feldlinien jedoch leichter aus der Flussfunktion $\Psi_m = \mathrm{const}$ bestimmen.

$$\underline{\Psi}_m = \int_a \underline{\vec{B}} d\vec{a} = \int_a \mathrm{rot}\,\underline{\vec{A}}\, d\vec{a} = \oint_C \underline{\vec{A}}\, d\vec{s} = \mathrm{const}\,.$$

Wegen der Rotationssymmetrie sind die Konturen C konzentrische Kreise um die z-Achse und es gilt die Feldliniengleichung

$$\Psi_m = r\,\sin\vartheta\,\mathrm{Re}\,\{\underline{A}(r,\vartheta)\} = \mathrm{const}\,.$$

Kugel im homogenen Feld der Feldstärke $\underline{H}_0$

Befindet sich die Stromschleife in der Ebene $\vartheta_0 = \pi/2$, und betrachtet man den Fall eines kleinen Kugelradius oder großer Entfernung der erregenden Stromschleife, bleibt von der Summe für das Vektorpotential wegen $a/b << 1$ nur das erste Glied:

$$\underline{J}(r,\vartheta) = -\frac{3}{4}\frac{\underline{i}_0}{ab}\sin\vartheta_0\,\alpha a\,\frac{R_1(\alpha r)}{R_0(\alpha a)}\,P_1^1(\cos\vartheta_0)\,P_1^1(\cos\vartheta)$$

$$\text{mit}\quad \vartheta_0 = \frac{\pi}{2} \quad ; \quad P_1^1(\cos\vartheta) = \sin\vartheta \quad \text{und} \quad \underline{H}_0 = \frac{\underline{i}_0}{2b}$$

$$\underline{J}(r,\vartheta) = -\frac{3}{2}\frac{\underline{H}_0}{a}\,\alpha a\frac{R_1(\alpha r)}{R_0(\alpha a)}\sin\vartheta$$

Erregung durch einen magnetischen Dipol

Für kleine Werte ϑ_0 kann die erregende Leiterschleife durch einen magnetischen Dipol des Momentes

$$\vec{\underline{M}} = \vec{e}_z\,\mu\,\underline{i}_0\,\pi(b\sin\vartheta_0)^2 = \vec{e}_z\underline{M}$$

ersetzt werden. Mit

$$P_n^1(\cos\vartheta_0) = \sin\vartheta_0\,P_n'(\cos\vartheta_0) \quad ; \quad P_n'(1) = \frac{1}{2}n(n+1)$$

folgt

$$\underline{J}(r,\vartheta) = -\frac{\underline{M}}{4\pi\mu}\frac{\alpha a}{(ab)^2}\sum_{n=1}^{\infty}(2n+1)\left(\frac{a}{b}\right)^n\frac{R_n(\alpha r)}{R_{n-1}(\alpha a)}\,P_n^1(\cos\vartheta)\,.$$

Grenzfall Hochfrequenz

Im Vektorpotential des Raumes $r \geq a$ ist die Konstante $\underline{E}_n$ für den Grenzfall $\alpha^2 = j\omega\kappa\mu \to \infty$ zu berechnen.

$$\underline{E}_n\big|_{\omega\to\infty} = -\frac{1}{n(n+1)}\left(\frac{a}{b}\right)^{2n+1}.$$

Für das Vektorpotential in $r \geq a$ folgt

$$\underline{A}\big|_{\omega\to\infty} = \frac{\mu\,\underline{i}_0\sin\vartheta_0}{2}\sum_{n=1}^{\infty}\frac{1}{n(n+1)}\cdot$$

$$\cdot \left[\left(\frac{r}{b}\right)^n - \left(\frac{a}{b}\right)^n \left(\frac{a}{r}\right)^{n+1}\right] P_n^1\left(\cos\vartheta_0\right) P_n^1\left(\cos\vartheta\right).$$

Der Strombelag auf der Kugeloberfläche berechnet sich zu

$$\vec{n} \times \underline{\vec{H}}\Big|_{r=a} = \underline{\vec{K}} = \vec{e}_\varphi \underline{K}(\vartheta)$$

$$\underline{K}(\vartheta) = -\frac{1}{\mu}\frac{1}{r}\frac{\partial}{\partial r}(r\underline{A})|_{r>a, r\to a, \omega\to\infty}$$

$$\underline{K}(\vartheta) = -\frac{\underline{i}_0 \sin\vartheta_0}{2a}\sum_{n=1}^{\infty}\frac{2n+1}{n(n+1)}\left(\frac{a}{b}\right)^n P_n^1\left(\cos\vartheta_0\right) P_n^1\left(\cos\vartheta\right).$$

Kraft auf die Leiterschleife

Aus dem Ausdruck für die Kraftwirkung auf einen Leiter mit der Stromdichte $\vec{J}$ im Volumen v

$$\vec{F} = \int_v \vec{J} \times \vec{B}\, dv$$

folgt hier wegen der Symmetrie der Anordnung

$$\vec{F} = i(t)\oint_C d\vec{s} \times \vec{B}_S(\vec{r}, t) = \vec{e}_z F(t)$$

$$F = i(t)\oint_C \vec{e}_z(d\vec{s}\times\vec{B}_S) = i(t)\oint_C(\vec{e}_z\times d\vec{s})\vec{B}_S = -i(t)2\pi b\sin\vartheta_0\, B_{S\varrho}|_{\vartheta=\vartheta_0; r=b}\,.$$

Die Flussdichte $B_{S\varrho}(t)$ ist die allein durch die Wirbelströme erregte Flussdichte, die aus dem Vektorpotential $\underline{\vec{A}}_S$ mit $B_{S\varrho} = \mathrm{Re}\,\{\vec{e}_\varrho \mathrm{rot}\,(\underline{\vec{A}}_S)\exp(j\omega t)\}$ hervorgeht.

$$F(t) = -2\pi b\sin\vartheta_0 i(t)\left[B_{Sr}(t)\sin\vartheta + B_{S\vartheta}(t)\cos\vartheta\right]|_{r=b;\vartheta=\vartheta_0}$$

$$= -2\pi b\sin\vartheta_0 i(t)\left[\frac{1}{r}\frac{\partial}{\partial\vartheta}(\sin\vartheta A_S) - \frac{\cos\vartheta}{r}\frac{\partial}{\partial r}(rA_S)\right]_{r=b;\vartheta=\vartheta_0}$$

$$= -2\pi\sin\vartheta_0 i(t)\left[\sin\vartheta\frac{\partial A_S}{\partial\vartheta} - \cos\vartheta b\frac{\partial A_S}{\partial r}\right]_{r=b;\vartheta=\vartheta_0}$$

$$A_S(t) = A(t) - A_e(t)$$

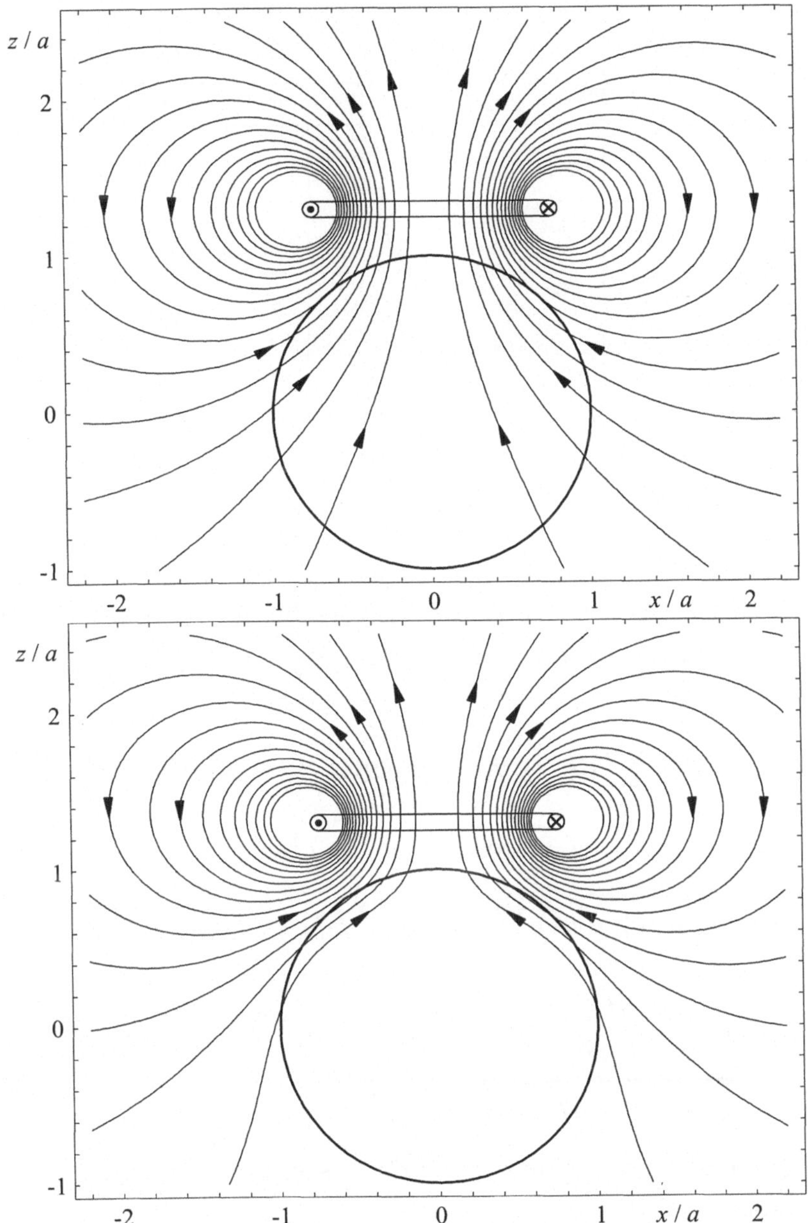

Bild 5.3–1: Magnetische Feldlinien für $b/a = 1,5$; $\vartheta_0 = \pi/6$ und $\delta/a = 1$ (oben) und $\delta/a = 0,2$ (unten). Eindringtiefe $\delta = \sqrt{2/(\omega\kappa\mu)}$

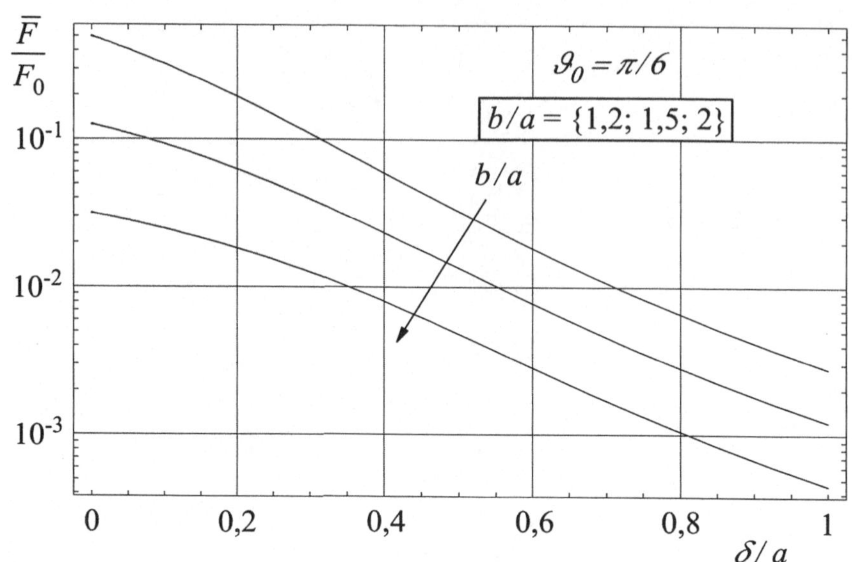

Bild 5.3–2: Mittelwert der auf die Leiterschleife ausgeübten Kraft als Funktion der normierten Eindringtiefe δ/a. $F_0 = \mu_0|\underline{i}_0|^2$

$$A_S(t) = \frac{\mu \sin\vartheta_0}{2} \sum_{n=1}^{\infty} \mathrm{Re}\ \{\underline{i}_0 \underline{E}_n \exp(j\omega t)\} (b/r)^{n+1} P_n^1(\cos\vartheta) P_n^1(\cos\vartheta_0)$$

$$u = \cos\vartheta\,; \quad u_0 = \cos\vartheta_0$$

$$F = \frac{1}{2}\mu\pi(1-u_0^2) \sum_{n=1}^{\infty} \mathrm{Re}\ \left\{|\underline{i}_0|^2 \underline{E}_n^* + \underline{i}_0^2 \underline{E}_n \exp(2j\omega t)\right\} \cdot$$

$$\cdot \underbrace{\left[(1-u_0^2)\frac{dP_n^1}{du_0} - (n+1)u_0 P_n^1(u_0)\right]}_{-nP_{n+1}^1(u_0)} P_n^1(u_0) = \overline{F} + F_\sim$$

Mit den Rekursionsbeziehungen für die tesseralen Kugelfunktionen folgt das Ergebnis

$$\overline{F} = -\frac{1}{2}\mu\,|\underline{i}_0|^2\,\pi(1-u_0^2) \sum_{n=1}^{\infty} n\mathrm{Re}\ \{\underline{E}_n\}\, P_{n+1}^1(u_0) P_n^1(u_0)$$

$$F_\sim = -\frac{1}{2}\mu\,|\underline{i}_0|^2\,\pi(1-u_0^2) \sum_{n=1}^{\infty} n\mathrm{Re}\ \left\{\frac{\underline{i}_0^2}{|\underline{i}_0|^2}\underline{E}_n \exp(2j\omega t)\right\} P_{n+1}^1(u_0) P_n^1(u_0)\,.$$

Liegt die Stromschleife in der Ebene $\vartheta_0 = \pi/2$ verschwindet die Kraft wegen $P^1_{n+1}(0)\,P^1_n(0) = 0$.

5.4 Komplexer Widerstand eines Koaxialkabels

Der Innenleiter vom Radius a und der Außenleiter der Radien $b > a$ und $c > b$ eines Koaxialkabels bestehen aus einem Material der Leitfähigkeit κ. Zu berechnen ist der längenbezogene, frequenzabhängige Widerstand $\underline{Z}/l = R/l + j\omega L/l$, wenn der gesamte Raum die homogene Permeabilität μ hat. Die Grenzwerte für hohe und tiefe Frequenzen sind zu diskutieren.

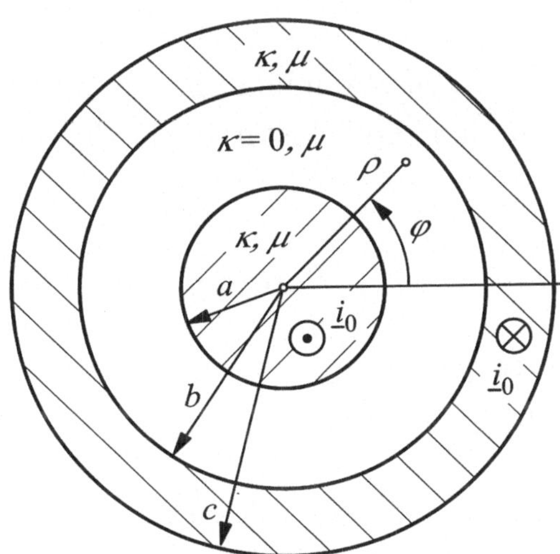

Die komplexe Amplitude des feldbeschreibenden axial gerichteten Vektorpotentials $\vec{\underline{A}}(\varrho) = \vec{e}_z\underline{A}(\varrho)$ erfüllt die Differentialgleichung

$$\Delta\underline{A} = \alpha^2\underline{A} \quad ; \quad \alpha^2 = j\omega\kappa\mu\,.$$

Lösungsfunktionen sind die modifizierten Besselschen Funktionen $I_0(\alpha\varrho)$ und $K_0(\alpha\varrho)$. Die magnetische Feldstärke

$$\vec{\underline{H}} = \frac{1}{\mu}\text{rot}\,[\vec{e}_z\underline{A}(\varrho)] = -\vec{e}_\varphi\,\frac{1}{\mu}\,\frac{\partial\underline{A}}{\partial\varrho} = \vec{e}_\varphi\underline{H}(\varrho)$$

wird entsprechend durch die Funktionen $I_1(\alpha\varrho)$ und $K_1(\alpha\varrho)$ beschrieben.

Fließt ein Strom der komplexen Amplitude $\underline{i}_0$ durch die Leiter (im Innenleiter in positiver z-Richtung angesetzt), so gilt für die magnetische Feldstärke im nichtleitenden Bereich $a \leq \varrho \leq b$

$$\underline{H}(\varrho) = \underline{H}_0 \frac{a}{\varrho} \quad ; \quad \underline{H}_0 = \frac{\underline{i}_0}{2\pi a} \,.$$

Im Innenleiter $\varrho \leq a$ kann für die magnetische Feldstärke allein die Funktion $I_1(\alpha\varrho)$ auftreten. Sie muss auf der Zylinderfläche $\varrho = a$ den Wert $\underline{H}_0$ annehmen.

$$\underline{H}(\varrho) = \underline{H}_0 \frac{I_1(\alpha\varrho)}{I_1(\alpha a)} \quad ; \quad \varrho \leq a \,.$$

Im Außenleiter ist eine Linearkombination der Funktionen $I_1(\alpha\varrho)$ und $K_1(\alpha\varrho)$ so anzusetzen, dass die Feldstärke außerhalb des Außenleiters $\varrho \geq c$ verschwindet.

$$\underline{H}(\varrho) = \underline{C}\,[I_1(\alpha\varrho)\,K_1(\alpha c) - K_1(\alpha\varrho)\,I_1(\alpha c)]$$

Die Konstante $\underline{C}$ folgt aus der Bedingung, dass auf dem Zylinder $\varrho = b$ der vorgegebene Wert $\underline{H}_0 a/b$ angenommen wird.

$$\underline{H}(\varrho) = \underline{H}_0 \frac{a}{b} \frac{I_1(\alpha\varrho)\,K_1(\alpha c) - K_1(\alpha\varrho)\,I_1(\alpha c)}{I_1(\alpha b)\,K_1(\alpha c) - K_1(\alpha b)\,I_1(\alpha c)} \quad ; \quad b \leq \varrho \leq c$$

Für die elektrische Feldstärke in den Leitern gilt mit $\vec{\underline{J}} = \kappa\vec{\underline{E}} = \vec{e}_z\kappa\underline{E}(\varrho)$

$$\kappa\,\vec{\underline{E}} = \operatorname{rot}\,\vec{\underline{H}} = \vec{e}_z\,\frac{1}{\varrho}\frac{\partial}{\partial\varrho}(\varrho\,\underline{H}(\varrho))\,; \quad \underline{E}(\varrho) = \frac{\alpha}{\kappa}\left[\frac{\underline{H}(\alpha\varrho)}{\alpha\varrho} + \underline{H}'(\alpha\varrho)\right].$$

$$\underline{E}(\varrho) = \frac{\alpha}{\kappa}\,\underline{H}_0 \begin{cases} \dfrac{I_0(\alpha\varrho)}{I_1(\alpha a)} & ; \quad \varrho < a \\[2ex] \dfrac{a}{b}\,\dfrac{I_0(\alpha\varrho)\,K_1(\alpha c) + K_0(\alpha\varrho)\,I_1(\alpha c)}{I_1(\alpha b)\,K_1(\alpha c) - K_1(\alpha b)\,I_1(\alpha c)} & ; \quad b < \varrho < c \end{cases}$$

Aus dem Satz über den komplexen Poyntingschen Vektor $\underline{\vec{S}} = 1/2\,\underline{\vec{E}} \times \underline{\vec{H}}^*$ für zeitlich periodisch veränderliche Felder folgt durch Integration über die Leiteroberflächen a_L

$$\overline{P}_{ve} + 2j\omega\,\overline{W}_m \;=\; -\oint\limits_{a_L} \underline{\vec{S}}\,d\vec{a}_L \;=\; \frac{1}{2}\,|\underline{i}_0|^2\,R + \frac{1}{2}\,j\omega\mu \int\limits_{v_L} |\underline{H}|^2\,dv_L$$

mit $\overline{P}_{ve}$ als zeitlichem Mittelwert der Verlustleistung und $\overline{W}_m$ als zeitlichem Mittelwert der im magnetischen Feld im Volumen v_L der Leiter gespeicherten Energie. Damit gilt

$$R + j\omega L_i \;=\; -\frac{2}{|\underline{i}_0|^2} \oint\limits_{a_L} \underline{\vec{S}}\,d\vec{a}_L$$

mit der frequenzabhängigen inneren Selbstinduktivität L_i und dem frequenzabhängigen reellen Widerstand R bei Integration über die Leiteroberfläche a_L.

Für die vorliegende ebene Anordnung folgt daraus

$$-(\overline{P}_{ve} + 2j\omega\,\overline{W}_m)/l \;=$$

$$= \pi a\,[\vec{e}_z\,\underline{E}(a) \,\times\, \vec{e}_\varphi\,\underline{H}^*(a)]\,\vec{e}_\varrho + \pi b\,[\vec{e}_z\,\underline{E}(b) \,\times\, \vec{e}_\varphi\,\underline{H}^*(b)]\,(-\vec{e}_\varrho)$$

$$R/l + j\omega L_i/l \;=\; \frac{2\pi a}{|\underline{i}_0|^2}\left[\underline{E}(a)\,\underline{H}^*(a) - \frac{b}{a}\,\underline{E}(b)\,\underline{H}^*(b)\right]$$

$$= \frac{1}{2\pi a}\,\frac{\alpha}{\kappa}\left[\frac{I_0(\alpha a)}{I_1(\alpha a)} - \frac{a}{b}\,\frac{I_0(\alpha b)\,K_1(\alpha c) + K_0(\alpha b)\,I_1(\alpha c)}{I_1(\alpha b)\,K_1(\alpha c) - K_1(\alpha b)\,I_1(\alpha c)}\right].$$

Für kleine Frequenzen gelten die Näherungen

$$I_0(z)|_{z\to 0} = 1\,;\; I_1(z)|_{z\to 0} = z/2\,; \quad K_0(z)|_{z\to 0} = -\ln z\,; \quad K_1(z)|_{z\to 0} = \frac{1}{z}$$

und für den längenbezogenen Widerstand folgt

$$R/l|_{\omega\to 0} \;=\; \frac{1}{\kappa\pi a^2}\left[1 + \frac{a^2}{c^2 - b^2}\right] \;=\; R_0/l\,.$$

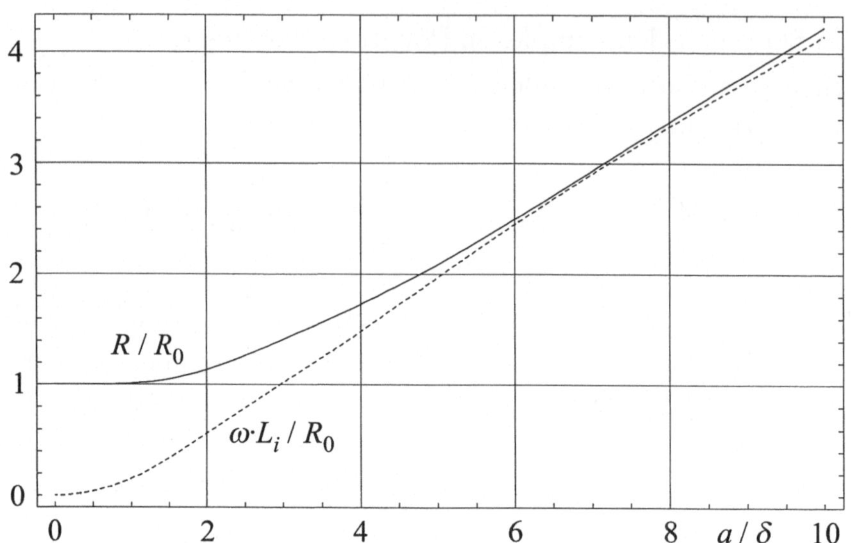

Bild 5.4–1: Real- und Imaginärteil des komplexen Widerstandes als Funktion der normierten reziproken Eindringtiefe a/δ für $b/a = 1,5$

Bei hohen Frequenzen kann mit den asymptotischen Darstellungen für die Besselfunktion

$$I_n(z)|_{z\to\infty} = \sqrt{\frac{1}{2\pi z}}\exp(z) \quad ; \quad K_n(z)|_{z\to\infty} = \sqrt{\frac{\pi}{2z}}\exp(-z)$$

das Ergebnis

$$R/l + j\omega L_i/l|_{\omega\to\infty} = \frac{1+j}{2\pi\kappa a\delta}\left[1+\frac{a}{b}\right] \quad ; \quad \alpha a = (1+j)\,\frac{a}{\delta}$$

abgeleitet werden.

Die frequenzunabhängige äußere Selbstinduktivität L_a/l pro Längeneinheit wird aus dem zeitlichen Mittelwert der Energie des Feldes $\overline{W}_{ma}/l$ im nichtleitenden Raum mit einer Integration über die Querschnittsfläche $a_q = \pi(b^2 - a^2)$ berechnet.

$$1/4 L_a/l|\underline{i}_0|^2 = \overline{W}_{ma}/l = \frac{1}{4}\int\limits_{a_q} \text{Re}\left\{\underline{\vec{H}}\,\underline{\vec{B}}^*\right\} da_q =$$

$$= \frac{1}{2}\pi\mu\int_a^b |\underline{H}(\varrho)|^2\,\varrho d\varrho = \frac{1}{2}\pi\mu\,|\underline{H}_0|^2\,a^2\int_a^b \frac{d\varrho}{\varrho}$$

$$L_a/l = \frac{\mu}{2\pi}\ln(b/a)$$

Der gesamte längenbezogene komplexe Widerstand ist dann

$$\underline{Z}/l = R/l + j\omega(L_a + L_i)/l \quad ; \quad L = L_a + L_i\,.$$

5.5 Induzierte Stromverteilung im leitenden Halbraum

Vor einem leitenden Halbraum $y \leq 0$ der Permeabilität μ und Leitfähigkeit κ befindet sich im Halbraum $y > 0$ der Permeabilität μ_0 in der Ebene $y = c$ ein Strombelag

$$\vec{K} = \vec{e}_z\,K_0\,\cos\left(\pi\,x/a\right)\cos(\omega t + \varphi)\,.$$

Zu berechnen sind die induzierte Stromverteilung und der in einem Abschnitt $2a$ der x–Achse pro Längeneinheit entstehende Mittelwert der Verlustleistung. Die Grenzfälle $\omega \to 0$ und $\omega \to \infty$ sind zu untersuchen.

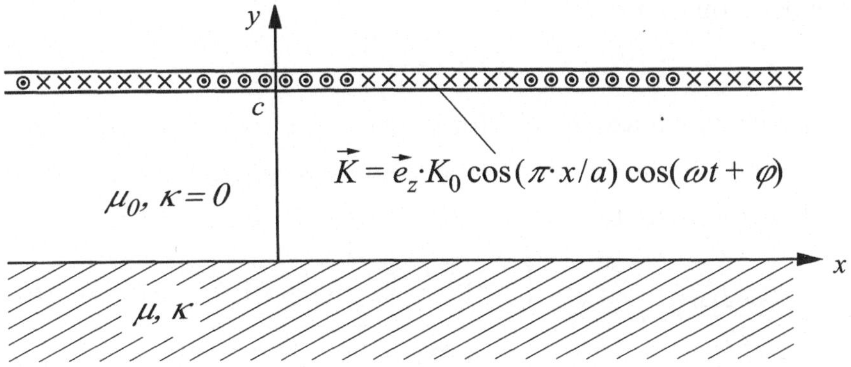

Das Feld wird durch ein z-gerichtetes Vektorpotential $\vec{\underline{A}} = \vec{e}_z\,\underline{A}(x,y)$ beschrieben. Es erfüllt die Differentialgleichungen

$$\Delta\underline{A} = \frac{\partial^2\underline{A}}{\partial x^2} + \frac{\partial^2\underline{A}}{\partial y^2} = \begin{cases} \alpha^2\underline{A} & ;\quad y<0 \\ 0 & ;\quad y>0; \quad y\neq c \end{cases} ; \quad \alpha^2 = j\omega\kappa\mu\,.$$

Zunächst wird das komplexe erregende Potential $\vec{\underline{A}}_e(x,y) = \vec{e}_z\,\underline{A}_e(x,y)$ berechnet, das der Strombelag mit dem komplexen Zeiger $\underline{K}(x) = K_0\exp(j\varphi)\cos(\pi x/a) = \underline{K}_0\cos(\pi x/a)$ im homogenen Raum der Permeabilität μ_0 hervorruft. Die Lösung der Differentialgleichung

$$\Delta\underline{A}_e(x,y) = \frac{\partial^2\underline{A}_e}{\partial x^2} + \frac{\partial^2\underline{A}_e}{\partial y^2} = 0 \quad ; \quad y\neq c$$

ist entsprechend der gegebenen Erregung

$$\underline{A}_e(x,y) = \underline{C}\,\cos(\pi\,x/a)\exp(-\pi|y-c|/a)\,,$$

aus der die magnetische Feldstärke $\vec{\underline{H}}_e = \vec{e}_x\underline{H}_{ex} + \vec{e}_y\underline{H}_{ey}$

$$\vec{\underline{H}}_e = \frac{1}{\mu_0}\,\mathrm{rot}\,[\vec{e}_z\,\underline{A}_e(x,y)] = \frac{1}{\mu_0}\left[\vec{e}_x\,\frac{\partial\underline{A}_e}{\partial y} - \vec{e}_y\,\frac{\partial\underline{A}_e}{\partial x}\right]$$

abzuleiten ist.

Aus der Randbedingung

$$\left[\underline{H}_{ex}(x,y<c) - \underline{H}_{ex}(x,y>c)\right]_{y\to c} = \underline{K}_0\,\cos(\pi\,x/a)$$

folgt für die Konstante

$$\underline{C} = \frac{\mu_0 a\underline{K}_0}{2\pi}\,.$$

In Gegenwart des leitenden Halbraumes setzt man für das resultierende Potential $\underline{A}(x,y)$, das in $y<0$ die Differentialgleichung $\Delta\underline{A} = \alpha^2\underline{A}$ zu erfüllen hat, zweckmäßig

$$\underline{A}(x,y) = \frac{\mu_0 a\underline{K}_0}{2\pi}\cos\left(\pi\,\frac{x}{a}\right)\begin{cases} \exp(-\pi|y-c|/a) + \underline{C}_1\,\exp(-\pi y/a)\,; & y>0 \\ \underline{C}_2\,\exp(\sqrt{(\pi/a)^2+\alpha^2 y})\,; & y<0\,. \end{cases}$$

Die Konstanten $\underline{C}_1$ und $\underline{C}_2$ werden aus den Randbedingungen in $y = 0$ berechnet. Die Stetigkeit der y-Komponente der magnetischen Flussdichte $\vec{B}$ ist hier gleichbedeutend mit der Stetigkeit des Vektorpotentials:

$$\exp(-\pi c/a) + \underline{C}_1 = \underline{C}_2 .$$

Die Stetigkeit der Tangentialkomponente der magnetischen Feldstärke erfordert

$$\frac{1}{\mu_0}\, \underline{B}_x(x, y > 0)\big|_{y\to 0} = \frac{1}{\mu}\, \underline{B}_x(x, y < 0)\big|_{y\to 0}$$

$$\frac{\mu}{\mu_0}\left[\frac{\partial \underline{A}(x, y > 0)}{\partial y}\right]_{y\to 0} = \left.\frac{\partial \underline{A}(x, y < 0)}{\partial y}\right|_{y\to 0}$$

$$\mu/\mu_0\, \pi/a\, [\exp(-\pi c/a) - \underline{C}_1] = \sqrt{(\pi/a)^2 + \alpha^2}\, \underline{C}_2$$

$$\underline{C}_2 = \frac{2\pi\mu/\mu_0}{\pi\mu/\mu_0 + \sqrt{\pi^2 + (\alpha a)^2}} \exp(-\pi c/a)$$

$$\underline{C}_1 = \frac{\pi\mu/\mu_0 - \sqrt{\pi^2 + (\alpha a)^2}}{\pi\mu/\mu_0 + \sqrt{\pi^2 + (\alpha a)^2}} \exp(-\pi c/a) .$$

Damit ist das magnetische Feld bestimmt.

Der Grenzwert $\alpha \to 0$ bzw. $\omega \to 0$ führt auf das Ergebnis

$$\underline{C}_2\big|_{\omega\to 0} = (1 + k) \exp(-\pi c/a) \quad ; \quad \underline{C}_1\big|_{\omega\to 0} = k \exp(-\pi c/a) .$$

$$k = (\mu - \mu_0)/(\mu + \mu_0)$$

In der Lösung erkennt man die Spiegelungsgesetze für das Vektorpotential stationärer magnetischer Felder am permeablen Halbraum, wenn das erregende Vektorpotential, wie im vorliegenden Fall, keine y-Komponente hat:

$$\underline{\vec{A}}(x, y)\Big|_{\omega\to 0} = \left\{\begin{array}{c} \vec{A}_e(x, y) + k\, \vec{A}_e(x, -y) \\ (1 + k)\, \vec{A}_e(x, y) \end{array}\right\} ; \qquad \begin{array}{c} y \geq 0 \\ y \leq 0 \end{array} ; \quad \vec{e}_y\, \vec{A}_e = 0 .$$

Bei hohen Frequenzen wird

$$\underline{C}_1\big|_{\omega\to\infty} = -\exp(-\pi c/a)$$

und es gilt mit

$$\underline{\vec{A}}(x,y)\Big|_{\omega\to\infty} = \underline{\vec{A}}_e(x,y) - \underline{\vec{A}}_e(x,-y) \quad ; \quad y>0\,; \quad \vec{e}_y\,\underline{\vec{A}}_e = 0$$

das Spiegelungsgesetz für den leitenden Halbraum bei hochfrequenter Erregung in $y > 0$, das verschieden ist vom Spiegelungsgesetz stationärer Felder vor dem hochpermeablen Halbraum:

$$\underline{\vec{A}}(x,y)\Big|_{\substack{\omega\to 0\\ \mu\to\infty}} = \vec{A}_e(x,y) + \vec{A}_e(x,-y) \quad ; \quad y>0\,; \quad \vec{e}_y\,\vec{A}_e = 0$$

Der untere Halbraum ist bei hochfrequenter Erregung feldfrei und in $y = 0$ entsteht ein Strombelag

$$\underline{K}(x) = \int\limits_{-\infty}^{0} \underline{J}(x,y)dy = -\kappa j\omega \int\limits_{-\infty}^{0} \underline{A}(x,y)dy$$

$$\begin{aligned}
&= -\frac{j\omega\kappa\mu_0 a\underline{K}_0}{2\pi}\cos\left(\pi\,\frac{x}{a}\right)\underline{C}_2\,\frac{1}{\sqrt{(\pi/a)^2+\alpha^2}}\Bigg|_{\omega\to\infty}\\
&= -\frac{\mu_0 a\underline{K}_0}{2\pi}\cos\left(\pi\,\frac{x}{a}\right)\frac{1}{\mu}\,\underline{C}_2\,\frac{\alpha^2}{\sqrt{(\pi/a)^2+\alpha^2}}\Bigg|_{\omega\to\infty}\\
&= -\frac{\mu_0 a\underline{K}_0}{2\pi}\cos\left(\pi\,\frac{x}{a}\right)\frac{1}{\mu}\,\frac{2\pi\mu/\mu_0}{\alpha a}\,\exp(-\pi c/a)\,\alpha =\\
&= -2\,\frac{1}{\mu_0}\,\frac{\partial\underline{A}_e}{\partial y}\bigg|_{y=0} = 2\left(\vec{e}_y\times\underline{\vec{H}}_e\big|_{y=0}\right)\vec{e}_z\,.
\end{aligned}$$

Der hochfrequente Strombelag kann direkt aus der erregenden magnetischen Feldstärke berechnet werden.

Der zeitliche Mittelwert der Verlustleistung $\overline{P}_v/l$ pro Längeneinheit in einem Abschnitt $2a$ in x–Richtung des Halbraumes ist

$$\overline{P}_v/l = -\frac{1}{2} \int\limits_{x=0}^{2a} \mathrm{Re} \left\{ \underline{\vec{E}} \times \underline{\vec{H}}^* \right\}_{y=0} \vec{e}_y \, dx$$

$$= -\frac{1}{2} \int\limits_{x=0}^{2a} \mathrm{Re} \; \{ \vec{e}_z \, \underline{E}(x, y=0) \times \vec{e}_x \underline{H}^* \, (x, y=0) \} \, \vec{e}_y \, dx$$

$$= -\frac{1}{2} \mathrm{Re} \left\{ \int\limits_{x=0}^{2a} \underline{E}(x,0) \, \underline{H}^*(x,0) \, dx \right\}$$

$$= -\frac{1}{2} \mathrm{Re} \left\{ \int\limits_{x=0}^{2a} -j\omega \underline{A}(x, y=0) \, \frac{1}{\mu} \left. \frac{\partial \underline{A}(x, y<0)}{\partial y} \right|^*_{y \to 0} dx \right\}$$

$$= \frac{1}{2} \mathrm{Re} \left\{ \int\limits_{x=0}^{2a} j\omega \, \frac{\mu_0^2 a^2 |\underline{K}_0|^2}{4\pi^2} \cos^2\left(\pi \frac{x}{a}\right) \cdot \right.$$

$$\left. \cdot \frac{|\underline{C}_2|^2}{\mu} \left[\sqrt{(\pi/a)^2 + \alpha^2} \right]^* dx \right\}$$

$$\overline{P}_v/l = -\frac{|\underline{K}_0|^2}{8\pi^2 \kappa} \left(\frac{\mu_0}{\mu} \right)^2 |\underline{C}_2|^2 \, \mathrm{Re} \left\{ (\alpha a)^2 \sqrt{\pi^2 + (\alpha a)^2} \right\} .$$

Die Gleichung der Feldlinien lautet

$$d\vec{s} \times \vec{H} = d\vec{s} \times 1/\mu \, \mathrm{rot} \, [\vec{e}_z A(x,y)] = 1/\mu \, d\vec{s} \times (\mathrm{grad} \, A \times \vec{e}_z) =$$

$$= 1/\mu \left[\mathrm{grad} \, A \underbrace{(d\vec{s} \, \vec{e}_z)}_{=0} - \vec{e}_z \underbrace{(d\vec{s} \, \mathrm{grad} \, A)}_{dA} \right] \doteq 0 ,$$

zum Zeitpunkt $t = 0$ also

$$\mathrm{Re} \; \{ \underline{A}(x,y) \} = \mathrm{const} \; .$$

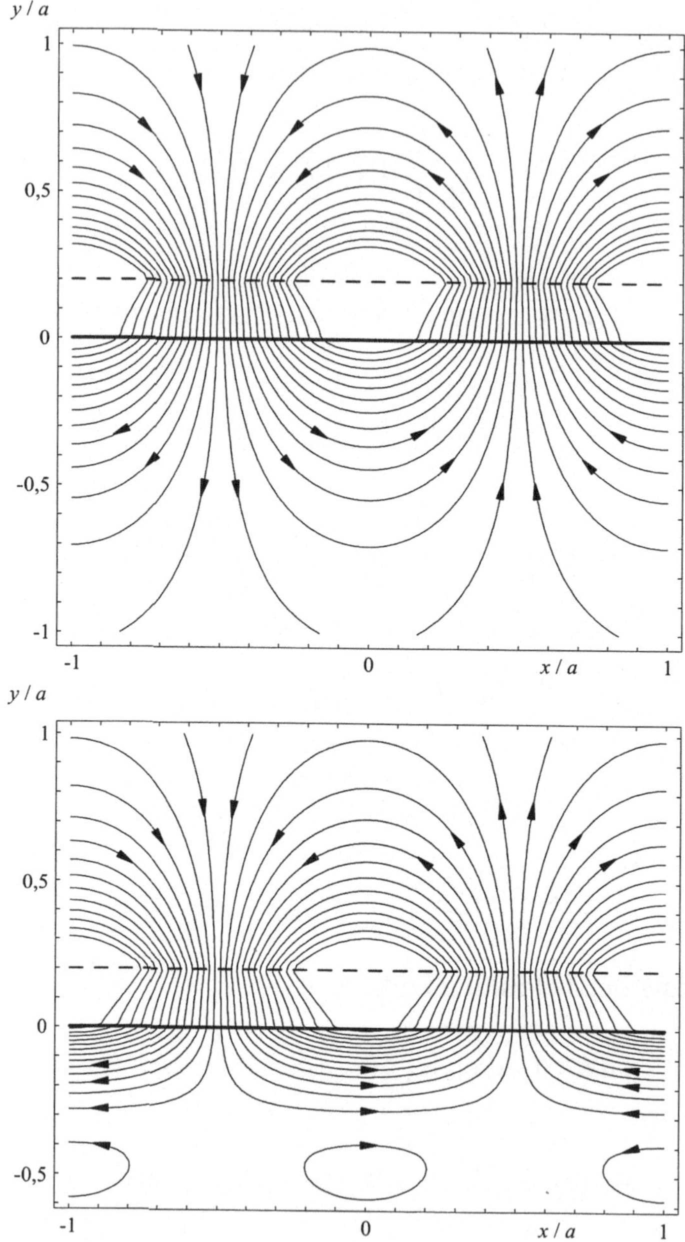

Bild 5.5–1: Magnetische Feldlinien für $c/a = 0,2$; $\mu/\mu_0 = 10$ und $\delta/a = 1$ (oben) und $\delta/a = 0,2$ (unten)

5.6 Induzierte Stromverteilung durch einen bewegten Leiter

In der Grenzschicht $z = 0$ zwischen dem Halbraum $z > 0$ der Permeabilität μ_1 und Leitfähigkeit κ_1 und dem Halbraum $z < 0$ der Permeabilität μ_2 und Leitfähigkeit κ_2 befindet sich ein ortsabhängiger, y-gerichteter Strombelag

$$\vec{K} = \vec{e}_y K_0 \cos(\pi x/a),$$

der mit der konstanten Geschwindigkeit v in positiver x–Richtung bewegt wird. Zu berechnen ist die induzierte Stromverteilung. Der Grenzfall hoher Geschwindigkeit ist zu untersuchen.

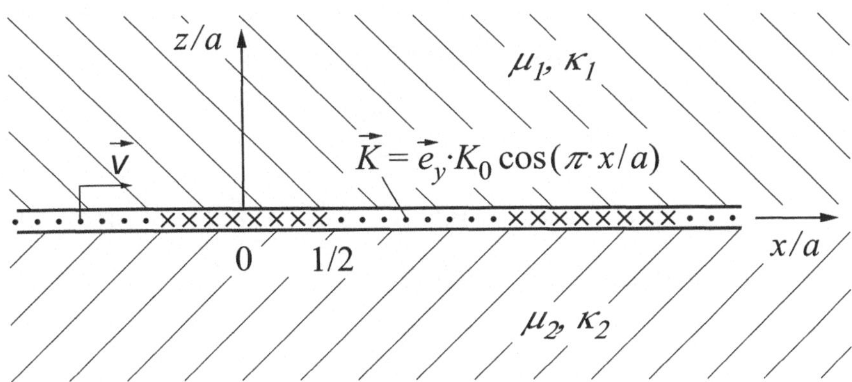

Das Feld wird durch ein y–gerichtetes Vektorpotential $\vec{A} = \vec{e}_y A(x,z)$ beschrieben. Es erfüllt die Differentialgleichung

$$\Delta A = \frac{\partial^2 A}{\partial x^2} + \frac{\partial^2 A}{\partial z^2} = \kappa\mu \frac{\partial A}{\partial t}; \quad \vec{B} = \mu\vec{H} = \operatorname{rot}\vec{A} = \vec{e}_z \frac{\partial A}{\partial x} - \vec{e}_x \frac{\partial A}{\partial z}.$$

In einem mitbewegten Koordinatensystem ($\xi = x - vt, z$) gilt

$$\frac{\partial A}{\partial t} = \frac{\partial A}{\partial \xi}\frac{\partial \xi}{\partial t} = -v\frac{\partial A}{\partial \xi} \quad ; \quad \frac{\partial^2 A}{\partial \xi^2} + \frac{\partial^2 A}{\partial z^2} + \kappa\mu v \frac{\partial A}{\partial \xi} = 0.$$

Mit der gegebenen Erregung lautet der Lösungsansatz

$$A_{1,2}(\xi,z) = \operatorname{Re}\left\{\left\{\begin{array}{l} \underline{C}_1 \exp(-\gamma_1 z) \\ \underline{C}_2 \exp(\gamma_2 z) \end{array}\right\} \exp(j\,\pi\,\xi/a)\right\}; \qquad \begin{array}{l} z > 0 \\ z < 0 \end{array}$$

mit

$$-(\pi/a)^2+\gamma_{1,2}^2+j\kappa_{1,2}\mu_{1,2}v\pi/a = 0; \quad \gamma_{1,2} = \sqrt{(\pi/a)^2-j\kappa_{1,2}\mu_{1,2}v\pi/a} =$$

$$= \pi/a\sqrt{1-j\lambda_{1,2}} \quad ; \quad \lambda_{1,2} = \frac{\kappa_{1,2}\mu_{1,2}va}{\pi}.$$

Die Konstanten $\underline{C_1}$ und $\underline{C_2}$ werden aus den Randbedingungen bestimmt.

$$\left[-H_\xi\,(\xi, z<0)+H_\xi(\xi, z>0)\right]_{z\to 0} = K(\xi) = K_0\,\cos(\pi\xi/a)$$

$$H_\xi = -\frac{1}{\mu}\frac{\partial A}{\partial z}$$

$$\text{Re}\,\left\{(\underline{C}_1\gamma_1/\mu_1+\underline{C}_2\gamma_2/\mu_2)\exp(j\pi\xi/a)\right\} = K_0\,\cos(\pi\xi/a)$$

Die Normalkomponente der magnetischen Flussdichte ist in $z=0$ stetig, und damit das Vektorpotential. Also gilt $\underline{C}_1=\underline{C}_2=\underline{C}$.

$$\underline{C} = \frac{K_0}{\gamma_1/\mu_1+\gamma_2/\mu_2}$$

$$A_{1,2}(x-vt, z) = A_{1,2}(x,z,t) = \text{Re}\,\left\{\underline{C}\,\exp(\mp\gamma_{1,2}z)\exp(j\pi(x-vt)/a)\right\}$$

Daraus ergeben sich die Feldstärken

$$E_{1,2}(x,z,t) = -\frac{\partial}{\partial t}A_{1,2}(x,z,t) =$$

$$= \text{Re}\,\left\{j\,\underline{C}\pi\,v/a\,\exp(\mp\,\gamma_{1,2}\,z)\,\exp(j\,\pi\,\xi/a)\right\}\;; \quad \xi = x-vt$$

und

$$\vec{H}_{1,2} = \frac{1}{\mu_{1,2}}\left[\vec{e}_z\,\frac{\partial A_{1,2}}{\partial x}-\vec{e}_x\,\frac{\partial A_{1,2}}{\partial z}\right] =$$

$$\vec{H}_{1,2}(x,z,t) = \frac{1}{\mu_{1,2}}\text{Re}\,\left\{\underline{C}\,(\pm\vec{e}_x\,\gamma_{1,2}+\vec{e}_z\,j\,\pi/a)\exp(\mp\gamma_{1,2}z)\exp(j\pi\xi/a)\right\}\;.$$

Im Grenzfall hoher Geschwindigkeiten existieren an den Grenzflächen der Halbräume Strombeläge. Im unteren Halbraum ergibt sich

$$K_2(\xi) = \int_{-\infty}^{0} J_2(x,z,t)|_{v\to\infty}\,dz = \kappa\int_{-\infty}^{0} E_2(x,z,t)|_{v\to\infty}\,dz$$

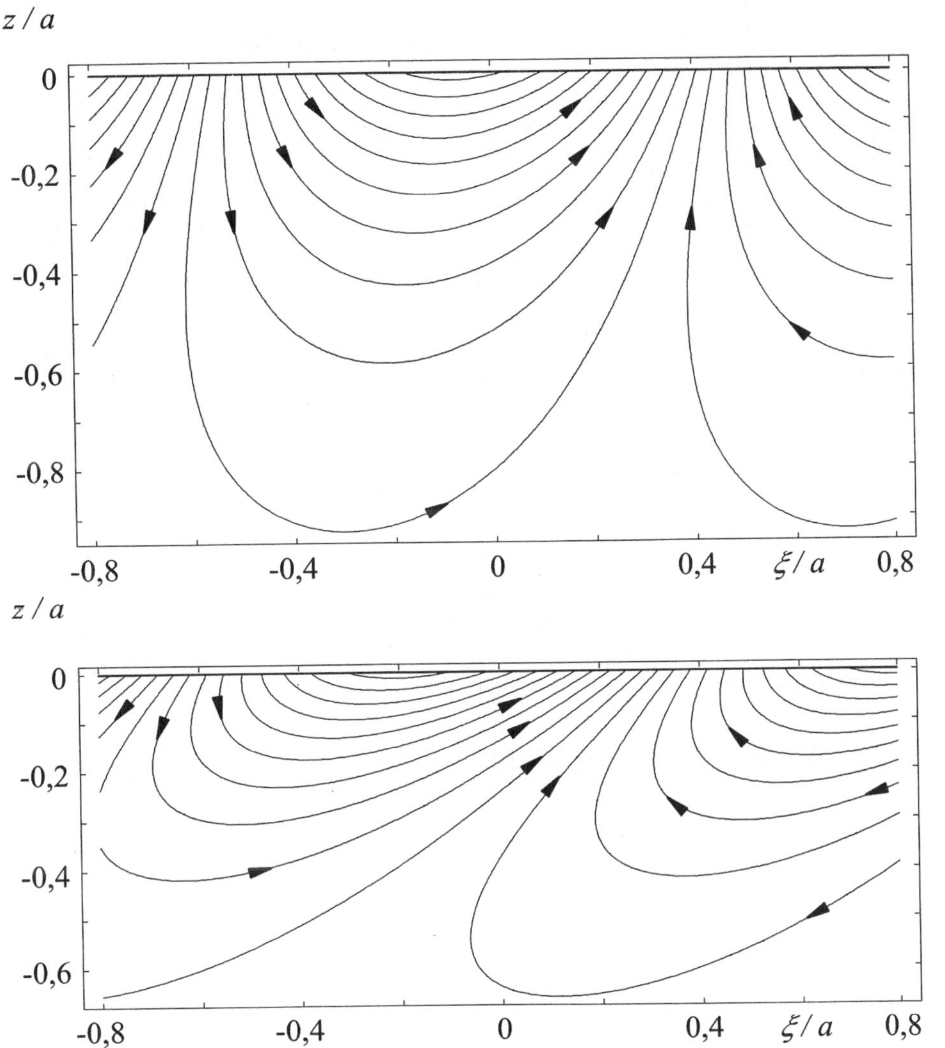

Bild 5.6–1: Magnetische Feldlinien für $\lambda_2 = 0,5$ (oben) und $\lambda_2 = 3$ (unten) für $\mu_1 \to \infty$

$$K_2(\xi) = -\kappa \int\limits_{-\infty}^{0} \left.\frac{\partial A_2}{\partial t}\right|_{v \to \infty} dz = -\kappa \int\limits_{-\infty}^{0} \left.\frac{\partial A_2}{\partial \xi}\frac{\partial \xi}{\partial t}\right|_{v \to \infty} dz$$

$$K_2(\xi) = \text{Re}\left\{ j\,\frac{\kappa_2 v\pi}{a}\frac{K_0}{\gamma_1/\mu_1+\gamma_2/\mu_2}\exp(j\pi\xi/a)\int\limits_{-\infty}^{0}\exp(\gamma_2 z)dz \right\}\Bigg|_{v\to\infty}$$

$$K_2(\xi) = \text{Re}\left\{ \frac{jv\pi}{a}\frac{K_0\exp(j\pi\xi/a)}{-j\sqrt{\kappa_1/\kappa_2\,\mu_2/\mu_1(v\pi/a)^2}-jv\pi/a} \right\}\Bigg|_{v\to\infty} =$$

$$= -\frac{K_0}{1+\sqrt{\kappa_1/\kappa_2\,\mu_2/\mu_1}}\cos(\pi\xi/a)\,.$$

Im oberen Halbraum folgt analog

$$K_1(\xi) = -\kappa\int\limits_{0}^{\infty}\frac{\partial A_1}{\partial\xi}\frac{\partial\xi}{\partial t}\bigg|_{v\to\infty}dz =$$

$$= -\frac{K_0}{1+\sqrt{\kappa_2/\kappa_1\,\mu_1/\mu_2}}\cos(\pi\xi/a)\,.$$

Die Gleichung der magnetischen Feldlinien zum Zeitpunkt $t=0$ lautet

$$A_{1,2}(\xi,z) = \text{Re}\,\{\underline{C}\exp(\mp\gamma_{1,2}z+j\pi\xi/a)\} = \text{const}\,.$$

$$A_{1,2}(\xi,z) = \frac{\mu_1 K_0 a}{\pi}\text{Re}\left\{\frac{\exp\left(\mp\pi\sqrt{1-j\lambda_{1,2}}z/a\right)\exp\left(j\pi\xi/a\right)}{\sqrt{1-j\lambda_1}+\sqrt{1-j\lambda_2}\mu_1/\mu_2}\right\} = \text{const}$$

mit $\lambda_{1,2}=\kappa_{1,2}\,\mu_{1,2}\,v\,a/\pi\,;\quad 0\le\lambda_{1,2}<\infty.$

5.7 Leitender Massivzylinder im magnetischen Drehfeld

Ein unendlich langer leitender, permeabler Zylinder der Leitfähigkeit κ und Permeabilität μ mit dem Radius a befindet sich in einem Drehfeld, dessen magnetischer Feldvektor $\vec{H}_e(t)$ vom Betrag H_0 in einer Ebene $z =$ const senkrecht zur Zylinderachse mit der Winkelgeschwindigkeit $\vec{\omega}=\vec{e}_z\omega$ rotiert. Der umgebende Raum hat die Permeabilität μ_0.

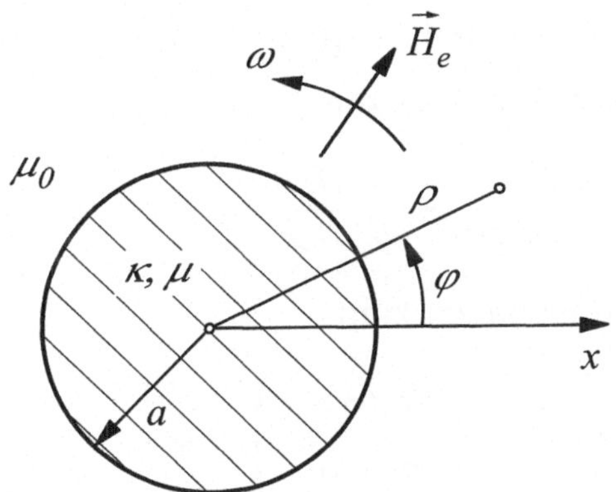

Zu berechnen sind die induzierte Stromverteilung und der zeitliche Mittelwert der Verlustleistung pro Längeneinheit des Zylinders.

Für das erregende Drehfeld gilt

$$\vec{H}_e(t) = H_0 \left[\vec{e}_x \cos(\omega t) + \vec{e}_y \sin(\omega t)\right] = \text{Re}\ \{(\vec{e}_x - j\,\vec{e}_y)\,H_0 \exp(j\omega t)\}\ .$$

Das Problem kann auf die Berechnung des Einflusses nur einer Komponente $\vec{e}_x H_0 \cos(\omega t)$ des erregenden Feldes beschränkt werden. Der Einfluss des zweiten Anteils des erregenden Feldes ergibt sich durch eine einfache Änderung der Phase und eine Koordinatentransformation.

Das genannte Teilproblem wird durch das erregende Vektorpotential

$$\underline{\vec{A}}_e = \vec{e}_z\,\underline{A}_e(\varrho,\varphi) \quad ; \quad \underline{\vec{B}}_e = \text{rot}\ \underline{\vec{A}}_e = \mu_0\,\underline{\vec{H}}_e = \vec{e}_x\,\mu_0\,\underline{H}_0$$

beschrieben, für das wegen

$$\underline{\vec{B}}_e = \vec{e}_\varrho\,\frac{1}{\varrho}\,\frac{\partial \underline{A}_e}{\partial\varphi} - \vec{e}_\varphi\,\frac{\partial \underline{A}_e}{\partial\varrho} \quad ; \quad \underline{\vec{H}}_e = (\vec{e}_\varrho \cos\varphi - \vec{e}_\varphi \sin\varphi)\underline{H}_0$$

$$\underline{A}_e(\varrho,\varphi) = \mu_0\,\underline{H}_0\,\varrho\sin\varphi$$

zu setzen ist, da $\underline{A}_e$ Lösung der Differentialgleichung $\Delta\underline{A}_e(\varrho,\varphi) = \Delta(R(\varrho)\Phi(\varphi)) = 0$ mit den Lösungsfunktionen $R_n(\varrho) = \{\varrho^n, \varrho^{-n}\}$ und $\Phi_n(\varphi) = \{\cos(n\varphi)\,;\ \sin(n\varphi)\}$ für $n = 1$ ist.

Das resultierende Vektorpotential $\vec{\underline{A}} = \vec{e}_z\,\underline{A}(\varrho,\varphi)$ hat innerhalb des Zylinders $\varrho < a$ die Differentialgleichung

$$\Delta\underline{A} = \frac{\partial^2 \underline{A}}{\partial \varrho^2} + \frac{1}{\varrho}\frac{\partial \underline{A}}{\partial \varrho} + \frac{1}{\varrho^2}\frac{\partial^2 \underline{A}}{\partial \varphi^2} = \alpha^2 \underline{A} \quad ; \quad \alpha^2 = j\omega\kappa\mu$$

zu erfüllen. Lösungsfunktionen sind

$$R_n(\alpha\varrho) = \left\{ \begin{array}{c} I_n(\alpha\varrho) \\ K_n(\alpha\varrho) \end{array} \right\} \quad \text{und} \quad \Phi_n(\varphi)\,.$$

Wegen der gegebenen Erregung lautet der Ansatz für das resultierende Vektorpotential mit der modifizierten Besselschen Funktion $I_1(\alpha\varrho)$ bei $n = 1$

$$\underline{A}(\varrho,\varphi) = \mu_0\,\underline{H}_0\,a \left\{ \begin{array}{c} \underline{c}\,\dfrac{I_1(\alpha\varrho)}{I_1(\alpha a)} \\ \varrho/a + \underline{b}\,a/\varrho \end{array} \right\} \sin\varphi\,; \quad \begin{array}{c} \varrho \le a \\ \varrho \ge a \end{array}\,.$$

Die Konstanten $\underline{c}$ und $\underline{b}$ folgen aus den Randbedingungen auf der Zylinderfläche $\varrho = a$.

Die Stetigkeit der Normalkomponente der magnetischen Flussdichte $\vec{e}_\varrho\,\vec{\underline{B}}$ ist hier gleichbedeutend mit der Stetigkeit des Vektorpotentials

$$\underline{c} = 1 + \underline{b}\,.$$

Die Stetigkeit der tangentialen Komponente der magnetischen Feldstärke $\vec{e}_\varrho \times \vec{\underline{H}}$ führt zu dem Ergebnis

$$\frac{1}{\mu}\frac{\partial}{\partial\varrho}\underline{A}\,(\varrho < a,\varphi)\big|_{\varrho\to a} - \frac{1}{\mu_0}\frac{\partial}{\partial\varrho}\underline{A}\,(\varrho > a,\varphi)\big|_{\varrho\to a} = 0$$

$$\frac{\mu_0}{\mu}\underline{c}\,\frac{\alpha a I_1'(\alpha a)}{I_1(\alpha a)} = 1 - \underline{b}\,; \quad \underline{c} = \frac{2 I_1(\alpha a)}{I_1(\alpha a)(1-\mu_0/\mu) + \mu_0/\mu\,\alpha a I_0(\alpha a)}\,.$$

Im Grenzfall $\omega \to 0$ gilt

$$I_0(\alpha\varrho)\big|_{\omega\to 0} = 1;\; I_1(\alpha\varrho)\big|_{\omega\to 0} = \frac{\alpha\varrho}{2}\,;\; \underline{c}\big|_{\omega\to 0} = (1+k);\; \underline{b}\big|_{\omega\to 0} = \frac{\mu-\mu_0}{\mu+\mu_0} = k.$$

$$\underline{A}(\varrho,\varphi)|_{\omega\to 0} = \left\{ \begin{array}{l} (1+k)\underline{A}_e(\varrho,\varphi) \\ \underline{A}_e(\varrho,\varphi) + k\underline{A}_e(a^2/\varrho,\varphi) \end{array} \right\}\Bigg|_{\omega\to 0} ; \quad \begin{array}{l} \varrho < a \\ \varrho > a\,. \end{array}$$

Dies ist das Gesetz der Spiegelung am permeablen Zylinder für stationäre Felder.

Die induzierte Stromdichte $\underline{\vec{J}} = \vec{e}_z\underline{J} = -\vec{e}_z j\omega\kappa\underline{A}$ ist

$$\underline{J}(\varrho,\varphi) = -2\frac{\mu_0}{\mu}(\alpha a)^2\,\frac{\underline{H}_0}{a}\,\frac{I_1(\alpha\varrho)}{I_1(\alpha a)(1-\mu_0/\mu) + \mu_0/\mu\,\alpha a I_0(\alpha a)}\,\sin\varphi\,.$$

Sie verschwindet für $\omega \to 0$. Für hohe Frequenzen existiert auf $\varrho = a$ der Strombelag

$$\underline{K}(\varphi) = \int_0^a \underline{J}(\varrho,\varphi)|_{\omega\to\infty}\,\frac{\varrho}{a}\,d\varrho\,; \quad \underline{\vec{K}}(\varphi) = 2\vec{e}_\varrho \times \underline{\vec{H}}_e = \vec{e}_z\underline{K}(\varphi)\,.$$

Er ist mit der magnetischen Feldstärke auf der Zylinderfläche $\varrho = a$ identisch.

$$\vec{e}_\varphi\underline{\vec{H}}\Big|_{\substack{\varrho=a\\ \omega\to\infty}} = -\frac{1}{\mu_0}\frac{\partial}{\partial\varrho}\,\underline{A}(\varrho > a,\varphi)|_{\substack{\varrho=a\\ \omega\to\infty}} =$$

$$= -\underline{H}_0(1-\underline{b})\sin\varphi|_{\omega\to\infty} = -2\underline{H}_0\sin\varphi = 2\underline{\vec{H}}_e\vec{e}_\varphi$$

$$\underline{K}(\varphi) = -2\underline{H}_0\sin\varphi = 2\underline{H}_{e\varphi}$$

Der zeitliche Mittelwert der vom Zylinder pro Längeneinheit absorbierten Leistung ist

$$\overline{P}_v/l = -\frac{1}{2}\,\mathrm{Re}\left\{\int_0^{2\pi} \underline{\vec{E}}(a) \times \underline{\vec{H}}^*(a)\vec{e}_\varrho a d\varphi\right\} =$$

$$= \frac{1}{2}\mathrm{Re}\left\{\int_0^{2\pi} \underline{E}(a)\underline{H}_\varphi^*(a) a d\varphi\right\} = \frac{1}{2}\mathrm{Re}\left\{\int_0^{2\pi} j\omega\underline{A}(a)\underline{H}_0^*(1-\underline{b}^*)\sin\varphi a d\varphi\right\}$$

$$\overline{P}_v/l = \frac{1}{2}\,a^2\pi\,\mu_0\,|\underline{H}_0|^2\,\mathrm{Re}\,\left\{j\omega(2\underline{c} - |\underline{c}|^2)\right\} = -\mu_0\pi a^2\,|\underline{H}_0|^2\,\omega\,\mathrm{Im}\,\{\underline{c}\}\,.$$

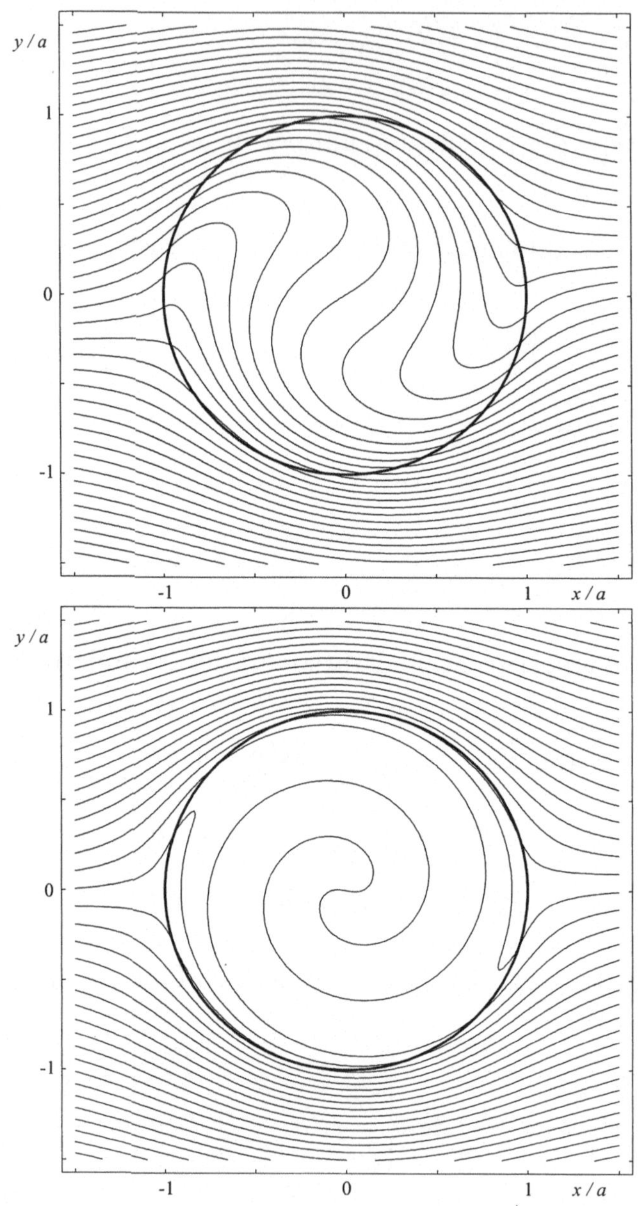

Bild 5.7–1: Magnetische Feldlinien in einem leitenden permeablen Zylinder, der einem rotierenden magnetischen Feld ausgesetzt ist. $\mu/\mu_0 = 1; a/\delta = 3$ (oben); $a/\delta = 10$ (unten)

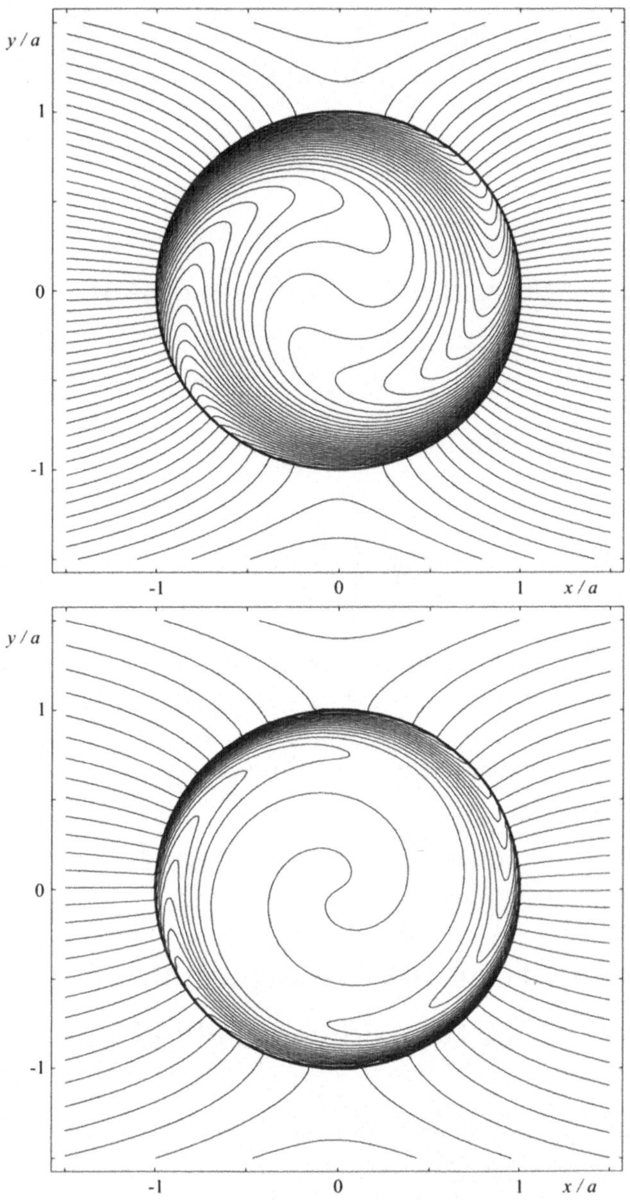

Bild 5.7–2: Magnetische Feldlinien in einem leitenden, permeablen Zylinder, der einem rotierenden, magnetischen Feld ausgesetzt ist. $\mu/\mu_0 = 10^3; a/\delta = 5$ (oben); $a/\delta = 10$ (unten)

Zur Berechnung der von dem Drehfeld induzierten Stromverteilung ist der zweite Feldanteil zu überlagern, der aus einem z-gerichteten erregenden Vektorpotential

$$\underline{A}_e = -\mu_0 \underline{H}_0\, \varrho \cos\varphi$$

hervorgeht.

In der berechneten Stromdichte ist dann die Funktion $\sin\varphi$ allein durch die Funktion

$$\sin\varphi - j(-\cos\varphi) = j\exp(-j\varphi)$$

zu ersetzen. Analog gilt für das Vektorpotential $\vec{\underline{A}}_D = \vec{e}_z \underline{A}_D$ des Drehfeldes

$$\underline{A}_D(\varrho,\varphi) = j\mu_0\, \underline{H}_0 a \left\{ \begin{array}{c} \underline{c}\,\dfrac{I_1(\alpha\varrho)}{I_1(\alpha a)} \\ \varrho/a + \underline{b}\,a/\varrho \end{array} \right\} \exp(-j\varphi)\,.$$

Daraus sind alle Feldstärkekomponenten nach den angegebenen Beziehungen abzuleiten.

Die Gleichung der magnetischen Feldlinien $d\vec{s} \times \vec{H} = 0$ zum Zeitpunkt $t = 0$ lautet hier $\mathrm{Re}\,\{\underline{A}_D(\varrho,\varphi)\} = \mathrm{const}$. Die Feldlinien sind in den Bildern für verschiedene Drehgeschwindigkeiten dargestellt.

5.8 Verlustleistung und Energiebilanz in einer leitenden Kugel im transienten Feld einer Leiterschleife

Vor einer Kugel vom Radius a der Leitfähigkeit κ und Permeabilität μ befindet sich im umgebenden nichtleitenden Raum der Permeabilität μ_0 auf der Schnittlinie der Koordinatenflächen $r = r_E > a$ und $\vartheta = \vartheta_E$ eine dünne Leiterschleife, die von einem zeitlich beliebig veränderlichen Strom $i(t)$ durchflossen ist.

Zu berechnen ist die in der Kugel induzierte Stromverteilung bei beliebiger Zeitabhängigkeit des erregenden Stromes und der zeitliche Mittelwert der in der Kugel umgesetzten Leistung bei periodischer Erregung. Die Energiebilanz ist für den Abschaltvorgang darzustellen.

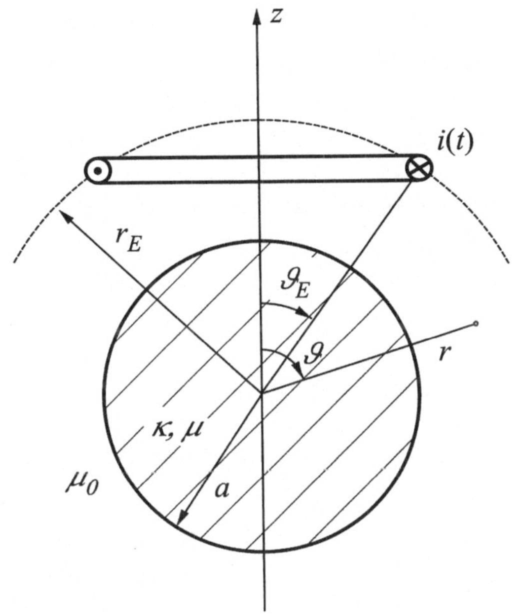

Das rotationssymmetrische Feld wird zweckmäßig durch ein übergeordnetes Vektorpotential

$$\vec{W} = \vec{r}\,W(r,\vartheta,t) \quad ; \quad \frac{\partial W}{\partial \varphi} = 0$$

beschrieben. Dann gilt

$$\vec{A} = \operatorname{rot}\vec{W} = -\vec{r}\times\operatorname{grad}W \,; \quad \vec{B} = \operatorname{rot}\vec{A} = \operatorname{rot}\operatorname{rot}\vec{W}\,; \quad \vec{J} = -\kappa\frac{\partial\vec{A}}{\partial t} = \kappa\vec{E}\,.$$

Das zeitlich periodische Feld

Bei zeitlich cosinusförmiger Erregung mit einem Strom der komplexen Amplitude $\underline{i}_0$ wird zunächst das erregende Feld der Leiterschleife im homogenen Raum der Permeabilität μ_0 aus dem komplexen Zeiger des erregenden

Potentials $\vec{\underline{W}}_E$ abgeleitet.

$$\vec{\underline{W}}_E(r,\vartheta) = \vec{r}\,\underline{W}_E \quad ; \quad \Delta \underline{W}_E = 0 \quad ; \quad r \neq r_E$$

$$\underline{W}_E(r,\vartheta) = \sum_{n=0}^{\infty} \left\{ \begin{array}{c} \underline{E}_n (r/r_E)^n \\ \underline{D}_n (r_E/r)^{n+1} \end{array} \right\} P_n(\cos\vartheta) \quad ; \quad \begin{array}{c} r < r_E \\ r > r_E \end{array}$$

$$\vec{\underline{A}}_E = -\vec{r} \times \operatorname{grad} \underline{W}_E \, ; \quad \vec{\underline{B}}_E = \operatorname{rot}\operatorname{rot} \vec{\underline{W}}_E = \operatorname{grad}\left[\frac{\partial}{\partial r}(r\underline{W}_E)\right] = \mu_0 \vec{\underline{H}}_E$$

Die Konstanten werden aus den Randbedingungen auf der Kugelfläche $r = r_E$ bestimmt. Die Stetigkeit der Normalkomponente der magnetischen Flussdichte erfordert

$$\left.\frac{\partial^2}{\partial r^2}(r\underline{W}_E)\right|_{\substack{r<r_E \\ r\to r_E}} = \left.\frac{\partial^2}{\partial r^2}(r\underline{W}_E)\right|_{\substack{r>r_E \\ r\to r_E}} \quad ; \quad \underline{D}_n = \underline{E}_n \, .$$

Für die Tangentialkomponente der magnetischen Feldstärke gilt

$$\underline{H}_{E\vartheta}\big|_{\substack{r>r_E \\ r\to r_E}} - \underline{H}_{E\vartheta}\big|_{\substack{r<r_E \\ r\to r_E}} = \underline{K}(\vartheta) \, .$$

Hierbei ist $\underline{K}(\vartheta)$ zunächst ein φ-gerichteter Strombelag, der auch die erregende Leiterschleife beschreiben kann.

Mit

$$\underline{H}_{E\vartheta} = \frac{1}{\mu_0}\frac{1}{r}\frac{\partial^2}{\partial r \partial \vartheta}(r\underline{W}_E)$$

folgt mit $u = \cos\vartheta$

$$\underline{H}_{E\vartheta} = -\frac{1}{\mu_0}\frac{1}{r}\sum_{n=0}^{\infty} \underline{E}_n \left\{ \begin{array}{c} (n+1)(r/r_E)^n \\ -n(r_E/r)^{n+1} \end{array} \right\} \sqrt{1-u^2}\, P_n'(u) \quad ; \quad \begin{array}{c} r < r_E \\ r > r_E \end{array}$$

und damit

$$\frac{1}{\mu_0}\sum_{n=0}^{\infty}(2n+1)\underline{E}_n \sqrt{1-u^2}\, P_n'(u) = r_E \underline{K}(u) \, .$$

Multiplikation mit $\sqrt{1-u^2}P_k'(u)$ und Integration von $u=-1$ bis $u=+1$ liefert mit der Orthogonalitätseigenschaft der Legendre-Polynome

$$\int_{-1}^{+1}(1-u^2)P_n'(u)\,P_k'(u)du = \left\{ \begin{array}{ll} \dfrac{2n(n+1)}{2n+1} & ; \; k = n \\ 0 & ; \; k \neq n \end{array} \right.$$

$$\begin{aligned}
\underline{E}_n &= \frac{\mu_0}{2n(n+1)} \int\limits_{u=-1}^{+1} \underline{K}(u) r_E \sqrt{1-u^2}\, P_n'(u) du \\
&= \frac{\mu_0}{2n(n+1)} P_n'(u_E)(1-u_E^2) \underbrace{\int\limits_{\vartheta=0}^{\pi} \underline{K}(\vartheta) r_E d\vartheta}_{\underline{i}_0} \,; \quad u_E = \cos\vartheta_E \\
\underline{E}_n &= \frac{1}{2}\, \mu_0\, \underline{i}_0 (1-u_E^2)\, \frac{P_n'(u_E)}{n(n+1)} = \frac{1}{2}\, \mu_0\, \underline{i}_0 \frac{P_{n-1}(u_E) - P_{n+1}(u_E)}{2n+1} \,.
\end{aligned}$$

In Gegenwart der leitenden Kugel wird das Feld durch ein übergeordnetes Potential

$$\vec{\underline{W}} = \vec{r}\underline{W} \quad ; \quad \Delta\underline{W} = \alpha^2 \underline{W}$$

$$\underline{W} = \sum_{n=0}^{\infty} \left\{ \begin{array}{l} \underline{A}_n (a/r)^{n+1} + \underline{E}_n \left\{ \begin{array}{c} (r/r_E)^n \\ (r_E/r)^{n+1} \end{array} \right\} \begin{array}{l} r < r_E \\ r > r_E \end{array} \\ \underline{B}_n R_n(\alpha r) \end{array} \right\} P_n(\cos\vartheta); \quad \begin{array}{l} r > a \\ \\ r < a \end{array}$$

mit den sphärischen Besselfunktionen

$$R_n(\alpha r) = \sqrt{\frac{\pi}{2\alpha r}}\, I_{n+1/2}(\alpha r) \quad ; \quad \alpha^2 = j\omega\kappa\mu$$

der Eigenschaften

$$\begin{aligned}
\alpha r \left[R_{n-1} - R_{n+1}\right] &= (2n+1) R_n \\
\alpha r\, R_n'(\alpha r) &= n R_n + \alpha r\, R_{n+1} \\
(\alpha r)^2\, R_n''(\alpha r) &= \left[n(n-1) + (\alpha r)^2\right] R_n - 2\alpha r\, R_{n+1}
\end{aligned}$$

beschrieben.

Im Raum $r < a$ gilt für die magnetische Flussdichte

$$\vec{\underline{B}} = \operatorname{grad} \frac{\partial}{\partial r}(r\underline{W}) - \vec{r}\alpha^2 \underline{W}$$

und damit wegen der Stetigkeit der Normalkomponente $\vec{e}_r \vec{\underline{B}}$ in $r = a$, die identisch ist mit der Stetigkeit von $\underline{W}$

$$\underline{A}_n + \underline{E}_n (a/r_E)^n = \underline{B}_n R_n(\alpha a) \,.$$

Die Stetigkeit der Tangentialkomponente von $\vec{\underline{H}} = \vec{\underline{B}}/\mu$ führt auf die Gleichung

$$\frac{\mu_0}{\mu}\underline{B}_n\,[(n+1)\,R_n(\alpha a) + \alpha a\,R_{n+1}(\alpha a)] = -n\underline{A}_n + (n+1)\underline{E}_n(a/r_E)^n .$$

$$\underline{B}_n = \frac{2n+1}{nR_n(\alpha a) + \mu_0/\mu\,[(n+1)\,R_n(\alpha a) + \alpha a\,R_{n+1}(\alpha a)]}\left(\frac{a}{r_E}\right)^n \underline{E}_n$$

$$\underline{A}_n = \left[\frac{(2n+1)R_n(\alpha a)}{nR_n(\alpha a) + \mu_0/\mu\,[(n+1)\,R_n(\alpha a) + \alpha a\,R_{n+1}(\alpha a)]} - 1\right]\left(\frac{a}{r_E}\right)^n \underline{E}_n$$

Die in der Kugel induzierte Stromdichte ist

$$\vec{\underline{J}} = \frac{1}{\mu}\operatorname{rot}\vec{\underline{B}} = -\frac{\alpha^2}{\mu}\operatorname{rot}(\vec{r}\underline{W}) = \frac{\alpha^2}{\mu}\vec{r}\times\operatorname{grad}\underline{W} = \frac{\alpha^2}{\mu}\vec{e}_\varphi\frac{\partial\underline{W}}{\partial\vartheta} = \vec{e}_\varphi\,\underline{J}$$

$$\underline{J}(r,\vartheta) = -\frac{\alpha^2}{\mu}\sum_{n=0}^{\infty}\underline{B}_n\,R_n(\alpha r)\sqrt{1-u^2}\,P_n'(u) .$$

Der zeitliche Mittelwert der Verluste in der Kugel ist darstellbar als Realteil des Integrals des komplexen Poyntingschen Vektors über die Oberfläche a_K der Kugel.

$$\begin{aligned}
\overline{P}_v &= -\frac{1}{2}\oint_{a_K}\operatorname{Re}\left\{\vec{\underline{E}}\times\vec{\underline{H}}^*\right\}d\vec{a}_K \\
&= -\frac{1}{2}\operatorname{Re}\left\{\oint_{a_K}\left[\vec{e}_\varphi\,\underline{E}_\varphi\times(\vec{e}_r\underline{H}_r^* + \vec{e}_\vartheta\underline{H}_\vartheta^*)\right]\vec{e}_r\,a^2\,\sin\vartheta d\vartheta d\varphi\right\} \\
&= \pi a^2\operatorname{Re}\left\{\int_{-1}^{+1}\underline{E}_\varphi(a,u)\,\underline{H}_\vartheta^*(a,u)du\right\} \\
\underline{E}_\varphi &= -j\omega\sum_{n=0}^{\infty}\underline{B}_nR_n(\alpha r)\sqrt{1-u^2}\,P_n'(u) \\
\underline{H}_\vartheta &= -\frac{1}{\mu r}\sum_{n=0}^{\infty}\underline{B}_n\,[(n+1)R_n(\alpha r) + \alpha rR_{n+1}(\alpha r)]\sqrt{1-u^2}P_n'(u)
\end{aligned}$$

Das Integral liefert somit den Wert

$$\overline{P}_v = \frac{-2\pi\omega a}{\mu}\sum_{n=0}^{\infty}\frac{n(n+1)}{2n+1}|\underline{B}_n|^2\operatorname{Im}\left\{R_n\,[(n+1)R_n(\alpha a) + \alpha a\,R_{n+1}(\alpha a)]\right\}$$

Das transiente Feld

Grundlage für die Berechnung des Feldes bei beliebiger Zeitabhängigkeit des erregenden Stromes ist das Feld, das beim Abschalten eines zeitlich konstanten Stromes entsteht. Für die Berechnung des transienten Feldes nach dem Abschaltvorgang muss zunächst das stationäre Feld bekannt sein, das ein zeitlich konstanter Strom I_0 in der Leiterschleife hervorruft. Dieses Feld kann aus den zugehörigen Feldgleichungen bestimmt oder aber als Grenzfall $\omega \to 0$ aus dem zuvor berechneten Feld bei periodischer Zeitabhängigkeit des Stromes berechnet werden.

$$\underline{B}_n R_n(\alpha r)|_{\omega\to 0} = \frac{2n+1}{n+\mu_0/\mu(n+1)} \left(\frac{r}{r_E}\right)^n E_n \;=\; B_n^{(0)} \left(\frac{r}{a}\right)^n$$

$$B_n^{(0)} \;=\; \frac{2n+1}{n+\mu/\mu_0(n+1)} \left(\frac{a}{r_E}\right)^n E_n$$

$$E_n = \mu_0 I_0 \frac{1-u_E^2}{2} \frac{P_n'(u_E)}{n(n+1)} \; ; \; \underline{A}_n|_{\omega\to 0} = \left[\frac{2n+1}{n+\mu_0/\mu(n+1)} - 1\right] \left(\frac{a}{r_E}\right)^n E_n$$

$$\underline{A}_n|_{\omega\to 0} \;=\; \frac{(n+1)(1-\mu_0/\mu)}{n+(n+1)\mu_0/\mu} \left(\frac{a}{r_E}\right)^n E_n \;=\; A_n \,.$$

Nach dem Abschalten des Stromes I_0 zum Zeitpunkt $t = 0$ gilt für das übergeordnete Potential $\vec{W}_A = \vec{r}\, W_A(r, \vartheta, t)$

$$W_A \;=\; \sum_{n=0}^{\infty} \sum_{s=1}^{\infty} \left\{ \begin{array}{l} a_{ns}\, j_n(\lambda_{ns} r) \\ b_{ns}\, j_n(\lambda_{ns} a)(a/r)^{n+1} \end{array} \right\} P_n(\cos\vartheta)\, \exp(-t/\tau_{ns})\, ; \; \tau_{ns} \;=\; \frac{\kappa\mu}{\lambda_{ns}^2}$$

als Lösung der Differentialgleichung

$$\Delta W_A \;=\; \left\{ \begin{array}{lll} \kappa\mu \dfrac{\partial W_A}{\partial t} & ; & r < a \\ 0 & ; & r > a \end{array} \right.$$

mit gewöhnlichen sphärischen Besselfunktionen

$$j_n(\lambda_{ns} r) = \sqrt{\frac{\pi}{2\lambda_{ns} r}}\, J_{n+1/2}(\lambda_{ns} r)\,.$$

Vektorpotential und magnetische Flussdichte lauten

$$\vec{A}_A = \operatorname{rot}(\vec{r} W_A) \quad ; \quad \vec{B}_A = \operatorname{rot}\operatorname{rot}(\vec{r} W_A) = \operatorname{grad}\frac{\partial}{\partial r}(r W_A) - \kappa\mu\,\frac{\partial \vec{W}_A}{\partial t}\,.$$

Die Konstanten a_{ns} und b_{ns} werden aus der Randbedingung in $r = a$ und der Anfangsfeldverteilung zum Zeitpunkt $t = 0$ bestimmt. Die Stetigkeit der Normalkomponente der magnetischen Flussdichte erfordert

$$\left(r\frac{\partial^2}{\partial r^2}(r W_A) - \kappa\mu r^2\,\frac{\partial W_A}{\partial t}\right)\Bigg|_{\substack{r<a \\ r\to a}} = r\,\frac{\partial^2}{\partial r^2}(r W_A)\Bigg|_{\substack{r>a \\ r\to a}}\,.$$

Mit den Rekursionen und Ableitungen der sphärischen Besselfunktionen folgt

$$a_{ns} = b_{ns}\,.$$

Die Forderung nach der Stetigkeit der Tangentialkomponente der magnetischen Feldstärke führt auf die Eigenwertgleichung

$$\lambda_{ns} a\, j_{n-1}(\lambda_{ns} a) - n\, j_n(\lambda_{ns} a)\,(1 - \mu/\mu_0) = 0\,,$$

aus der die Eigenwerte $\lambda_{ns} = x_{ns}/a$ zu berechnen sind. Damit gilt für das Potential

$$W_A = \sum_{n=0}^{\infty}\sum_{s=1}^{\infty} a_{ns} \left\{ \begin{array}{l} j_n(x_{ns} r/a) \\ j_n(x_{ns})(a/r)^{n+1} \end{array} \right\} P_n(u)\,\exp(-t/\tau_{ns})\,;\; \tau_{ns} = \frac{\kappa\mu a^2}{x_{ns}^2}\,.$$

Die Konstante a_{ns} wird aus der stationären Anfangsfeldverteilung bei $t = 0$ bestimmt.

$$\sum_{n=0}^{\infty}\sum_{s=1}^{\infty} a_{ns}\, j_n(x_{ns} r/a)\, P_n(u) = \sum_{n=0}^{\infty} B_n^{(0)}(r/a)^n\, P_n(u)$$

$$B_n^{(0)}(r/a)^n = \sum_{s=1}^{\infty} a_{ns} j_n(x_{ns} r/a)\,; \qquad u = \cos\vartheta$$

Multiplikation mit $j_n(x_{np}r/a)w(r)$ und $w(r) = 2\lambda_{np}r^2/\pi$ und Integration liefert mit der Orthogonalitätseigenschaft der sphärischen Besselfunktionen das Ergebnis

$$a_{ns} = \frac{2 j_{n+1}(x_{ns})}{x_{ns}[j_n^2(x_{ns}) - j_{n-1}(x_{ns}) j_{n+1}(x_{ns})]}\, B_n^{(0)} .$$

Damit ist das transiente Feld für $t > 0$ bestimmt. Für einen beliebigen Zeitverlauf des Stromes $i(t)$ für $t > 0$, der für $t < 0$ verschwindet, kann das feldbeschreibende Potential $W(\vec{r}, t)$ berechnet werden, in dem die Exponentialfunktionen $\exp(-t/\tau_{ns})$ in W_A durch die Funktionen

$$f_{ns}(t) = \frac{1}{I_0}\left[i(0)\,[1 - \exp(-t/\tau_{ns})] + \int_0^t \frac{di(t-\tau)}{dt}\,[1 - \exp(-\tau/\tau_{ns})]\, d\tau \right]$$

ersetzt werden.

Für die Energiebilanz des Abschaltvorganges gilt

$$W_{m0} - W_{mA} - W_{ms} = 0 .$$

Hierin ist W_{m0} die im magnetischen Feld innerhalb der Kugel vor dem Schalten gespeicherte Energie, W_{mA} die nach dem Schalten durch die Fläche $r = a$ transferierte Energie und W_{ms} die während des gesamten Ausgleichsvorgangs im Zeitraum $t > 0$ in der leitenden Kugel umgesetzte Energie. Daraus folgt

$$\frac{1}{2}\mu \int_{v_K} H_A^2(\vec{r}, t < 0) dv - \int_{t=0}^{\infty} \oint_{a_K} \vec{E}_A(\vec{r}, t) \times \vec{H}_A(\vec{r}, t)\, d\vec{a}_K\, dt = W_{m0} - W_{mA} =$$

$$= \int_{t=0}^{\infty} \int_{v_K} \vec{E}_A(\vec{r}, t)\, \vec{J}_A(\vec{r}, t) dv dt = W_{ms} .$$

Für die Energie des stationären magnetischen Feldes in $r < a$ gilt

$$\begin{aligned} W_{m0} &= \frac{1}{2\mu}\int\limits_{v_K} B_A^2(\vec{r}, t<0)dv = \frac{1}{2\mu}\int\limits_{v_K} \left[\operatorname{rot}\operatorname{rot}\left(\vec{r}\, W_A(\vec{r}, t=0)\right)\right]^2 dv \\ &= \frac{1}{2\mu}\int\limits_{v_K} \operatorname{grad}^2 \left[\frac{\partial}{\partial r}(rW_A)\right]_{t=0} dv = \\ &= \frac{1}{2\mu}\oint\limits_{a_K} \frac{\partial}{\partial r}(rW_A)\, \frac{\partial^2}{\partial r^2}(rW_A)\Big|_{\substack{r=a\\ t=0}} da_K \end{aligned}$$

$$W_{m0} = \frac{2\pi a}{\mu}\sum_{n=0}^{\infty}\frac{n(n+1)^2}{2n+1}\left(B_n^{(0)}\right)^2 .$$

Dabei wurde der 2. Greensche Satz verwendet.

Die Integration des Poyntingschen Vektors ergibt

$$W_{mA} = \int\limits_{t=0}^{\infty}\oint\limits_{a_K} \vec{E}_A \times \vec{H}_A d\vec{a}_K\, dt \quad ; \quad d\vec{a}_K = \vec{e}_r da_K$$

$$\vec{H}_A \times \vec{E}_A = \frac{1}{\mu}\left[\operatorname{grad}\frac{\partial}{\partial r}(rW_A) - \kappa\mu\vec{r}\,\frac{\partial W_A}{\partial t}\right] \times \left[\vec{r} \times \operatorname{grad}\frac{\partial W_A}{\partial t}\right] = -\vec{S}$$

$$\begin{aligned} \frac{\vec{r}}{r}\vec{S} &= -\frac{r}{\mu}\operatorname{grad}_s\left[\frac{\partial}{\partial r}(rW_A)\right]\operatorname{grad}_s\frac{\partial W_A}{\partial t} \quad ; \quad \operatorname{grad}_s = \frac{\vec{e}_\vartheta}{r}\frac{\partial}{\partial\vartheta} \\ &= -\frac{1}{\mu}\frac{\partial}{\partial\vartheta}\left[\frac{\partial}{\partial r}(rW_A)\right]\frac{1}{r}\frac{\partial}{\partial\vartheta}\frac{\partial W_A}{\partial t} . \end{aligned}$$

Eingesetzt folgt:

$$W_{mA} = -\frac{1}{\mu}\int\limits_{t=0}^{\infty}\int\limits_{0}^{2\pi}\int\limits_{-1}^{+1}\left[\sum_{n=0}^{\infty}\sum_{s=1}^{\infty} a_{ns}\left[x_{ns}\, j_{n-1}(x_{ns}) - n\, j_n(x_{ns})\right]\cdot\right.$$

$$\cdot\left[-\sqrt{1-u^2}\,P_n'(u)\right]\exp(-t/\tau_{ns})\Bigg]\,\frac{1}{a}\left[\sum_{k=0}^{\infty}\sum_{r=1}^{\infty} a_{kr}\, j_k(x_{kr})\left[-\sqrt{1-u^2}\,P_k'(u)\right]\cdot\right.$$

$$\left.\cdot\,\frac{-x_{kr}^2}{\kappa\mu a^2}\exp(-t/\tau_{kr})\right]\cdot a^2(-du)\, d\varphi dt$$

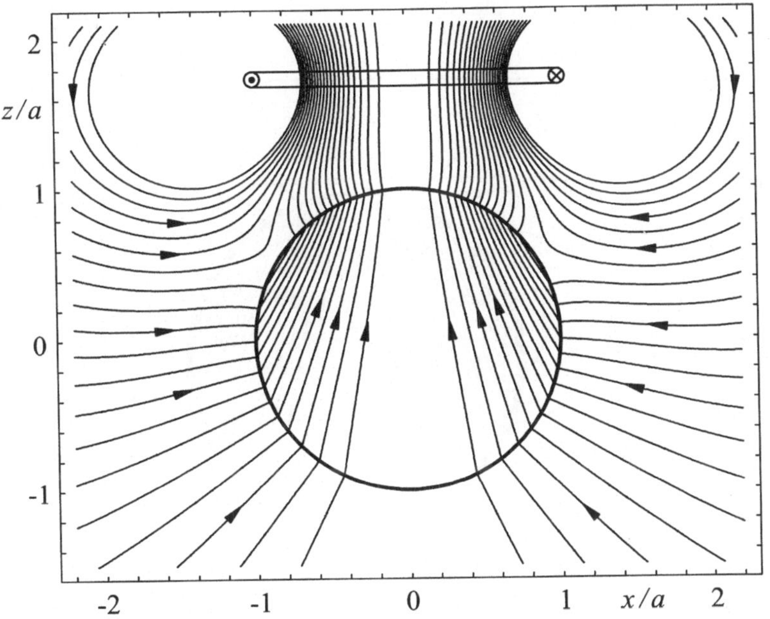

Bild 5.8–1: Magnetisches Feld vor dem Abschalten für $\mu = 100\mu_0$; $\kappa = 2 \cdot 10^6$ [S/m]; $r_E/a = 2$; $\vartheta_E = \pi/6$

$$= -\frac{2\pi a}{\mu} \int\limits_{t=0}^{\infty} \sum_{n=0}^{\infty} \left[\sum_{s=1}^{\infty} a_{ns} \, (x_{ns} j_{n-1}(x_{ns}) - n j_n(x_{ns})) \right] \left[\sum_{r=1}^{\infty} a_{nr} \, j_n(x_{nr}) \right] \cdot$$

$$\cdot \int\limits_{-1}^{+1} (1-u^2) P_n'^2(u) du \, \frac{-x_{nr}^2}{\kappa \mu a^2} \exp(-t/\tau_{ns}) \exp(-t/\tau_{nr}) \, dt$$

$$W_{mA} = \frac{2\pi a}{\mu} \sum_{n=0}^{\infty} \frac{2n(n+1)}{2n+1} \sum_{s=1}^{\infty} \sum_{r=1}^{\infty} a_{ns} \, a_{nr} \, j_n(x_{nr}) \cdot$$

$$\cdot \left[x_{ns} j_{n-1}(x_{ns}) - n j_n(x_{ns}) \right] \cdot \frac{x_{nr}^2}{\kappa \mu a^2} \int\limits_{t=0}^{\infty} \exp(-t/\tau_{ns}) \exp(-t/\tau_{nr}) \, dt$$

$$W_{mA} = \frac{4\pi a}{\mu} \sum_{n=0}^{\infty} \frac{n(n+1)}{2n+1} \sum_{s=1}^{\infty} \sum_{r=1}^{\infty} a_{ns} \, a_{nr} \, j_n(x_{nr}) \cdot$$

$$\cdot x_{nr}^2 \frac{\left[x_{ns} j_{n-1}(x_{ns}) - n j_n(x_{ns}) \right]}{x_{ns}^2 + x_{nr}^2} \, .$$

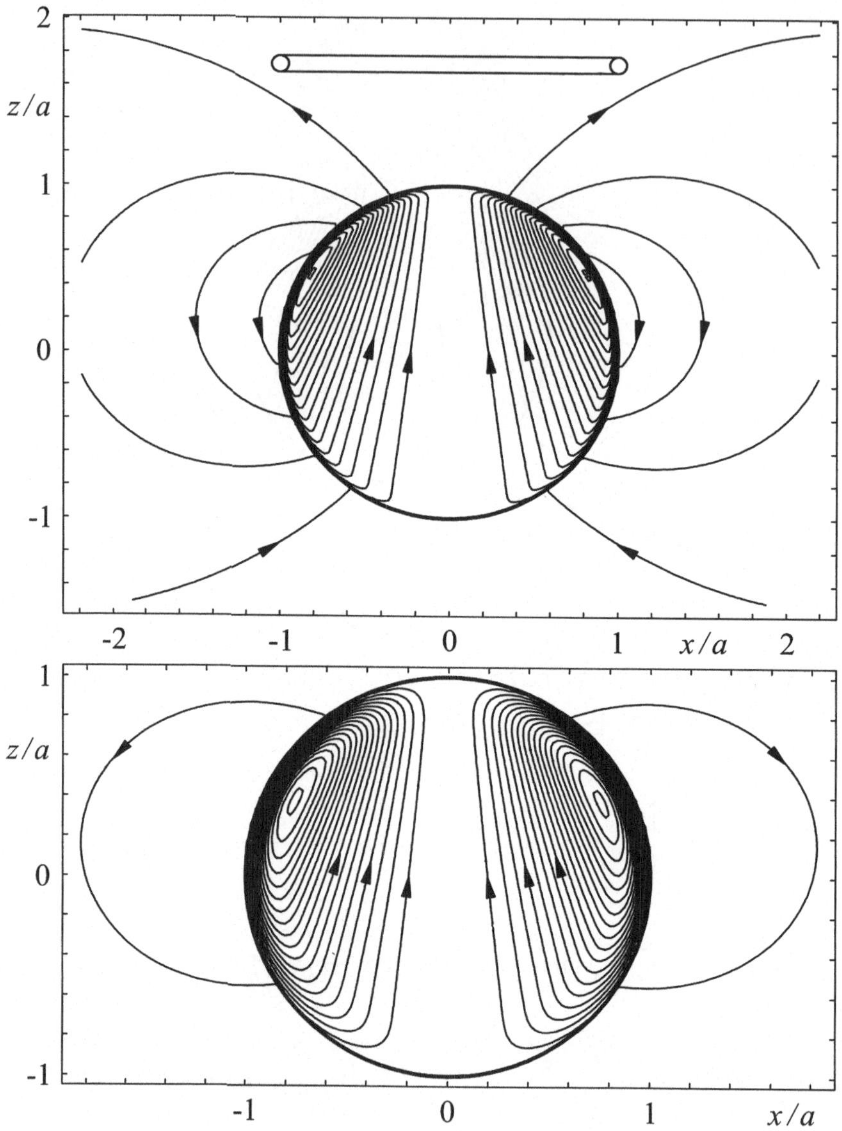

Bild 5.8–2: Magnetisches Feld zum Zeitpunkt $t/\tau_{01} = 10^{-3}$ (oben) und $t/\tau_{01} = 10^{-2}$ (unten) nach dem Schalten. Daten wie Bild 5.8-1

Für das letzte Integral gilt schließlich

$$W_{ms} = \kappa \int_{t=0}^{\infty} \int_{v_K} E_A^2(\vec{r}, t) dv dt =$$

$$= \kappa \int_{t=0}^{\infty} \int_{v_K} \left[\vec{r} \times \operatorname{grad} \frac{\partial W_A}{\partial t} \right]^2 dv dt = \kappa \int_{t=0}^{\infty} \int_{v_K} \left(r \operatorname{grad}_s \frac{\partial W_A}{\partial t} \right)^2 dv dt$$

$$W_{ms} = \kappa \int_{t=0}^{\infty} \int_{v_K} \left[\frac{\partial^2 W_A}{\partial \vartheta \partial t} \right]^2 dv dt$$

$$= 2\pi\kappa \sum_{n=0}^{\infty} \int_{u=-1}^{+1} (1-u^2) P_n'^2(u)\, du \cdot$$

$$\cdot \sum_{s=1}^{\infty} \int_{r=0}^{a} a_{ns}^2 j_n^2 (x_{ns} \frac{r}{a}) r^2 dr \int_{t=0}^{\infty} \frac{\exp(-2t/\tau_{ns})}{\tau_{ns}^2} dt$$

$$W_{ms} = \frac{\pi a}{\mu} \sum_{n=0}^{\infty} \frac{n(n+1)}{2n+1} \sum_{s=1}^{\infty} a_{ns}^2 \, x_{ns}^2 \left[j_n^2(x_{ns}) - j_{n-1}(x_{ns}) j_{n+1}(x_{ns}) \right] .$$

Der Nachweis der Gültigkeit der Energiebilanz gelingt durch numerische Berechnung der Einzelenergien.

5.9 Induzierte Stromverteilung in einem leitenden Zylinder

Ein Zylinder der Leitfähigkeit κ mit dem Radius a ist konzentrisch von einem axial gerichteten Strombelag

$$\vec{K}(\varphi, t) = \vec{e}_z \operatorname{Re} \left\{ \left\{ \begin{array}{c} \underline{K}_0 \\ -\underline{K}_0 \end{array} \right\} \exp(j\omega t) \right\} \quad ; \quad \begin{array}{c} 0 < \varphi < \pi \\ \pi < \varphi < 2\pi \end{array}$$

auf dem Zylinder $\varrho = b > a$ umgeben. Der gesamte Raum hat die homogene Permeabilität μ.

Zu berechnen sind die induzierte Stromdichte und die in dem Zylinder im zeitlichen Mittel pro Längeneinheit umgesetzte Leistung.

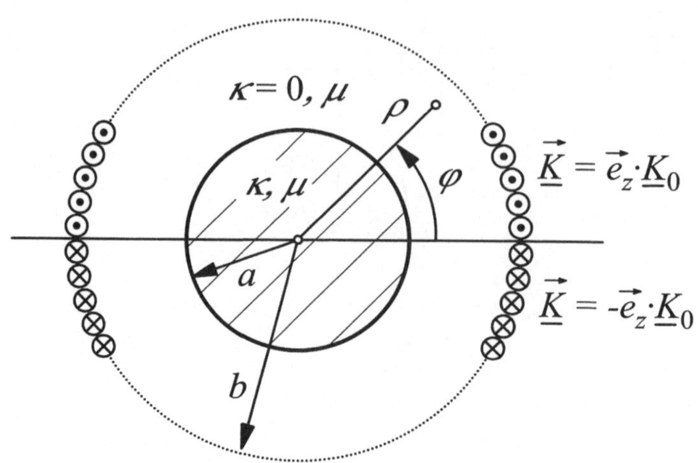

Das magnetische Feld kann durch ein axial gerichtetes Vektorpotential $\vec{\underline{A}}(\varrho,\varphi) = \vec{e}_z \underline{A}(\varrho,\varphi)$ beschrieben werden. Es erfüllt die Differentialgleichung

$$\Delta\underline{A} = \frac{1}{\varrho}\frac{\partial}{\partial\varrho}\left(\varrho\frac{\partial\underline{A}}{\partial\varrho}\right) + \frac{1}{\varrho^2}\frac{\partial^2\underline{A}}{\partial\varphi^2} = \begin{cases} \alpha^2\underline{A}; & \varrho < a \\ 0; & \varrho > a\,;\ \varrho \neq b \end{cases} ; \quad \alpha^2 = j\omega\kappa\mu\,.$$

Lösungsfunktionen sind die modifizierten Besselschen Funktionen $I_n(\alpha\varrho)$ und $K_n(\alpha\varrho)$ in $\varrho < a$ und die Potenzen des Achsabstandes ϱ^n und ϱ^{-n} in $\varrho > a$ sowie die trigonometrischen Funktionen $\sin(n\varphi)$ und $\cos(n\varphi)$. Zunächst wird das erregende Vektorpotential $\vec{\underline{A}}_e(\varrho,\varphi) = \vec{e}_z\,\underline{A}_e(\varrho,\varphi)$ des Strombelages auf $\varrho = b$ im homogenen Raum der Permeabilität μ berechnet.

$$\Delta\underline{A}_e = 0\,; \quad \varrho \neq b\,; \quad \underline{A}_e(\varrho,\varphi) = \sum_{n=1}^{\infty} \underline{a}_n \left\{ \begin{matrix} (\varrho/b)^n \\ (b/\varrho)^n \end{matrix} \right\} \sin(n\varphi)\,; \quad \begin{matrix} \varrho \leq b \\ \varrho \geq b \end{matrix}$$

Die Stetigkeit der Normalkomponente der magnetischen Flussdichte $\vec{B}$ ist identisch mit der Stetigkeit des Vektorpotentials. Diese Eigenschaft wurde bereits im Ansatz berücksichtigt. Die Lösung für $n = 0$ entfällt, da

$$\int_0^{2\pi} \underline{K}(\varphi)\varrho d\varphi = 0$$

ist.

Die magnetische Flussdichte $\underline{\vec{B}}_e = \text{rot}\,\underline{\vec{A}}_e$ ist

$$\underline{\vec{B}}_e = \text{rot}\,[\vec{e}_z \underline{A}_e] = \text{grad}\,\underline{A}_e \times \vec{e}_z = \vec{e}_\varrho \frac{1}{\varrho}\frac{\partial \underline{A}_e}{\partial \varphi} - \vec{e}_\varphi \frac{\partial \underline{A}_e}{\partial \varrho} = \mu\left[\vec{e}_\varrho \underline{H}_{e\varrho} + \vec{e}_\varphi \underline{H}_{e\varphi}\right].$$

Die Konstante $\underline{a}_n$ folgt aus der Randbedingung in $\varrho = b$.

$$\underline{H}_{e\varphi}\Big|_{\substack{\varrho>b\\ \varrho\to b}} - \underline{H}_{e\varphi}\Big|_{\substack{\varrho<b\\ \varrho\to b}} = \underline{K}(\varphi) = \begin{cases} \underline{K}_0 & ; \quad 0 < \varphi < \pi \\ -\underline{K}_0 & ; \quad \pi < \varphi < 2\pi \end{cases}$$

$$\frac{\partial \underline{A}_e}{\partial \varrho}\Bigg|_{\substack{\varrho<b\\ \varrho\to b}} - \frac{\partial \underline{A}_e}{\partial \varrho}\Bigg|_{\substack{\varrho>b\\ \varrho\to b}} = \mu \underline{K}(\varphi)$$

$$\sum_{n=1}^{\infty} 2n\,\underline{a}_n/b\,\sin(n\varphi) = \mu \begin{cases} \underline{K}_0 & ; \quad 0 < \varphi < \pi \\ -\underline{K}_0 & ; \quad \pi < \varphi < 2\pi \end{cases}$$

Unter Verwendung der Orthogonalitätseigenschaft der trigonometrischen Funktionen folgt das Ergebnis

$$2\pi n\,\underline{a}_n/b = 2\mu \underline{K}_0 \int\limits_{\varphi=0}^{\pi} \sin(n\varphi)d\varphi\,; \quad \underline{a}_n = \frac{2\mu \underline{K}_0 b}{\pi n^2}\,; \quad n = 2k+1\,.$$

Nach Einbringen des leitenden Zylinders kann für das resultierende Vektorpotential $\underline{A}(\varrho, \varphi)$ der Ansatz

$$\underline{A}(\varrho,\varphi) = \frac{2\mu \underline{K}_0 b}{\pi}\sum_{k=0}^{\infty}\left\{\begin{array}{c} \underline{b}_n\, I_n(\alpha\varrho)/I_n(\alpha a) \\ \left\{\begin{array}{c} (\varrho/b)^n \\ (b/\varrho)^n \end{array}\right\} + \underline{d}_n (a/\varrho)^n \end{array}\right\}\frac{\sin(n\varphi)}{n^2}\,; \quad \begin{array}{c} \varrho \le a \\ a \le \varrho \le b \\ \varrho \ge b \end{array}$$

gemacht werden. Die Stetigkeit der Normalkomponente von $\vec{B}$ in $\varrho = a$ ist identisch mit der Stetigkeit des Vektorpotentials.

$$\underline{b}_n = (a/b)^n + \underline{d}_n$$

Die Stetigkeit der Tangentialkomponente $\underline{H}_\varphi = -1/\mu\, \partial \underline{A}/\partial \varrho$ führt auf die Gleichung

$$\underline{b}_n\, \alpha a\, \frac{I_n'(\alpha a)}{I_n(\alpha a)} = n\left(\frac{a}{b}\right)^n - n\underline{d}_n\,.$$

$$\underline{b}_n = 2\left(\frac{a}{b}\right)^n \left[1 + \frac{\alpha a}{n}\, \frac{I_n'(\alpha a)}{I_n(\alpha a)}\right]^{-1}$$

Die Stromverteilung $\vec{\underline{J}}$ im Zylinder $\varrho < a$ ist damit gegeben.

$$\vec{\underline{J}} = \kappa \vec{\underline{E}} = -j\omega\kappa \vec{\underline{A}} = -\vec{e}_z j\omega\kappa \underline{A}(\varrho,\varphi) =$$

$$= -\vec{e}_z \frac{2}{\pi}(\alpha b)^2 \frac{\underline{K}_0}{b} \sum_{k=0}^{\infty} \underline{b}_n \frac{I_n(\alpha\varrho)}{I_n(\alpha a)} \frac{\sin(n\varphi)}{n^2}\,; \qquad n = 2k+1$$

Die im Zylinder im zeitlichen Mittel umgesetzte Leistung wird durch Integration des Poyntingschen Vektors über die Zylinderoberfläche bestimmt.

$$\overline{P}_v/l = -\frac{1}{2}\int_{\varphi=0}^{2\pi} \mathrm{Re}\ \left\{\vec{\underline{E}} \times \vec{\underline{H}}^*\right\}\Big|_{\varrho=a} \vec{e}_\varrho ds = \frac{1}{2}\int_{\varphi=0}^{2\pi} \mathrm{Re}\ \left\{\frac{j\omega \underline{A}}{\mu}\left(\frac{\partial \underline{A}}{\partial \varrho}\right)^*\right\}_{\varrho=a} a\, d\varphi$$

$$= \frac{\omega a}{2\mu}\left(\frac{2\mu b|\underline{K}_0|}{\pi}\right)^2 \sum_{k=0}^{\infty} \mathrm{Re}\ \left\{j|\underline{b}_n|^2 \left(\frac{I_n'(\alpha a)}{I_n(\alpha a)}\alpha\right)^* \pi\right\} \frac{1}{n^4}$$

$$\overline{P}_v/l = -\frac{2}{\pi}\omega\mu\,(|\underline{K}_0|\, b)^2 \sum_{k=0}^{\infty} |\underline{b}_n|^2/n^4\, \mathrm{Im}\left\{\left(\alpha a\, \frac{I_n'(\alpha a)}{I_n(\alpha a)}\right)^*\right\}; \qquad n = 2k+1$$

Die Gleichung der magnetischen Feldlinien $d\vec{s} \times \vec{\underline{H}} = 0$ lautet hier

$$d\vec{s} \times \vec{\underline{H}} = d\vec{s} \times \frac{1}{\mu}\mathrm{rot}\ [\vec{e}_z \underline{A}(\varrho,\varphi)] = \frac{1}{\mu} d\vec{s} \times (\mathrm{grad}\, \underline{A} \times \vec{e}_z) =$$

$$= -\vec{e}_z \frac{1}{\mu} d\underline{A} = 0\,; \quad \mathrm{Re}\ \{\underline{A}(\varrho,\varphi)\} = \mathrm{const}\ .$$

zum Zeitpunkt $t = 0$.

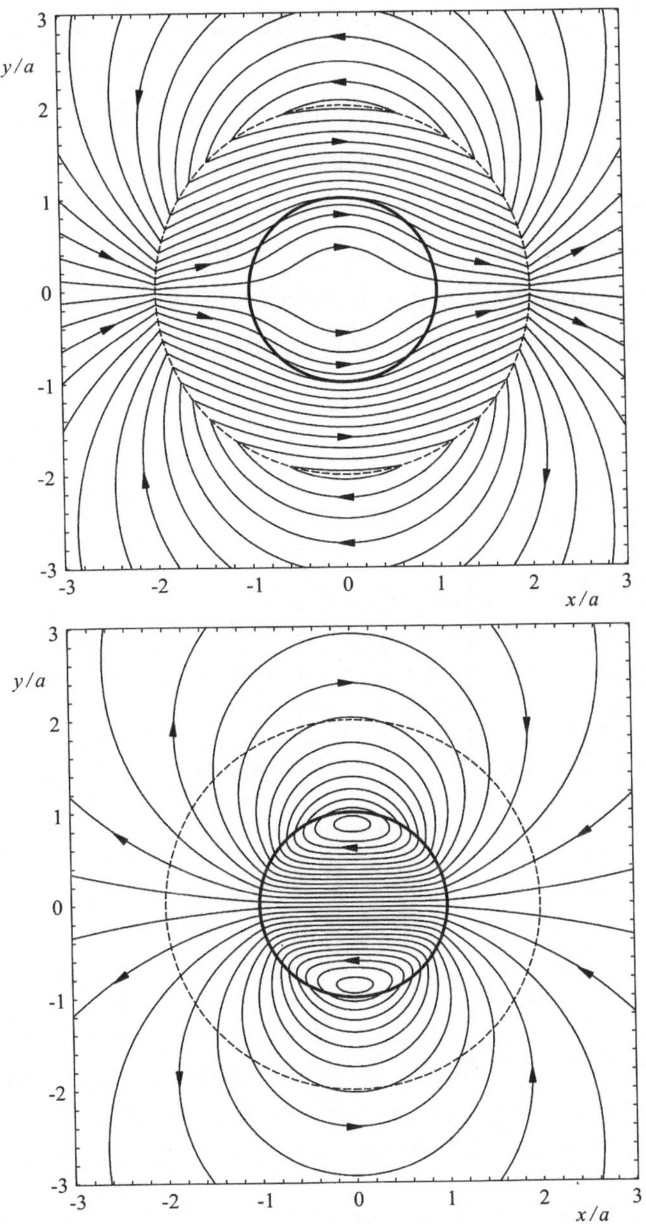

Bild 5.9–1: Magnetische Feldlinien zum Zeitpunkt $t = 0$ (oben) und $\omega t = \pi/2$ (unten) bei $\varphi_0 = 0$. $\underline{K}_0 = K_0 \exp(j\varphi_0)$; $\delta/a = 0{,}5$

5.10 Zylindrischer Leiter mit axialer Inhomogenität

In der Ebene $z = 0$ wird ein homogener kreiszylindrischer Leiter vom Radius $\varrho = b$ auf den Kreisquerschnitt mit dem Radius $\varrho = a < b$ verringert. Die rotationssymmetrische Anordnung der Leitfähigkeit κ wird in axialer Richtung von einem Wechselstrom $i(t) = \text{Re}\ \{\underline{i}_0 \exp(j\omega t)\}$ durchflossen. Die gesamte Anordnung hat die homogene Permeabilität μ. Zu berechnen ist die Stromdichteverteilung in der Umgebung $z = 0$.

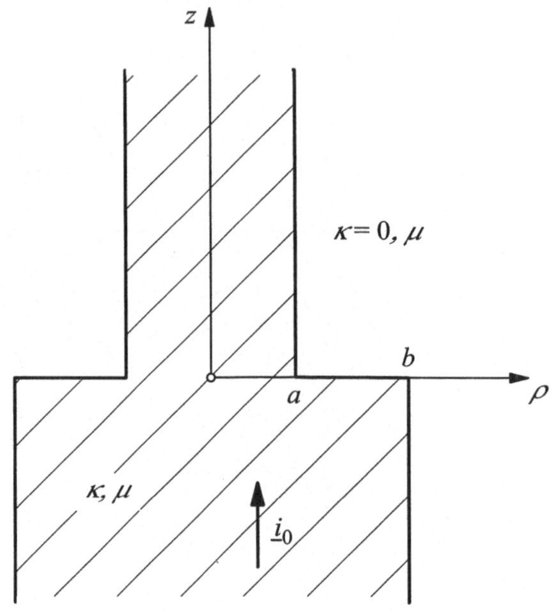

Die magnetische Feldstärke ist in dieser rotationssymmetrischen Anordnung φ-gerichtet

$$\underline{\vec{H}} = \vec{e}_\varphi\, \underline{H}(\varrho, z)$$

und erfüllt die Differentialgleichung

$$\text{rot}\,\text{rot}\,\vec{H} + \kappa\mu\frac{\partial \vec{H}}{\partial t} = 0 \quad ; \quad \text{rot}\,\text{rot}\,\underline{\vec{H}}(\varrho, z) + \alpha^2 \underline{\vec{H}}(\varrho, z) = 0$$

$$\text{rot}\left[-\vec{e}_\varrho \frac{\partial \underline{H}}{\partial z} + \vec{e}_z \frac{1}{\varrho}\frac{\partial}{\partial \varrho}(\varrho \underline{H})\right] = \vec{e}_\varphi \left[-\frac{\partial^2 \underline{H}}{\partial z^2} - \frac{\partial}{\partial \varrho}\left(\frac{1}{\varrho}\frac{\partial}{\partial \varrho}(\varrho \underline{H})\right)\right] =$$

$$= -\alpha^2 \vec{e}_\varphi \underline{H}; \qquad \frac{\partial^2 \underline{H}}{\partial \varrho^2} + \frac{1}{\varrho}\frac{\partial \underline{H}}{\partial \varrho} - \frac{1}{\varrho^2}\underline{H} + \frac{\partial^2 \underline{H}}{\partial z^2} = \alpha^2 \underline{H}.$$

Der Ansatz

$$\underline{H}(\varrho, z) = \underline{R}(\varrho)\,\underline{Z}(z)$$

führt auf die Gleichungen

$$\frac{1}{\underline{R}}\left(\frac{d^2\underline{R}}{d\varrho^2} + \frac{1}{\varrho}\frac{d\underline{R}}{d\varrho} - \frac{\underline{R}}{\varrho^2}\right) + \frac{1}{\underline{Z}}\frac{d^2\underline{Z}}{dz^2} = \alpha^2 = j\omega\kappa\mu = 2j/\delta^2$$

$$\frac{d^2\underline{R}}{d\varrho^2} + \frac{1}{\varrho}\frac{d\underline{R}}{d\varrho} - \frac{\underline{R}}{\varrho^2} + m^2\underline{R} = 0 \quad ; \quad \delta = \sqrt{\frac{2}{\omega\kappa\mu}}$$

mit den Lösungsfunktionen

$$\underline{R}_m(\varrho) = \underline{C}_1 J_1(m\varrho) + \underline{C}_2 N_1(m\varrho)\,,$$

den Besselschen Funktionen der Ordnung 1 und

$$\frac{d^2\underline{Z}_m}{dz^2} - (\alpha^2 + m^2)\underline{Z}_m = 0$$

mit den Lösungsfunktionen

$$\underline{Z}_m(z) = \underline{C}\,\exp\left(\pm\sqrt{\alpha^2 + m^2}z\right)\,.$$

Bei fehlender Abhängigkeit der Feldgrößen von der Koordinate z (homogener, unendlich ausgedehnter Leiter) lautet die Differentialgleichung

$$\frac{d^2\underline{R}}{d\varrho^2} + \frac{1}{\varrho}\frac{d\underline{R}}{d\varrho} - \frac{\underline{R}}{\varrho^2} - \alpha^2\underline{R} = 0$$

mit den modifizierten Besselschen Funktionen $I_1(\alpha\varrho)$ und $K_1(\alpha\varrho)$ als Lösungen. Der Ansatz für die magnetische Feldstärke lautet damit

$$\begin{aligned} \underline{H}(\varrho, z) &= \underline{H}_0\left[\frac{I_1(\alpha\varrho)}{I_1(\alpha a)} + \sum_{m1}\underline{C}_{m1}\,J_1(m_1\varrho)\,\exp(-\sqrt{\alpha^2 + m_1^2 z})\right]; \quad \begin{matrix} z \geq 0 \\ \varrho \leq a \end{matrix} \\ &= \underline{H}_0\frac{a}{b}\left[\frac{I_1(\alpha\varrho)}{I_1(\alpha b)} + \sum_{m2}\underline{C}_{m2}\,J_1(m_2\varrho)\,\exp(\sqrt{\alpha^2 + m_2^2 z})\right]; \quad \begin{matrix} z \leq 0 \\ \varrho \leq b \end{matrix} \end{aligned}$$

mit $\underline{H}_0 = \underline{i}_0/(2\pi a)$.

In diesem Ansatz sind die für große Entfernungen von der Stelle des Querschnittssprunges gültigen, von der Koordinate z unabhängigen Feldverteilungen separat dargestellt.

Die noch unbekannten Separationsparameter m_1, m_2 ergeben sich aus den Randbedingungen

$$\vec{e}_\varrho \underline{\vec{J}}\Big|_{\varrho=a,b} = 0 \quad ; \quad \operatorname{rot} \underline{\vec{H}} = \underline{\vec{J}} \quad ; \quad \underline{\vec{J}} = \vec{e}_\varrho \underline{J}_\varrho + \vec{e}_z \underline{J}_z \quad ; \quad \underline{J}_\varrho = -\frac{\partial \underline{H}}{\partial z}$$

$$\frac{\partial \underline{H}}{\partial z}\bigg|_{\substack{z>0\\ \varrho=a}} = \frac{\partial \underline{H}}{\partial z}\bigg|_{\substack{z<0\\ \varrho=b}} = 0 \quad ; \quad \underline{R}_m(\varrho = a)|_{z>0} = \underline{R}_m(\varrho = b)|_{z<0} = 0\,.$$

Mit den Nullstellen x_{1r} der Besselfunktionen $J_1(x_{1r}) = 0$ folgt

$$\begin{aligned} J_1(m_1 a) &= 0 \quad ; \quad m_1 a = x_{1r} \quad ; \quad m_1 = x_{1r}/a \quad ; \quad r = 1, 2, 3, \ldots \\ J_1(m_2 b) &= 0 \quad ; \quad m_2 b = x_{1r} \quad ; \quad m_2 = x_{1r}/b \quad ; \quad r = 1, 2, 3, \ldots \end{aligned}$$

Die Lösung lautet nunmehr

$$\underline{H}(\varrho, z) = \underline{H}_0 \begin{cases} \dfrac{I_1(\alpha\varrho)}{I_1(\alpha a)} + \sum\limits_{r=1}^{\infty} \underline{C}_{1r} J_1(x_{1r}\varrho/a) \exp(-\sqrt{\alpha^2 + (x_{1r}/a)^2} z) \\ \dfrac{a}{b}\dfrac{I_1(\alpha\varrho)}{I_1(\alpha b)} + \dfrac{a}{b} \sum\limits_{r=1}^{\infty} \underline{C}_{2r} J_1(x_{1r}\varrho/b) \exp(\sqrt{\alpha^2 + (x_{1r}/b)^2} z) \end{cases}$$

in dem jeweiligen Gültigkeitsbereich. Außerhalb des Leiters lautet die Feldstärke $\underline{H}(\varrho) = \underline{H}_0\, a/\varrho$.

Die Konstanten $\underline{C}_{1r}$ und $\underline{C}_{2r}$ werden aus den Randbedingungen in $z = 0$ bestimmt.

$$\underline{H}(\varrho, z)|_{\substack{z<0\\ z\to 0}} = \left\{ \begin{array}{ll} \underline{H}(\varrho, z)|_{\substack{z>0\\ z\to 0}} \; ; & \varrho \le a \\ \underline{H}_0 a/\varrho \, ; & \varrho > a \end{array} \right\}$$

$$\frac{a}{b}\frac{I_1(\alpha\varrho)}{I_1(\alpha b)} + \frac{a}{b} \sum_{r=1}^{\infty} \underline{C}_{2r} J_1(x_{1r}\varrho/b) =$$

$$= \begin{cases} \dfrac{I_1(\alpha\varrho)}{I_1(\alpha a)} + \sum\limits_{r=1}^{\infty} \underline{C}_{1r} J_1(x_{1r}\varrho/a)\,; & \varrho \leq a \\ a/\varrho\,; & a \leq \varrho \leq b \end{cases}$$

Mit der Entwicklung

$$\frac{I_1(\alpha\varrho)}{I_1(\alpha a)} = -2\sum_{r=1}^{\infty} \frac{x_{1r}}{x_{1r}^2 + (\alpha a)^2} \frac{J_1(x_{1r}\varrho/a)}{J_0(x_{1r})}$$

folgt

$$\frac{a}{b}\sum_{r=1}^{\infty}\left[\underline{C}_{2r} - \frac{2x_{1r}}{x_{1r}^2 + (\alpha b)^2}\,\frac{1}{J_0(x_{1r})}\right] J_1(x_{1r}\varrho/b) =$$

$$= \begin{cases} \sum\limits_{r=1}^{\infty}\left[\underline{C}_{1r} - \dfrac{2x_{1r}}{x_{1r}^2 + (\alpha a)^2}\,\dfrac{1}{J_0(x_{1r})}\right] J_1(x_{1r}\varrho/a)\,; & \varrho < a \\ a/\varrho\,; & a < \varrho < b\,. \end{cases}$$

Multiplikation mit $J_1(x_{1s}\varrho/b)\varrho d\varrho$ und Integration von $\varrho = 0$ bis $\varrho = b$ liefert unter Ausnutzung der Orthogonalitätseigenschaften der Besselschen Funktionen

$$\frac{a}{b}\left[\underline{C}_{2s} - \frac{2x_{1s}}{(x_{1s}^2 + (\alpha b)^2)J_0}\right]\frac{b^2}{2}\,J_0^2(x_{1s}) = \sum_{r=1}^{\infty}\left[\underline{C}_{1r} - \frac{2x_{1r}}{(x_{1r}^2 + (\alpha a)^2)J_0(x_{1r})}\right]\cdot$$

$$\cdot \underbrace{\int_0^a J_1(x_{1r}\varrho/a)J_1(x_{1s}\varrho/b)\varrho d\varrho}_{\dfrac{x_{1r}J_1(x_{1s}a/b)J_0(x_{1r})}{(x_{1s}/b)^2 - (x_{1r}/a)^2}} + \underbrace{\int_a^b a/\varrho\, J_1(x_{1s}\varrho/b)\varrho d\varrho}_{\dfrac{ab}{x_{1s}}\left[J_0(x_{1s}a/b) - J_0(x_{1s})\right]}\,.$$

Damit folgt das Gleichungssystem

$$1/2\left[\underline{C}_{2s} - \frac{2x_{1s}}{x_{1s}^2 + (\alpha b)^2}\,\frac{1}{J_0(x_{1s})}\right] J_0^2(x_{1s}) - \left[J_0(x_{1s}a/b) - J_0(x_{1s})\right]/x_{1s} =$$

$$= J_1(x_{1s}a/b)b/a\sum_{r=1}^{\infty}\left[\underline{C}_{1r} - \frac{2x_{1r}}{x_{1r}^2 + (\alpha a)^2}\,\frac{1}{J_0(x_{1r})}\right]\frac{x_{1r}J_0(x_{1r})}{x_{1s}^2 - (x_{1r}b/a)^2}\,.$$

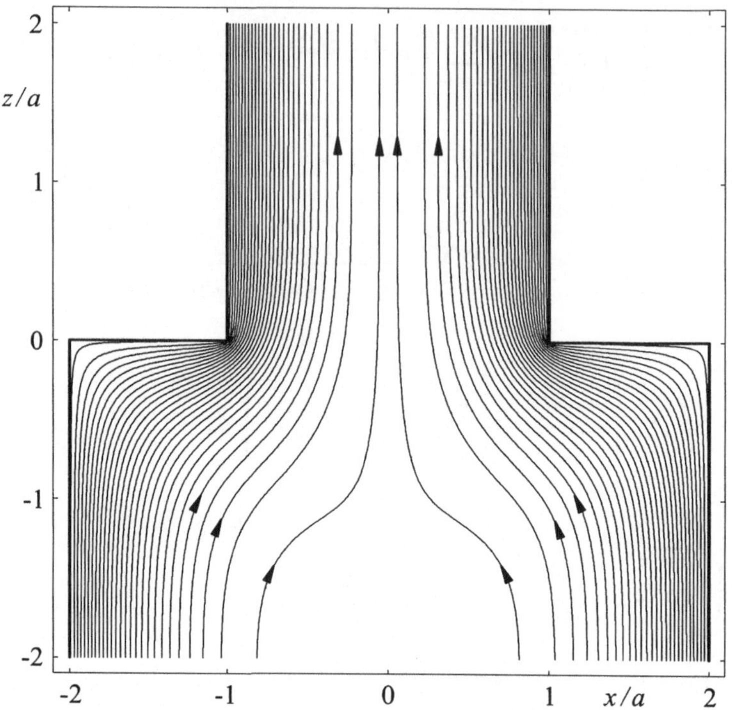

Bild 5.10–1: Stromlinien zum Zeitpunkt $\omega t = 0$ für $b/a = 2$ und $b/\delta = 3$

Aus der Stetigkeit der Tangentialkomponente $\underline{J}_\varrho$ der Stromdichte folgt weiterhin

$$\underline{J}_\varrho = -\frac{\partial \underline{H}}{\partial z} \quad ; \quad \left.\frac{\partial \underline{H}}{\partial z}\right|_{\substack{z<0 \\ z\to 0}} = \left.\frac{\partial \underline{H}}{\partial z}\right|_{\substack{z>0 \\ z\to 0}} \quad ; \quad \varrho < a$$

$$-\sum_{r=1}^{\infty} \underline{C}_{1r} J_1(x_{1r}\frac{\varrho}{a})\sqrt{\alpha^2 + (x_{1r}/a)^2} = \frac{a}{b}\sum_{r=1}^{\infty} \underline{C}_{2r} J_1(x_{1r}\frac{\varrho}{b})\sqrt{\alpha^2 + (x_{1r}/b)^2}\,.$$

Multiplikation mit $J_1(x_{1s}\varrho/a)\varrho d\varrho$ und Integration von $\varrho = 0$ bis $\varrho = a$ ergibt

$$- \quad \underline{C}_{1s} 1/2a^2 J_0^2(x_{1s})\sqrt{\alpha^2 + (x_{1s}/a)^2} =$$

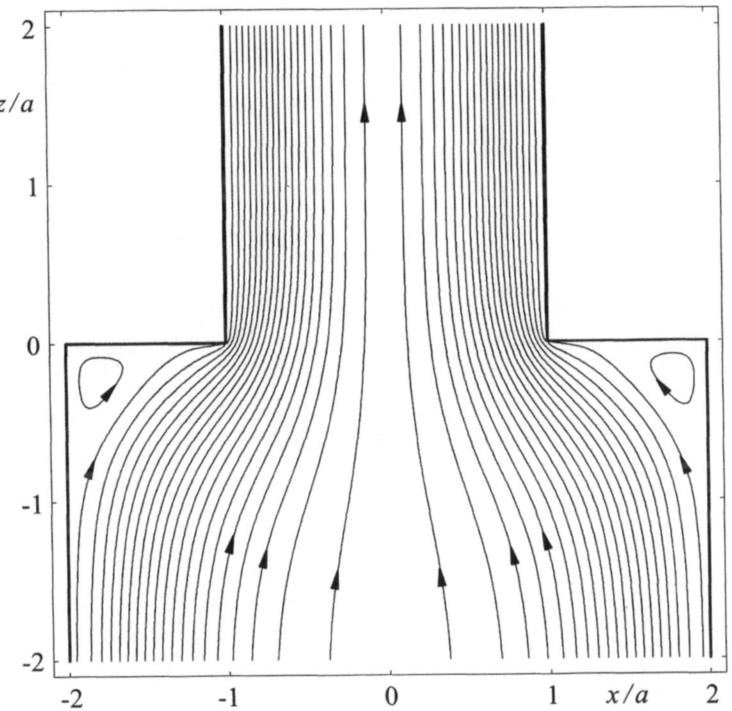

Bild 5.10–2: Stromlinien zum Zeitpunkt $\omega t = \pi/4$ für $b/a = 2$ und $b/\delta = 3$

$$= \quad a/b \sum_{r=1}^{\infty} \underline{C}_{2r} \sqrt{\alpha^2 + (x_{1r}/b)^2} \underbrace{\int_0^a J_1(x_{1r}\varrho/b) J_1(x_{1s}\varrho/a) \varrho d\varrho}_{\dfrac{x_{1s} J_1(x_{1r}a/b) J_0(x_{1s})}{(x_{1r}/b)^2 - (x_{1s}/a)^2}} .$$

Daraus folgt das Gleichungssystem

$$\underline{C}_{1s} \sqrt{(\alpha a)^2 + x_{1s}^2} J_0(x_{1s}) \;=\; 2x_{1s} \sum_{r=1}^{\infty} \underline{C}_{2r} \sqrt{(\alpha b)^2 + x_{1r}^2} \, \frac{J_1(x_{1r}a/b)}{(x_{1s}b/a)^2 - x_{1r}^2} \, ,$$

aus dem, zusammen mit dem zuvor abgeleiteten Gleichungssystem, alle Konstanten und damit das Feld berechnet werden können. Die Bilder zeigen die Stromlinien zu verschiedenen Zeitpunkten.

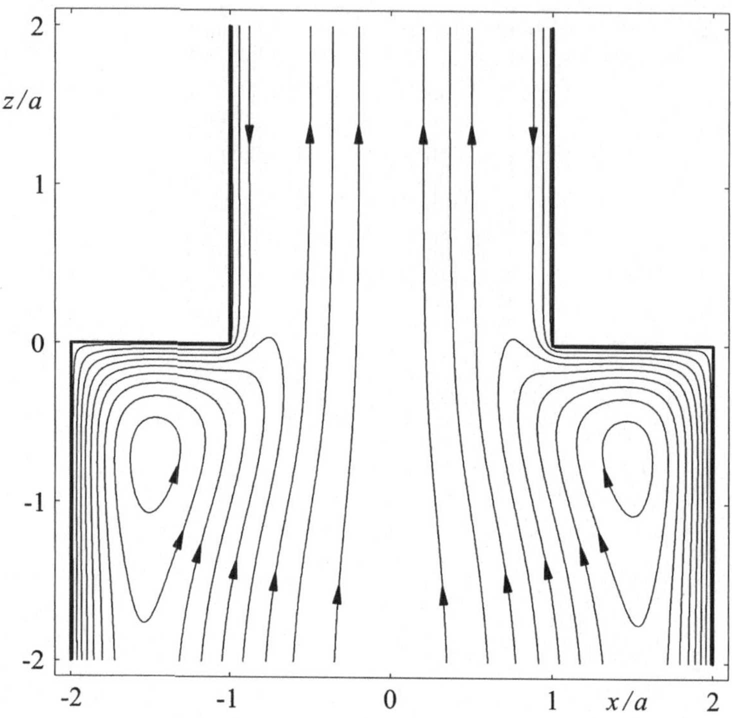

Bild 5.10–3: Stromlinien zum Zeitpunkt $\omega t = \pi/2$ für $b/a = 2$ und $b/\delta = 3$

5.11 Frequenzabhängige Stromaufteilung in Leitern mit unterschiedlicher Leitfähigkeit

In einer Nut ($x > 0; 0 \leq y \leq h$) in hochpermeablem, nichtleitendem Material befinden sich zwei Leiter der Leitfähigkeit κ_1 im Bereich $x < a$ (Leiter (1)) und der Leitfähigkeit κ_2 im Bereich $a < x < b$ (Leiter (2)). Der gesamte Nutraum hat die Permeabilität μ. Die Leiter sind an der Grenzfläche $x = a$ leitend miteinander verbunden und führen einen Gesamtstrom $i(t) = \mathrm{Re}\,\{\underline{i}_0 \exp(j\omega t)\}$ in axialer z-Richtung. Zu berechnen sind das magnetische Feld im Nutraum, die Stromdichteverteilung in den Leitern und die Stromaufteilung $\underline{\eta} = \underline{i}_2/\underline{i}_1$ des Stromes auf beide Leiter als Funktion der Frequenz ω.

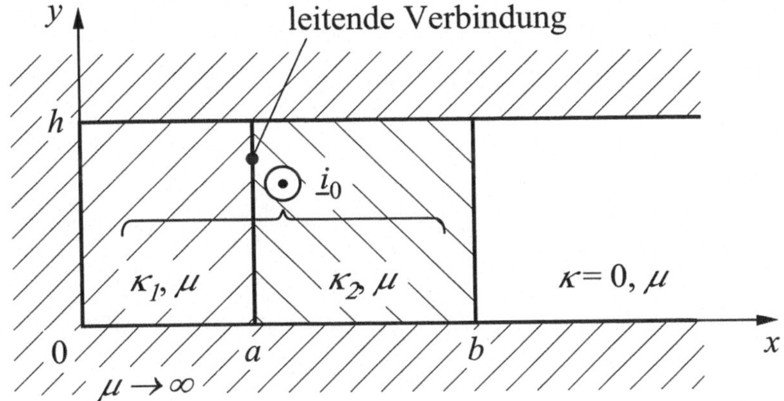

Die y-gerichtete magnetische Feldstärke

$$\underline{\vec{H}}(x) = \vec{e}_y \, \underline{H}(x)$$

erfüllt die Differentialgleichung

$$\operatorname{rot}\operatorname{rot}\underline{\vec{H}} = -j\omega\kappa\mu\underline{\vec{H}}\,; \quad \frac{d^2\underline{H}}{dx^2} = \alpha_{1,2}^2\underline{H} \quad ; \quad \alpha_{1,2}^2 = j\omega\kappa_{1,2}\mu = 2j/\delta_{1,2}^2,$$

aus der die Stromdichte

$$\underline{\vec{J}}(x) = \operatorname{rot}\left[\underline{\vec{H}}(x)\right] = \vec{e}_z\,\underline{J}(x) = \vec{e}_z\frac{d\underline{H}(x)}{dx}$$

hervorgeht.

Die Ansätze für die magnetische Feldstärke als Lösung der Differentialgleichung lauten

$$\underline{H}(x) = \underline{H}_0 \begin{cases} \underline{C}_1 \;\dfrac{\sinh(\alpha_1 x)}{\sinh(\alpha_1 a)}\,; & 0 \le x \le a \\[2ex] \underline{C}_2 \;\dfrac{\sinh(\alpha_2(x-a))}{\sinh(\alpha_2(b-a))} + \underline{C}_3\dfrac{\cosh(\alpha_2(x-a))}{\cosh(\alpha_2(b-a))}\,; & a \le x \le b \\[2ex] 1\,; & x \ge b \end{cases}$$

mit $\underline{H}_0 = \underline{i}_0/h$. Die drei Konstanten werden aus den Randbedingungen an den Grenzflächen $x = a$ und $x = b$ bestimmt. Aus der Stetigkeit der

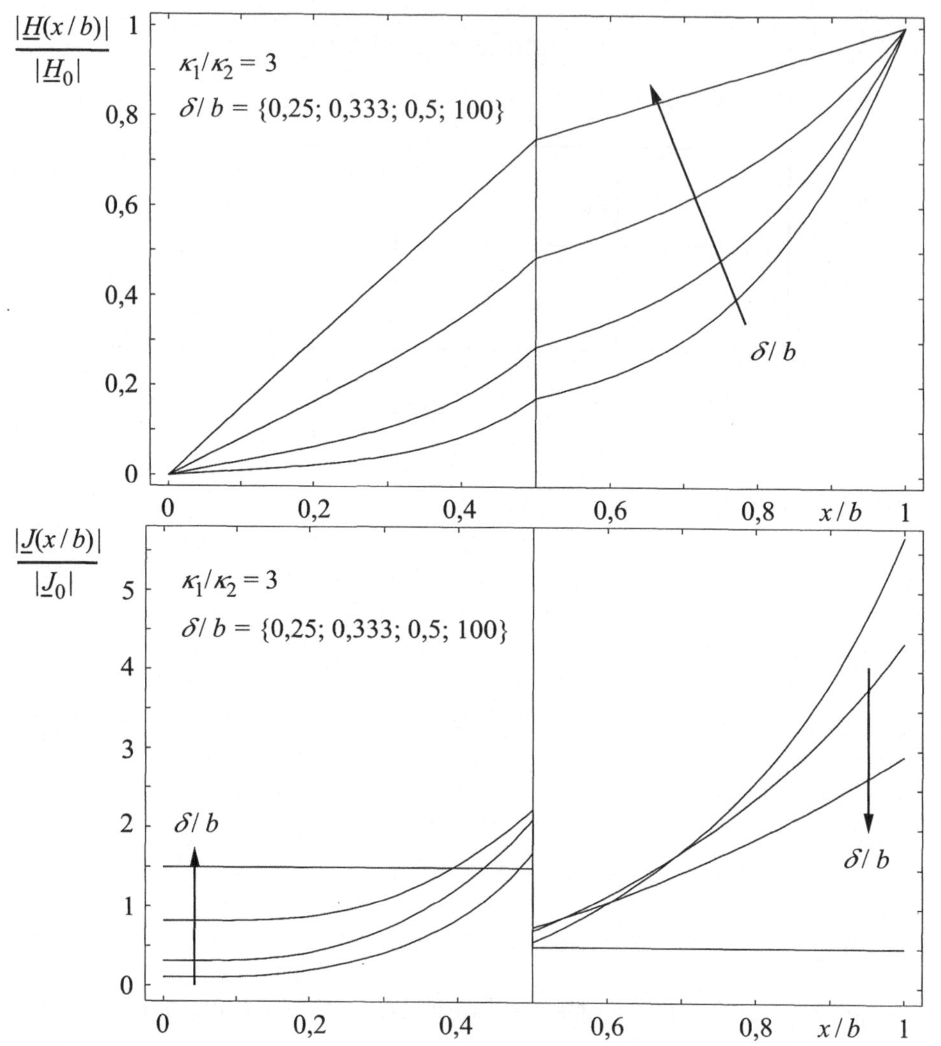

Bild 5.11–1: Betrag der magnetischen Feldstärke (oben) und Stromdichte (unten) für verschiedene normierte Eindringtiefen δ/b und $b/a = 2\,(J_0 = \underline{H}_0/b)$.

magnetischen Feldstärke an der Grenze $x = a$ folgt

$$\underline{C}_1 = \underline{C}_3/\cosh(\alpha_2(b-a))\,.$$

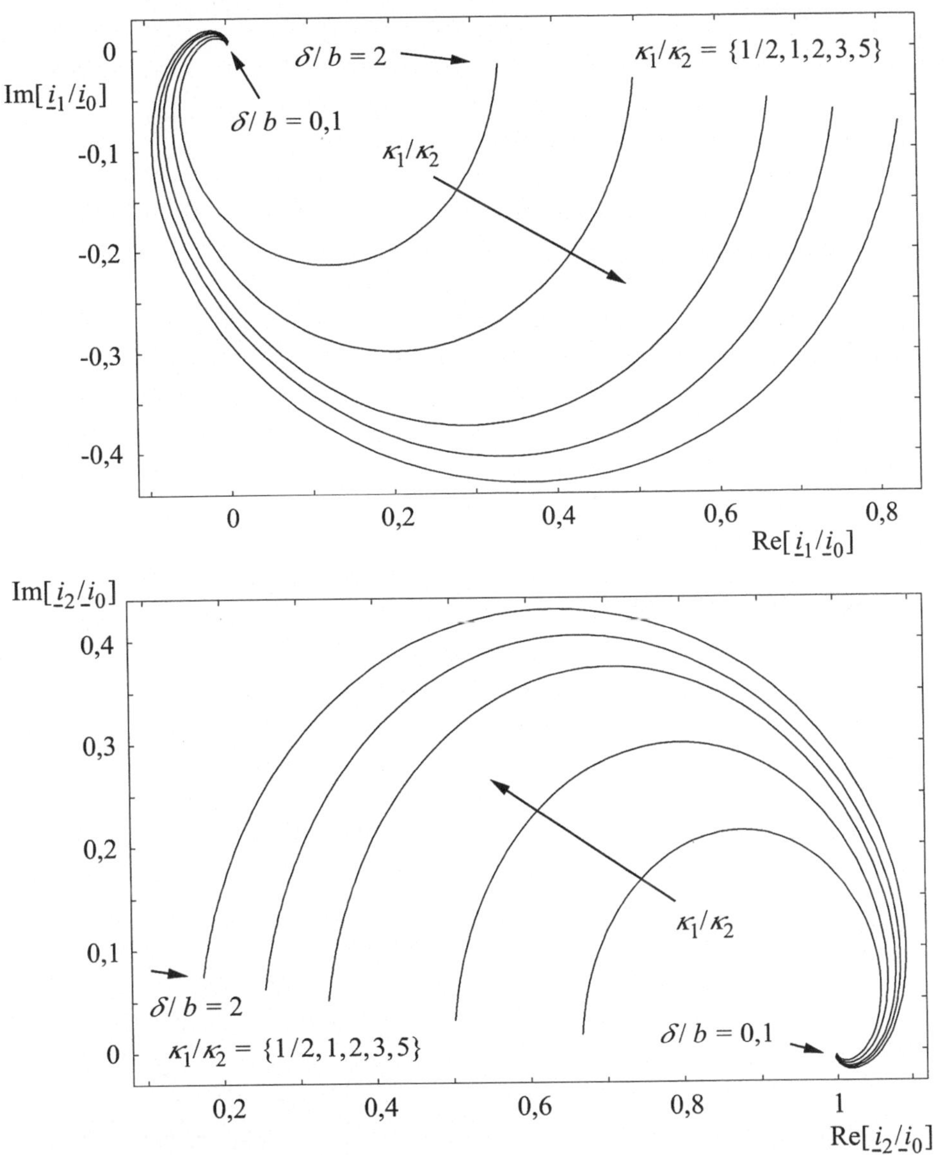

Bild 5.11–2: Ortskurven der Gesamtströme $\underline{i}_1/\underline{i}_0$ (oben) und $\underline{i}_2/\underline{i}_0$ (unten) als Funktion der normierten Eindringtiefe δ/b bei verschiedenen Leitfähigkeitsverhältnissen κ_1/κ_2

An der Grenze $x = b$ gilt $\underline{H}(x = b) = \underline{H}_0$ und damit

$$\underline{C}_2 + \underline{C}_3 = 1\,.$$

Die Stetigkeit der elektrischen Feldstärke in $x = a$ führt auf die letzte Bestimmungsgleichung

$$\underline{\vec{J}} = \operatorname{rot}\underline{\vec{H}} \quad ; \quad 1/\kappa_1\; d\underline{H}/dx|_{\substack{x<a\\x\to a}} = 1/\kappa_2\; d\underline{H}/dx|_{\substack{x>a\\x\to a}}$$

$$1/\kappa_1\,\alpha_1\,\underline{C}_1\,\coth(\alpha_1 a) = 1/\kappa_2\,\alpha_2\,\underline{C}_2/\sinh(\alpha_2(b-a))\,.$$

Daraus folgen für die Konstanten die Werte

$$\underline{C}_1 = \frac{1}{\cosh(\alpha_2(b-a))(1+\underline{N})} \quad ; \quad \underline{C}_2 = \underline{N}/(1+\underline{N}) \quad ; \quad \underline{C}_3 = 1/(\underline{N}+1) \quad ;$$

$$\underline{N} = \sqrt{\kappa_2/\kappa_1}\,\coth(\alpha_1 a)\,\tanh(\alpha_2\,(b-a))\,.$$

Der Strom $\underline{i}_1$ im Leiter (1) ist

$$\underline{i}_1 = \underline{H}(a)\cdot h \quad ; \quad \underline{i}_1/\underline{i}_0 = \underline{C}_1$$

und für den Strom $\underline{i}_2$ im Leiter (2) gilt

$$\underline{i}_2 = \underline{H}(b)\cdot h - \underline{i}_1 \quad ; \quad \underline{i}_2/\underline{i}_0 = \underline{C}_2 + \underline{C}_3 - \underline{C}_1\,.$$

$$\underline{i}_1/\underline{i}_0 = \frac{1}{\cosh(\alpha_2(b-a))(1+\underline{N})} \quad ; \quad \underline{i}_2/\underline{i}_0 = \left[1 - \frac{1}{\cosh(\alpha_2(b-a))(1+\underline{N})}\right]$$

Damit folgt für die Stromaufteilung $\underline{\eta}$

$$\underline{\eta} = \frac{\underline{i}_2}{\underline{i}_1} = (\underline{N}+1)\,\cosh\left(\alpha_2(b-a)\right) - 1\,.$$

In den graphischen Darstellungen gilt $\alpha_2 = (1+j)/\delta_2 = (1+j)/\delta$; $\delta_1 = \delta\;\alpha_2/\alpha_1$.

5.12 Stromkreis mit massiven Zuleitungen

Der Nutraum ($x \geq 0\,;\; 0 \leq y \leq h$) in hochpermeablem Material $\mu \to \infty$ ist in den Bereichen $x < a$ und $a < b < x < c$ mit Material der Leitfähigkeit κ ausgefüllt. Die so definierten Leitungen verbinden einen Generator mit der Wechselspannung der komplexen Amplitude $\underline{U}_0$ und dem Innenwiderstand $\underline{R}_G$ in der Ebene $z = 0$ mit einem Abschlusswiderstand $\underline{R}_E$ in der Ebene $z = l >> c$. Der Einfluss der Verbindungsstellen $z = 0$ und $z = l$ auf die Ausbildung des Feldes kann vernachlässigt werden. Der gesamte Nutraum hat die Permeabilität μ. Zu berechnen ist die Stromverteilung in den Zuleitungen.

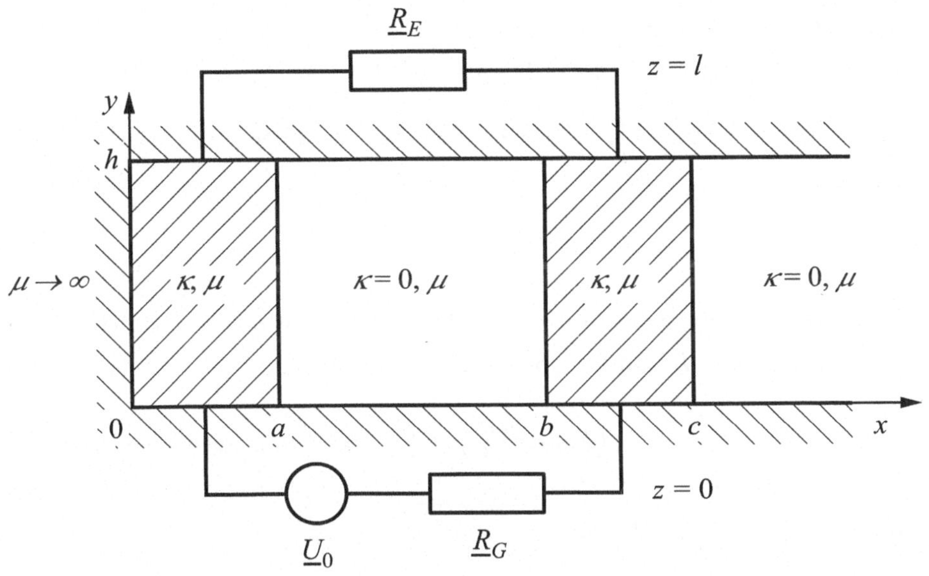

In beiden Zuleitungen wird ein Strom der komplexen Amplitude $\underline{i}$ im Leiter $x < a$ in positiver z-Richtung und der Rückstrom mit der komplexen Amplitude $-\underline{i}$ im Rückleiter $b < x < c$ angesetzt. Das wegen der Randbedingungen in $y = 0$ und $y = h$ allein y-gerichtete magnetische Feld

$\underline{\vec{H}}(x) = \vec{e}_y \underline{H}(x)$ erfüllt die Differentialgleichung

$$\frac{d^2\underline{H}}{dx^2} = \alpha^2 \underline{H} \quad \text{mit} \quad \alpha^2 = j\omega\kappa\mu\,.$$

Die Lösung kann also nur mit den Funktionen

$$\underline{H}(x) = \frac{\underline{i}}{h} \begin{cases} \dfrac{\sinh(\alpha x)}{\sinh(\alpha a)} & ; \; 0 \leq x \leq a \\ \dfrac{\sinh(\alpha(x-c))}{\sinh(\alpha(b-c))} & ; \; b \leq x \leq c \end{cases}$$

angesetzt werden, weil die Feldstärke an der Begrenzung $x = 0$ des Nutraumes zum hochpermeablen Material verschwinden muss und auf der Fläche $x = c$ ebenfalls eine Nullstelle haben muss, damit dort das Integral der magnetischen Feldstärke auf dem Weg zwischen $y = 0$ und $y = h$ verschwindet, weil die Stromsumme beider Leiter Null ist. Im Raum $a \leq x \leq b$ ist das magnetische Feld homogen $\underline{\vec{H}}(x) = \vec{e}_y \underline{i}/h$.

Zur Berechnung der noch unbekannten Stromamplitude ist das Induktionsgesetz

$$\oint\limits_C \vec{E} d\vec{s} = -\frac{\partial}{\partial t} \int\limits_a \vec{B} d\vec{a}$$

auf eine Kontur anzuwenden, die zweckmäßig auf den inneren Begrenzungsflächen $x = a, b$ beider Zuleitungen verläuft.

$$\left(\underline{E}(a) - \underline{E}(b)\right) l + \underline{i}\left(\underline{R}_E + \underline{R}_G\right) - \underline{U}_0 = -j\omega\mu\, \underline{H}(a)(b-a) \cdot l$$

Die elektrische Feldstärke ist

$$\underline{\vec{E}}(x) = 1/\kappa \operatorname{rot}\left[\vec{e}_y\, \underline{H}(x)\right] = 1/\kappa\, \vec{e}_z \frac{d\underline{H}(x)}{dx} = \vec{e}_z\, \underline{E}(x)$$

$$\underline{E}(x) = \frac{\underline{i}}{\kappa a h} \alpha a \begin{cases} \dfrac{\cosh(\alpha x)}{\sinh(\alpha a)} & ; \; 0 \leq x \leq a \\ \dfrac{\cosh(\alpha(x-c))}{\sinh(\alpha(b-c))} & ; \; b \leq x \leq c \end{cases} .$$

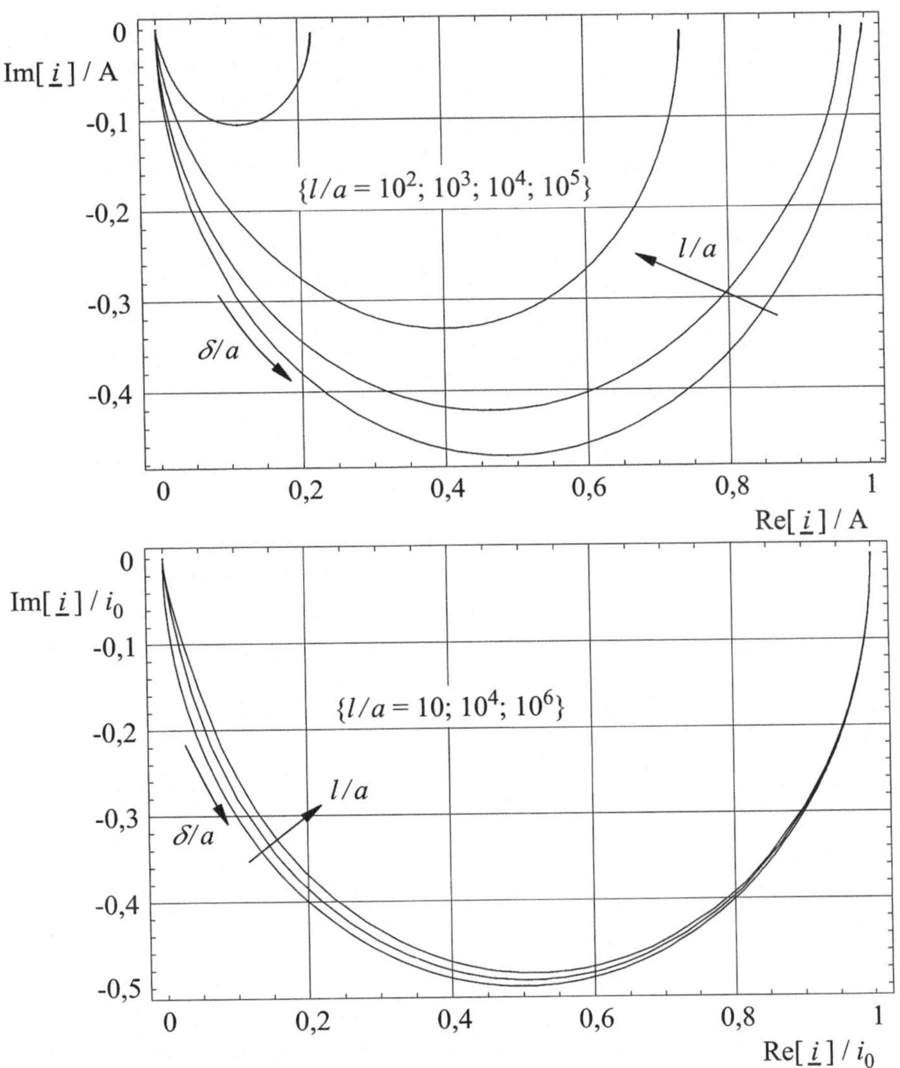

Bild 5.12–1: Ortskurve des Stromes für $h = c - b = a$; $b/a = 2$ und $\underline{R}_G = 0.R_E = 1[\Omega]$ (oben); $\underline{R}_E = j\omega L; L = 10^{-5}$ [H] (unten) $(i_0 = \underline{i}|_{\omega\to 0})$

Damit gilt

$$\frac{\underline{i}l}{\kappa a h}\,\alpha a\left[\coth(\alpha a) - \coth(\alpha(b-c))\right] + \underline{i}\left(\underline{R}_E + \underline{R}_G\right) + j\omega\mu(b-a)\,\frac{\underline{i}}{h}l = \underline{U}_0$$

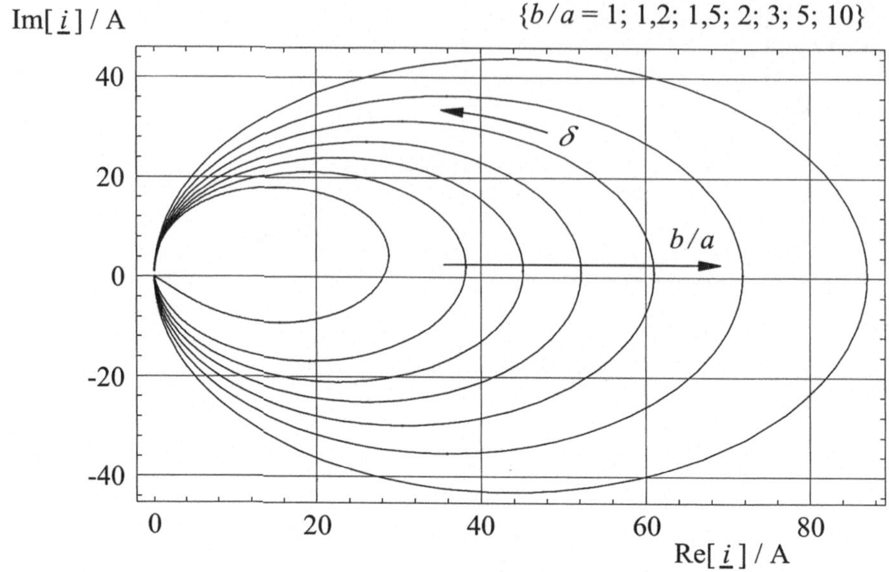

Bild 5.12–2: Wie Bild 5.12–1, jedoch $\underline{R}_E = 1/(j\omega C); C = 10^{-5}$ [F]

und für die komplexe Stromamplitude folgt

$$\begin{aligned}\underline{i} &= \underline{U}_0 \left[\underline{R}_E + \underline{R}_G + j\omega\mu(b-a)l/h + \alpha/\kappa \left[\coth(\alpha a) - \coth(\alpha(b-c))\right] l/h\right]^{-1} \\ &= \underline{U}_0 \left[\underline{R}_E + \underline{R}_G + j\omega L_A + R(\omega) + j\omega L_i(\omega)\right]^{-1}\end{aligned}$$

mit der äußeren Selbstinduktivität

$$L_A = \mu(b-a)l/h$$

und dem inneren komplexen Widerstand

$$\underline{Z}(\omega) = R(\omega) + j\omega L_i(\omega) = \alpha/\kappa \left[\coth(\alpha a) - \coth(\alpha(b-c))\right] l/h$$

mit dem frequenzabhängigen Realteil $R(\omega)$ und dem durch die innere Selbstinduktivität $L_i(\omega)$ bestimmten Imaginärteil.

Im Grenzfall $\omega = 0$ berechnet man den Gleichstrom

$$i = \frac{U_0}{R_E + R_G + l(1/a + 1/(c-b))/(\kappa h)},$$

wenn man einschränkend annimmt, dass die komplexen Zeiger $\underline{R}_E, \underline{R}_G$ und $\underline{U}_0$ einfach in die zugehörigen reellen Größen übergehen.

5.13 Magnetisch gekoppeltes elementares Leitersystem

Der Raum $0 < y < h$ der Permeabilität μ ist begrenzt vom hochpermeablen Material $\mu \to \infty$ im Raum $y \leq 0$ und $y \geq h$. Im Raum $0 < y < h$ befinden sich zwei Leiterpaare der Leitfähigkeit κ, jeweils begrenzt durch die Ebenen $x = a$ und $x = b, x = -a$ und $x = -b$, $x = c$ und $x = d$ und $x = -c$ und $x = -d$. Das innere Leiterpaar ist in $z = 0$ widerstandslos verbunden und in der Ebene $z = l >> d$ mit einem Widerstand $\underline{R}_E$ abgeschlossen. In das äußere Leiterpaar wird bei $z = 0$ aus einem Generator der Spannung $\underline{U}_0$ mit dem Innenwiderstand $\underline{R}_G$ ein Strom eingespeist. Es ist in der Ebene $z = l$ mit einem Widerstand $\underline{R}_S$ abgeschlossen. Der Einfluss der Verbindungsstellen $z = 0$ und $z = l$ auf die Ausbildung des Feldes kann vernachlässigt werden. Zu berechnen sind die Ströme in den Leitern.

In den Leiterpaaren werden die komplexen Amplituden $\underline{i}_2$ und $\underline{i}_1$ der Gesamtströme in den Leitern $a \leq |x| \leq b$ und $c \leq |x| \leq d$ angesetzt. Wegen der hochpermeablen Begrenzung und der Leitergeometrie ist die magnetische Feldstärke $\underline{\vec{H}} = \vec{e}_y \underline{H}(x)$ allein y-gerichtet und nur von der Koordinate x abhängig. Sie erfüllt die Differentialgleichung

$$\frac{d^2\underline{H}}{dx^2} = \alpha^2 \underline{H} \quad ; \quad \alpha^2 = j\omega\kappa\mu\,.$$

Da das magnetische Feld in $|x| > d$ verschwindet und zwischen den Leitern

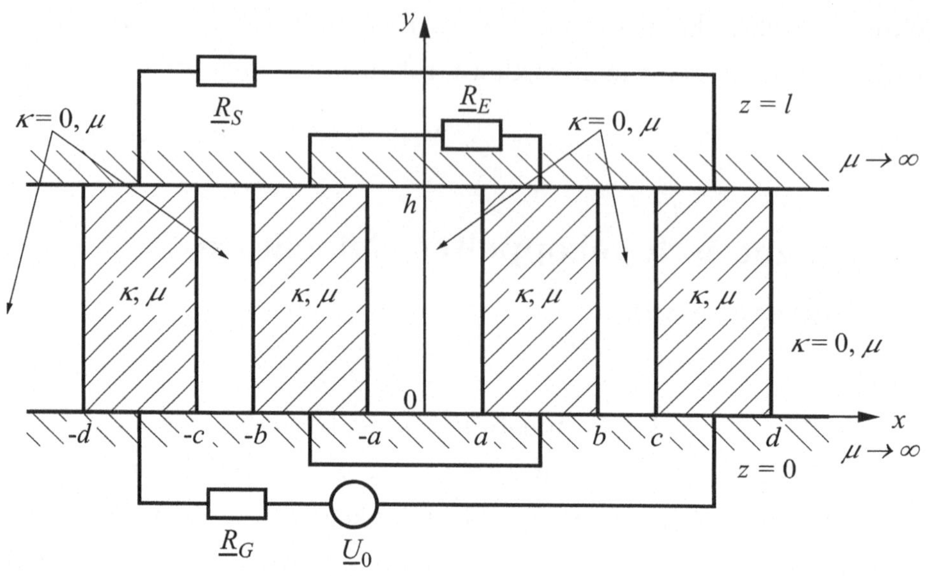

homogen ist, lautet der Ansatz für $\underline{H}(x)$

$$\underline{H}(x) = \begin{cases} \dfrac{\underline{i}_1}{h} \dfrac{\sinh(\alpha(|x| - d))}{\sinh(\alpha(c - d))}; & c \leq |x| \leq d \\ \dfrac{\underline{i}_1}{h}; & b \leq |x| \leq c \\ \dfrac{(\underline{i}_1 + \underline{i}_2)}{h} \dfrac{\sinh(\alpha(|x| - b))}{\sinh(\alpha(a - b))} + \dfrac{\underline{i}_1}{h} \dfrac{\sinh(\alpha(|x| - a))}{\sinh(\alpha(b - a))}; & a \leq |x| \leq b \\ \dfrac{(\underline{i}_1 + \underline{i}_2)}{h}; & |x| \leq a \end{cases}$$

Der Ansatz erfüllt die Stetigkeitsbedingungen für die magnetische Feldstärke an den Grenzflächen der Leiter. Die homogene Feldstärke zwischen den Leitern ist durch die noch unbekannten Gesamtströme $\underline{i}_1$ und $\underline{i}_2$ bestimmt. Zu deren Berechnung ist das Induktionsgesetz

$$\oint_C \vec{E} d\vec{s} = -\frac{\partial}{\partial t} \int_a \vec{B} d\vec{a} \quad ; \quad \underline{\vec{E}} = \frac{1}{\kappa} \operatorname{rot} \underline{\vec{H}} = \vec{e}_z \frac{1}{\kappa} \frac{d\underline{H}}{dx} = \vec{e}_z \underline{E}(x)$$

auf zwei Konturen entlang der Leiterpaare auszuwerten. Zweckmäßig erfolgt die Integration entlang der Leiter auf den Ebenen $x = \pm c$ und

$x = \pm a$. Als Ergebnis erhält man

$$\underline{E}(-c)l - \underline{E}(c)l + \underline{i}_1(\underline{R}_G + \underline{R}_S) - \underline{U}_0 =$$

$$= -j\omega\mu\left[2\underline{i}_1/h(c-b)l + 2(\underline{i}_1 + \underline{i}_2)/hal + 2l\int_a^b \underline{H}(x)dx\right]$$

$$\underline{E}(-a)l - \underline{E}(a)l + \underline{i}_2\,\underline{R}_E = -j\omega\mu(\underline{i}_1 + \underline{i}_2)/h\,2al; \; \underline{E}(-c) = -\underline{E}(c)$$

$$\underline{E}(-a) = -\underline{E}(a)\,; \quad \underline{E}(c) = \frac{1}{\kappa}\left.\frac{d\underline{H}}{dx}\right|_{\substack{c<x<d\\ x\to c}} = \frac{\underline{i}_1\alpha}{h\kappa}\coth(\alpha(c-d))$$

$$\underline{E}(a) = \frac{1}{\kappa}\left.\frac{d\underline{H}}{dx}\right|_{\substack{a<x<b\\ x\to a}} = \frac{\alpha}{\kappa h}\frac{(\underline{i}_1 + \underline{i}_2)\cosh(\alpha(a-b)) - \underline{i}_1}{\sinh(\alpha(a-b))}$$

$$\int_a^b \underline{H}(x)dx = (\underline{i}_1 + \underline{i}_2)/h\,\frac{1-\cosh(\alpha(a-b))}{\alpha\sinh(\alpha(a-b))} + \underline{i}_1/h\,\frac{\cosh(\alpha(b-a)) - 1}{\alpha\sinh(\alpha(b-a))}$$

$$= \frac{2\underline{i}_1 + \underline{i}_2}{h\alpha}\frac{1-\cosh(\alpha(a-b))}{\sinh(\alpha(a-b))}\,.$$

Damit folgen zwei Gleichungen, aus denen die komplexen Amplituden $\underline{i}_1$ und $\underline{i}_2$ der Ströme und $\underline{\eta} = \underline{i}_2/\underline{i}_1$ zu berechnen sind.

$$-2\underline{i}_1\frac{\alpha l}{h\kappa}\coth(\alpha(c-d)) + j\omega\mu\left[\frac{2\underline{i}_1}{h}(c-b)\,l + \frac{2(\underline{i}_1 + \underline{i}_2)}{h}al + \right.$$

$$\left. +(2\underline{i}_1 + \underline{i}_2)\,\frac{2l}{h\alpha}\frac{1-\cosh(\alpha(a-b))}{\sinh(\alpha(a-b))}\right] + \underline{i}_1(\underline{R}_G + \underline{R}_S) = \underline{U}_0$$

$$2\frac{\alpha l}{\kappa h}\frac{\underline{i}_1 - (\underline{i}_1 + \underline{i}_2)\cosh(\alpha(a-b))}{\sinh(\alpha(a-b))} + j\omega\mu\frac{(\underline{i}_1 + \underline{i}_2)}{h}2al + \underline{i}_2\underline{R}_E = 0$$

Im Grenzfall $\omega = 0$ ergeben sich die Gleichungen

$$U_0 = i_1(R_G + R_S) + i_1\,\frac{2l}{\kappa h(d-c)}$$

$$i_2(R_E + \frac{2l}{\kappa h(b-a)}) = 0 \quad ; \quad i_2 = 0\,,$$

wenn die komplexen Zeiger durch die dann gültigen reellen Größen ersetzt werden.

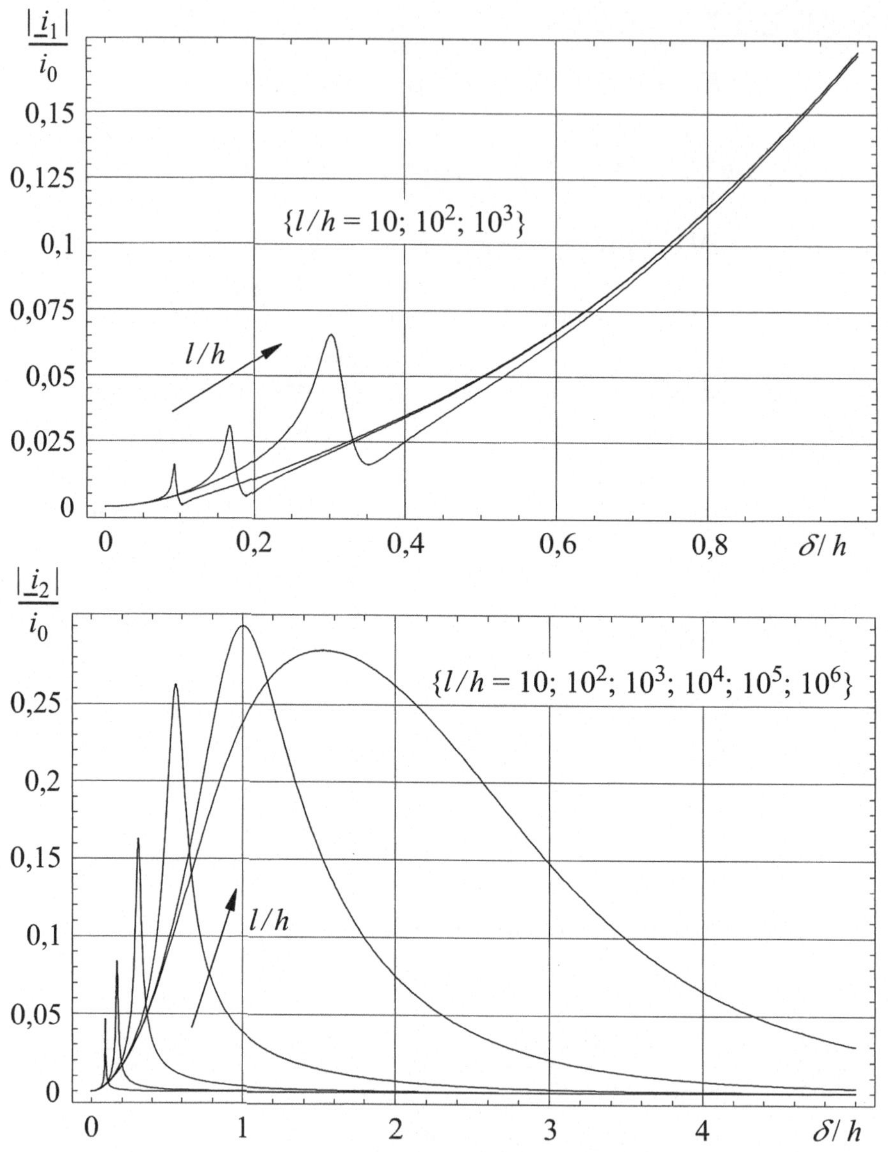

Bild 5.13–1: Betrag des normierten Primärstromes $\underline{i}_1/i_0$ (oben) und Sekundärstromes $\underline{i}_2/i_0$ (unten) als Funktion der normierten Eindringtiefe δ/h für $2a/h = 1$; $\underline{R}_G = \underline{R}_S = 0$; $\underline{R}_E = 1/(j\omega C)$; $C = 10^{-5}$ [F]; $i_0 = \underline{i}_1|_{\omega\to 0}$

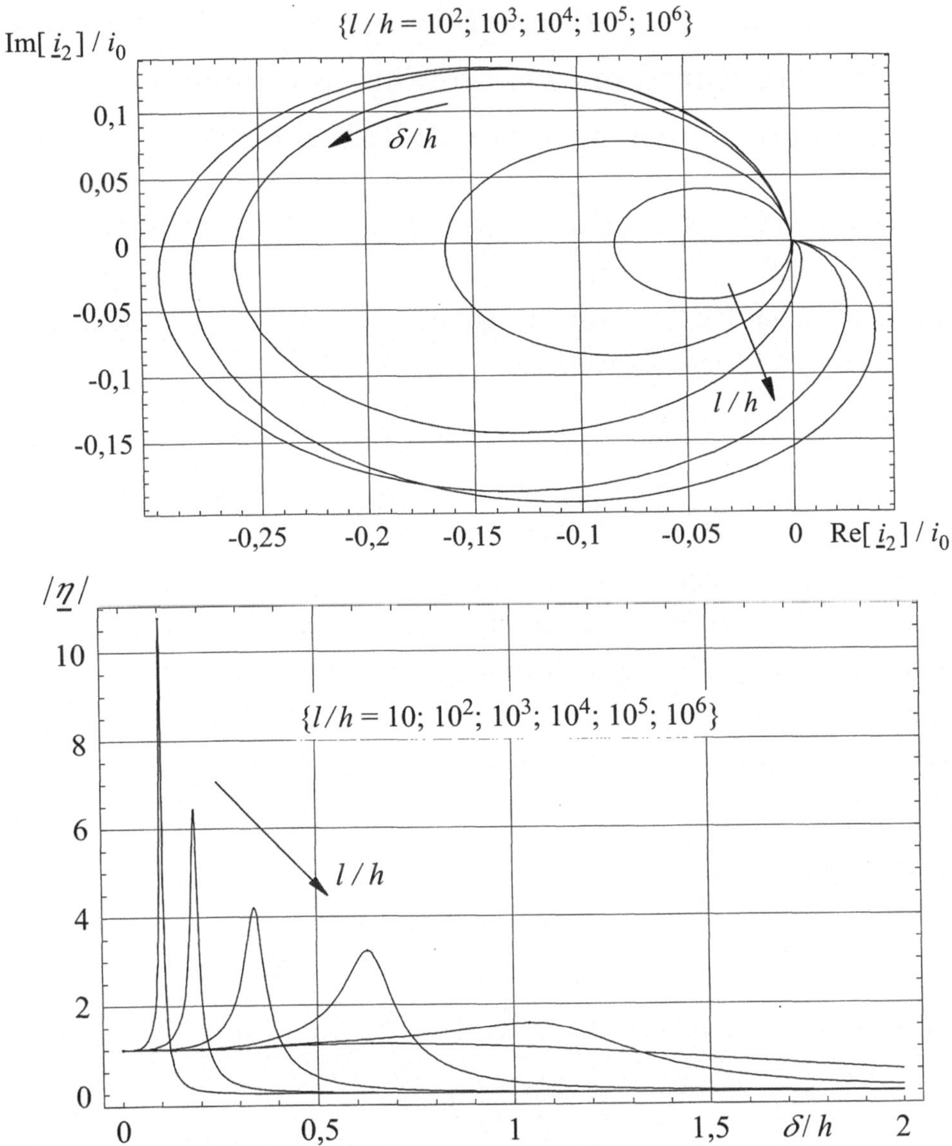

Bild 5.13–2: Ortskurve des Sekundärstroms $\underline{i}_2/i_0$ (oben) und Betrag des Verhältnisses $|\underline{\eta}| = |\underline{i}_2/\underline{i}_1|$ der Ströme (unten) als Funktion der normierten Eindringtiefe δ/h für $2a/h = 1$ und $\underline{R}_G = \underline{R}_S = 0$; $\underline{R}_E = 1/(j\omega C); C = 10^{-5}$ [F]

5.14 Induzierte Stromverteilung in einer leitenden Platte durch ein erregendes homogenes Feld mit beliebig vorgegebener Zeitabhängigkeit

Der Raum $-a \leq x \leq a$ ist mit einem Material der Leitfähigkeit κ und der Permeabilität μ ausgefüllt. Diese unendlich ausgedehnte Platte ist einem erregenden Feld ausgesetzt, das von zwei z-gerichteten homogenen Strombelägen mit dem Zeitverlauf

$$\vec{K} = \mp \vec{e}_z K(t)$$

auf den Flächen $x = \pm b$ mit $b > a$ hervorgerufen wird. Der Raum $|x| > a$ hat die Permeabilität μ_0. Zu berechnen sind das magnetische Feld und die Stromdichte in der leitenden Platte. Die insgesamt im Leitermaterial umgesetzte Leistung für einen Abschaltvorgang im Zeitraum $t \geq 0$ ist anzugeben und mit der Energie des magnetischen Feldes im Leitermaterial vor dem Schalten zu vergleichen. Der Sonderfall eines erregenden Strombelags mit sinusförmiger Zeitabhängigkeit ist zu untersuchen.

Das erregende Feld $\vec{H}_E(x,t)$ der Strombeläge allein ohne Gegenwart der leitenden Platte ist homogen im Raum $|x| < b$.

$$\vec{H}_E(x,t) = \begin{cases} \vec{e}_y H_E(t) = \vec{e}_y K(t) & ; \quad |x| < b \\ 0 & ; \quad |x| > b \end{cases}$$

In Gegenwart der leitenden Platte wird das Feld durch ein Vektorpotential

$$\vec{A} = \vec{e}_z A(x,t) \quad ; \quad \Delta A = \frac{\partial^2 A}{\partial x^2} = \begin{cases} \kappa\mu \partial A/\partial t & ; \quad |x| \leq a \\ 0 & ; \quad |x| > a;\ x \neq \pm b \end{cases}$$

beschrieben.

Grundlage der Lösung des Problems für eine vorgegebene beliebige Zeitabhängigkeit $K(t)$ ist die Lösung für den Abschaltvorgang:

$$K(t) = \begin{cases} K_0 & ; \quad t < 0 \\ 0 & ; \quad t \geq 0 \end{cases}$$

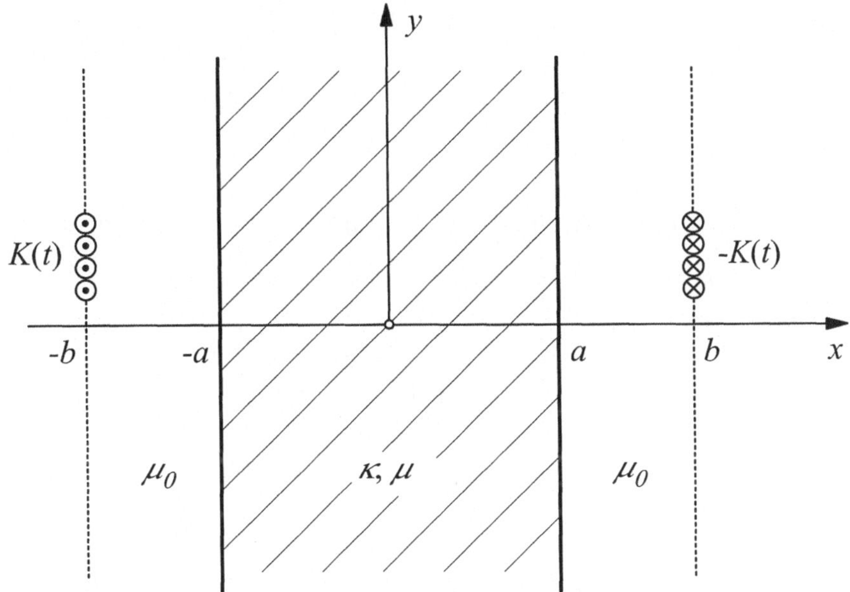

Für diesen kann die Differentialgleichung für das Vektorpotential in $t \geq 0$ mit dem Ansatz $A(x,t) = X(x)T(t)$ in die Differentialgleichungen

$$\frac{1}{X}\frac{d^2X}{dx^2} = \frac{\kappa\mu}{T}\frac{dT}{dt} = -p^2 \quad ; \quad |x| \leq a$$

mit den Lösungsfunktionen $\cos(px), \sin(px)$ und $\exp(-p^2/(\kappa\mu)t)$ separiert werden.

Zur Auswahl der geeigneten Funktionen wird die magnetische Feldstärke berechnet

$$\vec{H} = \frac{1}{\mu}\text{rot}\,\vec{A} = -\vec{e}_y\,\frac{1}{\mu}\frac{\partial A}{\partial x} = \vec{e}_y\,H(x,t) \quad ; \quad |x| \leq a\,.$$

Ein Vektorpotential

$$A(x,t) = \sum_p c_p \sin(px)\,\exp(-p^2/(\kappa\mu)t)$$

liefert die Feldstärke

$$H(x,t) = -\frac{1}{\mu}\sum_p p\,c_p \cos(px)\,\exp(-p^2/(\kappa\mu)t)\,,$$

die die Bedingung $H(-x) = H(x)$ erfüllt und den Anfangszustand

$$H(x, t \to 0) = -\frac{1}{\mu} \sum_p p\, c_p \cos(px) = \begin{cases} K_0 & |x| < a \\ 0 & x = \pm a \end{cases},$$

bei dem das Feld im Leitermaterial noch ungeändert ist, beschreiben kann. Mit $\cos(pa) = 0$ und $p_n a = (2n+1)\pi/2$ mit $n = 0, 1, 2, \ldots$ folgt

$$\sum_{n=0}^{\infty} p_n c_n \cos(p_n x) = \begin{cases} -\mu K_0 & ; \; |x| < a \\ 0 & ; \; x = \pm a \end{cases}.$$

Mit der Orthogonalitätseigenschaft der trigonometrischen Funktionen berechnet man die Konstante c_n

$$p_n c_n a = -\mu K_0 \left. \frac{\sin(p_n x)}{p_n} \right|_{-a}^{a} = \frac{-2\mu K_0}{p_n} \sin(p_n a) = -\frac{2\mu K_0}{p_n} (-1)^n$$

$$c_n = (-1)^{n+1} \frac{2\mu K_0}{p_n^2 a}.$$

Damit gilt für die magnetische Feldstärke

$$H(x,t) = 2K_0 \sum_{n=0}^{\infty} \frac{(-1)^n}{p_n a} \cos(p_n x) \exp(-t/\tau_n) \quad ; \quad \tau_n = \frac{\kappa\mu}{p_n^2}$$

und die Stromdichte

$$\operatorname{rot} \vec{H} = \vec{J} = \operatorname{rot} \left[\vec{e}_y H(x,t)\right] = \vec{e}_z \frac{\partial H}{\partial x} = \vec{e}_z \, J(x,t)$$

$$J(x,t) = \frac{2K_0}{a} \sum_{n=0}^{\infty} (-1)^{n+1} \sin(p_n x) \exp(-t/\tau_n).$$

Die insgesamt in einem Leiterabschnitt umgesetzte Verlustleistung nach dem Abschalten des Strombelages ist

$$P_v(t) = \int_{-a}^{a} J(x,t) E(x,t) dx = \frac{1}{\kappa} \int_{-a}^{a} J^2(x,t) dx.$$

Die umgesetzte Energie ist

$$
\begin{aligned}
W_v &= \frac{4K_0^2}{\kappa a^2}\sum_{n=0}^{\infty}\int_{-a}^{a}\sin^2(p_n x)dx\int_{t=0}^{\infty}\exp(-2t/\tau_n)dt \\
&= \frac{4K_0^2}{\kappa a^2}\sum_{n=0}^{\infty} a\left.\frac{\exp(-2t/\tau_n)}{-2/\tau_n}\right|_0^{\infty} = \frac{2K_0^2}{a}\sum_{n=0}^{\infty}\frac{\mu}{p_n^2} = \frac{2\mu K_0^2}{a}\sum_{n=0}^{\infty}p_n^{-2}\,.
\end{aligned}
$$

Vor dem Schalten ist im Bereich $|x| < a$ pro Leiterabschnitt die magnetische Energie

$$
\begin{aligned}
W_m &= \frac{1}{2}\int_{-a}^{a}\vec{H}\vec{B}dx = \frac{\mu}{2}4K_0^2\sum_{n=0}^{\infty}\frac{1}{(p_n a)^2}\int_{-a}^{a}\cos^2(p_n x)dx \\
&= \frac{2\mu K_0^2}{a}\sum_{n=0}^{\infty}p_n^{-2} = W_v
\end{aligned}
$$

gespeichert, die mit der umgesetzten Energie W_v identisch ist.

Bei beliebigem Zeitverlauf der Erregung $K(t)$ können das zugehörige magnetische Feld und die Stromdichte durch Integration infinitesimaler Beiträge sprungartiger Änderungen berechnet werden. In den Ergebnissen sind dann allein die Exponentialfunktionen $\exp(-t/\tau_n)$ durch die Funktionen

$$
h_n(t) = \frac{K(0)}{K_0}\left[1-\exp(-t/\tau_n)\right] + \frac{1}{K_0}\int_0^t \frac{dK(t-\tau)}{dt}\left(1-\exp(-\tau/\tau_n)\right)d\tau
$$

zu ersetzen.

Als Beispiel wird das Einschalten eines Strombelages cosinusförmiger Zeitabhängigkeit betrachtet.

$$
K(t) = \begin{cases} K_0\cos(\omega t) & t \geq 0 \\ 0 & t < 0 \end{cases}
$$

Dann gilt für die Funktion $h_n(t)$

$$
h_n(t) = 1-\exp(-t/\tau_n) + \int_0^t \frac{d}{dt}\mathrm{Re}\,\{\exp(j\omega(t-\tau))\}\,(1-\exp(-\tau/\tau_n))d\tau
$$

$$= 1 - \exp(-t/\tau_n) + \mathrm{Re}\left\{\exp(j\omega t) - 1 + \frac{j\omega\tau_n}{1 + j\omega\tau_n}(\exp(-t/\tau_n) + \right.$$

$$\left. - \exp(j\omega t))\right\} = \mathrm{Re}\left\{\frac{p_n^2}{p_n^2 + \alpha^2}(\exp(j\omega t) - \exp(-t/\tau_n))\right\} ; \; \alpha^2 = j\omega\kappa\mu\,.$$

Für Zeiten $t >> \tau_n$ verbleibt die Lösung für den eingeschwungenen Zustand und für den komplexen Zeiger der magnetischen Feldstärke gilt

$$\underline{H}(x) = 2K_0 \sum_{n=0}^{\infty} \frac{(-1)^n (p_n a)}{(p_n a)^2 + (\alpha a)^2} \cos(p_n x) \quad ; \quad |x| < a\,.$$

Dieses Ergebnis kann auch als Lösung der Differentialgleichung für den komplexen Zeiger angegeben werden.

$$\vec{\underline{H}}(x) = \vec{e}_y \underline{H}(x) \quad ; \quad \frac{d^2 \underline{H}}{dx^2} = \alpha^2 \underline{H} \quad ; \quad \underline{H}(x) = \underline{C}\,\frac{\cosh(\alpha x)}{\cosh(\alpha a)}$$

Mit der Bedingung $\underline{H}(x = \pm a) = K_0$ folgt

$$\underline{H}(x) = K_0\,\frac{\cosh(\alpha x)}{\cosh(\alpha a)}\,.$$

Um die Übereinstimmung mit der oben gefundenen Lösung zu zeigen, ist die hyperbolische Funktion nach den Funktionen $\cos(p_n x)$ zu entwickeln.

$$\frac{\cosh(\alpha x)}{\cosh(\alpha a)} = \sum_{n=0}^{\infty} b_n \cos(p_n x)$$

Die Orthogonalentwicklung liefert

$$b_n a = \int_{-a}^{a} \frac{\cosh(\alpha x)}{\cosh(\alpha a)} \cos(p_n x) dx \quad ; \quad b_n = (-1)^n \frac{2 p_n a}{(\alpha a)^2 + (p_n a)^2}$$

also

$$\underline{H}(x) = 2K_0 \sum_{n=0}^{\infty} \frac{(-1)^n (p_n a)}{(\alpha a)^2 + (p_n a)^2} \cos(p_n x)$$

in Übereinstimmung mit obigem Ergebnis.

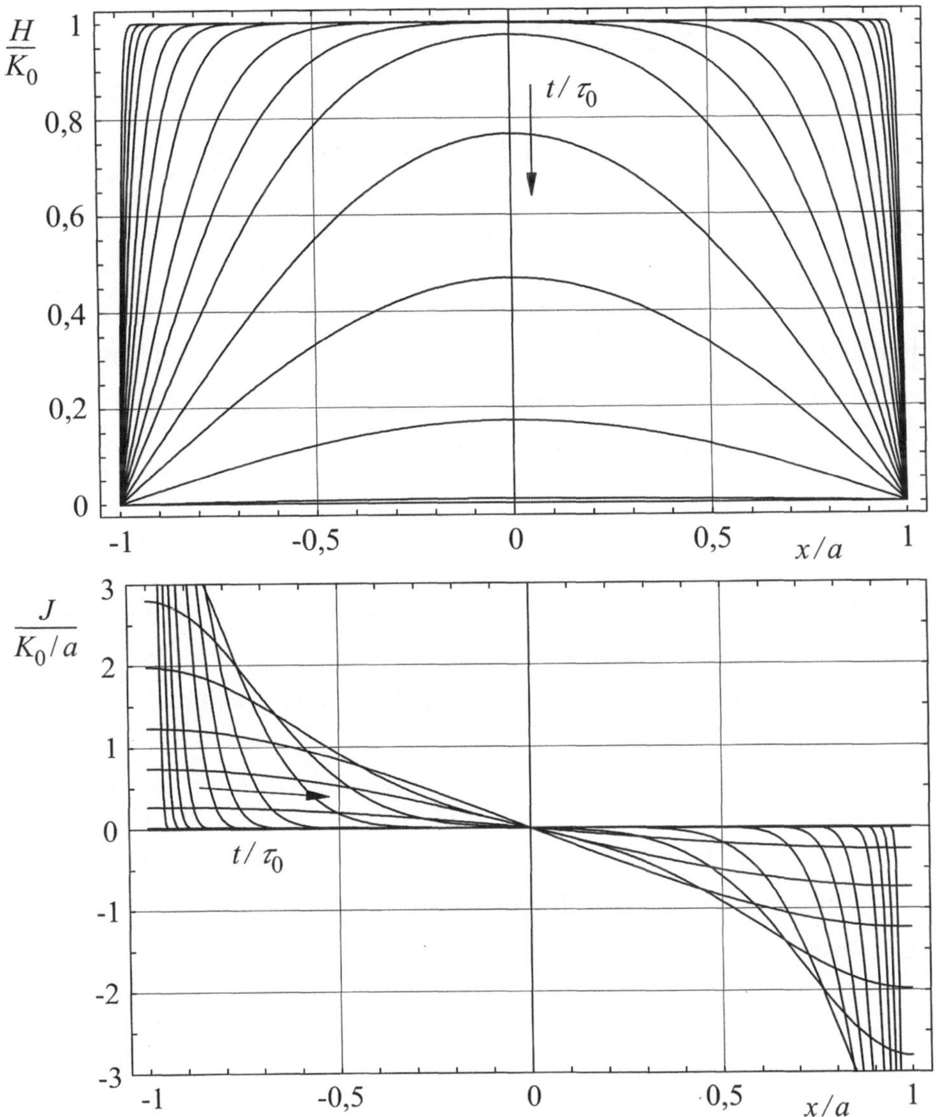

Bild 5.14–1: Magnetische Feldstärke H/K_0 und Stromdichte $J/(K_0/a)$ zu verschiedenen Zeitpunkten t/τ_0 nach dem Abschalten des Stromes. $t/\tau_0 = 2 \cdot 10^{-4}; 5 \cdot 10^{-4}; 10^{-3}; 2 \cdot 10^{-3}; 5 \cdot 10^{-3}; 10^{-2}; 2 \cdot 10^{-2}; 5 \cdot 10^{-2}; 10^{-1}; 2 \cdot 10^{-1}; 5 \cdot 10^{-1}; 1; 2; 5; 10$

6. Elektromagnetische Wellen

6.1 Schaltvorgang auf idealen Leitungen

Zwei homogene, ideale Leitungen mit den längenbezogenen Größen Induktivität L_1' und Kapazität C_1' in $z > 0$ und L_2' und C_2' in $z < 0$, die in Richtung der z-Koordinate einseitig unendlich ausgedehnt sind, werden über einen Schalter S in der Ebene $z = 0$ zum Zeitpunkt $t = 0$ zusammengeschaltet. Im Zeitbereich $t < 0$ ist auf der Leitung in $z > 0$ die konstante Spannung U_0 vorgegeben. Die Leitung im Bereich $z < 0$ ist in $t < 0$ spannungslos.

Zu berechnen sind die Amplituden der durch den Schaltvorgang angeregten Teilwellen und der örtliche Verlauf der Spannungen $u_{1,2}(z,t)$ in $z > 0$ und $z < 0$. Für einen Zeitpunkt $t > 0$ ist die Invarianz der Gesamtenergie der Anordnung zu zeigen.

Nach dem Zusammenschalten zum Zeitpunkt $t = 0$ breiten sich ausgehend vom Ort $z = 0$ Wellen $u_1(z - v_1 t)\,; i_1(z - v_1 t)$ und $u_2(z + v_2 t)\,;$ $i_2(z + v_2 t)$ mit den Phasengeschwindigkeiten $v_{1,2} = (L'_{1,2}\, C'_{1,2})^{-1/2}$ aus. Für die Amplituden der Teilwellen gelten die Beziehungen

$$u_1/i_1 = Z_1 = \sqrt{L_1'/C_1'}, \quad -u_2/i_2 = Z_2 = \sqrt{L_2'/C_2'}\,.$$

An der Stoßstelle gilt für $t > 0$

$$u_2 = U_0 + u_1 \quad ; \quad i_2 = i_1 = u_1/Z_1 = -u_2/Z_2\,; \quad z = 0$$

und damit

$$U_0 + u_1 = -u_1\, Z_2/Z_1 \quad ; \quad u_1 = -\frac{U_0}{1 + Z_2/Z_1} \quad ; \quad u_2 = \frac{U_0}{1 + Z_1/Z_2}\,.$$

Die Zeitverläufe von Spannungen und Strömen auf der Leitung sind

$$u(z,t) = U_0 \begin{cases} \dfrac{Z_2}{Z_1+Z_2}\,\sigma\,(z+v_2t) & ; \quad z<0 \\ 1-\dfrac{Z_1}{Z_1+Z_2}\,[1-\sigma\,(z-v_1t)] & ; \quad z>0 \end{cases}$$

$$i(z,t) = -\frac{U_0}{Z_1+Z_2} \begin{cases} \sigma\,(z+v_2t) & ; \quad z<0 \\ [1-\sigma\,(z-v_1t)] & ; \quad z>0 \end{cases}$$

mit

$$\sigma(x) = \begin{cases} 0 & ; \quad x<0 \\ 1 & ; \quad x>0\,. \end{cases}$$

Die in dem Leitungsabschnitt $v_2t < z < v_1t$ im elektromagnetischen Feld gespeicherte Energie $W_e(t)+W_m(t)$ muss gleich der Energie sein, die vor dem Schalten im elektrostatischen Feld im Leitungsabschnitt $0 < z < v_1t$ gespeichert war. Die im elektrischen Feld zu einem Zeitpunkt $t>0$ gespeicherte Energie ist

$$\begin{aligned} W_e(t) &= 1/2\,C_1'(U_0+u_1)^2\,v_1t + 1/2\,C_2'\,u_2^2\,v_2t \\ &= 1/2\,C_1'\,U_0^2\left(1-\frac{Z_1}{Z_1+Z_2}\right)^2 (L_1'\,C_1')^{-1/2}\,t+ \\ &+1/2C_2'\,U_0^2\left(\frac{Z_2}{Z_1+Z_2}\right)^2 (L_2'\,C_2')^{-1/2}\,t = 1/2\,U_0^2\,t\,\frac{Z_2/Z_1}{Z_1+Z_2}\,. \end{aligned}$$

Im magnetischen Feld ist die Energie

$$\begin{aligned} W_m(t) &= 1/2\,L_1'i_1^2\,v_1t + 1/2\,L_2'\,i_2^2\,v_2t \\ &= 1/2\,\frac{U_0^2}{(Z_1+Z_2)^2}\left(L_1'\,(L_1'\,C_1')^{-1/2} + L_2'\,(L_2'\,C_2')^{-1/2}\right)t \\ &= 1/2\,\frac{U_0^2}{Z_1+Z_2}\,t \end{aligned}$$

gespeichert.

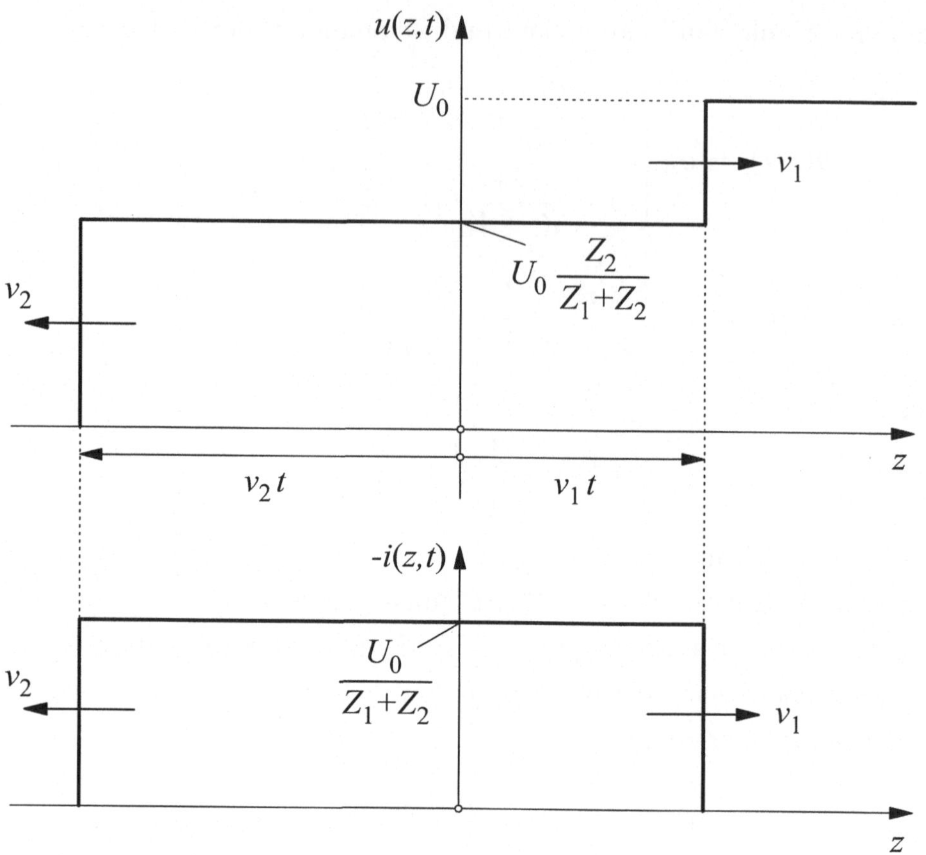

Bild 6.1–1: Spannung und Strom auf der Leitung als Funktion von z und t

Die Gesamtenergie

$$W_e(t) + W_m(t) = 1/2\, U_0^2/Z_1 t$$

ist gleich der Energie, die vor dem Schalten im elektrostatischen Feld in $0 < z < v_1\, t$ gespeichert war:

$$W_e(t < 0)|_{0<z<v_1\, t} = 1/2\, C_1'\, U_0^2\, (L_1'\, C_1')^{-1/2}\, t = 1/2\, U_0^2/Z_1\, t\,.$$

6.2 Anregung hybrider Wellen im Rechteckhohlleiter

In einem homogenen Hohlleiter mit rechteckigem Querschnitt der Abmessungen a und $b > a$ und ideal leitenden Wänden ist an der Stelle ($z = 0\,;\, x = a/2$) ein Strom $i(y,t) = I_0 \cos(\pi y/b)\cos(\omega t) = \mathrm{Re}\,\{I_0 \cos(\pi\, y/b)\,\exp(j\omega t)\}$ vorgegeben. Zu berechnen sind die im Hohlleiter mit der Permittivität ε und der Permeabilität μ angeregten Wellen.

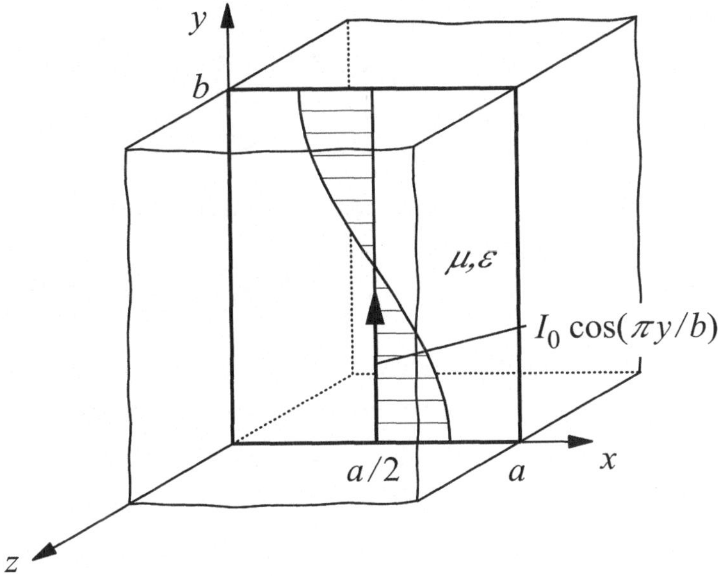

Das gesamte elektromagnetische Feld kann aus den elektrodynamischen Vektorpotentialen $\underline{\vec{A}}_{TM} = \vec{e}_z\, \underline{A}_{TM}$ und $\underline{\vec{F}}_{TE} = \vec{e}_z\, \underline{F}_{TE}$ berechnet werden.

$$\underline{\vec{H}} = \underline{\vec{H}}_{TE} + \underline{\vec{H}}_{TM} = \frac{1}{j\omega\mu\varepsilon}\,\mathrm{rot\ rot}\ \underline{\vec{F}}_{TE} + \frac{1}{\mu}\,\mathrm{rot}\ \underline{\vec{A}}_{TM}$$

$$\underline{\vec{E}} = \underline{\vec{E}}_{TE} + \underline{\vec{E}}_{TM} = -1/\varepsilon\,\mathrm{rot}\ \underline{\vec{F}}_{TE} + \frac{1}{j\omega\mu\varepsilon}\,\mathrm{rot\ rot}\ \underline{\vec{A}}_{TM}$$

$$\underline{\vec{B}}_{TM} = \mathrm{rot}\,(\underline{\vec{A}}_{TM}) = \mathrm{grad}\,\underline{A}_{TM} \times \vec{e}_z = -\vec{e}_y\,\frac{\partial \underline{A}_{TM}}{\partial x} + \vec{e}_x\,\frac{\partial \underline{A}_{TM}}{\partial y}$$

$$\underline{\vec{E}}_{TM} = \frac{1}{j\omega\mu\varepsilon}\,\mathrm{rot\,rot}\,\underline{\vec{A}}_{TM} =$$

$$= \frac{1}{j\omega\mu\varepsilon}\left[\vec{e}_x\,\frac{\partial^2\underline{A}_{TM}}{\partial x\partial z}+\vec{e}_y\,\frac{\partial^2\underline{A}_{TM}}{\partial y\partial z}+\vec{e}_z\left(\beta^2-\left(\beta_{z_{mn}}^{TM}\right)^2\right)\underline{A}_{TM}\right]$$

$$\underline{\vec{E}}_{TE} = -\frac{1}{\varepsilon}\operatorname{rot}\underline{\vec{F}}_{TE} = \frac{1}{\varepsilon}\left(\vec{e}_y\,\frac{\partial\underline{F}_{TE}}{\partial x}-\vec{e}_x\,\frac{\partial\underline{F}_{TE}}{\partial y}\right)$$

$$\underline{\vec{H}}_{TE} = \frac{1}{j\omega\mu\varepsilon}\operatorname{rot}\operatorname{rot}\underline{\vec{F}}_{TE} =$$

$$= \frac{1}{j\omega\mu\varepsilon}\left[\vec{e}_x\,\frac{\partial^2\underline{F}_{TE}}{\partial x\partial z}+\vec{e}_y\,\frac{\partial^2\underline{F}_{TE}}{\partial y\partial z}+\vec{e}_z\left(\beta^2-\left(\beta_{z_{mn}}^{TE}\right)^2\right)\underline{F}_{TE}\right]$$

$$\beta^2 = \omega^2\mu\varepsilon \quad ; \quad \beta_{z_{mn}}^2 = \beta^2-\beta_{mn}^2$$

Die Potentiale erfüllen die skalaren Differentialgleichungen

$$\Delta\,\underline{A}_{TM}+\beta^2\,\underline{A}_{TM} = 0 \quad ; \quad \Delta\,\underline{F}_{TE}+\beta^2\,\underline{F}_{TE} = 0\,.$$

An der perfekt leitenden Hohlleiterwand der Kontur C mit der Flächennormale $\vec{n}$ verschwindet die Tangentialkomponente der elektrischen Feldstärke $\vec{E}$ und die Normalkomponente der magnetischen Flussdichte $\vec{B} = \mu\,\vec{H}$. Diese Forderung ist erfüllt, wenn die Potentiale den Bedingungen

$$\underline{A}_{TM}|_C = 0 \quad ; \quad \left.\frac{\partial\underline{F}_{TE}}{\partial n}\right|_C = 0$$

genügen.

Die angeregten Wellen breiten sich, ausgehend vom Ort der Erregung in $z = 0$, in positiver bzw. negativer z-Richtung aus. Die Lösungen der Differentialgleichungen für die Potentiale lauten unter Beachtung der Randbedingungen

$$\begin{aligned}\underline{A}_{TM} &= \sum_{m,n}\underline{C}_{mn}^{(1,2)}\,\sin(m\pi\,x/a)\,\sin(n\pi\,y/b)\,\exp\left(\mp j\beta_{z_{mn}}^{TM}z\right)\\ \underline{F}_{TE} &= \sum_{m,n}\underline{A}_{mn}^{(1,2)}\,\cos(m\pi\,x/a)\,\cos(n\pi\,y/b)\,\exp\left(\mp j\beta_{z_{mn}}^{TE}z\right).\end{aligned}$$

Die Konstanten $\underline{C}_{mn}^{(1)}$ und $\underline{A}_{mn}^{(1)}$ ($\underline{C}_{mn}^{(2)}$ und $\underline{A}_{mn}^{(2)}$) gehören zu den sich in positiver (negativer) z-Richtung ausbreitenden Wellen entsprechend dem negativen (positiven) Vorzeichen im Argument der Exponentialfunktion.

Da die Eigenwerte des idealen Rechteckhohlleiters entartet sind, gilt

$$\beta_{z_{mn}}^{TE} = \beta_{z_{mn}}^{TM} = \beta_{z_{mn}} = \left[\beta^2 - \beta_{mn}^2\right]^{1/2} \; ; \quad \beta_{mn}^2 = (m\,\pi/a)^2 + (n\,\pi/b)^2 \, .$$

Der vorgegebene Stromverlauf in der Ebene $z = 0$ wird als orts- und zeitabhängiger Strombelag der komplexen Amplitude $\underline{K}(x, y)$ interpretiert. Die z-Komponente der magnetischen Flussdichte

$$\vec{e}_z \vec{B} = (\beta^2 - \beta_{z_{mn}}^2)\, \underline{F}_{TE}/(j\omega\varepsilon)$$

muss beim Durchgang durch den Strombelag stetig sein.

Damit gilt

$$\underline{A}_{mn}^{(1)} = \underline{A}_{mn}^{(2)} = \underline{A}_{mn} \, .$$

Für die elektrische Flussdichte $\vec{D} = \varepsilon\,\vec{E}$ lautet in der Ebene $z = 0$ die Forderung

$$\vec{e}_z \left(\vec{D}\Big|_{\substack{z>0\\ z\to 0}} - \vec{D}\Big|_{\substack{z<0\\ z\to 0}} \right) = \sigma \, .$$

Wegen der Symmetrie zur Ebene $z = 0$ ist diese Forderung nur mit der Festlegung

$$\underline{C}_{mn}^{(1)} = -\underline{C}_{mn}^{(2)} = \underline{C}_{mn}$$

zu erfüllen.

Diese Ergebnisse folgen auch aus der Forderung nach der Stetigkeit der Tangentialkomponente von $\vec{E}$ in $z = 0$.

Die verbleibende Randbedingung in $z = 0$ lautet

$$\vec{e}_z \times \left(\underline{\vec{H}}_{\substack{z>0\\ z\to 0}} - \underline{\vec{H}}_{\substack{z<0\\ z\to 0}} \right) = \underline{\vec{K}}(x, y) = \vec{e}_y\, \underline{K}(x, y)$$

$$\underline{H}_y\Big|_{\substack{z>0\\ z\to 0}} - \underline{H}_y\Big|_{\substack{z<0\\ z\to 0}} = 0 \quad ; \quad \underline{H}_x\Big|_{\substack{z>0\\ z\to 0}} - \underline{H}_x\Big|_{\substack{z<0\\ z\to 0}} = \underline{K}(x, y)$$

$$\underline{H}_y = -\frac{1}{\mu}\frac{\partial \underline{A}_{TM}}{\partial x} + \frac{1}{j\omega\mu\varepsilon}\frac{\partial^2 \underline{F}_{TE}}{\partial y \partial z}$$
$$\underline{H}_x = \frac{1}{\mu}\frac{\partial \underline{A}_{TM}}{\partial y} + \frac{1}{j\omega\mu\varepsilon}\frac{\partial^2 \underline{F}_{TE}}{\partial x \partial z} .$$

Damit folgt zunächst

$$\sum_{m,n} \cos(m\pi\, x/a)\, \sin(n\pi\, y/b) \left[-\frac{2}{\mu}\underline{C}_{mn}\,\frac{m\pi}{a} + \frac{2n\pi j\beta_{z_{mn}}}{j\omega\mu\varepsilon b}\underline{A}_{mn}\right] = 0$$

$$\underline{C}_{mn} = \frac{\beta_{z_{mn}}}{\omega\varepsilon}\,\frac{n}{m}\,\frac{a}{b}\,\underline{A}_{mn}$$

und weiter

$$\sum_{m,n} \sin(m\pi\, x/a)\, \cos(n\pi\, y/b) \left[\frac{1}{\mu}\,\frac{n\pi}{b}\,2\underline{C}_{mn} + \frac{2m\pi j\beta_{z_{mn}}}{j\omega\mu\varepsilon a}\underline{A}_{mn}\right] = \underline{K}(x,y)$$

$$\frac{2}{\mu}\sum_{m,n}\frac{\beta_{z_{mn}}}{\omega\varepsilon}\,\frac{m\pi}{a}\,\underline{A}_{mn}\left[1 + (n/m)^2(a/b)^2\right]\sin(m\pi x/a)\,\cos(n\pi\, y/b) =$$
$$= \underline{K}(x,y) = I_0\,\cos(\pi y/b)\,\delta(x - a/2)\,.$$

Damit existieren wegen der Vorgabe des erregenden Stromes nur Lösungen mit $n = 1$ und wegen der Orthogonalität der trigonometrischen Funktionen folgt nach Multiplikation mit der Funktion $\sin(k\pi\, x/a)$ und Integration von $x = 0$ bis $x = a$

$$\frac{2}{\mu}\,\frac{\beta_{z_{m1}}}{\omega\varepsilon}\,\frac{m\pi}{a}\,\underline{A}_{m1}\left[1 + (a/b)^2/m^2\right]a/2 = I_0\,\sin(m\pi/2) = I_0\left\{\begin{array}{c} 0 \\ (-1)^k \end{array}\right.$$

für $m = 2k$ bzw. $m = 2k+1$ mit $k = 0, 1, 2, \ldots$. Damit lautet das Ergebnis

$$\underline{A}_{2k+1,1} = \frac{\mu I_0}{\pi}\,\frac{(-1)^k}{1+(a/b)^2/m^2}\,\frac{\omega\varepsilon}{\beta_{z2k+1,1}}\,\frac{1}{2k+1} \quad ; \quad \underline{A}_{2k,1} = 0$$

$$\underline{C}_{2k+1,1} = \frac{\mu I_0}{\pi}\,\frac{(-1)^k\, a/b}{1+(a/b)^2/m^2}\,\frac{1}{(2k+1)^2} \quad ; \quad \underline{C}_{2k,1} = 0 \quad ; \quad k = 0, 1, 2, \ldots$$

6.3 Anregung transversal elektrischer Wellen in einer einseitig abgeschlossenen Bandleitung

Das Feld einer kurzgeschlossenen Bandleitung mit perfekt leitenden Begrenzungen in den Ebenen $y = 0$, $y = a$ und $z = 0$ wird durch einen Strombelag $\vec{K}(y,t) = \vec{e}_x K_0 \cos(\pi y/a)\cos(\omega t) = \vec{e}_x \mathrm{Re}\ \{K_0 \cos(\pi y/a)\exp(j\omega t)\}$ auf der Fläche $(z = b\,;\ 0 < y < a)$ angeregt. Der Raum $(0 < y < a\,;\ z > 0)$ hat die Permittivität ε und die Permeabilität μ. Zu berechnen sind die Amplituden der angeregten Moden.

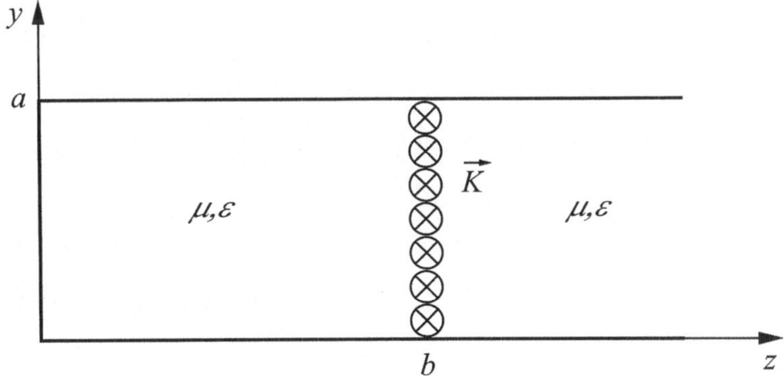

Das Feld innerhalb der Bandleitung kann durch bezüglich der z-Richtung transversalelektrische (TE-) und transversalmagnetische (TM-)Wellen und damit in $z \neq b$ durch die Vektorpotentiale

$$\underline{\vec{A}}_{TM} = \vec{e}_z \underline{A}_{TM}\,; \quad \Delta \underline{\vec{A}}_{TM} + \beta^2 \underline{\vec{A}}_{TM} = 0$$

$$\underline{\vec{F}}_{TE} = \vec{e}_z \underline{F}_{TE}\,; \quad \Delta \underline{\vec{F}}_{TE} + \beta^2 \underline{\vec{F}}_{TE} = 0$$

mit $\beta^2 = \omega^2 \mu\varepsilon$ beschrieben werden. Sie ergeben die Feldstärken

$$\underline{\vec{H}}_{TM} = \frac{1}{\mu}\mathrm{rot}\,(\underline{\vec{A}}_{TM}) = \frac{1}{\mu}\mathrm{grad}\,\underline{A}_{TM} \times \vec{e}_z = \frac{1}{\mu}\left[-\vec{e}_y \frac{\partial \underline{A}_{TM}}{\partial x} + \vec{e}_x \frac{\partial \underline{A}_{TM}}{\partial y}\right]$$

$$\underline{\vec{E}}_{TM} = \frac{1}{j\omega\mu\varepsilon}\mathrm{rot}\,\mathrm{rot}\,\underline{\vec{A}}_{TM} =$$

$$= \frac{1}{j\omega\mu\varepsilon}\left[\vec{e}_x\frac{\partial^2\underline{A}_{TM}}{\partial x\partial z} + \vec{e}_y\frac{\partial^2\underline{A}_{TM}}{\partial y\partial z} + \vec{e}_z(\beta^2 - \beta_z^{TM^2})\underline{A}_{TM}\right]$$

$$\vec{\underline{E}}_{TE} = -\frac{1}{\varepsilon}\text{rot}\,\vec{\underline{F}}_{TE} = \frac{1}{\varepsilon}\left(\vec{e}_y\frac{\partial\underline{F}_{TE}}{\partial x} - \vec{e}_x\frac{\partial\underline{F}_{TE}}{\partial y}\right)$$

$$\vec{\underline{H}}_{TE} = \frac{1}{j\omega\mu\varepsilon}\text{rot}\,\text{rot}\,\vec{\underline{F}}_{TE} =$$

$$= \frac{1}{j\omega\mu\varepsilon}\left[\vec{e}_x\frac{\partial^2\underline{F}_{TE}}{\partial x\partial z} + \vec{e}_y\frac{\partial^2\underline{F}_{TE}}{\partial y\partial z} + \vec{e}_z(\beta^2 - \beta_z^{TE^2})\underline{F}_{TE}\right].$$

Wegen der Unabhängigkeit des Feldes von der x-Koordinate hat das transversalmagnetische Feld nur eine x-Komponente, kann also durch einen nur x-gerichteten Strombelag nicht angeregt werden. Das resultierende Feld ist rein transversalelektrisch bezüglich der z-Richtung.

Auf der perfekt leitenden Berandung verschwinden die Tangentialkomponente des elektrischen Feldes und die Normalkomponente der magnetischen Flussdichte. Diese Bedingungen sind erfüllt, wenn auf der Berandung des Gebietes die Normalableitung des Potentials $\underline{F}_{TE}$ verschwindet

$$\left.\frac{\partial\underline{F}_{TE}}{\partial y}\right|_{y=0} = \left.\frac{\partial\underline{F}_{TE}}{\partial y}\right|_{y=a} = 0$$

und in $z = 0$ die Funktion $\underline{F}_{TE}$ selbst.

$$\underline{F}_{TE}|_{z=0} = 0$$

Die Lösung der Differentialgleichung für das Vektorpotential $\underline{F}_{TE}$ lautet bei Berücksichtigung nur der erst genannten Randbedingung

$$\underline{F}_{TE} = \sum_{n=1}^{\infty}\underline{C}_n\cos(n\pi y/a)\exp(\mp j\beta_{zn}^{TE}z)\,; \quad \beta_{zn}^{TE} = \sqrt{\beta^2 - (n\pi/a)^2} = \beta_{zn}\,.$$

Sie beschreibt Wellen, die sich in positiver (negativer) z-Richtung ausbreiten, entsprechend dem negativen (positiven) Vorzeichen im Argument der Exponentialfunktion. Im Raum $0 < z < b$ der Bandleitung sind wegen der

Begrenzung in $z = 0$ und der dort zu erfüllenden Randbedingung Wellen anzusetzen, die sich in positiver bzw. negativer z-Richtung ausbreiten und in der Summe die Bedingung in $z = 0$ erfüllen. Der resultierende Feldansatz lautet damit

$$\underline{F}_{TE} = \sum_{n=1}^{\infty} \left\{ \begin{array}{c} \underline{C}_n^{(1)} \\ \underline{C}_n^{(2)} \end{array} \right\} \cos(n\pi y/a) \left\{ \begin{array}{ll} \sin(\beta_{zn} z)/\sin(\beta_{zn} b)\,; & 0 < z < b \\ \exp(-j\beta_{zn}(z-b))\,; & z > b\,. \end{array} \right.$$

Die Stetigkeit der z-Komponente der magnetischen Flussdichte in $z = b$ erfordert die Stetigkeit des Potentials $\underline{F}_{TE}$, also $\underline{C}_n^{(1)} = \underline{C}_n^{(2)} = \underline{C}_n$. Diese Konstante wird aus der Randbedingung für die Tangentialkomponente der magnetischen Feldstärke am Ort des Strombelags bestimmt.

$$\underline{H}_y\Big|_{\substack{z<b \\ z\to b}} - \underline{H}_y\Big|_{\substack{z>b \\ z\to b}} = K_0 \cos(\pi y/a) = \frac{1}{j\omega\mu\varepsilon} \left[\frac{\partial^2 \underline{F}_{TE}}{\partial y \partial z}\Big|_{\substack{z<b \\ z\to b}} - \frac{\partial^2 \underline{F}_{TE}}{\partial y \partial z}\Big|_{\substack{z>b \\ z\to b}} \right]$$

$$= -\frac{1}{j\omega\mu\varepsilon} \sum_{n=1}^{\infty} \underline{C}_n \frac{n\pi}{a} \beta_{zn} \frac{\exp(j\beta_{zn} b)}{\sin(\beta_{zn} b)} \sin(n\pi y/a) = K_0 \cos(\pi y/a)$$

Multiplikation mit $\sin(k\pi y/a)$ und Integration von $y = 0$ bis $y = a$ ergibt unter Ausnutzung der Orthogonalitätsrelation der trigonometrischen Funktionen

$$-\frac{1}{j\omega\mu\varepsilon} \underline{C}_k \frac{k\pi}{a} \beta_{zk} \frac{\exp(j\beta_{zk} b)}{\sin(\beta_{zk} b)} \frac{a}{2} = K_0 \cdot \underbrace{\int_0^a \cos(\pi y/a) \sin(k\pi y/a) dy}_{\substack{= 0 \,\text{für}\, k = 2m+1 \,\text{und} \\ = a/\pi 2k/(k^2-1) \,\text{für}\, k = 2m}}$$

und damit

$$\underline{C}_n = -jK_0 \frac{4}{\pi^2} \frac{\omega\mu\varepsilon a}{\beta_{zn}} \frac{\sin(\beta_{zn} b) \exp(-j\beta_{zn} b)}{n^2 - 1}\,; \qquad n = 2m; \quad m = 1, 2, 3, \ldots$$

Es werden also, abhängig von der Frequenz ω, nur die Moden mit gerader Ordnungszahl $n = 2m$ angeregt. Die TE-Grundmode mit $n = 1$ wird damit bei dem so vorgegebenen Strombelag nicht angeregt.

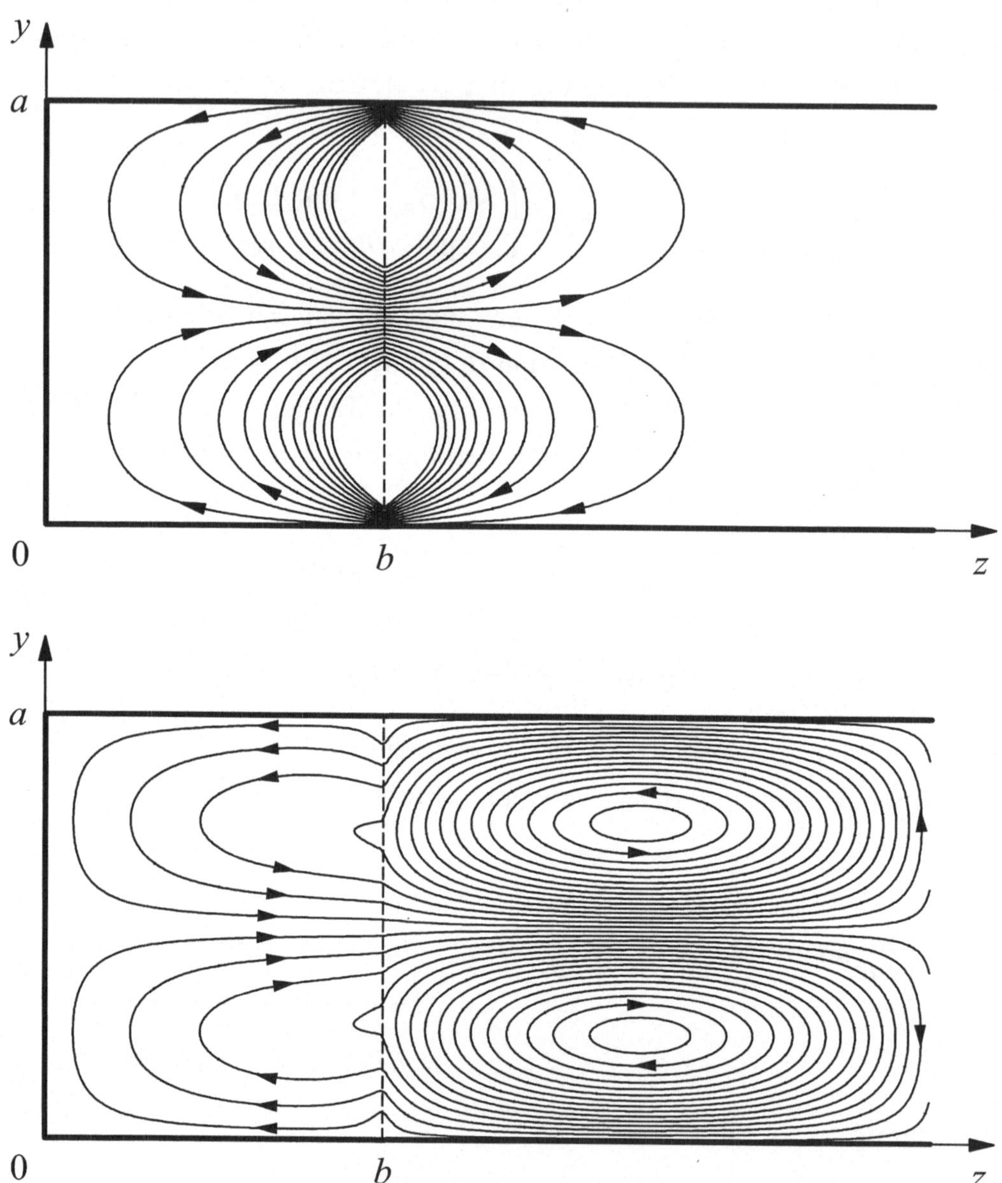

Bild 6.3–1: Magnetische Feldlinien unterhalb des cut-off (oben) und bei Anregung einer ausbreitungsfähigen Mode bei $b/a = 0,8$.

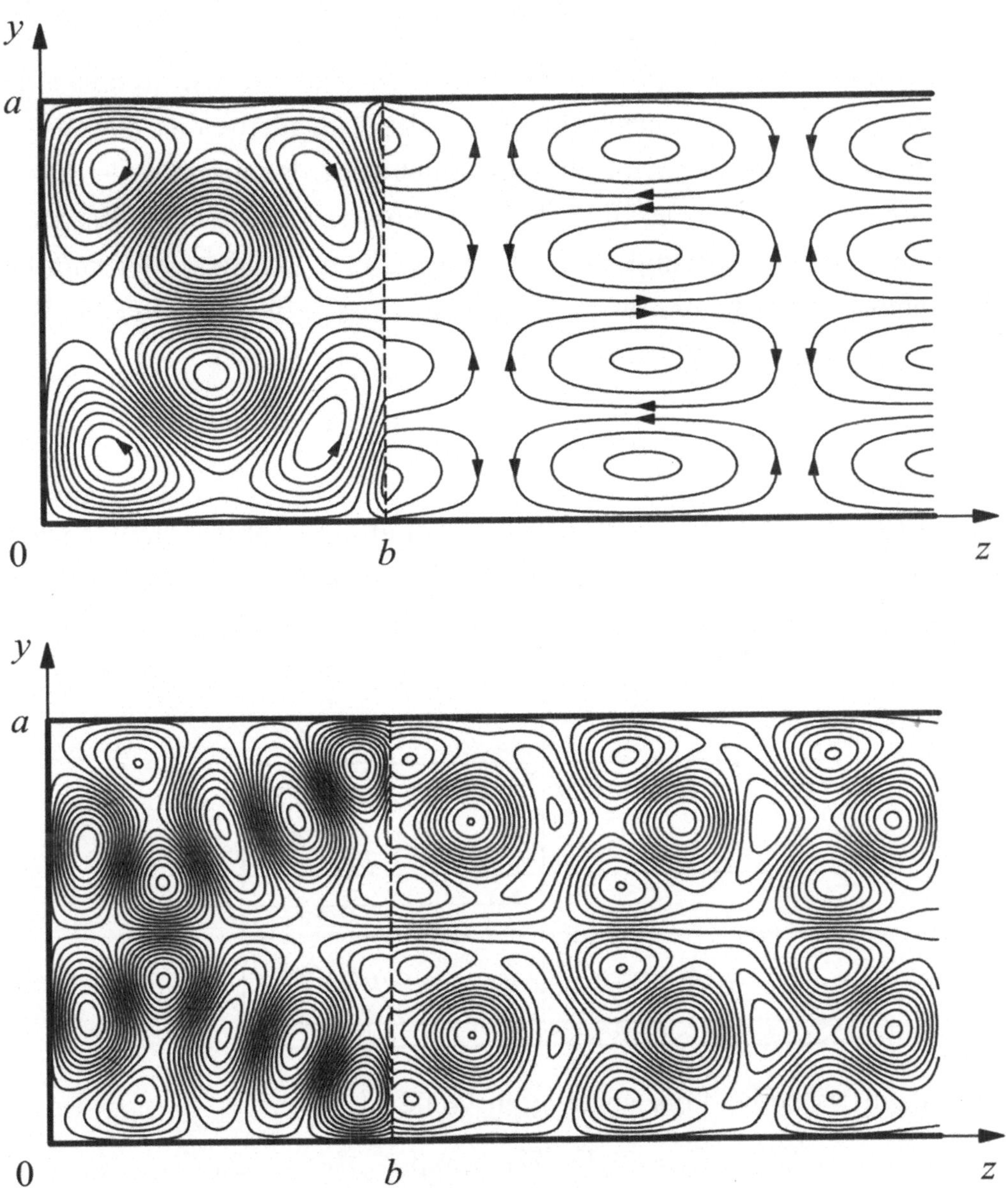

Bild 6.3–2: Magnetische Feldlinien bei Anregung von zwei (oben) und drei (unten) ausbreitungsfähigen Moden bei $b/a = 0,8$.

6.4 Koaxialleitung mit inhomogenem Dielektrikum

Eine Koaxialleitung aus perfekt leitendem Material mit dem Radius a des Innenleiters und dem Innenradius $b > a$ des Außenleiters ist einseitig in Richtung seiner negativen z-Achse unendlich ausgedehnt und in der Ebene $z = c$ durch einen idealen Leiter kurzgeschlossen. Die Permittivität ist ε_0 im Raum $-\infty < z < 0$ und ε im Raum $0 \leq z < c$. Der gesamte Raum hat die homogene Permeabilität μ. Im Bereich $z < 0$ wird eine TEM-Welle mit der elektrischen Feldstärke

$$\underline{\vec{E}}_e = \vec{e}_\varrho \underline{E}_0 \, a/\varrho \exp(-j\beta_0 z) \quad ; \quad \beta_0 = \omega \sqrt{\mu\varepsilon_0}$$

angeregt.

Zu berechnen sind das resultierende Feld und die Größen Spannung $\underline{u}(z)$ und Strom $\underline{i}(z)$ auf der Leitung. Wie groß ist der Wert c zu wählen, wenn die Spannung $\underline{u}$ an der Stelle $z = -\lambda_0 = -2\pi/\beta_0$ verschwinden soll?

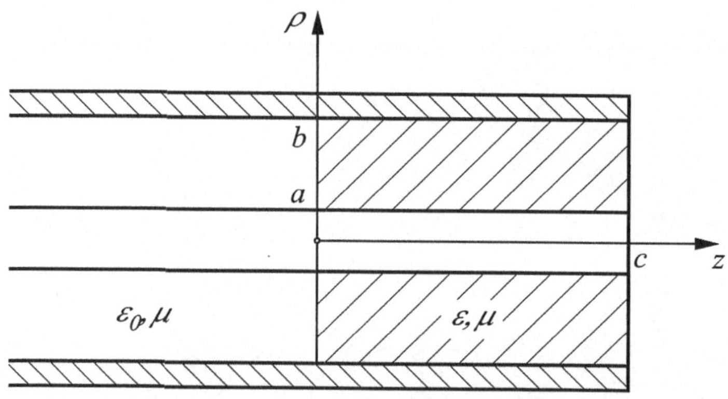

Das magnetische Feld der angeregten Welle ist

$$\underline{\vec{H}}_e = 1/Z_0 \vec{e}_z \times \underline{\vec{E}}_e = \vec{e}_\varphi \underline{E}_0 / Z_0 a/\varrho \exp(-j\beta_0 z); \quad Z_0 = \sqrt{\mu/\varepsilon_0}\,.$$

Die Reflexionen an den Ebenen $z = 0$ und $z = c$ erfordern für das resultierende Feld den Ansatz

$$\underline{\vec{E}}(\varrho, z) = \vec{e}_\varrho \underline{E}(\varrho, z) = \vec{e}_\varrho \underline{E}_0 \frac{a}{\varrho} \begin{cases} \exp(-j\beta_0 z) + \underline{A} \exp(j\beta_0 z)\,; & z \leq 0 \\ \underline{B} \exp(-j\beta z) + \underline{C} \exp(j\beta z)\,; & 0 \leq z \leq c \end{cases}$$

mit hin- und rücklaufenden Wellen der Phasenkonstanten β_0 und $\beta = \omega\sqrt{\mu\varepsilon}$. Für beide Anteile gilt die grundlegende Beziehung $\underline{\vec{H}} = \pm 1/Z\, \vec{e}_z \times \underline{\vec{E}}$ zwischen elektrischer und magnetischer Feldstärke für Wellen mit Ausbreitung in positiver bzw. negativer z-Richtung

$$\underline{\vec{H}}(\varrho, z) = \vec{e}_\varphi \underline{H}(\varrho, z) = \vec{e}_\varphi \frac{\underline{E}_0}{Z_0}\frac{a}{\varrho} \begin{cases} \exp(-j\beta_0 z) - \underline{A}\exp(j\beta_0 z) \\ Z_0/Z(\underline{B}\exp(-j\beta z) - \underline{C}\exp(j\beta z)) \end{cases}$$

mit $Z = \sqrt{\mu/\varepsilon}$ für den Bereich $0 < z < c$.

Die unbekannten Konstanten werden aus den Randbedingungen

$$\vec{e}_z \times \underline{\vec{E}}\Big|_{z=c} = 0\,; \; \underline{E}(\varrho, z)|_{\substack{z<0\\ z\to 0}} = \underline{E}(\varrho, z)|_{\substack{z>0\\ z\to 0}} \; ; \; \underline{H}(\varrho, z)|_{\substack{z<0\\ z\to 0}} = \underline{H}(\varrho, z)|_{\substack{z>0\\ z\to 0}}$$

bestimmt. Das führt zu den Gleichungen $1 + \underline{A} = \underline{B} + \underline{C}$

$$1 - \underline{A} = Z_0/Z\,(\underline{B} - \underline{C}) \quad ; \quad \underline{B}\,\exp(-j\beta c) + \underline{C}\,\exp(j\beta c) = 0.$$

$$\underline{A} = \frac{r - \exp(-2j\beta c)}{1 - r\,\exp(-2j\beta c)} \quad ; \quad \underline{B} = \frac{2Z}{Z_0 + Z}(1 - r\,\exp(-2j\beta c))^{-1}$$

$$\underline{C} = \frac{-2Z}{Z_0 + Z}\,\frac{\exp(-2j\beta c)}{1 - r\,\exp(-2j\beta c)} \quad ; \quad r = \frac{Z - Z_0}{Z + Z_0}$$

Für den Grenzfall $Z \to 0$ wird mit $r = -1$ und

$$\underline{A}|_{Z\to 0} = -1 \quad ; \quad \underline{C}|_{Z\to 0} = \underline{B}|_{Z\to 0} = 0$$

die Reflexion der einfallenden Welle an einer leitenden Ebene in $z = 0$ richtig beschrieben. Für $\varepsilon = \varepsilon_0$ folgt mit $r = 0$

$$\underline{A}|_{Z=Z_0} = -\exp(-2j\beta c)\,; \quad \underline{B}|_{Z=Z_0} = 1\,; \quad \underline{C}|_{Z=Z_0} = -\exp(-2j\beta c)$$

die Beschreibung der Reflexion an der Ebene $z = c$ im Koaxialkabel mit homogener Permittivität ε_0.

Für Spannung und Strom auf der Leitung folgt

$$\underline{u}(z) = \int_a^b \underline{\vec{E}}(\varrho, z)\,\vec{e}_\varrho\,d\varrho = \int_a^b \underline{E}(\varrho, z)\,d\varrho =$$

$$= \underline{u}_0 \ln(b/a) \begin{cases} \exp(-j\beta_0 z) + \underline{A}\exp(j\beta_0 z) & ; \quad z \leq 0 \\ \underline{B}\exp(-j\beta z) + \underline{C}\exp(j\beta z) & ; \quad 0 \leq z \leq c \end{cases}$$

$$\underline{u}_0 = \underline{E}_0 a \quad ; \quad \underline{i}_0 = \underline{u}_0/Z_0 \, ; \quad \underline{i}(z) = \int_0^{2\pi} \underline{\vec{H}}(\varrho, z)\vec{e}_\varphi \, \varrho d\varphi$$

$$\underline{i}(z) = 2\pi\underline{i}_0 \begin{cases} \exp(-j\beta_0 z) - \underline{A}\exp(j\beta_0 z) & ; \quad z \leq 0 \\ Z_0/Z(\underline{B}\exp(-j\beta z) - \underline{C}\exp(j\beta z)) & ; \quad 0 \leq z \leq c\,. \end{cases}$$

Die Bedingung $\underline{u}(z = -2\pi/\beta_0) = 0$ ist für $1 + \underline{A} = 0$ erfüllt. Der Wert $\underline{A} = -1 = (r-1)/(1-r)$ entsteht für $\exp(-2j\beta c) = 1$, also $c = m\pi/\beta\,;\ m = 0, 1, 2, \ldots$.

6.5 Zylindrischer Hohlleiterresonator mit inhomogener Permittivität

Ein zylindrischer Hohlleiterresonator mit perfekt leitender Berandung in $\varrho = a$, $z = -c$ und $z = d$ ist im Bereich $(\varrho < a; -c < z < 0)$ mit Material der Permittivität ε_1 und im Bereich $(\varrho < a; 0 \leq z < d)$ mit Material der Permittivität ε_2 gefüllt. Die Permeabilität im Resonatorraum ist μ. Zu berechnen sind die Resonanzfrequenzen der Moden, die bezüglich der z-Achse transversalelektrisch (TE) bzw. transversalmagnetisch (TM) sind.

Das Feld kann im Resonatorraum durch die axialen Vektorpotentiale

$$\underline{\vec{A}}_{TM} = \vec{e}_z \underline{A}_{TM} \quad ; \quad \underline{\vec{F}}_{TE} = \vec{e}_z \underline{F}_{TE}$$

$$\Delta\underline{A}_{TM} + \beta_{1,2}^2 \underline{A}_{TM} = 0 \quad ; \quad \Delta\underline{F}_{TE} + \beta_{1,2}^2 \underline{F}_{TE} = 0$$

beschrieben werden. Daraus folgen die Feldstärken

$$\underline{\vec{B}}_{TM} = \operatorname{rot} \underline{\vec{A}}_{TM} = -\vec{e}_z \times \operatorname{grad} \underline{A}_{TM} = \mu \, \underline{\vec{H}}_{TM}$$

$$\underline{\vec{E}}_{TM} = \frac{1}{j\omega\mu\varepsilon_{1,2}} \left(\operatorname{grad}_s(\partial \underline{A}_{TM}/\partial z) + \vec{e}_z(\beta_{1,2}^2 - \beta_{TM}^{(1,2)2})\underline{A}_{TM} \right)$$

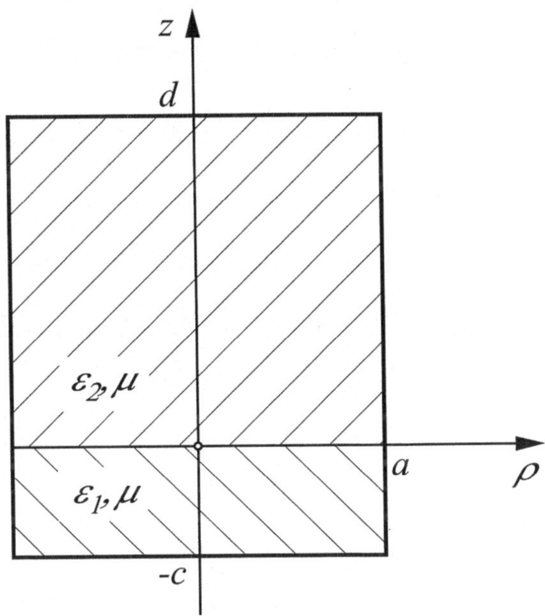

$$\underline{\vec{E}}_{TE} = -1/\varepsilon_{1,2} \operatorname{rot} \underline{\vec{F}}_{TE} = 1/\varepsilon_{1,2}\, \vec{e}_z \times \operatorname{grad} \underline{F}_{TE}\,; \quad \operatorname{grad}_s = \operatorname{grad} - \vec{e}_z \partial/\partial z$$

$$\underline{\vec{H}}_{TE} = \frac{\underline{\vec{B}}_{TE}}{\mu} = \frac{1}{j\omega\mu\varepsilon_{1,2}} \left(\operatorname{grad}_s(\partial \underline{F}_{TE}/\partial z) + \vec{e}_z(\beta_{1,2}^2 - \beta_{TE}^{(1,2)2}) \underline{F}_{TE} \right) .$$

Auf der Zylinderwand $\varrho = a$ muss die Tangentialkomponente von $\vec{E}$ bzw. die Normalkomponente von $\vec{B}$ verschwinden. Es gilt deshalb

$$\underline{A}_{TM}\big|_{\varrho=a} = 0 \quad ; \quad \partial \underline{F}_{TE}/\partial \varrho\big|_{\varrho=a} = 0\,.$$

In den Bereichen (1) für $-c < z < 0$ und (2) für $0 < z < d$ lauten deshalb die Lösungsansätze der Differentialgleichungen

$$\underline{A}_{TM}^{(1,2)}(\varrho, \varphi, z) = \underline{C}_{TM}^{(1,2)}\, U_{TM_{nr}}(\varrho)\, \phi_n(\varphi)\, Z_{TM_{nr}}^{(1,2)}(z)$$

$$\underline{F}_{TE}^{(1,2)}(\varrho, \varphi, z) = \underline{C}_{TE}^{(1,2)}\, U_{TE_{nr}}(\varrho)\, \phi_n(\varphi)\, Z_{TE_{nr}}^{(1,2)}(z)$$

$$\partial U_{TE_{nr}}/\partial \varrho\big|_{\varrho=a} = 0 \quad ; \quad U_{TM_{nr}}(\varrho = a) = 0\,.$$

$$U_{TM_{nr}}(\varrho) = J_n(x_{nr}\varrho/a)\,; \quad U_{TE_{nr}}(\varrho) = J_n(x'_{nr}\varrho/a)$$

$$\phi_n(\varphi) = \left\{ \begin{array}{c} \cos n\varphi \\ \sin n\varphi \end{array} \right\} \quad ; \quad J_n(x_{nr}) = 0 \quad ; \quad J_n'(x_{nr}') = 0$$

$$Z_{TM_{nr}}^{(1,2)}(z) = \exp(\mp j\beta_{TM_{nr}}^{(1,2)} z) \quad ; \quad Z_{TE_{nr}}^{(1,2)}(z) = \exp(\mp j\beta_{TE_{nr}}^{(1,2)} z)$$

$$\beta_{TM_{nr}}^{(1,2)} = \sqrt{\beta_{1,2}^2 - (x_{nr}/a)^2}\,; \quad \beta_{TE_{nr}}^{(1,2)} = \sqrt{\beta_{1,2}^2 - (x_{nr}'/a)^2}\,; \quad n, r = 1, 2, \ldots$$

Auf den Flächen $z = -c$ und $z = d$ muss die Tangentialkomponente von $\underline{\vec{E}}$ bzw. die Normalkomponente von $\underline{\vec{B}}$ verschwinden. Es muss gelten

$$\partial \underline{A}_{TM}/\partial z|_{z=-c,d} = 0 \quad ; \quad \underline{F}_{TE}|_{z=-c,d} = 0\,.$$

Die Lösungsfunktionen, die in positiver und negativer z-Richtung fortschreitende Wellen beschreiben, sind also so zu überlagern, dass diese Randbedingungen erfüllt sind. Damit wird

$$Z_{TM_{nr}}^{(1)}(z) = \cos(\beta_{TM_{nr}}^{(1)}(z+c)) \quad ; \quad Z_{TM_{nr}}^{(2)}(z) = \cos(\beta_{TM_{nr}}^{(2)}(z-d))$$

$$Z_{TE_{nr}}^{(1)}(z) = \sin(\beta_{TE_{nr}}^{(1)}(z+c)) \quad ; \quad Z_{TE_{nr}}^{(2)}(z) = \sin(\beta_{TE_{nr}}^{(2)}(z-d))\,.$$

In $z = 0$ müssen die Tangentialkomponenten von $\underline{\vec{E}}$ und $\underline{\vec{H}}$ stetig sein.

$$\underline{C}_{TM}^{(1)} \cos(\beta_{TM_{nr}}^{(1)} c) = \underline{C}_{TM}^{(2)} \cos(\beta_{TM_{nr}}^{(2)} d)$$

$$1/\varepsilon_1\, \underline{C}_{TM}^{(1)}\, \beta_{TM_{nr}}^{(1)} \sin(\beta_{TM_{nr}}^{(1)} c) = -1/\varepsilon_2\, \underline{C}_{TM}^{(2)}\, \beta_{TM_{nr}}^{(2)} \sin(\beta_{TM_{nr}}^{(2)} d)$$

$$1/\varepsilon_1\, \underline{C}_{TE}^{(1)} \sin(\beta_{TE_{nr}}^{(1)} c) = -1/\varepsilon_2\, \underline{C}_{TE}^{(2)} \sin(\beta_{TE_{nr}}^{(2)} d)$$

$$1/\varepsilon_1\, \underline{C}_{TE}^{(1)}\, \beta_{TE_{nr}}^{(1)} \cos(\beta_{TE_{nr}}^{(1)} c) = 1/\varepsilon_2\, \underline{C}_{TE}^{(2)}\, \beta_{TE_{nr}}^{(2)} \cos(\beta_{TE_{nr}}^{(2)} d)$$

Damit folgen durch Division die Eigenwertgleichungen

$$\beta_{TM_{nr}}^{(1)} \tan(\beta_{TM_{nr}}^{(1)} c) = -\varepsilon_1/\varepsilon_2\, \beta_{TM_{nr}}^{(2)} \tan(\beta_{TM_{nr}}^{(2)} d)$$

$$\beta_{TM_{nr}}^{(1)^2} - \beta_{TM_{nr}}^{(2)^2} = \beta_1^2 - \beta_2^2 = \omega_{nr}^2 \mu(\varepsilon_1 - \varepsilon_2)$$

$$\tan(\beta_{TE_{nr}}^{(1)} c) = -\frac{\beta_{TE_{nr}}^{(1)}}{\beta_{TE_{nr}}^{(2)}} \tan(\beta_{TE_{nr}}^{(2)} d)$$

$$\beta_{TE_{nr}}^{(1)^2} - \beta_{TE_{nr}}^{(2)^2} = \beta_1^2 - \beta_2^2 = \omega_{nr}^2 \mu(\varepsilon_1 - \varepsilon_2)\,,$$

aus denen die Resonanzfrequenzen ω_{nr} für die TE- und TM-Moden zu bestimmen sind.

6.6 Geführte Wellen der geschichteten Bandleitung

Die perfekt leitenden Ebenen $y = 0$ und $y = b$ bilden eine Bandleitung zur Führung elektromagnetischer Wellen. Der Bereich $0 < y < a$ ist mit Material der Permittivität ε_1, der Bereich $a < y < b$ mit Material der Permittivität ε_2 gefüllt. In beiden Bereichen ist die Permeabilität μ. Zu bestimmen sind die Phasenkonstanten der Wellen, deren Feldstärken unabhängig von der Koordinate x sind und die sich in Richtung der Koordinate z ausbreiten.

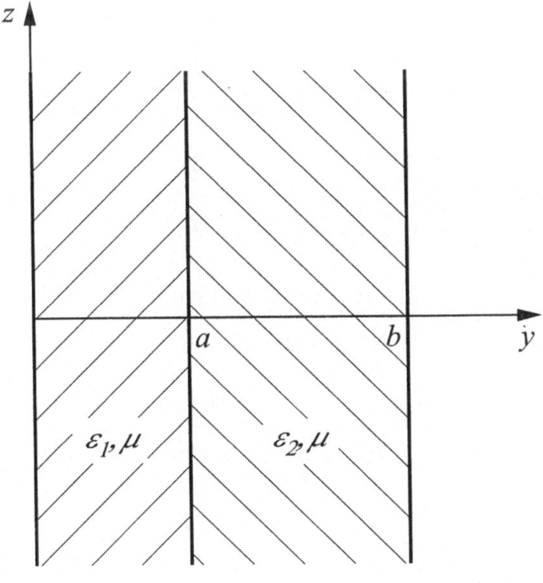

Die geführten Wellen können transversalelektrisch (TE) bzw. transversalmagnetisch (TM) sein. Die Felder werden damit durch die Vektorpotentiale

$$\vec{\underline{A}}_{TM} = \vec{e}_z\, \underline{A}_{TM}(y,z) \quad ; \quad \Delta \underline{A}_{TM} + \beta_{1,2}^2 \underline{A}_{TM} = 0$$

$$\vec{\underline{F}}_{TE} = \vec{e}_z\, \underline{F}_{TE}(y,z) \quad ; \quad \Delta \underline{F}_{TE} + \beta_{1,2}^2 \underline{F}_{TE} = 0; \quad \beta_{1,2}^2 = \omega^2 \mu\varepsilon_{1,2}$$

beschrieben. Die Feldstärken sind $\vec{\underline{B}}_{TM} = \operatorname{rot} \vec{\underline{A}}_{TM}$ und
$\vec{\underline{E}}_{TE} = -1/\varepsilon \operatorname{rot} \vec{\underline{F}}_{TE}$.

$$\vec{\underline{B}}_{TM} = \vec{e}_x \frac{\partial \underline{A}_{TM}}{\partial y}; \quad \vec{\underline{E}}_{TM} = \frac{1}{j\omega\mu\varepsilon_{1,2}} \left[\vec{e}_y \frac{\partial^2 \underline{A}_{TM}}{\partial y\, \partial z} + \vec{e}_z (\beta_{1,2}^2 - \beta_{TM}^2) \underline{A}_{TM} \right]$$

$$\vec{\underline{E}}_{TE} = -\frac{1}{\varepsilon}\, \vec{e}_x \frac{\partial \underline{F}_{TE}}{\partial y}; \quad \vec{\underline{H}}_{TE} = \frac{1}{j\omega\mu\varepsilon_{1,2}} \left[\vec{e}_y \frac{\partial^2 \underline{F}_{TE}}{\partial y\, \partial z} + \vec{e}_z (\beta_{1,2}^2 - \beta_{TE}^2) \underline{F}_{TE} \right]$$

Die Feldstärken müssen die Randbedingungen

$$\vec{e}_y \times \vec{E}\Big|_{y=0,b} = 0; \; \vec{e}_y \times \vec{E}\Big|_{\substack{y<a\\ y\to a}} = \vec{e}_y \times \vec{E}\Big|_{\substack{y>a\\ y\to a}}; \; \vec{e}_y \times \vec{H}\Big|_{\substack{y<a\\ y\to a}} = \vec{e}_y \times \vec{H}\Big|_{\substack{y>a\\ y\to a}}$$

erfüllen.

Für das TM-Feld lautet der Ansatz für die Lösung der Differentialgleichung für $\underline{A}_{TM}$

$$\frac{\partial^2 \underline{A}_{TM}}{\partial y^2} + (\beta_{1,2}^2 - \beta_{TM}^2)\, \underline{A}_{TM} = 0; \quad \frac{\partial \underline{A}_{TM}}{\partial x} = 0; \quad \beta_{1,2}^2 = \omega^2 \mu\varepsilon_{1,2}$$

$$\underline{A}_{TM} = \left\{ \begin{array}{l} \underline{C}_1 \sin(\sqrt{\beta_1^2 - \beta_{TM}^2}\, y) \\ \underline{C}_2 \sin(\sqrt{\beta_2^2 - \beta_{TM}^2}\, (y-b)) \end{array} \right\} \exp(\mp j\beta_{TM} z); \quad \begin{array}{c} 0 < y < a \\ a < y < b \end{array}$$

der bereits sicherstellt, dass die erst genannte Randbedingung erfüllt ist. Die beiden weiteren Randbedingungen erfordern

$$\frac{\partial \underline{A}_{TM}}{\partial y}\Bigg|_{\substack{y<a\\ y\to a}} = \frac{\partial \underline{A}_{TM}}{\partial y}\Bigg|_{\substack{y>a\\ y\to a}}$$

$$\frac{1}{\varepsilon_1} (\beta_1^2 - \beta_{TM}^2) \underline{A}_{TM}\Big|_{\substack{y<a\\ y\to a}} = \frac{1}{\varepsilon_2} (\beta_2^2 - \beta_{TM}^2) \underline{A}_{TM}\Big|_{\substack{y>a\\ y\to a}} .$$

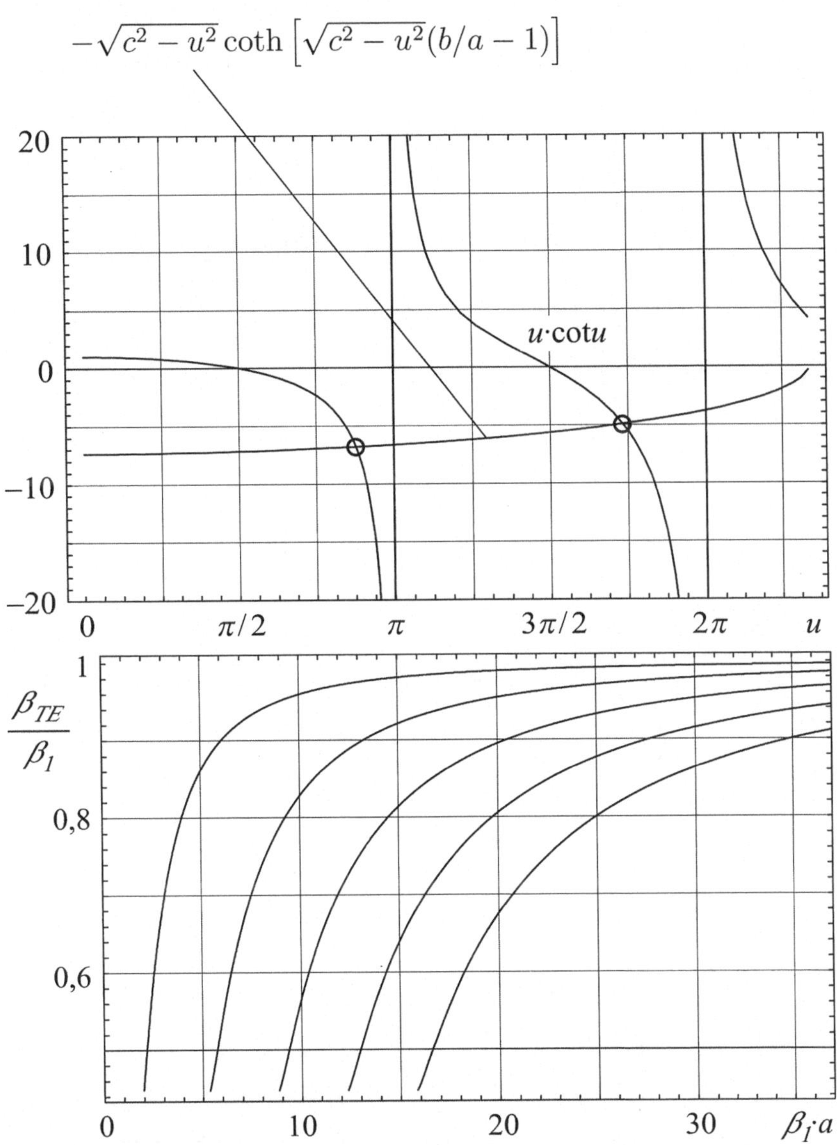

Bild 6.6–1: Lösungen der Eigenwertgleichung für TE-Wellen bei $\omega = 1,1 \cdot 10^{11}$ $[\mathrm{s}^{-1}]$ und Phasenkonstanten als Funktion der Frequenz für $\varepsilon_1/\varepsilon_2 = 5$ und $a/b = 0{,}25$. $c^2 = a^2(\beta_1^2 - \beta_2^2)$; $u^2 = a^2(\beta_1^2 - (\beta_{TE})^2)$

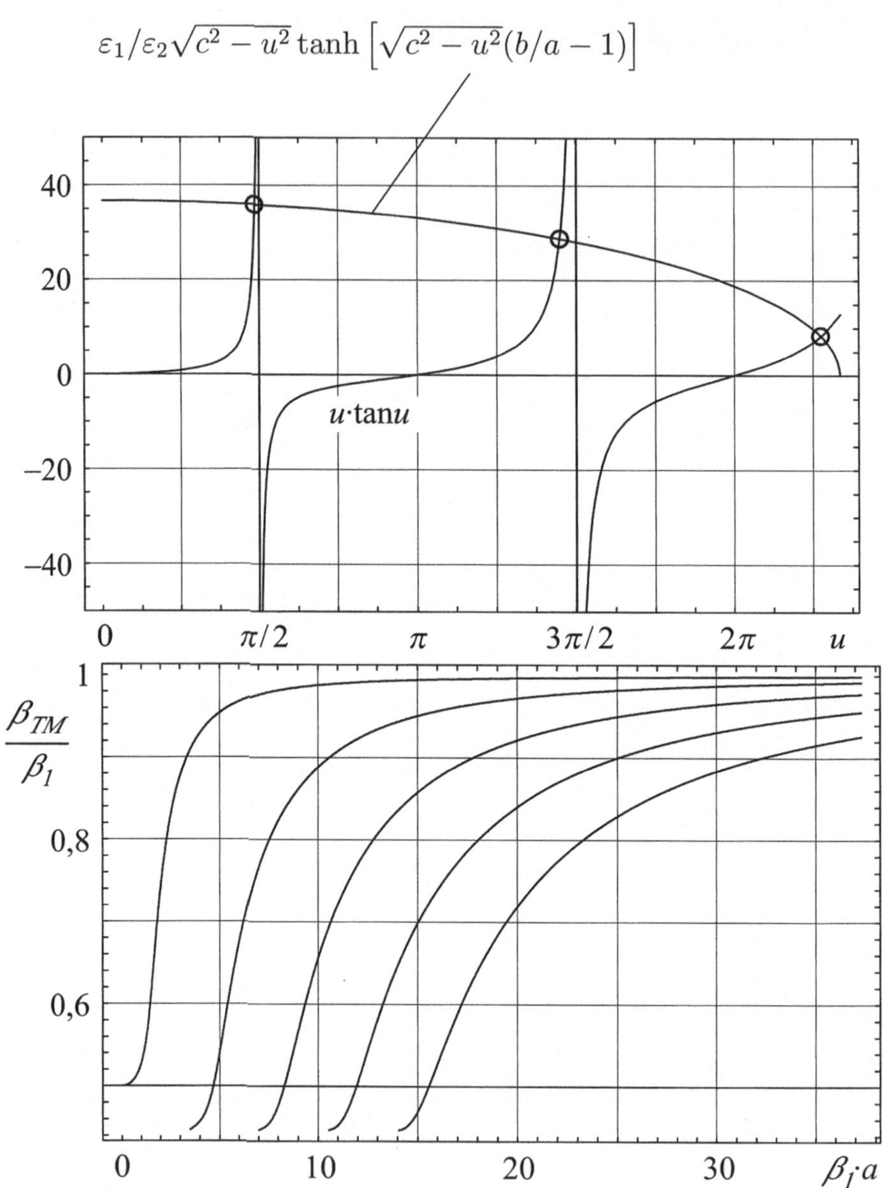

Bild 6.6–2: Lösungen der Eigenwertgleichung für TM-Wellen bei $\omega = 1,1 \cdot 10^{11}$ [s^{-1}] und Phasenkonstanten als Funktion der Frequenz für $\varepsilon_1/\varepsilon_2 = 5$ und $a/b = 0{,}25$. $u^2 = a^2(\beta_1^2 - (\beta_{TM})^2)$

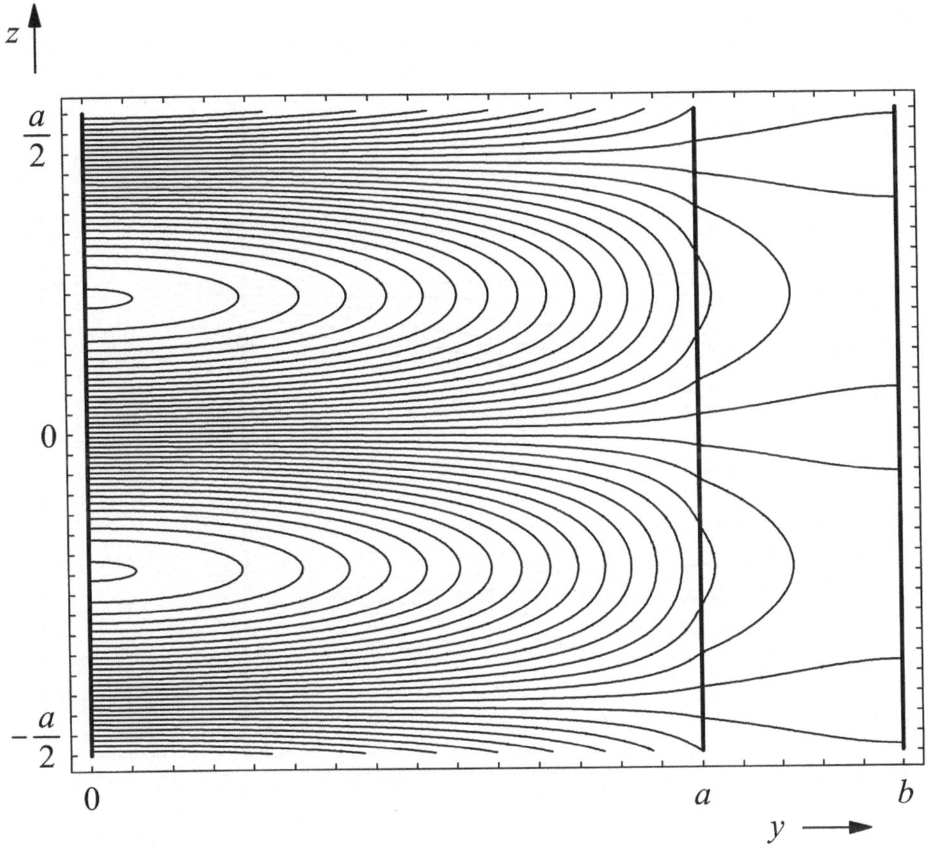

Bild 6.6–3: Elektrische Feldlinien der TM-Grundmode.
$\varepsilon_1/\varepsilon_2 = 2$; $\omega = 5 \cdot 10^{10}$ [s^{-1}]; $\beta_{TM} = 231,1$ [m^{-1}]

Daraus folgen die Gleichungen

$$\frac{C_1}{C_2}\sqrt{\frac{\beta_1^2-\beta_{TM}^2}{\beta_2^2-\beta_{TM}^2}} = \frac{\cos(\sqrt{\beta_2^2-\beta_{TM}^2}(a-b))}{\cos(\sqrt{\beta_1^2-\beta_{TM}^2}a)}$$

$$\frac{\varepsilon_2}{\varepsilon_1}\frac{C_1}{C_2}\frac{(\beta_1^2-\beta_{TM}^2)}{(\beta_2^2-\beta_{TM}^2)} = \frac{\sin(\sqrt{\beta_2^2-\beta_{TM}^2}(a-b))}{\sin(\sqrt{\beta_1^2-\beta_{TM}^2}a)}$$

und die Eigenwertgleichung

$$\sqrt{\beta_1^2-\beta_{TM}^2}\,\tan(\sqrt{\beta_1^2-\beta_{TM}^2}a) = \varepsilon_1/\varepsilon_2\sqrt{\beta_2^2-\beta_{TM}^2}\,\tan(\sqrt{\beta_2^2-\beta_{TM}^2}(a-b)),$$

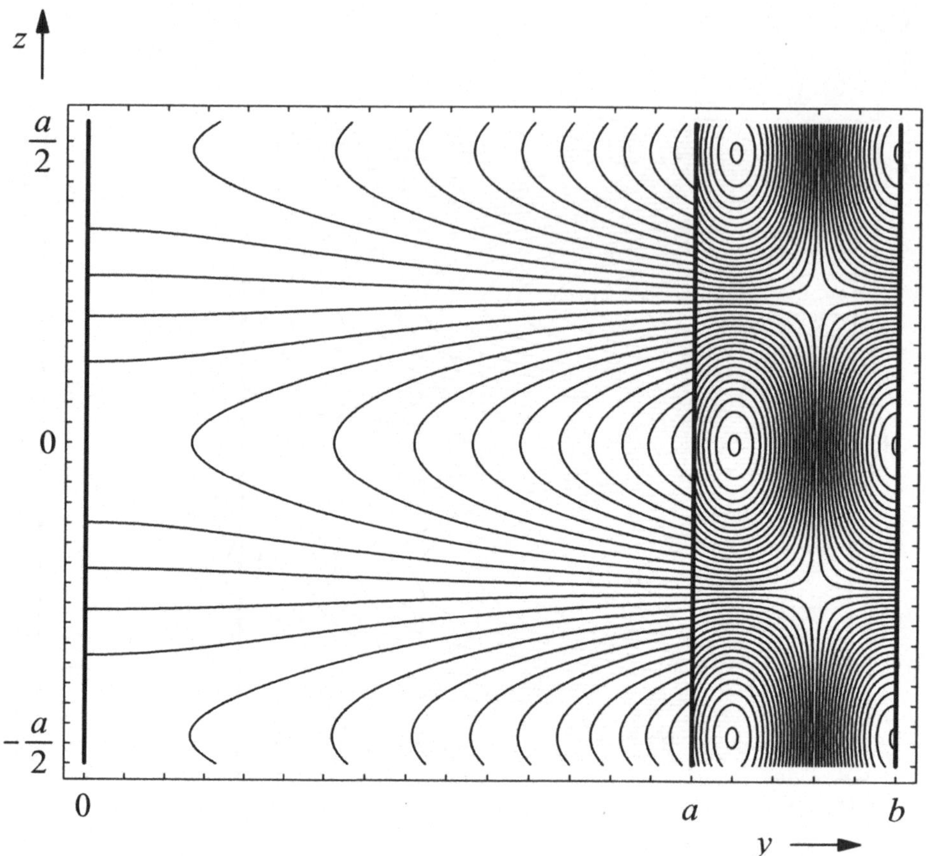

Bild 6.6–4: Elektrische Feldlinien der zweiten TM-Mode.
$\varepsilon_1/\varepsilon_2 = 0,2$; $\omega = 6 \cdot 10^{10}$ [s^{-1}]; $\beta_{TM} = 215,3$ [m^{-1}]

zur Berechnung der Phasenkonstanten β_{TM} der TM-Moden. Für das TE-Feld ergibt sich mit

$$\frac{\partial^2 \underline{F}_{TE}}{\partial y^2} + (\beta_{1,2}^2 - \beta_{TE}^2)\, \underline{F}_{TE} = 0 \quad ; \quad \frac{\partial \underline{F}_{TE}}{\partial x} = 0$$

der Lösungsansatz

$$\underline{F}_{TE} = \left\{ \begin{array}{l} \underline{C}_3 \cos(\sqrt{\beta_1^2 - \beta_{TE}^2}\, y) \\ \underline{C}_4 \cos(\sqrt{\beta_2^2 - \beta_{TE}^2}\,(y - b)) \end{array} \right\} \exp(\mp j \beta_{TE} z)\,; \qquad \begin{array}{l} 0 < y < a \\ a < y < b\,, \end{array}$$

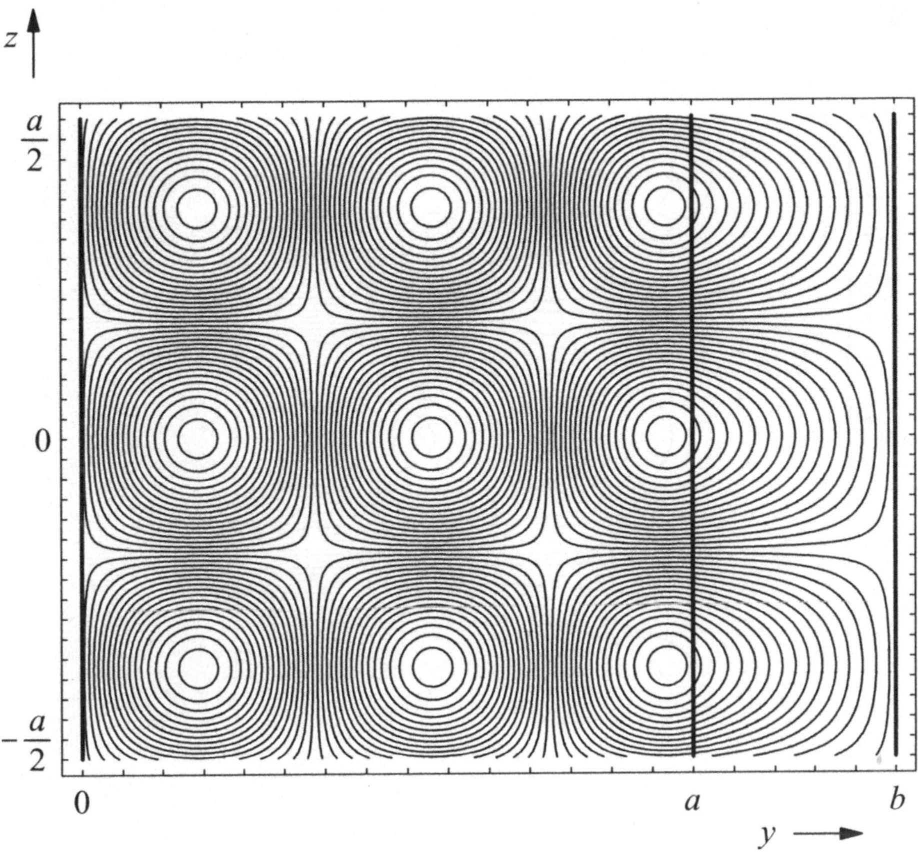

Bild 6.6–5: Magnetische Feldlinien der dritten TE-Mode.
$\varepsilon_1/\varepsilon_2 = 2$; $\omega = 8,2 \cdot 10^{10}$ [s^{-1}]; $\beta_{TE} = 273,5$ [m^{-1}]

der bereits die erstgenannte Randbedingung wieder erfüllt $(\partial \underline{F}_{TE}/\partial y)|_{y=0,b} = 0$. Die beiden anderen Randbedingungen in $x = a$ führen auf die Gleichungen

$$\frac{\varepsilon_2}{\varepsilon_1} \frac{\underline{C}_3}{\underline{C}_4} \sqrt{\frac{\beta_1^2 - \beta_{TE}^2}{\beta_2^2 - \beta_{TE}^2}} = \frac{\sin(\sqrt{\beta_2^2 - \beta_{TE}^2}(a-b))}{\sin(\sqrt{\beta_1^2 - \beta_{TE}^2}a)}$$

$$\frac{\varepsilon_2}{\varepsilon_1} \frac{\underline{C}_3}{\underline{C}_4} \frac{\beta_1^2 - \beta_{TE}^2}{\beta_2^2 - \beta_{TE}^2} = \frac{\cos(\sqrt{\beta_2^2 - \beta_{TE}^2}(a-b))}{\cos(\sqrt{\beta_1^2 - \beta_{TE}^2}a)}$$

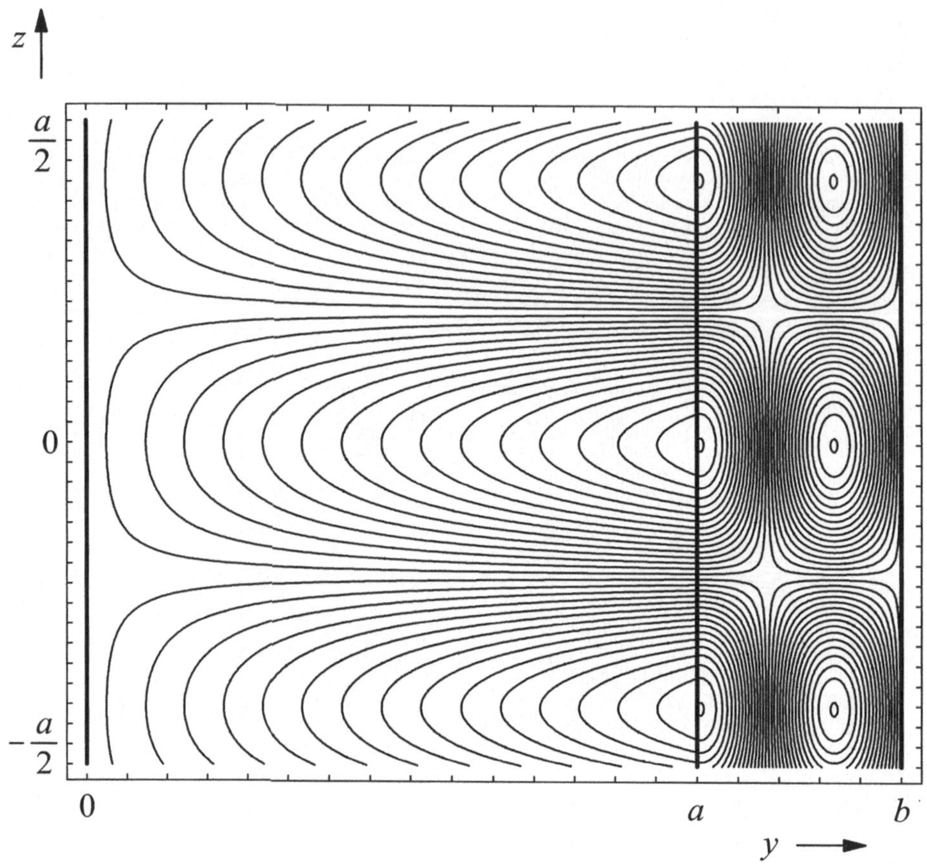

Bild 6.6–6: Magnetische Feldlinien der zweiten TE-Mode.
$\varepsilon_1/\varepsilon_2 = 0,2$; $\omega = 7,17 \cdot 10^{10}$ [s^{-1}]; $\beta_{TE} = 239,2$ [m^{-1}]

und die Eigenwertgleichung

$$\sqrt{\beta_1^2 - \beta_{TE}^2}\,\cot(\sqrt{\beta_1^2 - \beta_{TE}^2}a) = \sqrt{\beta_2^2 - \beta_{TE}^2}\,\cot(\sqrt{\beta_2^2 - \beta_{TE}^2}(a-b)),$$

aus der die Phasenkonstanten β_{TE} der TE-Moden numerisch zu berechnen sind.

6.7 Hertzsche Dipole in einer Gruppe

Im homogenen Raum der Permittivität ε und Permeabilität μ sind 4 Hertzsche Dipole der Momente $\vec{e}_z \underline{I}s\,;\quad s << \lambda$ an den Orten $(\pm a; 0; 0)$ und $(0; 0; \pm b)$ angeordnet. Zu berechnen sind die Fernfeldstärken und die Richtcharakteristik. Deren Nullstellen in der Ebene $x = 0$ sind für Werte $b = 2\lambda$ zu ermitteln.

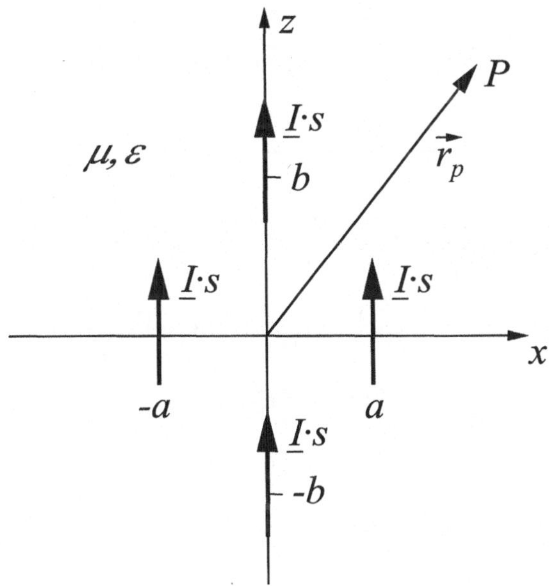

Die Feldstärke $\vec{\underline{H}}_0$ eines einzelnen, im Ursprung angeordneten Dipols $\vec{e}_z \underline{I}s$ am Ort $\vec{r}_p$ im Fernfeld lautet

$$\vec{\underline{H}}_0 = \frac{j\beta}{4\pi} \underline{I}s \left(\vec{e}_z \times \frac{\vec{r}_p}{r_p} \right) \frac{\exp(-j\beta r_p)}{r_p} \quad ; \quad \beta = \omega\sqrt{\mu\varepsilon} = 2\pi/\lambda\,.$$

Befindet sich dieser Dipol mit gleicher Orientierung am Ort $\vec{r}_q$, gilt für die von ihm erregte Feldstärke

$$\vec{\underline{H}} = \frac{j\beta}{4\pi} \underline{I}s \left(\vec{e}_z \times \frac{\vec{r}_p}{r_p} \right) \frac{\exp(-j\beta r_p)}{r_p} \exp(j\beta \vec{r}_q \vec{r}_p / r_p) = \vec{\underline{H}}_0 \exp(j\beta \vec{r}_q \vec{r}_p / r_p)\,.$$

Mit $\vec{r}_q = \pm\vec{e}_x a$, $\vec{r}_q = \pm\vec{e}_z b$ und $\vec{r}_p/r_p = \vec{e}_x \sin\vartheta\cos\varphi + \vec{e}_y \sin\vartheta\sin\varphi + \vec{e}_z\cos\vartheta = \vec{e}_r$ folgt für die Fernfeldstärke der Dipolgruppe

$$\begin{aligned}\underline{\vec{H}} &= \underline{\vec{H}}_0\,[\exp(j\beta a\sin\vartheta\cos\varphi) + \exp(-j\beta a\sin\vartheta\cos\varphi) + \\ &\quad + \exp(j\beta b\cos\vartheta) + \exp(-j\beta b\cos\vartheta)] \\ &= 2\underline{\vec{H}}_0\,[\cos(\beta a\,\sin\vartheta\,\cos\varphi) + \cos(\beta b\cos\vartheta)] = 2\,\underline{\vec{H}}_0 f(\vartheta,\varphi)\,.\end{aligned}$$

Im Fernfeld gilt mit dem Wellenwiderstand $Z = \sqrt{\mu/\varepsilon}$ für die elektrische Feldstärke

$$\begin{aligned}\underline{\vec{E}} &= -Z\,\vec{e}_r\times\underline{\vec{H}} = -2Z\,\vec{e}_r\times\underline{\vec{H}}_0 f(\vartheta,\varphi) \\ &= -Z\frac{j\beta}{2\pi}\underline{I}s\cdot\underbrace{\vec{e}_r\times(\vec{e}_z\times\vec{e}_r)}_{\vec{e}_z-\vec{e}_r\cos\vartheta=-\vec{e}_\vartheta\sin\vartheta}\cdot\frac{\exp(-j\beta r_p)}{r_p}f(\vartheta,\varphi) \\ \underline{\vec{E}} &= \vec{e}_\vartheta\frac{j\beta}{2\pi}\underline{I}Zs\,\frac{\exp(-j\beta r_p)}{r_p}\,\sin\vartheta\,f(\vartheta,\varphi)\,.\end{aligned}$$

Der zeitliche Mittelwert $\vec{S}_-$ des Poyntingschen Vektors $\vec{S}$ im Fernfeld ist

$$\vec{S}_- = 1/2\mathrm{Re}\left\{\underline{\vec{E}}\times\underline{\vec{H}}^*\right\} = -Z/2(\vec{e}_r\times\underline{\vec{H}})\times\underline{\vec{H}}^* = \vec{e}_r Z/2|\underline{\vec{H}}|^2 = \vec{e}_r S_-(r_p,\vartheta,\varphi)$$

$$S_-(r_p,\vartheta,\varphi) = 2Z|\underline{\vec{H}}_0|^2 f^2(\vartheta,\varphi) = 2Z(\beta/4\pi)^2\underline{I}\;\underline{I}^*\,s^2\sin^2\vartheta\,f^2(\vartheta,\varphi)/r_p^2\,.$$

$$S_-(r_p,\vartheta,\varphi) = Z/2(|\underline{I}|s/\lambda)^2\sin^2\vartheta\,f^2(\vartheta,\varphi)/r_p^2\,.$$

Damit folgt für die Richtcharakteristik $\Phi(\vartheta,\varphi) = S_- r_p^2$

$$\Phi(\vartheta,\varphi) = Z/2(|\underline{I}|s/\lambda)^2\,\sin^2\vartheta\,f^2(\vartheta,\varphi)\,.$$

Für die Ebene $x = 0$ bei $\varphi = \pm\pi/2$ gilt

$$\Phi(\vartheta,\varphi=\pm\pi/2) = Z/2(|\underline{I}|s/\lambda)^2\,\sin^2\vartheta\,[1+\cos(\beta b\cos\vartheta)]^2\,.$$

Bei $b = 2\lambda$ ergeben sich Nullstellen der Richtcharakteristik für

$$\beta b\,\cos\vartheta = (2k+1)\pi \quad ; \quad k = -2; -1; 0, 1$$

$$\cos\vartheta = (2k+1)/4\,.$$

Daneben existieren Nullstellen bei $\vartheta = 0$ und $\vartheta = \pi$.

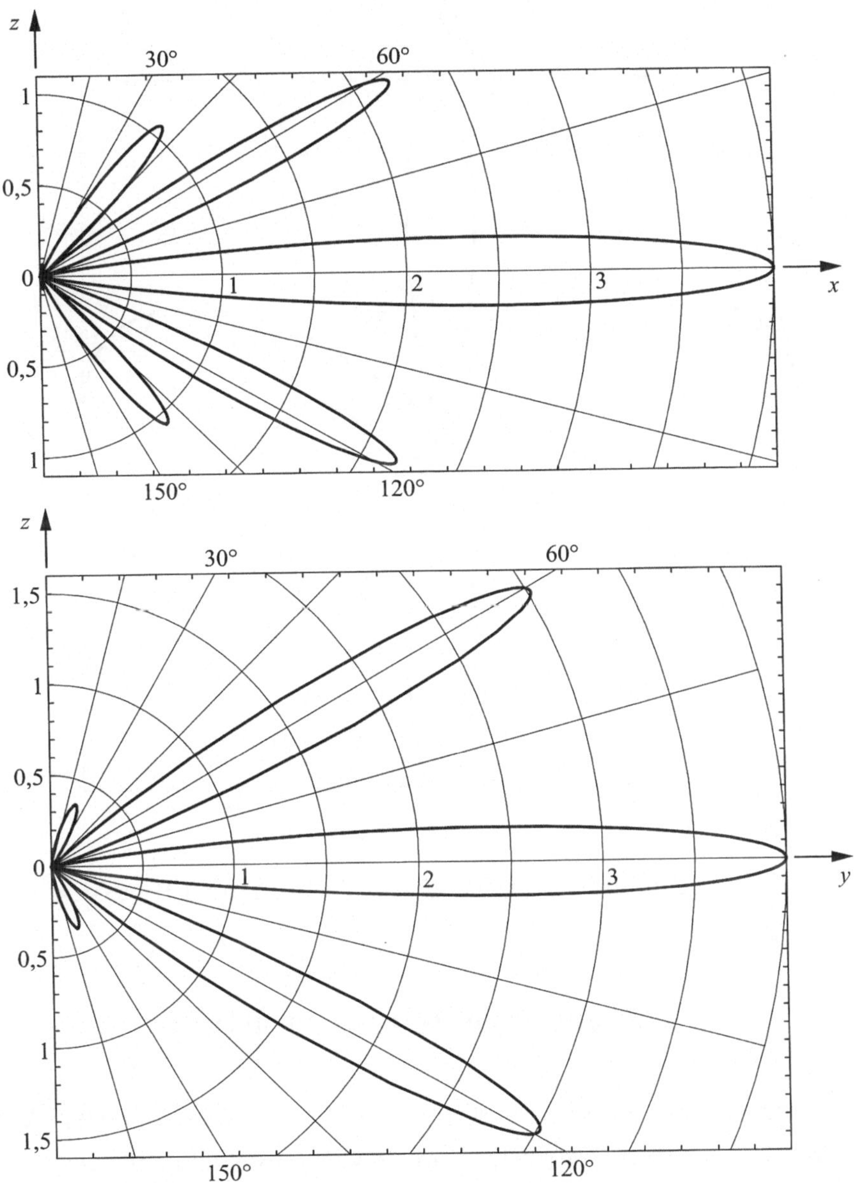

Bild 6.7–1: Vertikalcharakteristiken $\Phi(\vartheta, \varphi)/\Phi_0$ in den Ebenen $\varphi = 0$ (oben) und $\varphi = \pi/2$ (unten) für die Parameter $\beta b = 4\pi$ und $\beta a = 2\pi$ ($\Phi_0 = Z/2(|\underline{I}|s/\lambda)^2$).

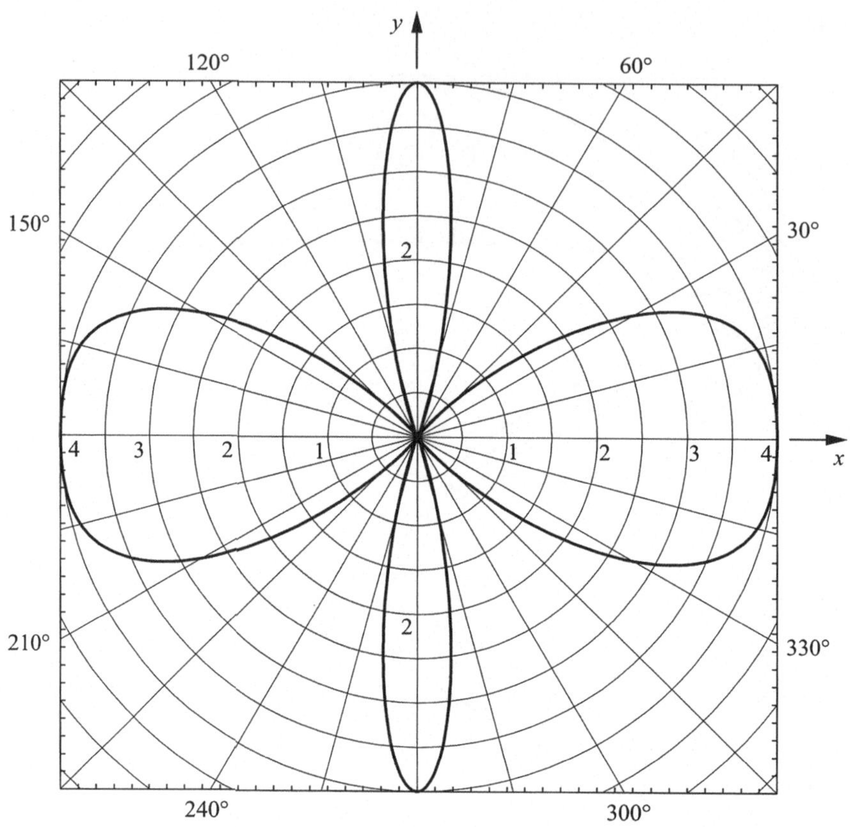

Bild 6.7–2: Horizontalcharakteristik $\Phi(\vartheta, \varphi)/\Phi_0$ in der Ebene $\vartheta = \pi/2$ und $\beta a = 2\pi$.

6.8 Lineare Antenne vor leitender Ebene

Vor einer perfekt leitenden Ebene in $z = 0$ ist auf einer linearen Antenne im Bereich $0 < z < 3/4\lambda$ ein zeit- und ortsveränderlicher Strom

$$i(z,t) = \mathrm{Re}\ \{\underline{i}_0 \cos(2\pi\, z/\lambda)\, \exp(j\omega t)\} \quad ; \quad 2\pi/\lambda = \beta = \omega\sqrt{\mu\varepsilon}$$

vorgegeben. Zu berechnen sind die Fernfeldstärken und die Richtcharakteristik im Halbraum $z > 0$ der Permittivität ε und Permeabilität μ.

In der perfekt leitenden Ebene muss die Tangentialkomponente $\vec{e}_z \times \vec{E}|_{z=0}$

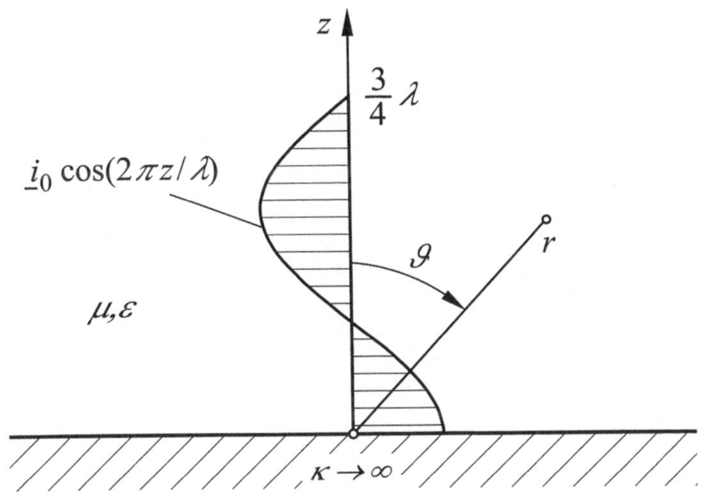

verschwinden. Die gegebene Anordnung kann hinsichtlich des Feldes im Halbraum $z > 0$ ersetzt werden durch die Vorgabe eines Stromes wie angegeben auf der z-Achse im Bereich $-3/4\lambda < z < 3/4\lambda$, der sich im homogenen Gesamtraum der Materialkonstanten μ, ε befindet. Das von ihm erregte Fernfeld kann durch Integration infinitesimaler Feldstärkebeiträge über den gesamten Bereich $-3/4\lambda < z < 3/4\lambda$ oder durch Summation der Feldstärkebeiträge von drei $\lambda/2$-Dipolen berechnet werden. Bei einem $\lambda/2$-Dipol erfolgt mit der angegebenen Beziehung die Vorgabe des Stromes auf der z-Achse nur im Bereich $-\lambda/4 < z < \lambda/4$.

Zunächst wird deshalb die magnetische Feldstärke im Fernfeld des $\lambda/2$-Dipols durch Integration des Feldstärkebeitrages eines Hertzschen Stromelementes berechnet.

Ein Hertzsches Stromelement $\underline{i}dz_q$ am Ort $\vec{r}_q = \vec{e}_z\, z_q$ führt im Fernfeld des homogenen Gesamtraumes zu einem differentiellen Beitrag $d\underline{\vec{H}}$ zur magnetischen Feldstärke im Fernfeld

$$d\underline{\vec{H}}(\vec{r}_p) = j\frac{\beta}{4\pi}\,\underline{i}\,dz_q \left(\vec{e}_z \times \frac{\vec{r}_p}{r_p}\right) \frac{\exp(-j\beta r_p)}{r_p}\, \exp(j\beta \vec{r}_q\vec{r}_p/r_p)\,.$$

Die Vorgabe des Stromes im Bereich $-\lambda/4 < z < \lambda/4$ ($\lambda/2$–Dipol) im homogenen Gesamtraum führt zu der Fernfeldstärke $\underline{\vec{H}}_D$.

$$\underline{\vec{H}}_D(\vec{r}_p) = j\frac{\beta}{4\pi}\underline{i}_0\left(\vec{e}_z \times \frac{\vec{r}_p}{r_p}\right)\frac{\exp(-j\beta r_p)}{r_p}\int\limits_{-\lambda/4}^{\lambda/4}\cos(\beta z_q)\exp(j\beta z_q\cos\vartheta)\,dz_q$$

$$= \vec{e}_\varphi\, j\frac{\underline{i}_0}{2\pi}\,\frac{\exp(-j\beta r_p)}{r_p}\,\frac{\cos(\pi/2\cos\vartheta)}{\sin\vartheta} = \vec{e}_\varphi\underline{H}_D(r_p,\vartheta)$$

Die Feldstärke $\underline{\vec{H}}_G$ für die Vorgabe des Stromes $i(z,t)$ im Bereich $-3/4\lambda < z < 3/4\lambda$ erhält man durch Superposition der Feldstärkebeiträge von drei $\lambda/2$-Dipolen an den Orten $z_q = 0, \pm\lambda/2$ unter Beachtung der Phase.

$$\underline{\vec{H}}_G = \vec{e}_\varphi\underline{H}_D\,[1 - \exp(j\beta\lambda/2\cos\vartheta) - \exp(-j\beta\lambda/2\cos\vartheta)]$$

$$= \vec{e}_\varphi\underline{H}_D\,[1 - 2\cos(\pi\cos\vartheta)]$$

Die zugehörige elektrische Fernfeldstärke ist

$$\underline{\vec{E}}_G = Z(\underline{\vec{H}}_G \times \vec{e}_r) \quad ; \quad \vec{e}_r = \vec{r}_p/r_p \quad ; \quad Z = \sqrt{\mu/\varepsilon}\,.$$

Der zeitliche Mittelwert des Poyntingschen Vektors $\vec{S}$ ist

$$\vec{S}_- = \frac{1}{2}\mathrm{Re}\,\left\{\underline{\vec{E}}_G \times \underline{\vec{H}}_G^*\right\} = \frac{1}{2}\,Z|\underline{\vec{H}}_G|^2\,\vec{e}_r = \vec{e}_r\,S_-$$

$$S_- = \frac{Z}{2}\,\frac{|\underline{i}_0|^2}{4\pi^2}\,\frac{1}{r_p^2}\,\frac{\cos^2(\pi/2\cos\vartheta)}{\sin^2\vartheta}\,[1 - 2\cos(\pi\cos\vartheta)]^2$$

und damit die Richtcharakteristik

$$\Phi(\vartheta) = S_- r_p^2 = |\underline{i}_0|^2\,\frac{Z}{8\pi^2}\left[\frac{\cos(\pi/2\cos\vartheta)(1 - 2\cos(\pi\cos\vartheta))}{\sin\vartheta}\right]^2.$$

Die Horizontalcharakteristik in $\vartheta = \pi/2$ ist ein Kreis.

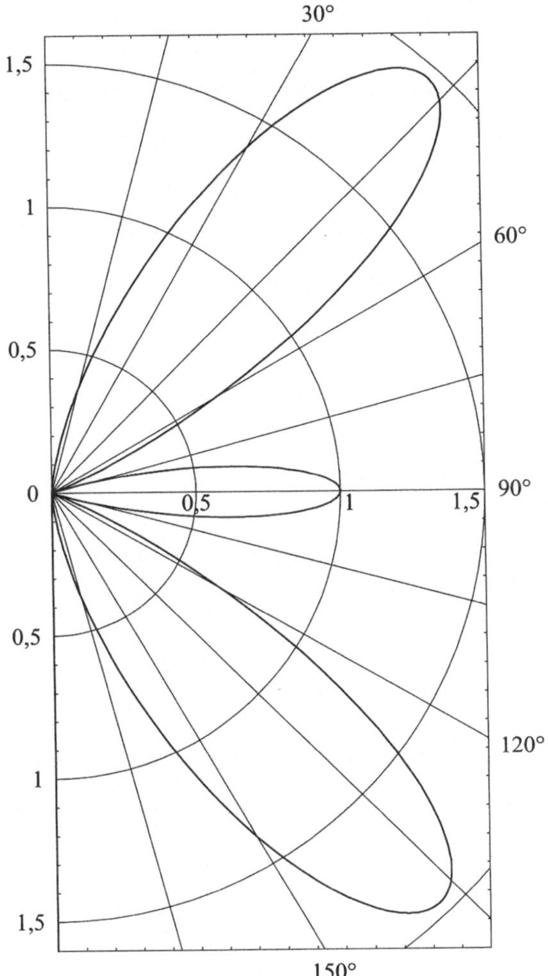

Bild 6.8–1: Vertikalcharakteristik $\Phi(\vartheta)/\Phi_0(\Phi_0 = |\underline{i}_0|^2\, Z/(8\pi^2))$

6.9 Hohlleiter mit unterschiedlichen Dielektrika

Ein rechteckiger Hohlleiter mit perfekt leitender Berandung der Abmessungen a und $b < a$ ist in Richtung der Koordinate z unendlich ausgedehnt. Der Raum $z < 0$ ist mit einem Material der Permittivität ε_1, der Raum $z > 0$ mit Material der Permittivität $\varepsilon_2 < \varepsilon_1$ ausgefüllt. Die Permeabilität des Raumes ist μ.

Welche Funktion beschreibt die z-Abhängigkeit der Moden in $z > 0$, wenn aus dem Bereich $z < 0$ die in positiver z-Richtung fortschreitende Grundmode mit der Frequenz

$$\omega = 1/2\,\omega_{c1}(1 + \sqrt{\varepsilon_1/\varepsilon_2}) \quad ; \quad \omega_{c1} = \pi/(a\sqrt{\mu\varepsilon_1})$$

angeregt wird?

Die Phasenkonstante $\beta^{(1)}_{z_{mn}}$ der Moden in $z < 0$ ist

$$\beta^{(1)}_{z_{mn}} = \sqrt{\beta_1^2 - ((m\pi/a)^2 + (n\pi/b)^2)} = \sqrt{\beta_1^2 - \beta_{mn}^2} \quad ; \quad \beta_1^2 = \omega^2\mu\varepsilon_1\,.$$

Für die Grundmode mit $m = 1$ und $n = 0$ bei $a > b$ gilt somit für die cut-off-Frequenz ω_{c1}

$$\beta^{(1)}_{z_{10}} = 0\,; \quad \beta_1^2 = \beta_{10}^2 = (\pi/a)^2 = \omega_{c1}^2\,\mu\varepsilon_1\,; \quad \omega_{c1} = \pi/(a\sqrt{\mu\varepsilon_1})\,.$$

Die Anregung des Hohlleiters erfolgt also im Bereich $z < 0$ mit einer Frequenz ω oberhalb der cut-off-Grenze ω_{c1}, sofern $\varepsilon_1 > \varepsilon_2$ ist.

Im Bereich $z > 0$ gilt für die Phasenkonstanten

$$\beta^{(2)}_{z_{mn}} = \sqrt{\beta_2^2 - \beta_{mn}^2} \quad ; \quad \beta_2^2 = \omega^2\,\mu\varepsilon_2$$

$$\beta^{(2)}_{z_{mn}} = \sqrt{1/4\,\omega_{c1}^2\left(1 + \sqrt{\varepsilon_1/\varepsilon_2}\right)^2\mu\varepsilon_2 - \beta_{mn}^2}\,.$$

Für die Grundmode $\beta^{(2)}_{z_{10}}$ folgt mit $\beta_{10} = \pi/a = \omega_{c1}\sqrt{\mu\varepsilon_1}$

$$\beta^{(2)}_{z_{10}} = \sqrt{1/4\,\omega_{c1}^2(1 + \sqrt{\varepsilon_1/\varepsilon_2})^2\,\mu\varepsilon_2 - \omega_{c1}^2\,\mu\varepsilon_1}$$

$$= \omega_{c1}\sqrt{\mu\varepsilon_1\left[1/4(1 + \sqrt{\varepsilon_1/\varepsilon_2})^2\,\varepsilon_2/\varepsilon_1 - 1\right]}$$

$$\beta^{(2)}_{z_{10}} = \pi/a\sqrt{1/4\,\varepsilon_2/\varepsilon_1 + 1/2\,\sqrt{\varepsilon_2/\varepsilon_1} - 3/4}\,.$$

Mit $\varepsilon_2/\varepsilon_1 < 1$ bleibt der Radikand negativ und im Bereich $z > 0$ werden die Grundmode und damit auch alle Moden höherer Ordnung mit wachsenden Werten z exponentiell abklingen. Für die Grundmode folgt damit das Gesetz

$$\exp(-\pi/a\sqrt{3/4 - 1/4\,\varepsilon_2/\varepsilon_1 - 1/2\sqrt{\varepsilon_2/\varepsilon_1}}\,z)\,.$$

Alle höheren Moden klingen mit den Funktionen

$$\exp(-\sqrt{m^2 + (na/b)^2 - 1/4\,\varepsilon_2/\varepsilon_1(1 + \sqrt{\varepsilon_1/\varepsilon_2})^2}\,\pi\,z/a)$$

exponentiell ab.

6.10 Reflexion einer ebenen Welle an einer leitenden Platte

Eine ebene Welle mit der elektrischen Feldstärke $\vec{E}(z,t) = \mathrm{Re}\,\{\vec{e}_x\,E_0\exp(-j\beta_0 z)\exp(j\omega t)\}$; $\beta_0 = \omega\sqrt{\mu_0\varepsilon_0}$ fällt auf eine Platte $0 \le z < d$ mit der Leitfähigkeit κ, der Permittivität ε und der Permeabilität μ, die sich vor einem perfekt leitenden Halbraum $z \ge d$ befindet. Der Raum $z < 0$ hat die Permittivität ε_0 und Permeabilität μ_0. Zu berechnen sind die Feldstärken im Raum $z \le d$ und der Strombelag in $z = d$. Die Grenzfälle $\kappa = 0\,;\mu = \mu_0\,;\varepsilon = \varepsilon_0$ und $d = 0$ sind zu untersuchen.

Der Ansatz für den komplexen Zeiger der elektrischen Feldstärke $\underline{\vec{E}} = \vec{e}_x\,\underline{E}(z)$ im Raum $z \le d$ lautet

$$\underline{E}(z) = \begin{cases} E_0\exp(-j\beta_0 z) + \underline{E}_{02}\exp(j\beta_0 z) & ; \quad z \le 0 \\ \underline{E}_{11}\exp(-j\gamma z) + \underline{E}_{12}\exp(j\gamma z) & ; \quad 0 \le z \le d \end{cases}$$

$$\vec{\gamma} = \pm\vec{e}_z\,\gamma\,;\ \gamma^2 = (\gamma_r - j\gamma_i)^2 = \beta^2 - \alpha^2\,; \quad \beta^2 = \omega^2\mu\varepsilon\,; \quad \alpha^2 = j\omega\kappa\mu$$

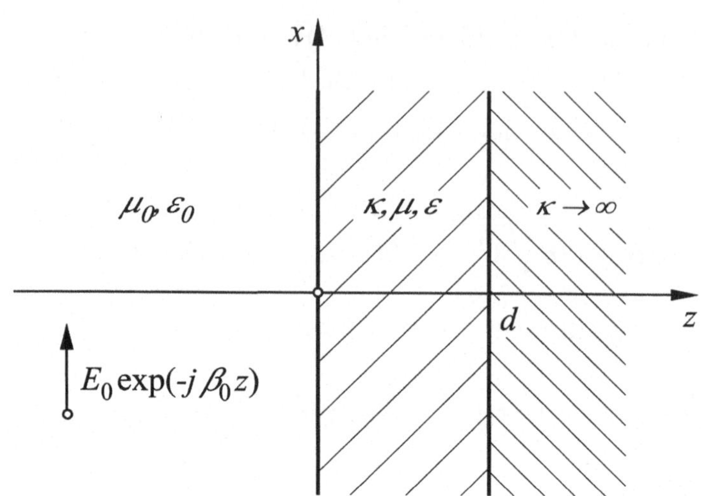

$$\gamma_r = \pm\beta\sqrt{1/2(\sqrt{1+(\kappa/(\omega\varepsilon))^2}+1)}\,; \quad \gamma_i = \pm\beta\sqrt{1/2(\sqrt{1+(\kappa/(\omega\varepsilon))^2}-1)}\,.$$

Für den komplexen Zeiger der magnetischen Flussdichte $\vec{B} = \mu\vec{H}$ der sich in positiver oder negativer z-Richtung ausbreitenden Wellen gilt $\underline{\vec{B}} = \pm 1/\omega\,\vec{\gamma} \times \underline{\vec{E}}$. Somit ergibt sich für den Zeiger $\underline{\vec{H}} = \vec{e}_y\underline{H}(z)$ mit $Z_0 = \sqrt{\mu_0/\varepsilon_0}$

$$\underline{H}(z) = \begin{cases} 1/Z_0(E_0\exp(-j\beta_0 z) - \underline{E}_{02}\exp(j\beta_0 z)) & ; \quad z \le 0 \\ \gamma/(\omega\mu)(\underline{E}_{11}\exp(-j\gamma z) - \underline{E}_{12}\exp(j\gamma z)) & ; \quad 0 \le z \le d \end{cases}.$$

Die unbekannten komplexen Zeiger $\underline{E}_{02}, \underline{E}_{11}$ und $\underline{E}_{12}$ sind durch die Randbedingungen festgelegt.

$$\vec{e}_z \times \underline{\vec{E}}\Big|_{z=d} = 0 \quad ; \quad \vec{e}_z \times \underline{\vec{E}}\Big|_{\substack{z<0 \\ z\to 0}} = \vec{e}_z \times \underline{\vec{E}}\Big|_{\substack{z>0 \\ z\to 0}} \quad ; \quad \vec{e}_z \times \underline{\vec{H}}\Big|_{\substack{z<0 \\ z\to 0}} = \vec{e}_z \times \underline{\vec{H}}\Big|_{\substack{z>0 \\ z\to 0}}$$

$$\underline{E}_{11}\exp(-j\gamma d) + \underline{E}_{12}\exp(j\gamma d) = 0 \quad ; \quad \underline{E}_{12} = -\underline{E}_{11}\exp(-2j\gamma d)$$

$$E_0 + \underline{E}_{02} = \underline{E}_{11} + \underline{E}_{12}\,; \quad 1/Z_0(E_0 - \underline{E}_{02}) = \gamma/(\omega\mu)(\underline{E}_{11} - \underline{E}_{12})$$

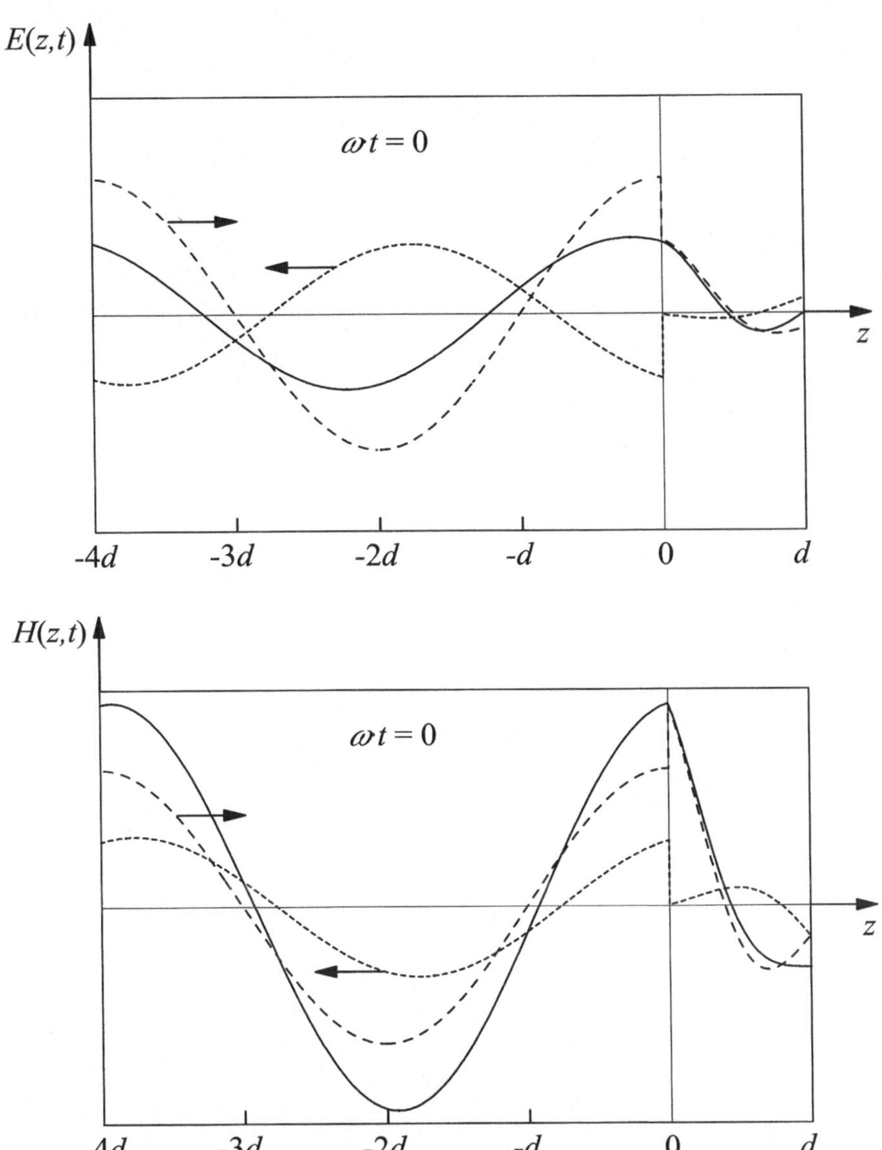

Bild 6.10–1: Verlauf der magnetischen und elektrischen Feldstärke als Funktion der Koordinate z zum Zeitpunkt $t = 0$. Anteile der hin- und rücklaufenden Wellen sind getrennt dargestellt. $\mu = \mu_0; \varepsilon = \varepsilon_0; \kappa = 2$ [S/m]; $d/|\gamma| = 2,42 \cdot 10^{-5}$

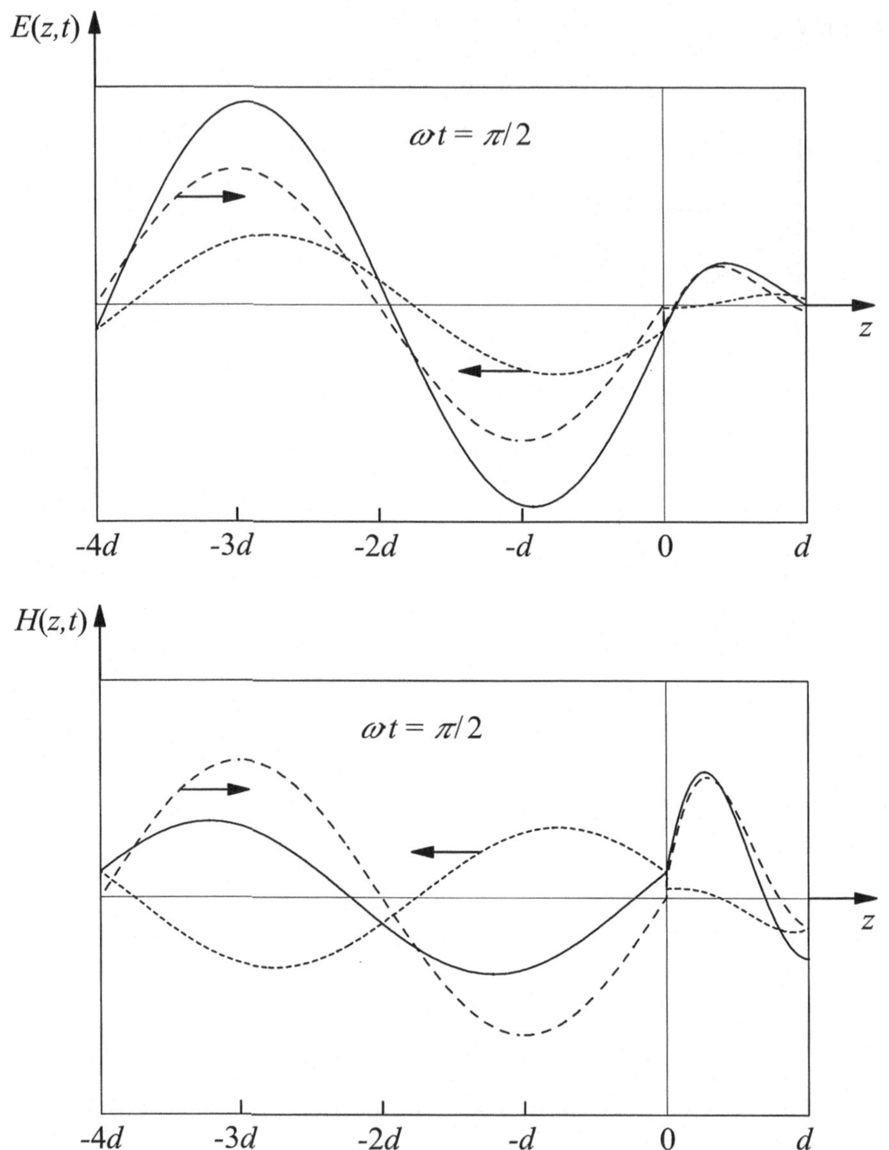

Bild 6.10–2: Verlauf der magnetischen und elektrischen Feldstärke als Funktion der Koordinate z zum Zeitpunkt $\omega t = \pi/2$. Anteile der hin- und rücklaufenden Wellen sind getrennt dargestellt. Parameter wie in Bild 6.10–1 .

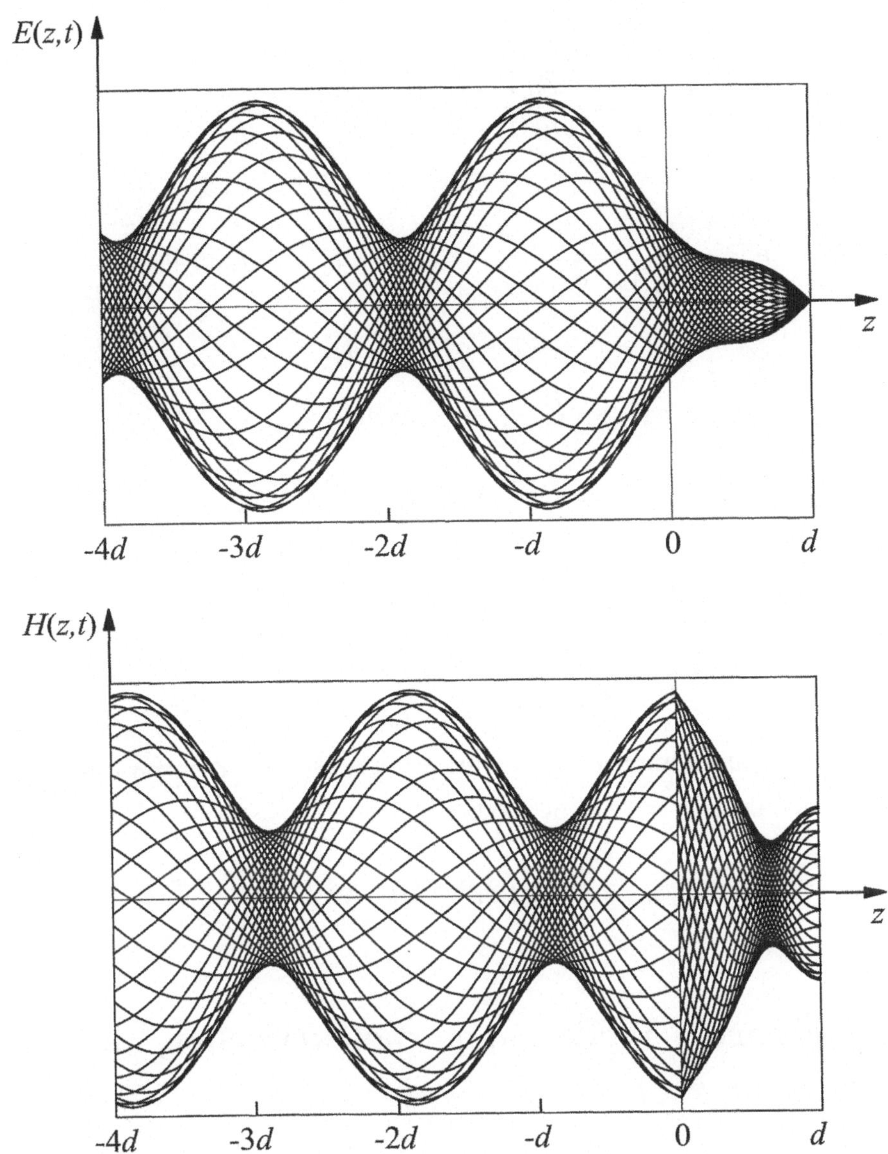

Bild 6.10–3: Verlauf der magnetischen und elektrischen Feldstärke als Funktion der Koordinate z für verschiedene Zeitpunkte. Parameter wie in Bild 6.10–1 .

$$\frac{1-\underline{E}_{02}/E_0}{1+\underline{E}_{02}/E_0}=\frac{1-r}{1+r}=\frac{\gamma Z_0}{\omega\mu}\frac{1+\exp(-2j\gamma d)}{1-\exp(-2j\gamma d)}=\frac{\gamma Z_0}{j\omega\mu}\frac{\cos(\gamma d)}{\sin(\gamma d)}=q$$

$$\underline{E}_{02}=r\,E_0\,;\quad \underline{E}_{11}=E_0\frac{1+r}{1-\exp(-2j\gamma d)}\,;\quad \underline{E}_{12}=-E_0(1+r)\frac{\exp(-2j\gamma d)}{1-\exp(-2j\gamma d)}$$

$$r\;=\;(1-q)/(1+q)$$

Der Strombelag $\underline{\vec{K}}=-\vec{e}_z\times\underline{\vec{H}}\Big|_{z=d}=\vec{e}_x\,\underline{K}$ ist

$$\underline{K}\;=\;\gamma/(\omega\mu)(\underline{E}_{11}\exp(-j\gamma d)-\underline{E}_{12}\exp(j\gamma d))\;=\;-j\,E_0\,\frac{1+r}{\sin(\gamma d)}\,\frac{\gamma}{\omega\mu}\,.$$

Für $\kappa=0$ wird $\gamma_i=0$ und $\gamma=\beta$ sowie

$$q\;=\;\frac{Z_0}{jZ}\,\frac{\cos(\beta d)}{\sin(\beta d)}\quad;\quad Z\;=\;\sqrt{\mu/\varepsilon}\,.$$

Wird darüber hinaus auch $\mu=\mu_0$ und $\varepsilon=\varepsilon_0$, ist mit $Z=Z_0$ und $\beta=\beta_0$ der Reflexionsfaktor $r=-\exp(-2j\beta_0 d)$, also

$$\underline{E}_{11}\;=\;E_0;\quad \underline{E}_{12}\;=\;\underline{E}_{02}\;=\;-E_0\,\exp(-2j\beta_0 d);\quad \underline{K}\;=\;2E_0/Z\,\exp(-j\beta_0 d)\,.$$

6.11 Geführte Wellen an dielektrischer, planarer Schicht

An einer dielektrischen Schicht $a<x<b$ der Permittivität ε_1 vor einem perfekt leitenden Halbraum $x\leq 0$ werden in z-Richtung transversal magnetische (TM-) und transversal elektrische (TE-)Wellen geführt. Der Raum $x>0$ hat die Permeabilität μ und außerhalb der dielektrischen Schicht die Permittivität ε_0. Zu berechnen sind die Eigenwertgleichungen, aus denen die Phasenkonstanten der Moden bestimmt werden können.

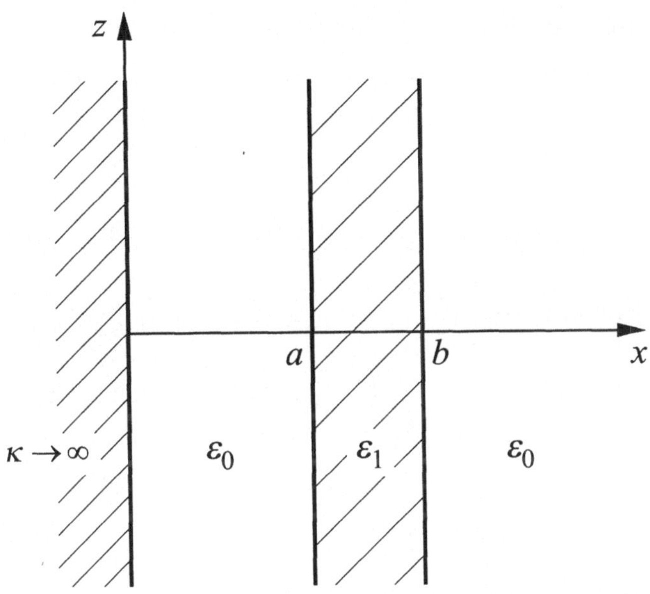

TM-Wellen (-Moden)

Diese Wellen können aus dem Vektorpotential $\underline{\vec{A}}_{TM} = \vec{e}_z\,\underline{A}_{TM}(x,z)$ mit $\underline{\vec{B}}_{TM} = \text{rot}\,[\vec{e}_z\,\underline{A}_{TM}(x,z)] = \mu\underline{\vec{H}}_{TM} = \vec{e}_y\,\mu\underline{H}_{TM}(x,z) = -\vec{e}_y\,\partial\underline{A}_{TM}/\partial x$ abgeleitet werden. Da nur eine Komponente der Feldstärke existiert, die die Differentialgleichung

$$\Delta\underline{H}_{TM} + \beta_{0,1}^2\,\underline{H}_{TM} = \frac{\partial^2\underline{H}_{TM}}{\partial x^2} + \frac{\partial^2\underline{H}_{TM}}{\partial z^2} + \beta_{0,1}^2\underline{H}_{TM} = 0; \quad \beta_{0,1}^2 = \omega^2\mu\varepsilon_{0,1}$$

erfüllt, kann für $\underline{H}_{TM}$ direkt ein Lösungsansatz gemacht werden, der die Wellenausbreitung in $\pm z$-Richtung mit der Phasenkonstante β_z^{TM} der TM-Wellen beschreibt.

$$\underline{H}_{TM}(x,z) = \underline{H}_0\underline{X}_{1,2}(x)\,\exp(\mp j\beta_z^{TM}z)$$

$$\frac{d^2\underline{X}_1}{dx^2} + \underbrace{(\beta_0^2 - \beta_z^{TM^2})}_{-\alpha^2}\underline{X}_1 = 0 \quad ; \quad 0 < x < a; \quad x > b$$

$$\frac{d^2\underline{X}_2}{dx^2} + \underbrace{(\beta_1^2 - \beta_z^{TM^2})}_{\beta_x^2 > 0}\underline{X}_2 = 0 \quad ; \quad a < x < b$$

Für jede Lösung der Feldgleichung muss die noch unbekannte Phasenkonstante β_z^{TM} in jedem Bereich des Halbraums $x > 0$ den gleichen Wert haben und innerhalb der Grenzen liegen, die durch die Materialkonstanten ε_0 und ε_1 festgelegt sind.

$$\beta_0 < \beta_z^{TM} < \beta_1 \quad ; \quad \alpha^2 = \beta_z^{TM^2} - \beta_0^2 > 0 \quad ; \quad \beta_x^2 = \beta_1^2 - \beta_z^{TM^2} > 0$$

Damit lautet der vollständige Lösungsansatz für $\underline{H}_{TM}(x,z)$

$$\underline{H}_{TM}(x,z) = \underline{H}_0 \begin{cases} \underline{C}_1 \cosh(\alpha x)/\cosh(\alpha a) \\ \underline{C}_2 \sin(\beta_x(x-a)) + \\ \underline{C}_4 \exp(-\alpha(x-b)) \end{cases}$$

$$\left. + \underline{C}_3 \cos(\beta_x(x-a)) \right\} \exp(\mp j\beta_z^{TM} z) \, ; \quad \begin{array}{l} 0 \le x \le a \\ a \le x \le b \\ x \ge b \end{array}$$

$$\vec{\underline{E}}_{TM} = \frac{1}{j\omega\varepsilon} \operatorname{rot} \vec{\underline{H}}_{TM} = \frac{1}{j\omega\varepsilon} \left[-\vec{e}_x \frac{\partial \underline{H}_{TM}}{\partial z} + \vec{e}_z \frac{\partial \underline{H}_{TM}}{\partial x} \right] .$$

Die zu erfüllenden Randbedingungen sind

$$\vec{e}_z \, \vec{\underline{E}}_{TM}\Big|_{x=0} = 0 \quad ; \quad \underline{H}_{TM}\big|_{\substack{0\le x\le a \\ x\to a}} = \underline{H}_{TM}\big|_{\substack{a\le x\le b \\ x\to a}}$$

$$\underline{H}_{TM}\big|_{\substack{a\le x\le b \\ x\to b}} = \underline{H}_{TM}\big|_{\substack{x\ge b \\ x\to b}} \; ; \quad \vec{e}_z \, \vec{\underline{E}}_{TM}\Big|_{\substack{0\le x\le a \\ x\to a}} = \vec{e}_z \, \vec{\underline{E}}_{TM}\Big|_{\substack{a\le x\le b \\ x\to a}}$$

$$\vec{e}_z \, \vec{\underline{E}}_{TM}\Big|_{\substack{a\le x\le b \\ x\to b}} = \vec{e}_z \, \vec{\underline{E}}_{TM}\Big|_{\substack{x\ge b \\ x\to b}} .$$

Die erst genannte Randbedingung ist bereits durch den Ansatz erfüllt. Die weiteren Forderungen ergeben die nachfolgenden Gleichungen.

$$\underline{C}_1 = \underline{C}_3 \quad ; \quad \underline{C}_2 \sin(\beta_x(b-a)) + \underline{C}_3 \cos(\beta_x(b-a)) = \underline{C}_4$$

$$\frac{\alpha}{\varepsilon_0} \underline{C}_1 \tanh(\alpha a) = \frac{\beta_x}{\varepsilon_1} \underline{C}_2$$

$$\frac{\beta_x}{\varepsilon_1} \left[\underline{C}_2 \cos(\beta_x(b-a)) - \underline{C}_3 \sin(\beta_x(b-a)) \right] = \frac{-1}{\varepsilon_0} \alpha \underline{C}_4$$

und die Eigenwertgleichung

$$\frac{1+\tanh(\alpha a)}{(\varepsilon_0/\varepsilon_1\beta_x/\alpha)^2-\tanh(\alpha a)} = \frac{\alpha}{\beta_x}\frac{\varepsilon_1}{\varepsilon_0}\tan(\beta_x(b-a))$$

mit

$$(\alpha a)^2+(\beta_x a)^2 = (\beta_1 a)^2-(\beta_0 a)^2\,; \quad \beta_z^{TM} = \sqrt{\beta_1^2-\beta_x^2} = \sqrt{\alpha^2+\beta_0^2}\,,$$

aus der die endlich vielen Lösungen für $\beta_x, \beta_z^{TM}, \alpha$ numerisch zu berechnen sind.

TE-Wellen (-Moden)

Das Vektorpotential zur Beschreibung dieses Feldes lautet:
$\underline{\vec{F}}_{TE} = \vec{e}_z\,\underline{F}_{TE}(x,z)$ mit $\Delta\underline{F}_{TE}+\beta_{0,1}^2\,\underline{F}_{TE}=0$ und $\underline{\vec{E}}_{TE}=-1/\varepsilon\,\mathrm{rot}\,\underline{\vec{F}}_{TE}$ $=\vec{e}_y\,\underline{E}_{TE}(x,z) = \vec{e}_y 1/\varepsilon\partial\underline{F}_{TE}/\partial x$. Die allein existierende y-Komponente des TE-Feldes erfüllt wieder die Wellengleichung

$$\Delta\underline{E}_{TE}+\beta_{0,1}^2\,\underline{E}_{TE} = \frac{\partial^2\underline{E}_{TE}}{\partial x^2}+\frac{\partial^2\underline{E}_{TE}}{\partial z^2}+\beta_{0,1}^2\,\underline{E}_{TE} = 0\,.$$

Deshalb kann auch hier direkt der Ansatz

$$\underline{E}_{TE} = \underline{E}_0\,\underline{X}_{1,2}(x)\exp(\mp j\beta_z^{TE}z)$$

mit anderen Funktionen $\underline{X}_{1,2}(x)$ und anderen Konstanten gemacht werden.

$$\underline{E}_{TE}(x,z) = \underline{E}_0\left\{\begin{array}{l}\underline{C}_1\,\sinh(\alpha x)/\sinh(\alpha a)\\ \underline{C}_2\,\sin(\beta_x(x-a))+\\ \underline{C}_4\,\exp(-\alpha(x-b))\end{array}\right.$$

$$\left.\begin{array}{l}\\ +\underline{C}_3\,\cos(\beta_x(x-a))\\ \\ \end{array}\right\}\exp(\mp j\beta_z^{TE}z)\quad;\quad\begin{array}{l}0\le x\le a\\ a\le x\le b\\ x\ge b\end{array}$$

$$\alpha^2 = \beta_z^{TE^2}-\beta_0^2>0\,;\quad \beta_x^2 = \beta_1^2-\beta_z^{TE^2}>0$$

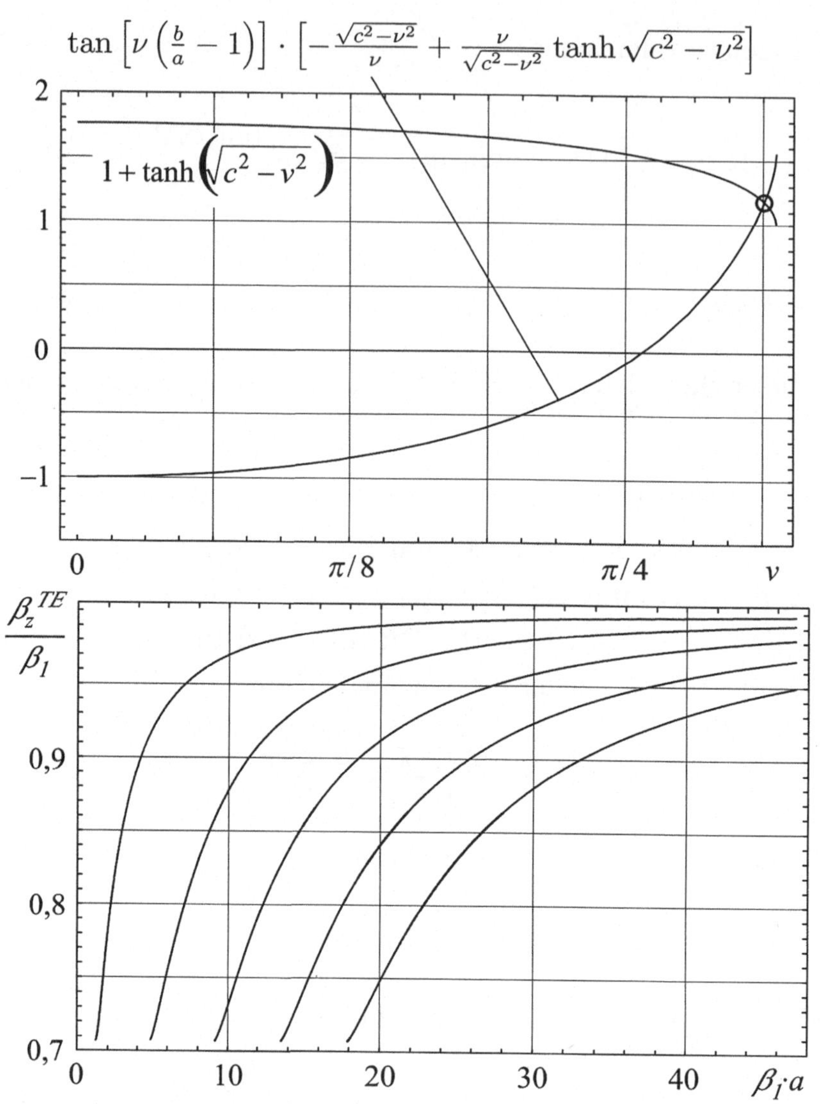

Bild 6.11–1: Bestimmung der Eigenwerte bei $\omega = 3 \cdot 10^{10}$ $[s^{-1}]$ und Phasenkonstanten als Funktion der Frequenz für TE-Moden für $\varepsilon_1/\varepsilon_0 = 2$ und $b/a = 2$; $v^2 = a^2(\beta_1^2 - (\beta_z^{TE})^2)$; $c^2 = a^2(\beta_1^2 - \beta_0^2)$

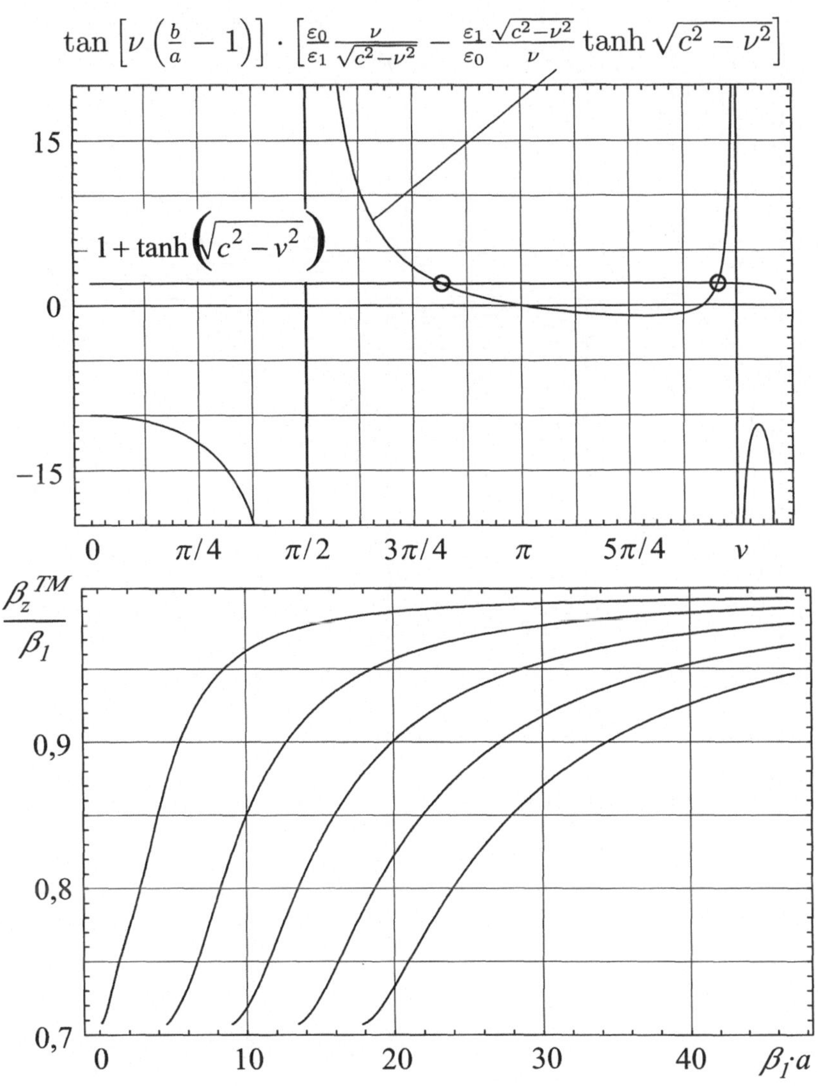

Bild 6.11–2: Bestimmung der Eigenwerte bei $\omega = 15 \cdot 10^{10}$ $[\mathrm{s}^{-1}]$ und Phasenkonstanten als Funktion der Frequenz für TM-Moden für $\varepsilon_1/\varepsilon_0 = 2$ und $b/a = 2$

$$\underline{\vec{H}}_{TE}(x,z) = -\frac{1}{j\omega\mu}\,\mathrm{rot}\,(\vec{e}_y\,\underline{E}_{TE}) = \frac{1}{j\omega\mu}\left[\vec{e}_x\,\frac{\partial \underline{E}_{TE}}{\partial z} - \vec{e}_z\,\frac{\partial \underline{E}_{TE}}{\partial x}\right]$$

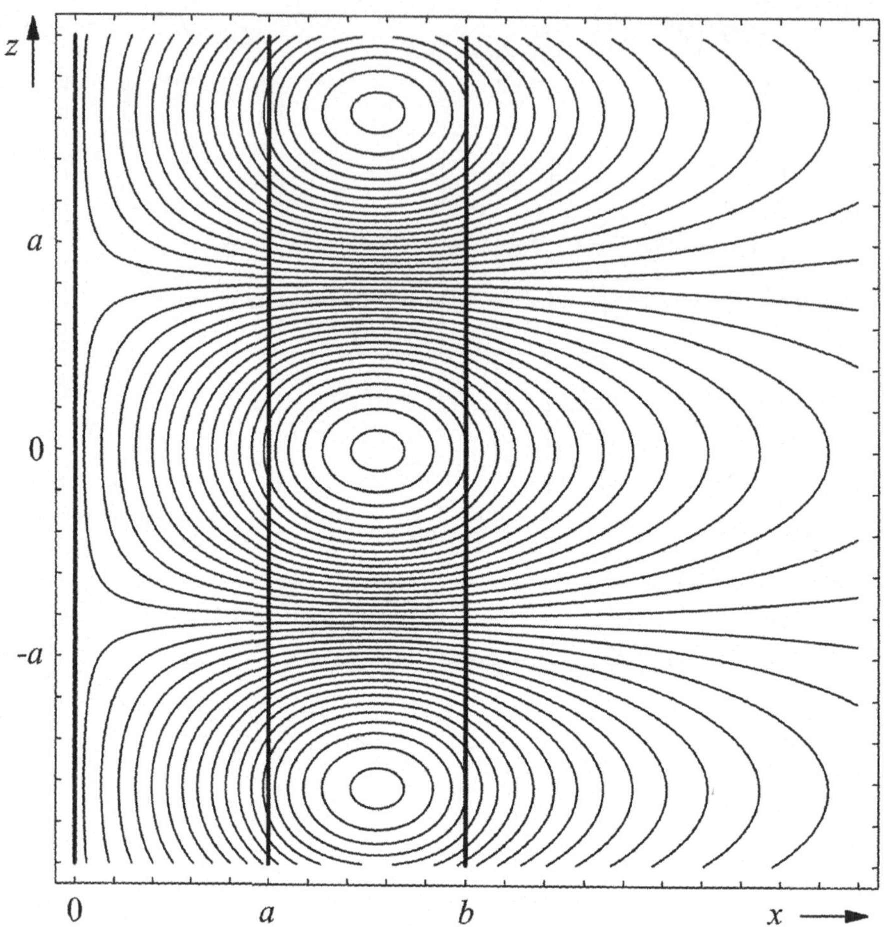

Bild 6.11–3: Magnetische Feldlinien der ersten TE-Mode.
$\varepsilon_1/\varepsilon_0 = 2$; $b/a = 2$; $a = 1[\text{cm}]$; $\omega = 5 \cdot 10^{10}\ [\text{s}^{-1}]$

Die Randbedingungen lauten

$$\begin{aligned}
\underline{E}_{TE}\Big|_{\substack{0<x<a \\ x\to a}} &= \underline{E}_{TE}\Big|_{\substack{a<x<b \\ x\to a}} \\
\vec{e}_z\, \underline{\vec{H}}_{TE}\Big|_{\substack{0<x<a \\ x\to a}} &= \vec{e}_z\, \underline{\vec{H}}_{TE}\Big|_{\substack{a<x<b \\ x\to a}} \\
\underline{E}_{TE}\Big|_{\substack{a<x<b \\ x\to b}} &= \underline{E}_{TE}\Big|_{\substack{x>b \\ x\to b}} \\
\vec{e}_z\, \underline{\vec{H}}_{TE}\Big|_{\substack{a<x<b \\ x\to b}} &= \vec{e}_z\, \underline{\vec{H}}_{TE}\Big|_{\substack{x>b \\ x\to b}} .
\end{aligned}$$

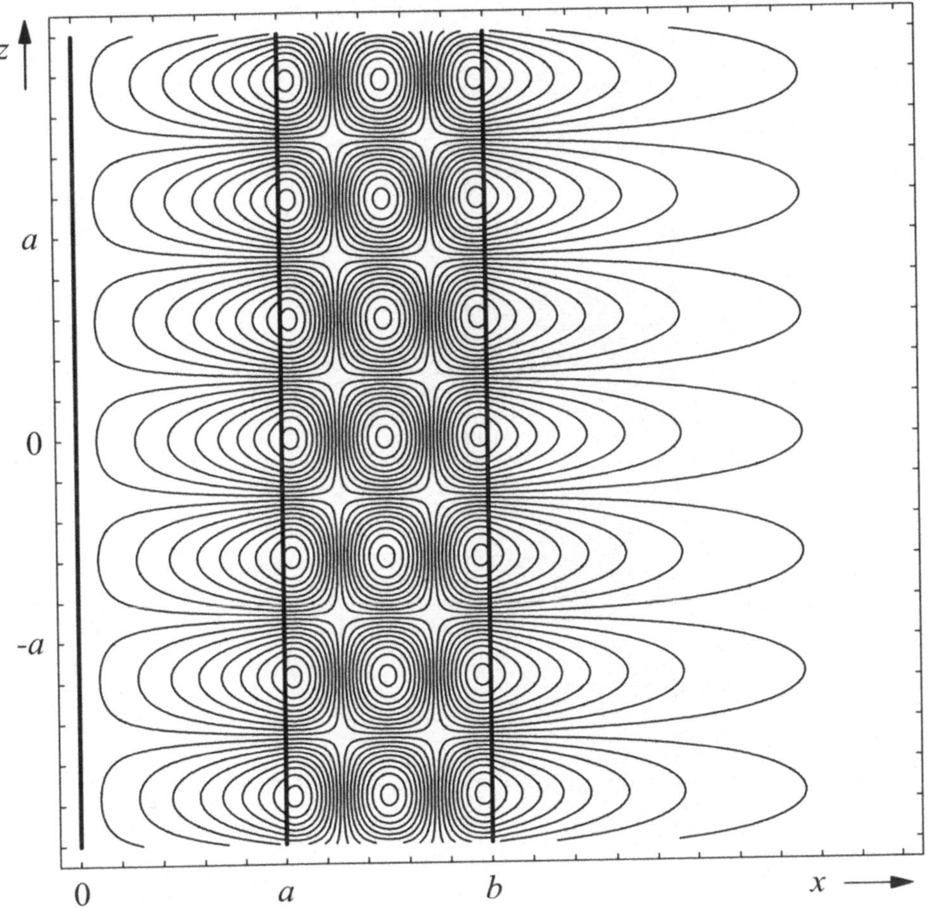

Bild 6.11–4: Magnetische Feldlinien der dritten TE-Mode.
$\varepsilon_1/\varepsilon_0 = 3$; $b/a = 2$; $a = 1$[cm]; $\omega = 1,5 \cdot 10^{11}$ [s^{-1}]

Es folgen die Gleichungen

$$\underline{C}_1 = \underline{C}_3 \quad ; \quad \underline{C}_2 \sin(\beta_x(b-a)) + \underline{C}_3 \cos(\beta_x(b-a)) = \underline{C}_4$$

$$\underline{C}_1 \alpha \coth(\alpha a) = \beta_x \underline{C}_2 ; \quad \beta_x \left[\underline{C}_2 \cos(\beta_x(b-a)) - \underline{C}_3 \sin(\beta_x(b-a))\right] = -\alpha \underline{C}_4 .$$

Daraus gewinnt man die Eigenwertgleichung

$$\frac{1 + \tanh(\alpha a)}{1 - (\beta_x/\alpha)^2 \tanh(\alpha a)} = -\alpha/\beta_x \tan(\beta_x(b-a))$$

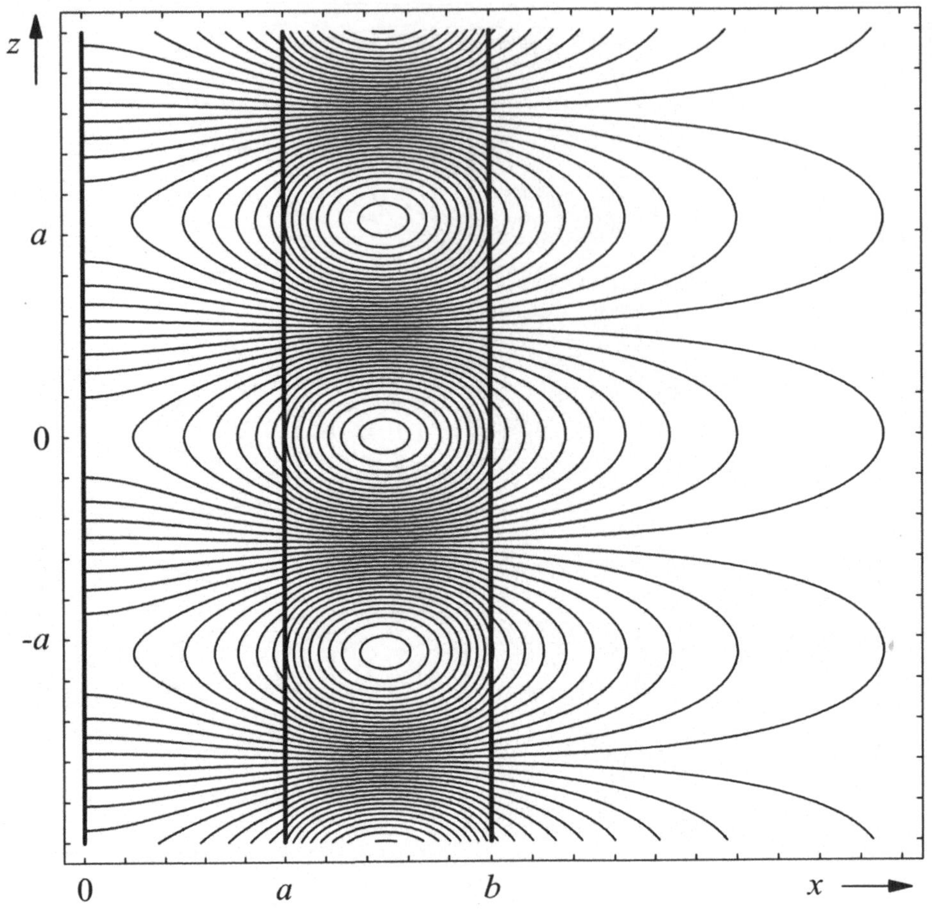

Bild 6.11–5: Elektrische Feldlinien der ersten TM-Mode.
$\varepsilon_1/\varepsilon_0 = 2$; $b/a = 2$; $a = 1[\mathrm{cm}]$; $\omega = 7,5 \cdot 10^{10}$ $[\mathrm{s}^{-1}]$

mit

$$(\alpha a)^2 + (\beta_x a)^2 = (\beta_1 a)^2 - (\beta_0 a)^2 \quad ; \quad \beta_z^{TE} = \sqrt{\beta_1^2 - \beta_x^2} = \sqrt{\alpha^2 + \beta_0^2}$$

für die endlich vielen Lösungen für β_x, β_z^{TE}und α.

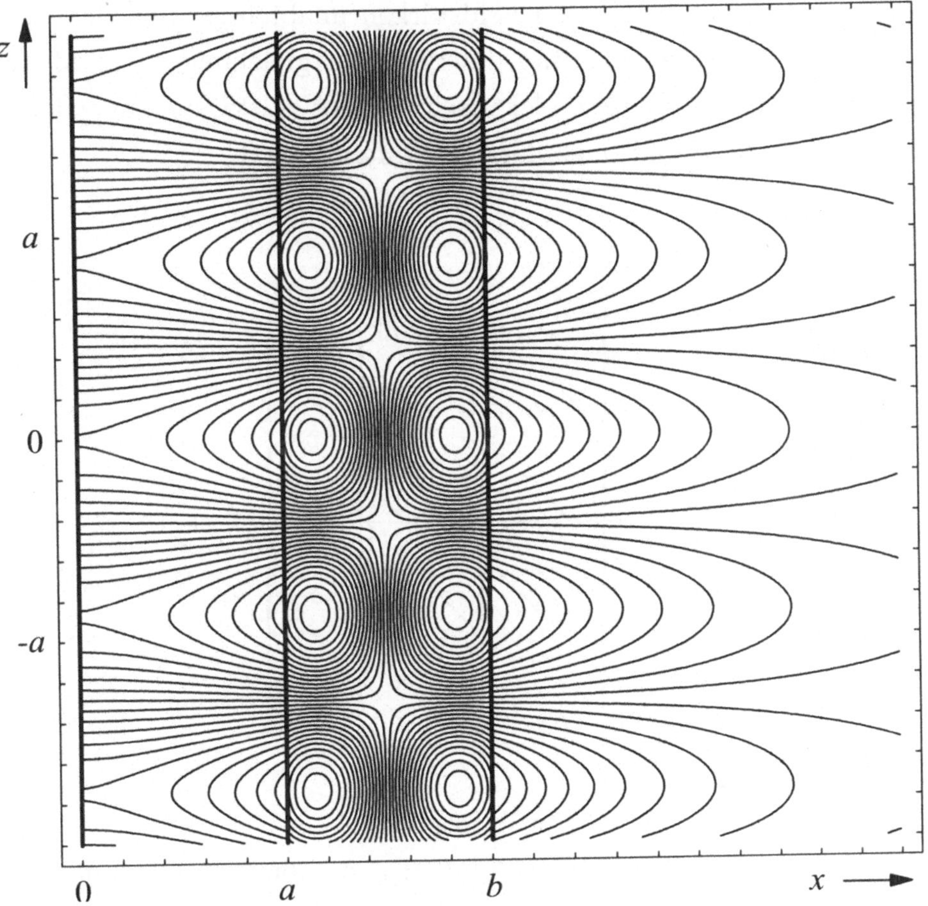

Bild 6.11–6: Elektrische Feldlinien der zweiten TM-Mode.
$\varepsilon_1/\varepsilon_0 = 3$; $b/a = 2$; $a = 1$[cm]; $\omega = 10^{11}$ [s^{-1}]

6.12 Planarer, geschichteter Wellenleiter

Im homogenen Raum der Permittivität ε_0 ist der Raum $a < |x| < b$ mit Material der Permittivität ε_1 und der Raum $|x| < a$ mit Material der Permittivität $\varepsilon_2 > \varepsilon_1$ ausgefüllt. An diesem Wellenleiter werden in z-Richtung transversal magnetische (TM-)Wellen und transversal elektrische (TE-)Wellen geführt, deren Feldstärken unabhängig von der Koordinate y sind. Zu berechnen sind die Eigenwertgleichungen der Moden, deren magnetische (TM) bzw. elektrische (TE) Feldstärken entweder gerade oder ungerade Funktionen der Koordinate x sind.

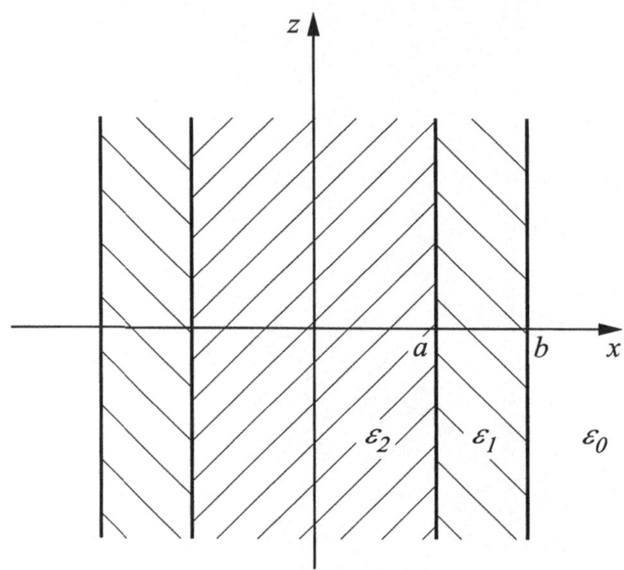

Die Wellen können aus Vektorpotentialen $\vec{\underline{A}}_{TM} = \vec{e}_z \underline{A}_{TM}(x,z)$ bzw. $\vec{\underline{F}}_{TE} = \vec{e}_z \underline{F}_{TE}(x,z)$ abgeleitet werden. Da in den betrachteten Fällen das TE-Feld nur eine y-Komponente der elektrischen und das TM-Feld nur eine y-Komponente der magnetischen Feldstärke besitzt, können die Ansätze zur Lösung der Differentialgleichung direkt für die Feldstärken angegeben werden.

Transversalmagnetische (TM-)Wellen

Die Gleichungen zur Beschreibung der Wellenausbreitung mit der noch unbekannten Phasenkonstante β_z^{TM} lauten

$$\vec{\underline{H}}_{TM} = \vec{e}_y \underline{H}_{TM}(x,z)\,; \quad \Delta \underline{H}_{TM} + \beta_{0,1,2}^2\, \underline{H}_{TM} = 0$$

$$\frac{\partial^2 \underline{H}_{TM}}{\partial x^2} + \frac{\partial^2 \underline{H}_{TM}}{\partial z^2} + \beta_{0,1,2}^2\, \underline{H}_{TM} = 0$$

$$\vec{\underline{H}}_{TM}(x,z) = \underline{H}_0 \underline{X}_{0,1,2}(x) \exp(\mp j\beta_z^{TM} z)$$

$$\frac{d^2 \underline{X}_{0,1,2}}{dx^2} + (\beta_{0,1,2}^2 - \beta_z^{TM^2})\underline{X}_{0,1,2} = 0\,; \quad \beta_{0,1,2}^2 = \omega^2 \mu \varepsilon_{0,1,2}$$

$$\vec{\underline{E}}_{TM} = \frac{1}{j\omega\varepsilon} \operatorname{rot} \vec{\underline{H}}_{TM} = \frac{1}{j\omega\varepsilon} \left[-\vec{e}_x \frac{\partial \underline{H}_{TM}}{\partial z} + \vec{e}_z \frac{\partial \underline{H}_{TM}}{\partial x} \right].$$

Mit der Lösungsfunktion $\underline{X}(x)$ der Eigenschaft $\underline{X}(x) = \underline{X}(-x)$ (gerade Moden) lautet der Ansatz

$$\underline{H}_{TM} = \underline{H}_0 \left\{ \begin{array}{l} \underline{C}_1 \exp(-\alpha(x-b)) \\ \underline{C}_2 \cos(\beta_{x1}(x-a)) + \underline{C}_3 \sin(\beta_{x1}(x-a)) \\ \underline{C}_4 \cos(\beta_{x2} x) / \cos(\beta_{x2} a) \\ \underline{C}_2 \cos(\beta_{x1}(x+a)) - \underline{C}_3 \sin(\beta_{x1}(x+a)) \\ \underline{C}_1 \exp(\alpha(x+b)) \end{array} \right\} \exp(\mp j\beta_z^{TM} z)$$

in den Bereichen $x \geq b; a \leq x \leq b; |x| \leq a; -b \leq x \leq -a$ und $x < -b$.

Lösungsfunktionen der Eigenschaft $\underline{X}(x) = -\underline{X}(-x)$ (ungerade Moden) führen auf den Ansatz

$$\underline{H}_{TM} = \underline{H}_0 \left\{ \begin{array}{l} \underline{C}_1 \exp(-\alpha(x-b)) \\ \underline{C}_2 \cos(\beta_{x1}(x-a)) + \underline{C}_3 \sin(\beta_{x1}(x-a)) \\ \underline{C}_4 \sin(\beta_{x2} x) / \sin(\beta_{x2} a) \\ -\underline{C}_2 \cos(\beta_{x1}(x+a)) + \underline{C}_3 \sin(\beta_{x1}(x+a)) \\ -\underline{C}_1 \exp(\alpha(x+b)) \end{array} \right\} \exp(\mp j\beta_z^{TM} z)$$

in den Bereichen $x \geq b; a \leq x \leq b; |x| \leq a; -b \leq x \leq -a$ und $x < -b$.

Gegenüber dem ersten Ansatz sind die Konstanten geändert. Die Randbedingung ist die Stetigkeit der Tangentialkomponenten der elektrischen und der magnetischen Feldstärke an den Flächen $x = a$ und $x = b$.

$$\underline{H}_{TM}\Big|_{\substack{x \geq b \\ x \to b}} = \underline{H}_{TM}\Big|_{\substack{a \leq x \leq b \\ x \to b}} \quad ; \quad \underline{H}_{TM}\Big|_{\substack{x < a \\ x \to a}} = \underline{H}_{TM}\Big|_{\substack{a \leq x \leq b \\ x \to a}}$$

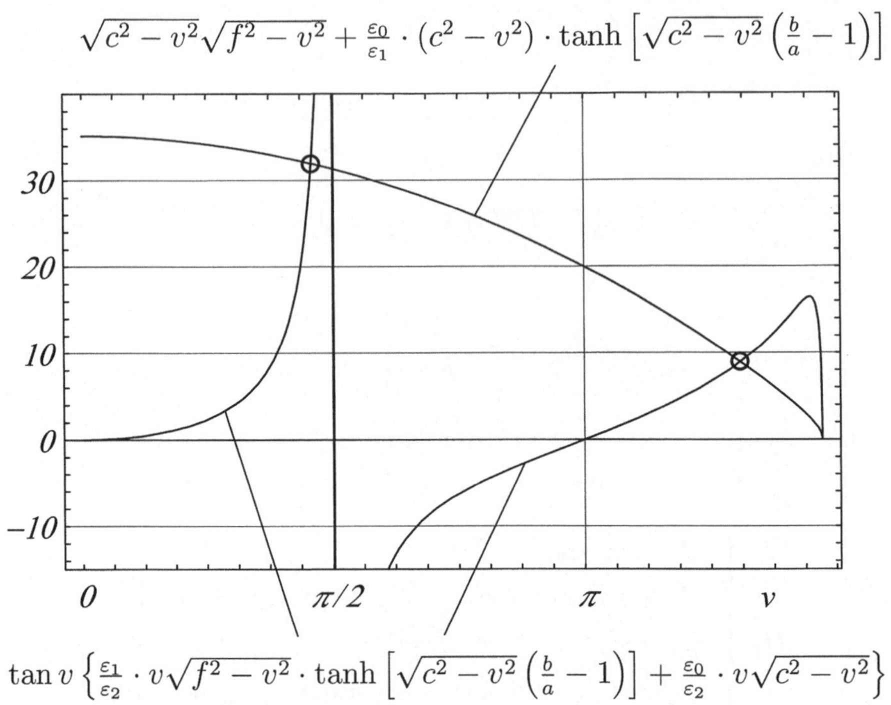

Bild 6.12–1: Lösungen der Eigenwertgleichung zur Bestimmung der Phasenkonstanten β_z^{TM} der geraden TM-Moden für $c = 4{,}622$; $\varepsilon_2/\varepsilon_0 = 5$; $\varepsilon_1/\varepsilon_0 = 2$; $b/a = 1{,}5$; $a = 0{,}1$ [cm]

$$\frac{1}{\varepsilon_0}\left.\frac{\partial \underline{H}_{TM}}{\partial x}\right|_{\substack{x>b\\x\to b}} = \frac{1}{\varepsilon_1}\left.\frac{\partial \underline{H}_{TM}}{\partial x}\right|_{\substack{a\le x\le b\\x\to b}} \quad ; \quad \frac{1}{\varepsilon_2}\left.\frac{\partial \underline{H}_{TM}}{\partial x}\right|_{\substack{x<a\\x\to a}} = \frac{1}{\varepsilon_1}\left.\frac{\partial \underline{H}_{TM}}{\partial x}\right|_{\substack{a\le x\le b\\x\to a}}$$

Für die geraden Moden folgt

$$\underline{C}_1 = \underline{C}_2\cos(\beta_{x1}(b-a)) + \underline{C}_3\sin(\beta_{x1}(b-a))\,; \quad \underline{C}_2 = \underline{C}_4$$

$$-\alpha/\varepsilon_0\,\underline{C}_1 = \beta_{x1}/\varepsilon_1\left[-\underline{C}_2\sin(\beta_{x1}(b-a)) + \underline{C}_3\cos(\beta_{x1}(b-a))\right]$$

$$\beta_{x1}/\varepsilon_1\,\underline{C}_3 = -\beta_{x2}/\varepsilon_2\,\underline{C}_4\tan(\beta_{x2}a)\,.$$

Daraus berechnet man die Eigenwertgleichung

$$\tan(\beta_{x1}(b-a)) = \frac{\alpha/\beta_{x1} - \beta_{x2}/\beta_{x1}\,\varepsilon_0/\varepsilon_2\,\tan(\beta_{x2}a)}{\varepsilon_0/\varepsilon_1 + \alpha/\beta_{x1}\,\beta_{x2}/\beta_{x1}\,\varepsilon_1/\varepsilon_2\,\tan(\beta_{x2}a)}$$

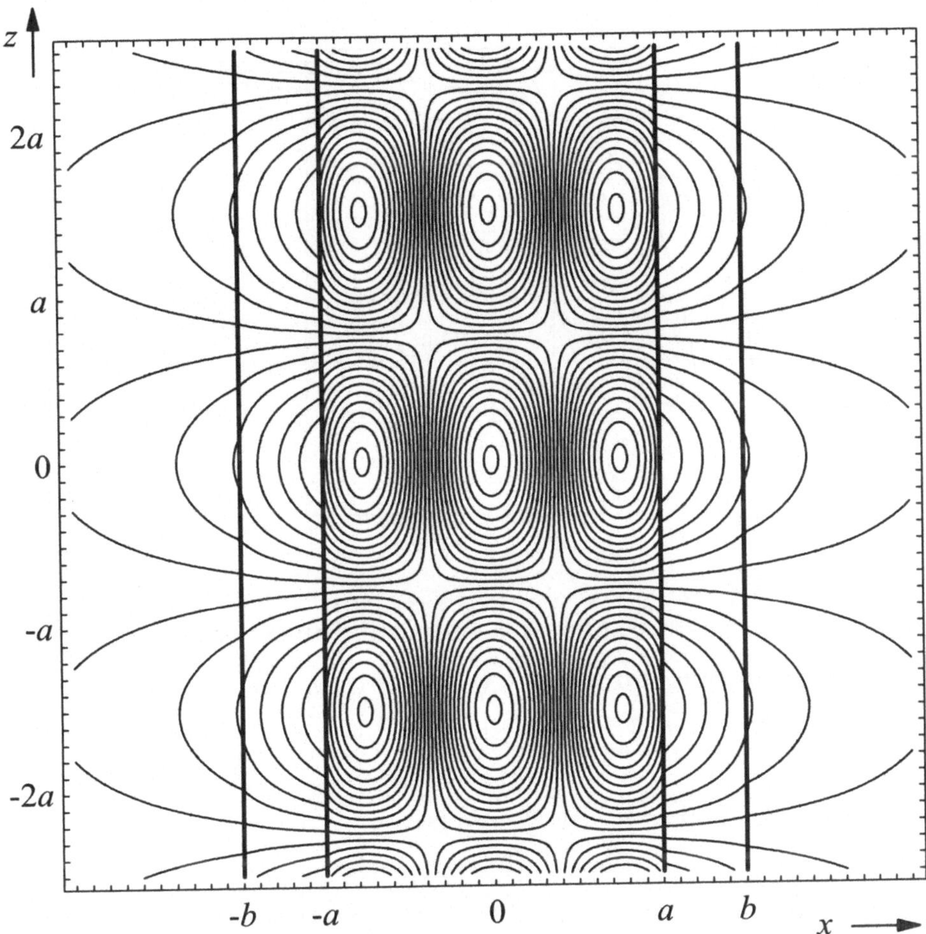

Bild 6.12–2: Elektrische Feldlinien der zweiten geraden TM-Mode für $\varepsilon_1/\varepsilon_0 = 2$; $\varepsilon_2/\varepsilon_0 = 10$; $b/a = 1{,}5$; $a = 0{,}1$ [cm]; $\omega = 4{,}37 \cdot 10^{11} [s^{-1}]$

mit numerisch endlich vielen Lösungen für die Werte β_{x1}, β_{x2} und $\beta_z^{TM} = \sqrt{\alpha^2 + \beta_0^2} = \sqrt{\beta_1^2 - \beta_{x1}^2} = \sqrt{\beta_2^2 - \beta_{x2}^2}$.

Für die numerische Lösung dieser Eigenwertgleichung wählt man zweckmäßig die Gestalt in Abhängigkeit der Größe $v = a\sqrt{\beta_2^2 - (\beta_z^{TM})^2}$ mit

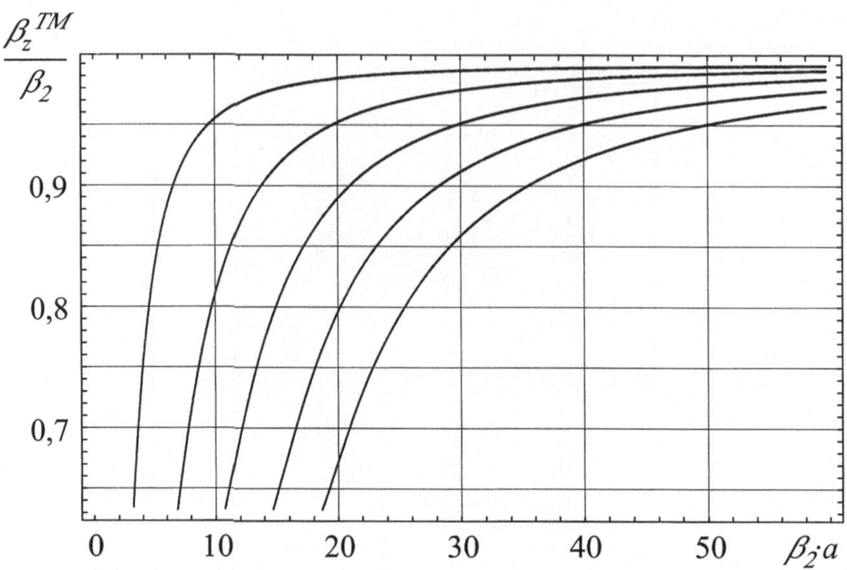

Bild 6.12–3: Phasenkonstanten der ersten fünf ungeraden TM-Moden als Funktion von $\beta_2 a = \omega\sqrt{\mu\varepsilon_2}a$; $\varepsilon_1/\varepsilon_0 = 2$; $\varepsilon_2/\varepsilon_0 = 5$; $b/a = 1,5$; $a = 0,1[\text{cm}]$

$f^2 = a^2(\beta_2^2 - \beta_0^2)$ und $c^2 = a^2(\beta_2^2 - \beta_1^2)$.

$$v \tan v \left\{ \frac{\varepsilon_1}{\varepsilon_2}\sqrt{f^2 - v^2} \tanh\left[\sqrt{c^2 - v^2}(\frac{b}{a} - 1)\right] + \frac{\varepsilon_0}{\varepsilon_2}\sqrt{c^2 - v^2} \right\} =$$

$$= \sqrt{c^2 - v^2}\sqrt{f^2 - v^2} + \frac{\varepsilon_0}{\varepsilon_1}(c^2 - v^2) \tanh\left[\sqrt{c^2 - v^2}(\frac{b}{a} - 1)\right]$$

In völlig analoger Rechnung erhält man die Eigenwertgleichung der ungeraden TM-Moden. Die Gleichungen lauten

$$\underline{C}_1 = \underline{C}_2 \cos(\beta_{x1}(b - a)) + \underline{C}_3 \sin(\beta_{x1}(b - a))\,; \quad \underline{C}_2 = \underline{C}_4$$

$$-\alpha/\varepsilon_0\, \underline{C}_1 = \beta_{x1}/\varepsilon_1 \left[-\underline{C}_2 \sin(\beta_{x1}(b - a)) + \underline{C}_3 \cos(\beta_{x1}(b - a))\right]$$

$$\beta_{x1}/\varepsilon_1\, \underline{C}_3 = \beta_{x2}/\varepsilon_2\, \underline{C}_4 \cot(\beta_{x2} a)$$

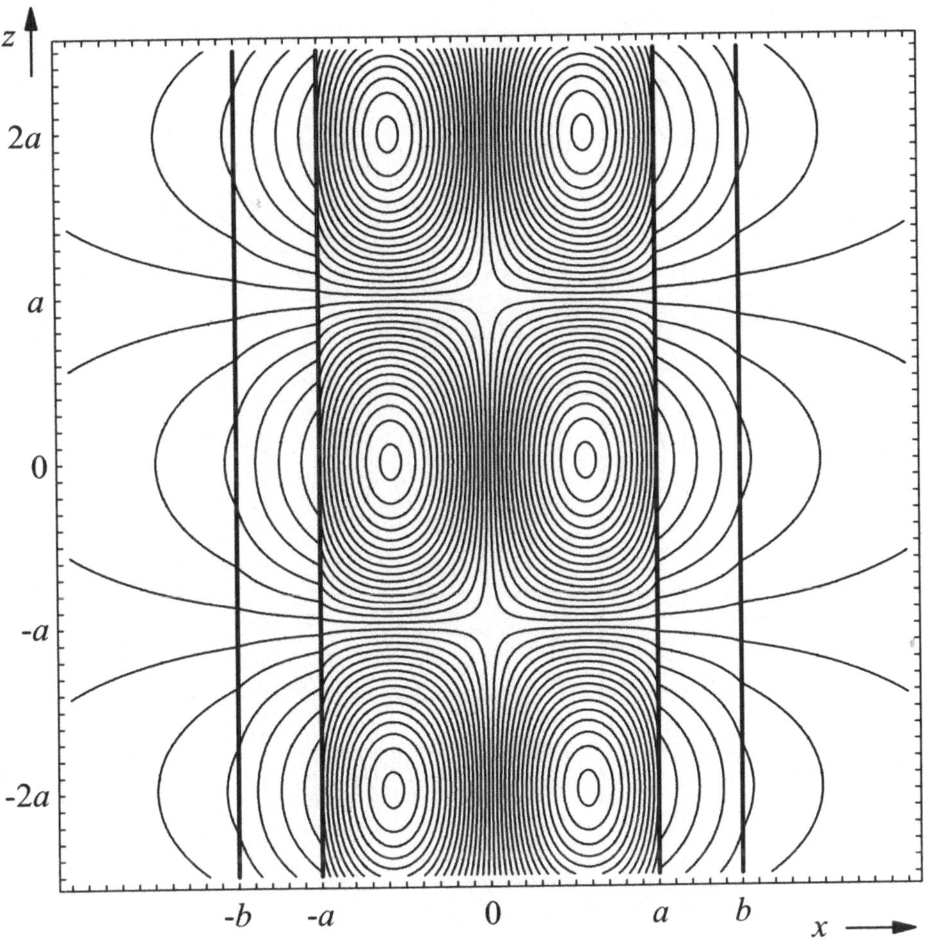

Bild 6.12–4: Elektrische Feldlinien der ersten ungeraden TM-Mode für $\varepsilon_1/\varepsilon_0 = 2$; $\varepsilon_2/\varepsilon_0 = 10$; $b/a = 1{,}5$; $a = 0{,}1$ [cm]; $\omega = 2{,}99 \cdot 10^{11}$ [s^{-1}]

und die Eigenwertgleichung ergibt

$$\tan(\beta_{x1}(b-a)) = \frac{\alpha/\beta_{x1} + \varepsilon_0/\varepsilon_2\, \beta_{x2}/\beta_{x1}\, \cot(\beta_{x2}a)}{\varepsilon_0/\varepsilon_1 - \alpha/\beta_{x1}\, \varepsilon_1/\varepsilon_2\, \beta_{x2}/\beta_{x1}\, \cot(\beta_{x2}a)}\,.$$

Der Ansatz für die elektrische Feldstärke der TE-Moden lautet analog

$$\underline{\vec{E}}_{TE} = \vec{e}_y\, \underline{E}_{TE}(x,z)\,.$$

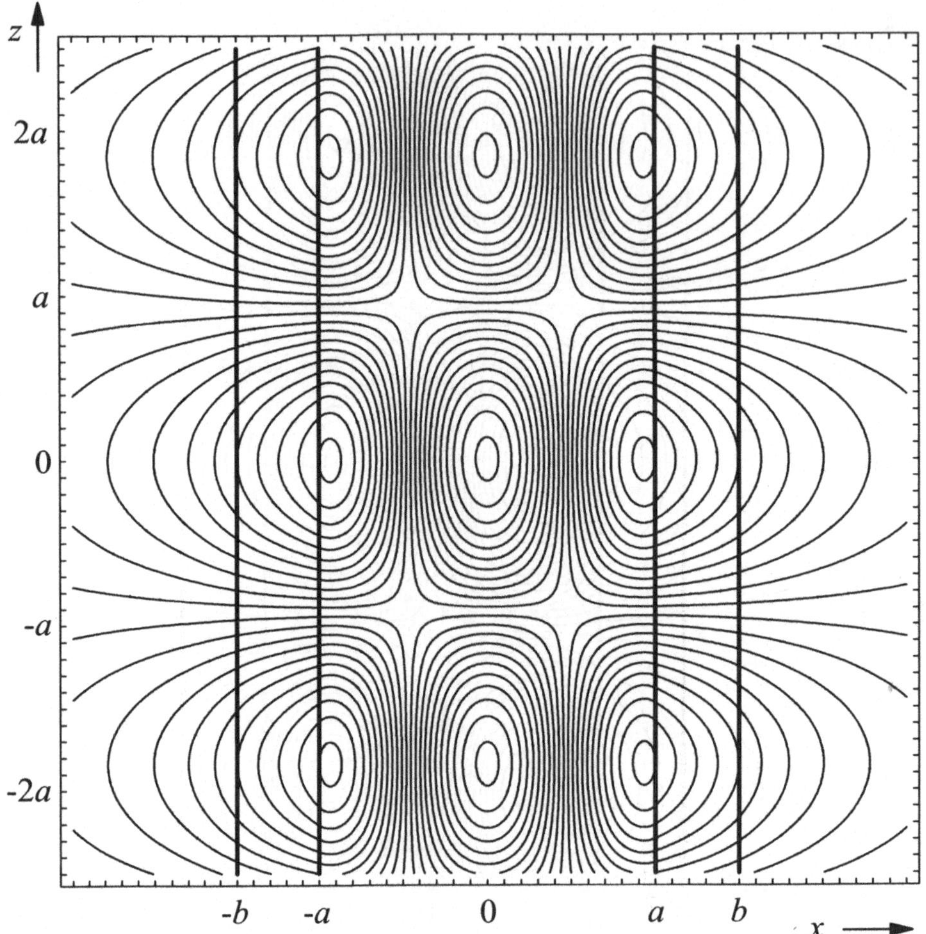

Bild 6.12–5: Magnetische Feldlinien der zweiten geraden TE-Mode für $\varepsilon_1/\varepsilon_0 = 2$; $\varepsilon_2/\varepsilon_0 = 10$; $a/b = 1{,}5$; $a = 0{,}1$ [cm]; $\omega = 3{,}58 \cdot 10^{11}$ [s^{-1}]

Für die Feldstärke $\underline{E}_{TE}(x, z)$ sind die Funktionen in den geschweiften Klammern der Ansätze für die geraden und ungeraden TM-Moden direkt zu übernehmen, wenn auch die Konstanten $\underline{C}$ in jedem Ansatz eine andere Bedeutung haben und die Größen $\underline{H}_0$ durch $\underline{E}_0$ und die Phasenkonstanten β_z^{TM} durch die Phasenkonstanten β_z^{TE} ersetzt werden.

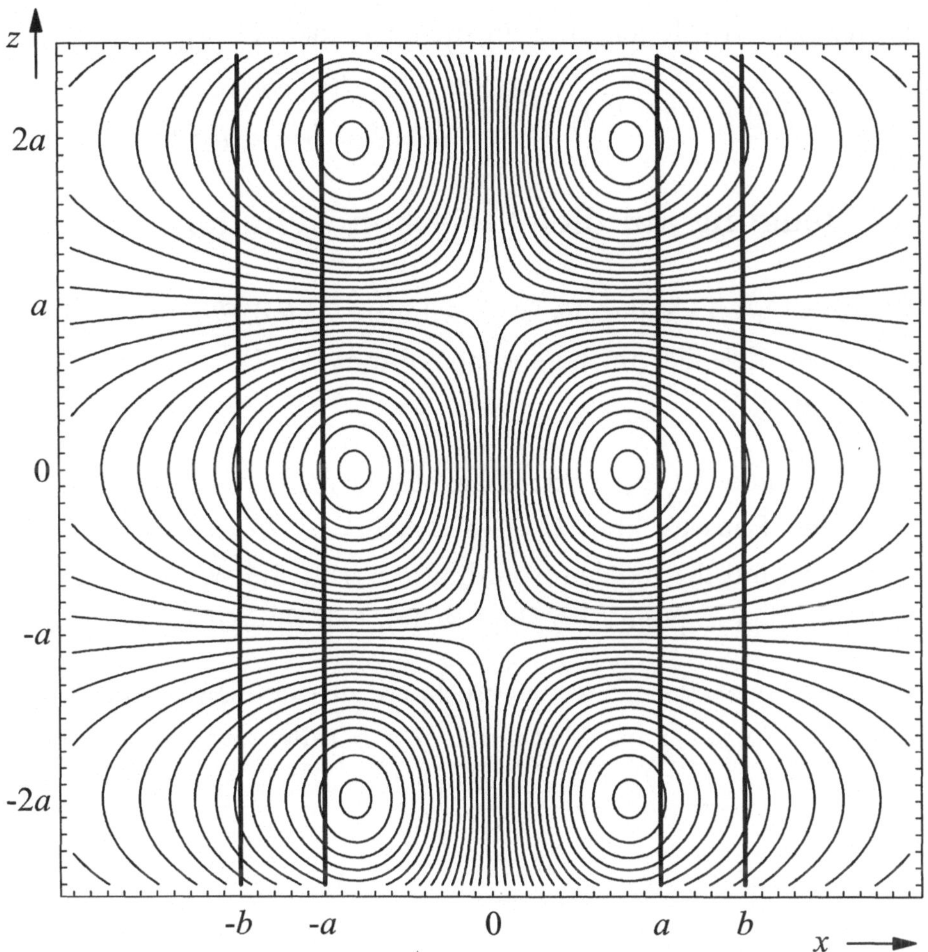

Bild 6.12–6: Magnetische Feldlinien der ersten ungeraden TE-Mode für $\varepsilon_1/\varepsilon_0 = 2$; $\varepsilon_2/\varepsilon_0 = 5$; $b/a = 1{,}5$; $a = 0{,}1$ [cm]; $\omega = 3{,}35 \cdot 10^{11}$ [s^{-1}]

Dann folgen die Eigenwertgleichungen

$$\tan(\beta_{x1}(b-a)) = \frac{\alpha/\beta_{x1} - \beta_{x2}/\beta_{x1}\tan(\beta_{x2}a)}{1 + \alpha/\beta_{x1}\beta_{x2}/\beta_{x1}\tan(\beta_{x2}a)}$$

für die geraden TE-Moden, und für die ungeraden TE-Moden gilt

$$\tan(\beta_{x1}(b-a)) = \frac{\alpha/\beta_{x1} + \beta_{x2}/\beta_{x1}\cot(\beta_{x2}a)}{1 - \alpha/\beta_{x1}\beta_{x2}/\beta_{x1}\cot(\beta_{x2}a)}.$$

6.13 Beugung am dielektrischen Zylinder

Ein dielektrischer Zylinder der Permeabilität μ und Permittivität ε vom Radius a befindet sich im homogenen Raum der Permeabilität μ_0 und Permittivität ε_0.

1. Zu berechnen ist das elektromagnetische Feld, wenn eine ebene Welle mit dem Phasenvektor $\vec{\beta}_0 = -\vec{e}_x\beta_0\,;\ \beta_0 = \omega\sqrt{\mu_0\varepsilon_0}$ senkrecht auf den Zylinder mit der axialen Koordinate z trifft. Im ersten Fall a) sei die ebene Welle z–polarisiert, im zweiten Fall b) orthogonal dazu.

2. Weiterhin ist das Feld zu berechnen, das eine Linienquelle $i(t) = \text{Re}\,\{\underline{i}_0\exp(j\omega t)\}$ im Abstand $c > a$ parallel zur Zylinderachse erregt.

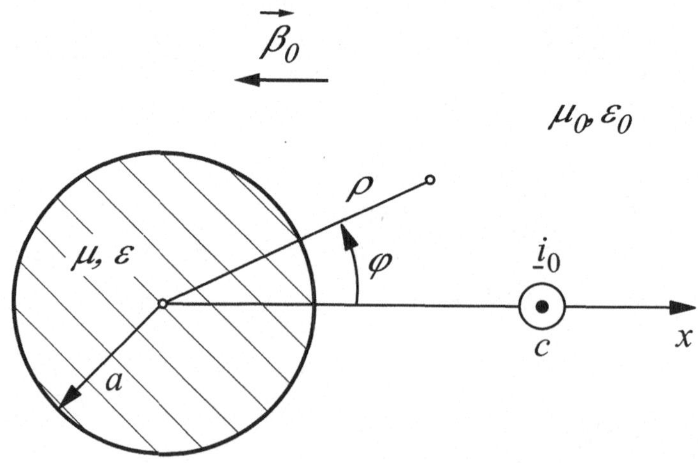

1.a) **Die einfallende Welle ist z-polarisiert**

$$\underline{\vec{E}}_0 = \vec{e}_z E_0 \exp(j\beta_0 x) = \vec{e}_z E_0 \exp(j\beta_0\varrho\cos\varphi)\,.$$

Mit der Entwicklung der Exponentialfunktion nach Besselfunktionen

$$\begin{aligned}\exp(j\beta_0\varrho\cos\varphi) &= J_0\,(\beta_0\varrho) + 2\sum_{n=1}^{\infty}\exp(jn\pi/2)\,J_n\,(\beta_0\varrho)\cos(n\varphi)\\ &= \sum_{n=0}^{\infty}(2-\delta_{0n})\exp(jn\pi/2)\,J_n\,(\beta_0\varrho)\cos(n\varphi)\end{aligned}$$

$$\underline{\vec{E}}_0 = \vec{e}_z\,E_0\sum_{n=0}^{\infty}(2-\delta_{0n})\,\exp(jn\pi/2)\,J_n\,(\beta_0\varrho)\cos(n\varphi)$$

lautet der resultierende Feldansatz mit den Hankelschen Funkionen $H_n^{(2)}(\beta_0\varrho)$ und Besselschen Funktionen $J_n(\beta\varrho)$ mit $\beta = \omega\sqrt{\mu\varepsilon}$ nach Einbringen des Zylinders

$$\underline{\vec{E}} = \vec{e}_z\,E_0\sum_{n=0}^{\infty}(2-\delta_{0n})\,\exp(jn\pi/2)\cdot$$

$$\cdot\left\{\begin{array}{l} J_n\,(\beta_0\varrho) + \underline{a}_n\,H_n^{(2)}\,(\beta_0\varrho)\\ \underline{b}_n\,J_n(\beta\varrho)\end{array}\right\}\cos(n\varphi)\,;\qquad \begin{array}{l}\varrho\geq a\\ \varrho\leq a\end{array}\,.$$

Die Konstanten $\underline{a}_n, \underline{b}_n$ werden aus den Randbedingungen bestimmt.

Die Stetigkeit der elektrischen Feldstärken bei $\varrho = a$ ergibt:

$$J_n(\beta_0a)+\underline{a}_n\,H_n^{(2)}(\beta_0a) = \underline{b}_n\,J_n(\beta a)\,;\; H_n^{(2)}(\beta_0\varrho) = J_n(\beta_0\varrho)-jN_n(\beta_0\varrho)$$

Aus der Stetigkeit der Tangentialkomponente $\underline{H}_\varphi$ der magnetischen Feldstärke folgt:

$$\text{rot}\,[\vec{e}_z\underline{E}(\varrho,\varphi)] = \text{grad}\,\underline{E}\times\vec{e}_z = \vec{e}_\varrho\frac{1}{\varrho}\frac{\partial\underline{E}}{\partial\varphi} - \vec{e}_\varphi\frac{\partial\underline{E}}{\partial\varrho} = -j\omega\mu\,\underline{\vec{H}}$$

$$\underline{H}_\varrho = -\frac{1}{j\omega\mu}\frac{1}{\varrho}\frac{\partial\underline{E}}{\partial\varphi}\quad;\quad \underline{H}_\varphi = \frac{1}{j\omega\mu}\frac{\partial\underline{E}}{\partial\varrho}$$

$$\frac{1}{\mu}\left.\frac{\partial\underline{E}}{\partial\varrho}\right|_{\substack{\varrho<a\\ \varrho\to a}} = \frac{1}{\mu_0}\left.\frac{\partial\underline{E}}{\partial\varrho}\right|_{\substack{\varrho>a\\ \varrho\to a}}$$

$$\frac{\beta_0}{\mu_0}\left[J_n'(\beta_0a) + \underline{a}_nH_n^{(2)\prime}(\beta_0a)\right] = \frac{\beta}{\mu}\left[\underline{b}_nJ_n'(\beta a)\right]$$

Damit existieren zwei Gleichungen zur Bestimmung der Konstanten $\underline{a}_n$ und $\underline{b}_n$.

$$\begin{aligned}
\underline{M}_n &= H_n^{(2)\prime}(\beta_0 a) J_n(\beta a) - \frac{Z_0}{Z} H_n^{(2)}(\beta_0 a) J_n'(\beta a) \\
Z &= \sqrt{\frac{\mu}{\varepsilon}} \quad ; \quad Z_0 = \sqrt{\frac{\mu_0}{\varepsilon_0}} \\
\underline{a}_n &= \underline{M}_n^{-1} \left[\frac{Z_0}{Z} J_n(\beta_0 a) J_n'(\beta a) - J_n'(\beta_0 a) J_n(\beta a) \right] \\
\underline{b}_n &= \underline{M}_n^{-1} \left[H_n^{(2)\prime}(\beta_0 a) J_n(\beta_0 a) - H_n^{(2)}(\beta_0 a) J_n'(\beta_0 a) \right]
\end{aligned}$$

Im Sonderfall eines perfekt leitenden Zylinders verschwindet das Feld im Bereich $\varrho < a$.

$$\underline{E}_z\big|_{\varrho=a} = 0 \quad ; \quad \underline{H}_\varrho\Big|_{\varrho=a} = 0$$

$$J_n(\beta_0 a) + \underline{a}_n H_n^{(2)}(\beta_0 a) = 0\,; \quad \underline{a}_n = -\frac{J_n(\beta_0 a)}{H_n^{(2)}(\beta_0 a)}$$

In diesem Fall existiert auf der Zylinderfläche $\varrho = a$ ein Strombelag $\vec{\underline{K}}_E = \vec{e}_z \underline{K}_E$. Es gilt

$$\underline{H}_\varphi\Big|_{\substack{\varrho>a\\ \varrho\to a}} - \underline{H}_\varphi\Big|_{\substack{\varrho<a\\ \varrho\to a}} = \underline{K}_E$$

$$\underline{K}_E = \underline{H}_\varphi\Big|_{\substack{\varrho>a\\ \varrho\to a}} = \frac{1}{j\omega\mu_0} \frac{\partial \underline{E}}{\partial \varrho}\Big|_{\substack{\varrho>a\\ \varrho\to a}} =$$

$$= -\frac{j\beta_0}{\omega\mu_0} E_0 \sum_{n=0}^{\infty} (2-\delta_{0n}) \exp(jn\pi/2) \cdot$$

$$\cdot \left[J_n'(\beta_0 a) - \frac{J_n(\beta_0 a)}{H_n^{(2)}(\beta_0 a)} H_n^{(2)\prime}(\beta_0 a) \right] \cos(n\varphi)$$

$$J_n'(z) = -J_{n+1}(z) + \frac{n}{z} J_n(z) \quad ; \quad H_n^{(2)\prime}(z) = -H_{n+1}^{(2)}(z) + \frac{n}{z} H_n^{(2)}(z)$$

$$H_n^{(2)}(z) = J_n(z) - jN_n(z) \quad ;$$

$$J_{n+1}(z)N_n(z) - J_n(z)\,N_{n+1}(z) = \frac{2}{\pi z} \quad \text{(Wronski-Determinante)}$$

$$\underline{K}_E = \frac{2E_0}{\pi\beta_0 a Z_0}\sum_{n=0}^{\infty}\frac{(2-\delta_{0n})\exp(jn\pi/2)}{H_n^{(2)}(\beta_0 a)}\cos(n\varphi)$$

1.b) **Einfallende Welle mit gegenüber Fall 1.a) orthogonaler Polarisation**

$$\underline{\vec{H}} = \vec{e}_z\,H_0\,\exp(j\beta_0\varrho\cos\varphi)\,.$$

Mit der gleichen Entwicklung der Exponentialfunktion gilt für das Feld nach Einbringen des Zylinders

$$\underline{\vec{H}} = \vec{e}_z\,H_0\sum_{n=0}^{\infty}(2-\delta_{0n})\,\exp(jn\pi/2)\cdot$$

$$\cdot\left\{\begin{array}{l} J_n(\beta_0\varrho) + \underline{c}_n H_n^{(2)}(\beta_0\varrho) \\ \underline{d}_n\,J_n(\beta\varrho) \end{array}\right\}\cos(n\varphi)\,; \qquad \begin{array}{l}\varrho \geq a \\ \varrho \leq a\end{array}\,.$$

Die Konstanten $\underline{c}_n$ und $\underline{d}_n$ werden wieder aus den Randbedingungen bestimmt.

Die Stetigkeit der magnetischen Feldstärke liefert:

$$J_n(\beta_0 a) + \underline{c}_n\,H_n^{(2)}\,(\beta_0 a) = \underline{d}_n\,J_n(\beta a)$$

Aus der Stetigkeit der Tangentialkomponente $\underline{E}_\varphi$ von $\underline{\vec{E}} = 1/(j\omega\varepsilon)\,\mathrm{rot}\,\underline{\vec{H}}$ folgt:

$$\mathrm{rot}\,[\vec{e}_z\underline{H}(\varrho,\varphi)] = \vec{e}_\varrho\,\frac{1}{\varrho}\,\frac{\partial\underline{H}}{\partial\varphi} - \vec{e}_\varphi\,\frac{\partial\underline{H}}{\partial\varrho} = j\omega\varepsilon\underline{\vec{E}}$$

$$\underline{E}_\varrho = \frac{1}{j\omega\varepsilon}\,\frac{1}{\varrho}\,\frac{\partial\underline{H}}{\partial\varphi} \quad ; \quad \underline{E}_\varphi = -\frac{1}{j\omega\varepsilon}\,\frac{\partial\underline{H}}{\partial\varrho}$$

$$\frac{1}{\varepsilon}\,\frac{\partial\underline{H}}{\partial\varrho}\bigg|_{\substack{\varrho<a\\ \varrho\to a}} = \frac{1}{\varepsilon_0}\,\frac{\partial\underline{H}}{\partial\varrho}\bigg|_{\substack{\varrho>a\\ \varrho\to a}}$$

$$J_n'(\beta_0 a) + \underline{c}_n H_n^{(2)\prime}\,(\beta_0 a) = \frac{\beta}{\beta_0}\,\frac{\varepsilon_0}{\varepsilon}\,\underline{d}_n\,J_n'(\beta a) = \frac{Z}{Z_0}\,\underline{d}_n\,J_n'(\beta a)$$

Daraus ergeben sich die Konstanten zu

$$\begin{aligned}
\underline{M}_n &= H_n^{(2)\prime}(\beta_0 a)\, J_n(\beta a) - \frac{Z}{Z_0} H_n^{(2)}(\beta_0 a)\, J_n'(\beta a) \\
\underline{c}_n &= \underline{M}_n^{-1}\left[\frac{Z}{Z_0} J_n(\beta_0 a) J_n'(\beta a) - J_n(\beta a) J_n'(\beta_0 a)\right] \\
\underline{d}_n &= \underline{M}_n^{-1}\left[H_n^{(2)\prime}(\beta_0 a) J_n(\beta_0 a) - H_n^{(2)}(\beta_0 a) J_n'(\beta_0 a)\right] .
\end{aligned}$$

Im Grenzfall des perfekt leitenden Zylinders gilt:

$$\underline{E}_\varphi\Big|_{\substack{\varrho>a\\ \varrho\to a}} = 0$$

$$\underline{c}_n = -\frac{J_n'(\beta_0 a)}{H_n^{(2)\prime}(\beta_0 a)}$$

Der Strombelag auf dem Zylinder ist dann

$$\begin{aligned}
\underline{\vec{K}}_H &= \vec{e}_\varphi \underline{K}_H \quad ; \quad \underline{H}\big|_{\substack{\varrho<a\\ \varrho\to a}} - \underline{H}\big|_{\substack{\varrho>a\\ \varrho\to a}} = \underline{K}_H \\
\underline{K}_H &= -\,\underline{H}\big|_{\varrho=a} \\
&= H_0 \sum_{n=0}^{\infty} (2-\delta_{0n}) \exp(jn\pi/2) \cdot \\
&\quad \cdot \left[\frac{J_n'(\beta_0 a)}{H_n^{(2)\prime}(\beta_0 a)} H_n^{(2)}(\beta_0 a) - J_n(\beta_0 a)\right] \cos(n\varphi) \\
\underline{K}_H &= j\frac{2H_0}{\pi\beta_0 a} \sum_{n=0}^{\infty} \frac{(2-\delta_{0n}) \exp(jn\pi/2)}{H_n^{(2)\prime}(\beta_0 a)} \cos(n\varphi) .
\end{aligned}$$

2. Anregung mit einer Linienquelle $i(t)$ am Ort ($\varrho = c > a, \varphi = \varphi_0$)

Das Vektorpotential einer erregenden Linienquelle im homogenen Raum mit μ_0, ε_0 ist:

$$\underline{\vec{A}}_0 = \vec{e}_z\, \underline{A}_0(\varrho,\varphi) \quad ; \quad \Delta \underline{A}_0 + \beta_0^2 \underline{A}_0 = 0 \quad ; \quad \varrho \neq c$$

$$\underline{A}_0(\varrho,\varphi) = \sum_{n=0}^{\infty} \underline{a}_n \left\{ \begin{array}{c} J_n(\beta_0 c)\, H_n^{(2)}(\beta_0 \varrho) \\ H_n^{(2)}(\beta_0 c)\, J_n(\beta_0 \varrho) \end{array} \right\} \cos(n(\varphi-\varphi_0)) ; \quad \begin{array}{c} \varrho \geq c \\ \varrho \leq c \end{array}$$

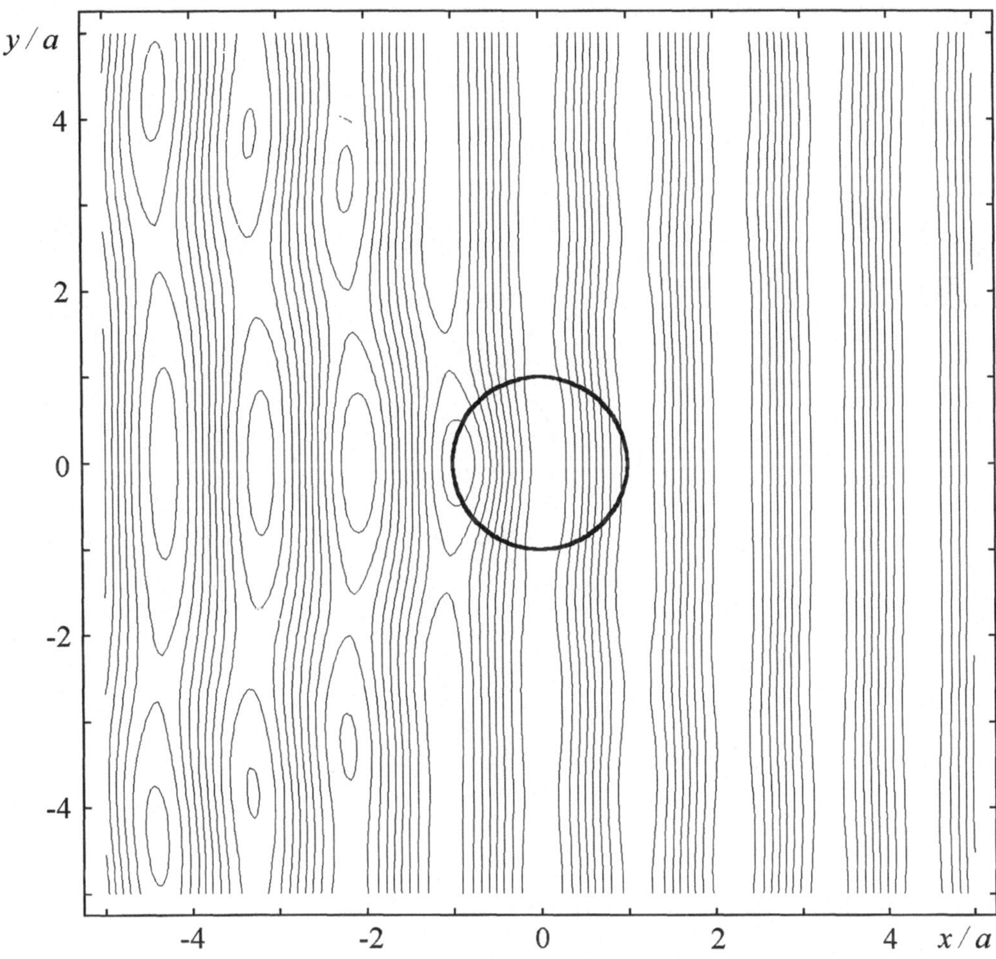

Bild 6.13–1: Beugung einer ebenen, z-polarisierten Welle an einem dielektrischen Zylinder. Magnetische Feldlinien für $\lambda_0/\lambda = 1,1$; $\lambda/a = 2\,(\lambda_0 = 2\,\pi/\beta_0;\ \lambda = 2\pi/\beta)$

Der Ansatz erfüllt die Stetigkeitsbedingung für die elektrische Feldstärke und die Stetigkeit der radialen Komponente von $\underline{\vec{B}}_0 = \operatorname{rot} \underline{\vec{A}}_0$ auf $\varrho = c$. Für die Tangentialkomponente der magneti-

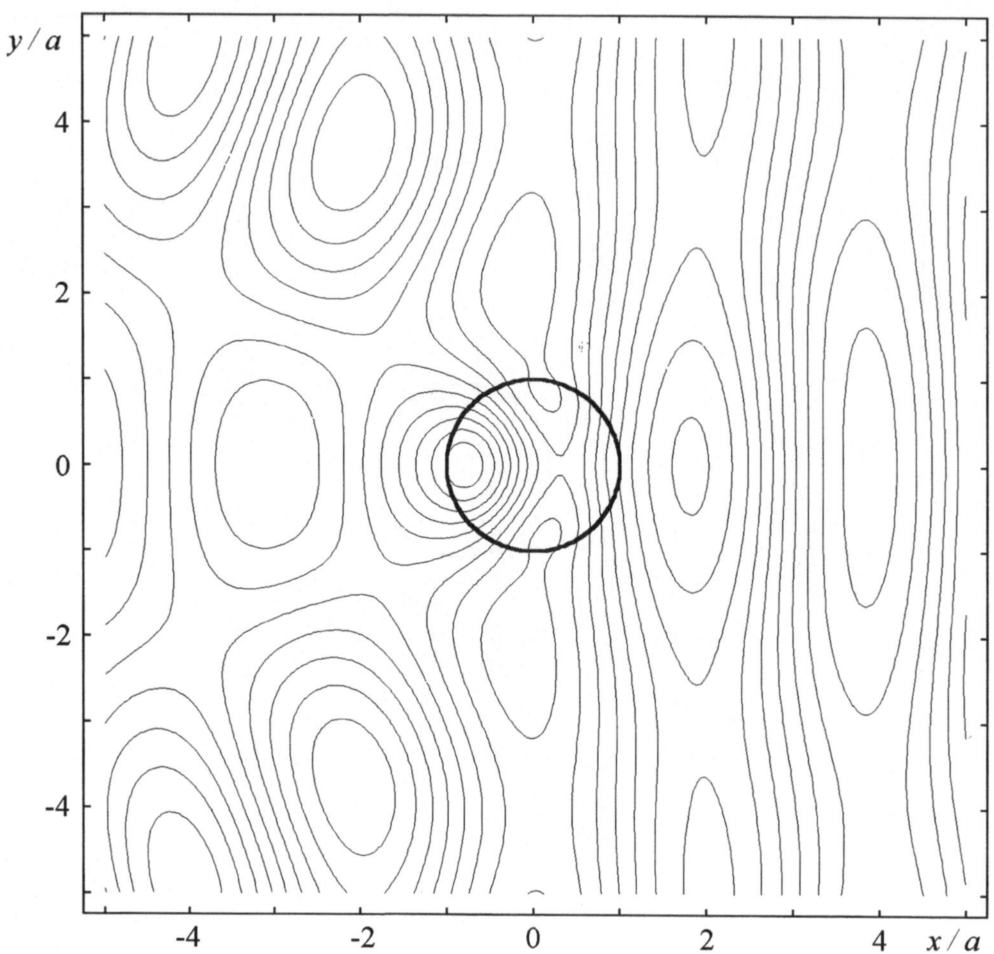

Bild 6.13–2: Wie Bild 6.13–1, jedoch $\lambda_0/\lambda = 2$

schen Feldstärke gilt

$$\underline{H}_{0\varphi}\Big|_{\substack{\varrho>c\\ \varrho\to c}} - \underline{H}_{0\varphi}\Big|_{\substack{\varrho<c\\ \varrho\to c}} = \underline{K}(\varphi) = \frac{1}{\mu_0}\left[\frac{\partial \underline{A}_0}{\partial \varrho}\Big|_{\substack{\varrho<c\\ \varrho\to c}} - \frac{\partial \underline{A}_0}{\partial \varrho}\Big|_{\substack{\varrho>c\\ \varrho\to c}}\right]$$

$$\underline{K}(\varphi) = \frac{\beta_0}{\mu_0}\sum_{n=0}^{\infty}\underline{a}_n\left[H_n^{(2)}(\beta_0 c)J_n'(\beta_0 c) + \right.$$

$$\left. - J_n(\beta_0 c)\, H_n^{(2)\prime}(\beta_0 c)\right]\cos(n(\varphi - \varphi_0)) .$$

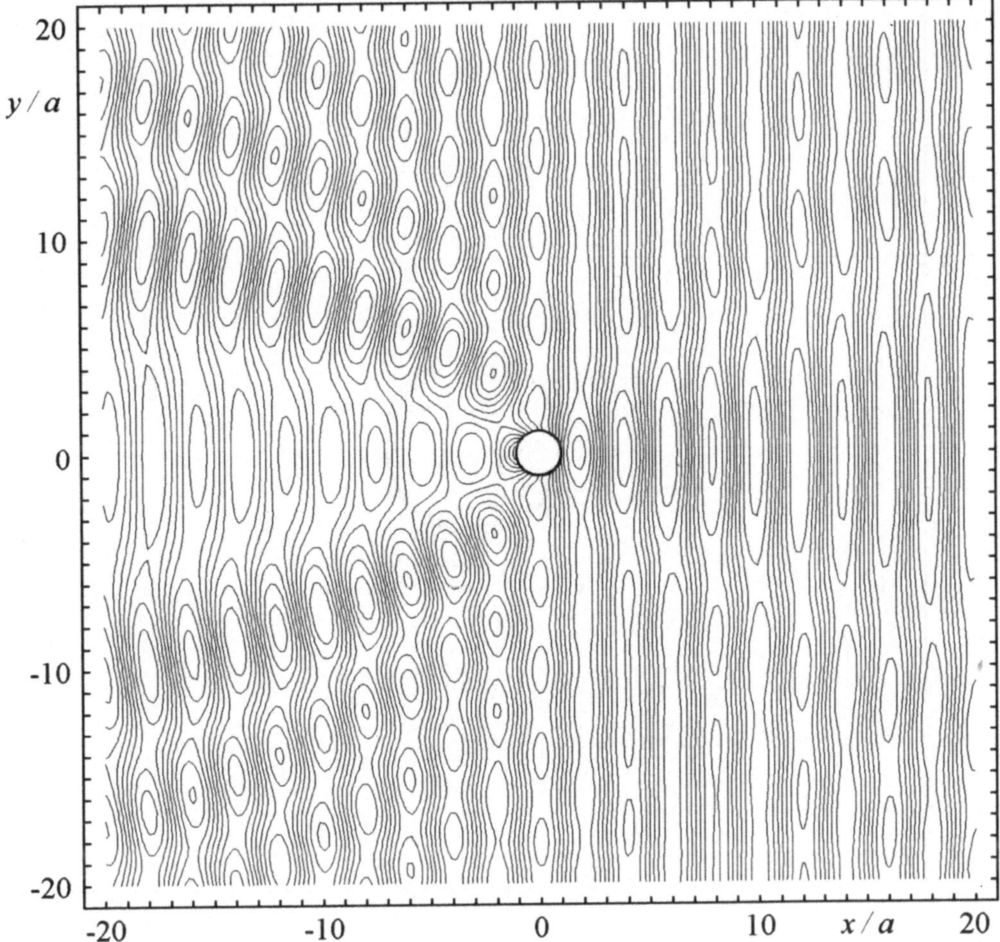

Bild 6.13–3: Wie Bild 6.13–2

Mit der Orthogonalitätseigenschaft der trigonometrischen Funktionen folgt

$$\beta_0 \underline{a}_n \left[(J_n - jN_n) \left(-J_{n+1} + \frac{n}{\beta_0 c} J_n \right) + \right.$$

$$\left. - J_n \left(-H_{n+1}^{(2)} + \frac{n}{\beta_0 c} H_n \right) \right] \pi (1 + \delta_{0n}) =$$

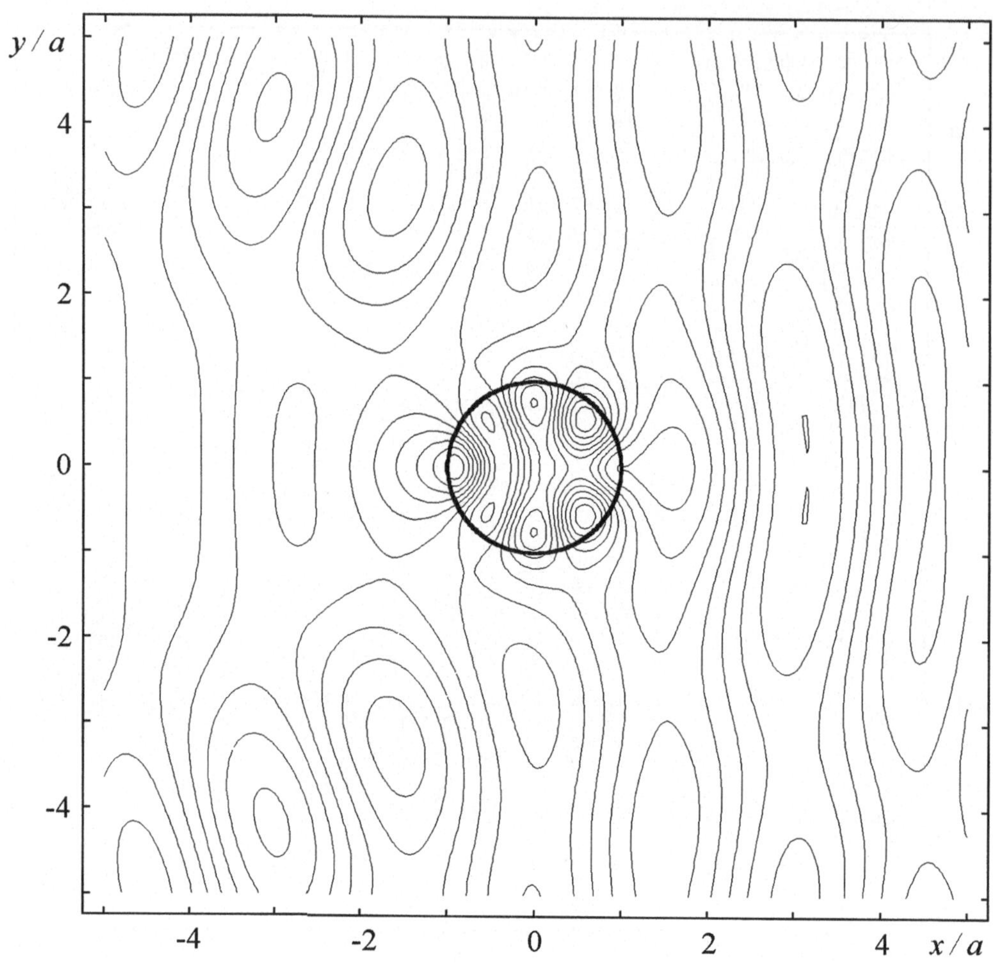

Bild 6.13–4: Wie Bild 6.13–1, jedoch $\lambda_0/\lambda = 3$; $\lambda/a = 1$

$$= \frac{\mu_0}{c} \int_0^{2\pi} \underline{K}(\varphi) \cos(n(\varphi - \varphi_0)) c d\varphi = \frac{\mu_0}{c} \underline{i}_0 =$$

$$= \beta_0 \underline{a}_n \pi (1 + \delta_{0n}) j \left[J_{n+1} \, N_n - J_n \, N_{n+1} \right] = 2j \, \frac{\underline{a}_n (1 + \delta_{0n})}{c} = \frac{\mu_0}{c} \underline{i}_0$$

$$\underline{a}_n = -j \, \frac{\mu_0 \underline{i}_0}{2(1 + \delta_{0n})}$$

$$\underline{A}_0(\varrho, \varphi) = -j \, \frac{\mu_0 \underline{i}_0}{2} \sum_{n=0}^{\infty} \frac{1}{1 + \delta_{0n}} \cdot$$

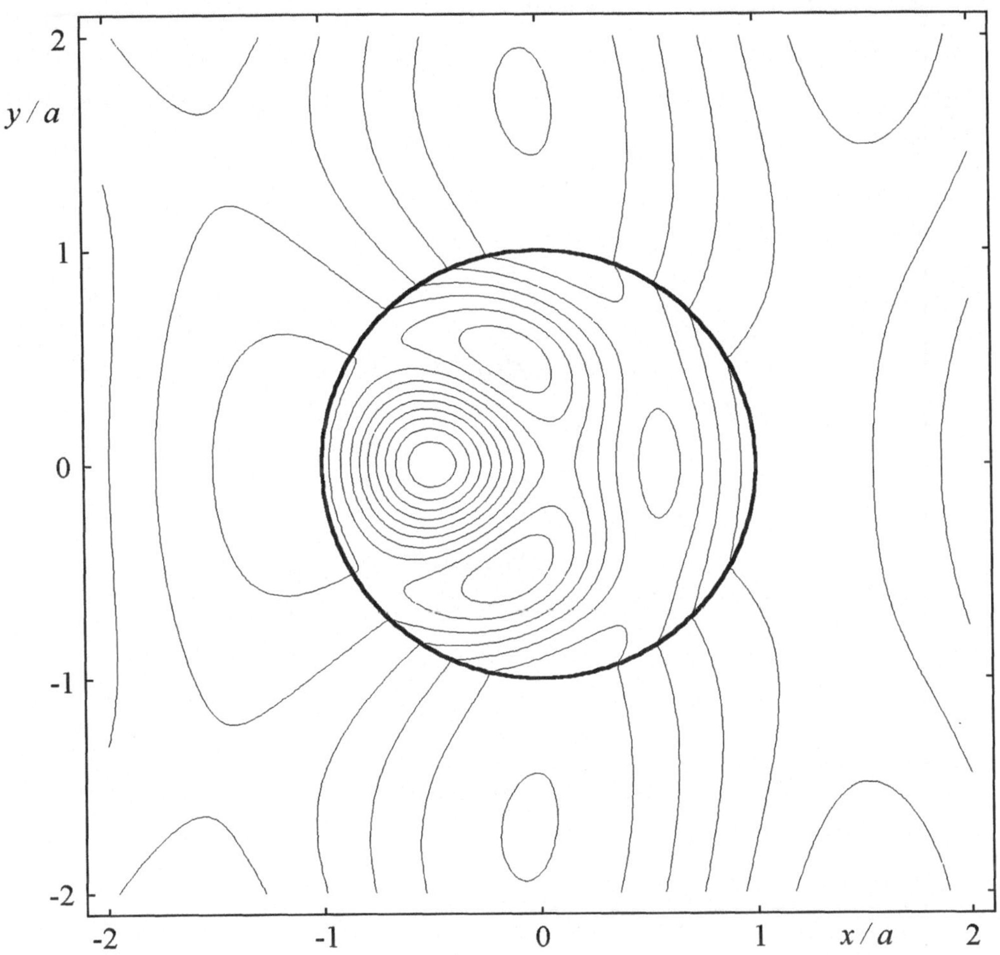

Bild 6.13–5: Beugung einer ebenen, y-polarisierten Welle an einem dielektrischen Zylinder. Elektrische Feldlinien für $\lambda_0/\lambda = 3$; $\lambda/a = 1$

$$\cdot \left\{ \begin{array}{c} J_n(\beta_0 c)\, H_n^{(2)}(\beta_0 \varrho) \\ H_n^{(2)}(\beta_0 c) J_n(\beta_0 \varrho) \end{array} \right\} \cos(n(\varphi - \varphi_0)) \, ; \qquad \begin{array}{c} \varrho \geq c \\ \varrho \leq c \end{array} .$$

Der Ansatz für das Vektorpotential des resultierenden Feldes lautet:

$$\underline{\vec{A}} = \vec{e}_z \underline{A}(\varrho, \varphi) \quad ; \quad \Delta \underline{A} + \left\{ \begin{array}{c} \beta_0^2 \\ \beta^2 \end{array} \right\} \underline{A} = 0 \quad ; \qquad \begin{array}{c} \varrho > a \, ; \, \varrho \neq c \\ \varrho < a \end{array}$$

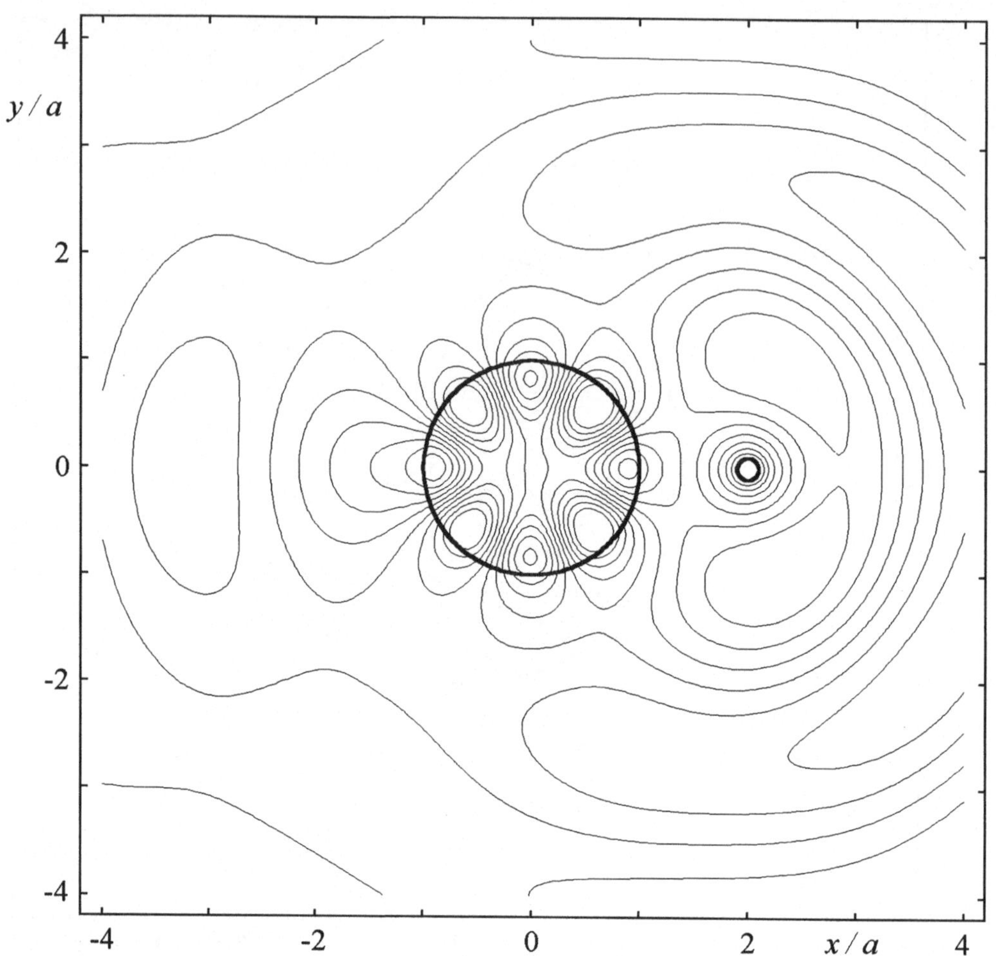

Bild 6.13–6: Beugung der Zylinderwelle eines Linienstromes an einem dielektrischen Zylinder. Magnetische Feldlinien für $\lambda_0/\lambda = 3$; $\lambda/a = 1$; $c/a = 2$

$$\underline{A}(\varrho,\varphi) = -j\frac{\mu_0}{2}\underline{i}_0 \sum_{n=0}^{\infty} \frac{1}{1+\delta_{0n}} \cos(n(\varphi-\varphi_0))\cdot$$

$$\cdot\left\{\begin{array}{ll} \underline{a}_n\, J_n(\beta\varrho) & \varrho < a \\ \underline{b}_n\, H_n^{(2)}(\beta_0\varrho) + \left\{\begin{array}{ll} J_n(\beta_0 c)H_n^{(2)}(\beta_0\varrho) & \varrho > c \\ H_n^{(2)}(\beta_0 c)J_n(\beta_0\varrho) & \varrho < c \end{array}\right\} & \varrho > a \end{array}\right\}.$$

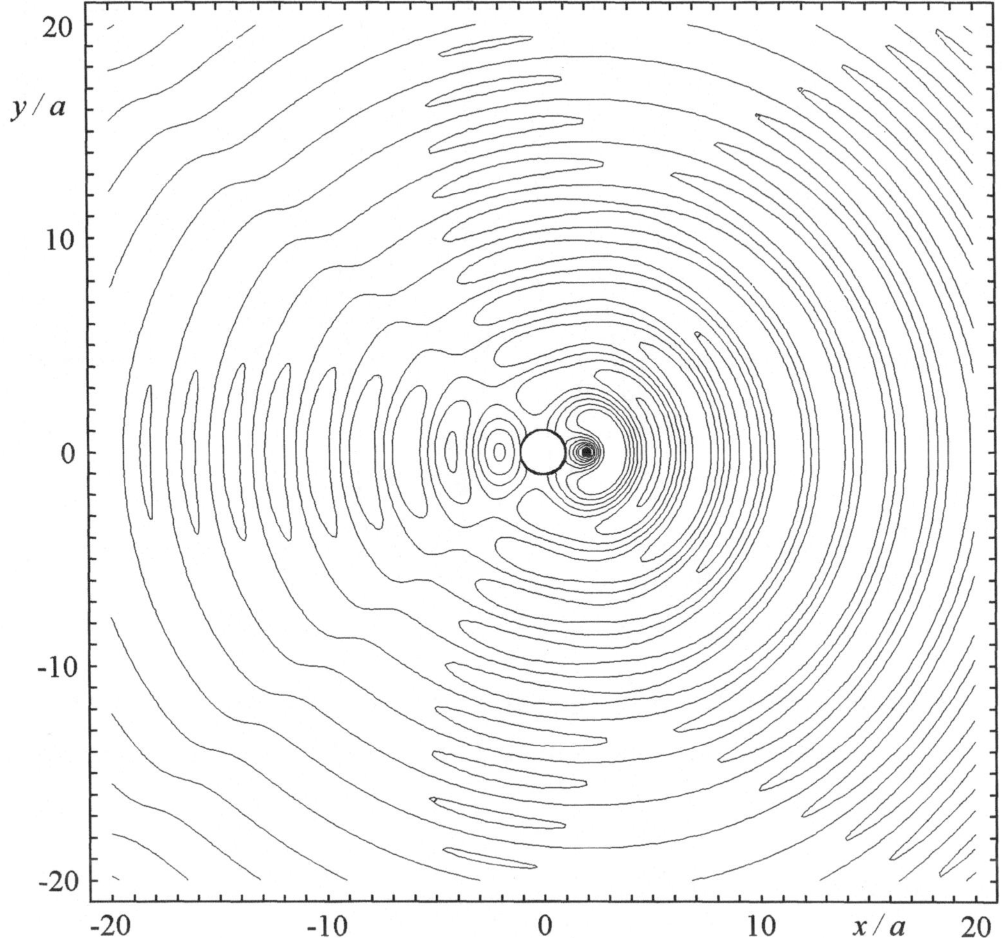

Bild 6.13–7: Wie Bild 6.13–6; jedoch $\lambda_0/\lambda = 2$; $\lambda/a = 2$

Die Konstanten werden aus den Randbedingungen bestimmt.

Die Stetigkeit der Normalkomponente der magnetischen Flussdichte auf der Fläche $\underline{\varrho} = a$ ergibt

$$\underline{a}_n J_n(\beta a) = \underline{b}_n H_n^{(2)}(\beta_0 a) + H_n^{(2)}(\beta_0 c) J_n(\beta_0 a) .$$

Die Stetigkeit der Tangentialkomponente der magnetischen Feldstär-

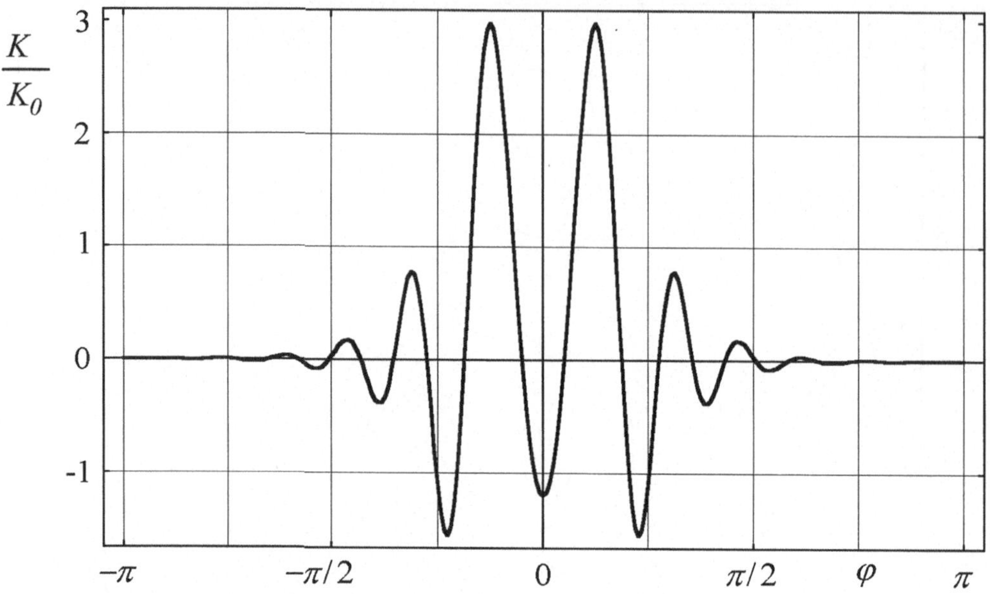

Bild 6.13–8: Strombelag K/K_0 auf der Oberfläche eines leitenden Zylinders im Feld einer Linienquelle am Ort ($\varrho = c; \varphi_0 = 0$); $K_0 = -|\underline{i}_0|/(\pi a)$; $\lambda_0/\lambda = 1,1; \lambda/a = 1/2$

ke führt auf die Gleichung:

$$\underline{a}_n J_n'(\beta a) = \frac{\beta_0}{\beta}\frac{\mu}{\mu_0}\left[\underline{b}_n H_n^{(2)\prime}(\beta_0 a) + H_n^{(2)}(\beta_0 c)\, J_n'(\beta_0 a)\right] .$$

Daraus folgen die Konstanten

$$\underline{a}_n = \frac{H_n^{(2)}(\beta_0 c)}{\underline{M}_n}\left[J_n(\beta_0 a) H_n^{(2)\prime}(\beta_0 a) - J_n'(\beta_0 a)\, H_n^{(2)}(\beta_0 a)\right]$$

und mit den Rekursionen und der Wronski-Determinante ist

$$\underline{a}_n = -j\frac{2}{\pi}\frac{H_n^{(2)}(\beta_0 c)}{\beta_0 a \underline{M}_n}$$

$$\underline{b}_n = -\frac{H_n^{(2)}(\beta_0 c)}{\underline{M}_n}\left[J_n(\beta a)\, J_n'(\beta_0 a) - \frac{Z_0}{Z}\, J_n'(\beta a)\, J_n(\beta_0 a)\right]$$

mit

$$\underline{M}_n = J_n(\beta a) H_n^{(2)\prime}(\beta_0 a) - \frac{Z_0}{Z} J_n'(\beta a)\, H_n^{(2)}(\beta_0 a)\,.$$

Im Grenzfall $\mu = \mu_0; \quad \varepsilon = \varepsilon_0; \quad \beta = \beta_0; \quad Z = Z_0$ wird

$$\underline{b}_n\big|_{\substack{\mu=\mu_0\\ \varepsilon=\varepsilon_0}} = 0\,; \qquad \underline{a}_n\big|_{\substack{\mu=\mu_0\\ \varepsilon=\varepsilon_0}} = H_n^{(2)}(\beta_0 c)\,;$$

$$\underline{M}_n\big|_{\substack{\mu=\mu_0\\ \varepsilon=\varepsilon_0}} = -j\frac{2}{\pi\beta_0 a}$$

und damit in $\varrho < a$ das erregende Feld beschrieben.

Im Grenzfall des leitenden Zylinders verschwindet die elektrische Tangentialfeldstärke auf dem Zylinder $\varrho = a$

$$\underline{b}_n H_n^{(2)}(\beta_0 a) + H_n^{(2)}(\beta_0 c)\, J_n(\beta_0 a) = 0\,,$$

$$\underline{b}_n = -J_n(\beta_0 a)\,\frac{H_n^{(2)}(\beta_0 c)}{H_n^{(2)}(\beta_0 a)}\,.$$

Damit folgt ein Strombelag

$$\underline{\vec{K}} = \vec{e}_z \underline{K} = \vec{e}_z\ \underline{H}_\varphi\Big|_{\substack{\varrho>a\\ \varrho\to a}} = -\vec{e}_z \frac{1}{\mu_0}\,\frac{\partial \underline{A}}{\partial \varrho}\Big|_{\varrho=a}$$

$$\underline{K} = j\frac{\underline{i}_0}{2}\beta_0 \sum_{n=0}^{\infty} \frac{1}{1+\delta_{0n}} \left[-J_n(\beta_0 a)\frac{H_n^{(2)}(\beta_0 c)}{H_n^{(2)}(\beta_0 a)} H_n^{(2)\prime}(\beta_0 a) + \right.$$

$$\left. + \quad H_n^{(2)}(\beta_0 c) J_n'(\beta_0 a)\right] \cdot \cos(n(\varphi - \varphi_0))$$

und mit den Rekursionen und der Wronski-Determinante lautet das Ergebnis:

$$\underline{K} = -\frac{\underline{i}_0}{\pi a} \sum_{n=0}^{\infty} \frac{1}{1+\delta_{0n}}\, \frac{H_n^{(2)}(\beta_0 c)}{H_n^{(2)}(\beta_0 a)} \cos(n(\varphi - \varphi_0))\,.$$

Anhang

Formeln zur Vektoranalysis

Mehrfache Produkte zwischen Vektoren

$$\begin{aligned}
\vec{A}(\vec{B}\times\vec{C}) &= \vec{C}(\vec{A}\times\vec{B}) = \vec{B}(\vec{C}\times\vec{A}) \\
\vec{A}\times(\vec{B}\times\vec{C}) &= \vec{B}(\vec{A}\vec{C}) - \vec{C}(\vec{A}\vec{B}) \\
(\vec{A}\times\vec{B})(\vec{C}\times\vec{D}) &= (\vec{A}\vec{C})(\vec{B}\vec{D}) - (\vec{A}\vec{D})(\vec{B}\vec{C})
\end{aligned}$$

Vektoroperationen in krummlinigen orthogonalen Koordinaten (u_1, u_2, u_3)

Metrische Faktoren: h_1, h_2, h_3

$$\begin{aligned}
V &= V(u_1, u_2, u_3)\,; \\
\vec{A} &= \vec{e}_1\, A_1(u_1,u_2,u_3) + \vec{e}_2\, A_2(u_1,u_2,u_3) + \vec{e}_3\, A_3(u_1,u_2,u_3) \\
\operatorname{grad} V &= \vec{e}_1 \frac{1}{h_1}\frac{\partial V}{\partial u_1} + \vec{e}_2 \frac{1}{h_2}\frac{\partial V}{\partial u_2} + \vec{e}_3 \frac{1}{h_3}\frac{\partial V}{\partial u_3} \\
\operatorname{div} \vec{A} &= \frac{1}{h_1\,h_2\,h_3}\left[\frac{\partial}{\partial u_1}(h_2\,h_3\,A_1) + \frac{\partial}{\partial u_2}(h_3\,h_1\,A_2) + \frac{\partial}{\partial u_3}(h_1\,h_2\,A_3)\right]
\end{aligned}$$

$$\operatorname{rot} \vec{A} = \begin{vmatrix} \vec{e}_1/(h_2h_3) & \vec{e}_2/(h_1h_3) & \vec{e}_3/(h_1h_2) \\ \partial/\partial u_1 & \partial/\partial u_2 & \partial/\partial u_3 \\ h_1A_1 & h_2A_2 & h_3A_3 \end{vmatrix}$$

$$\operatorname{div}\operatorname{grad} V = \Delta V =$$

$$= \frac{1}{h_1h_2h_3}\left[\frac{\partial}{\partial u_1}\left(\frac{h_2h_3}{h_1}\frac{\partial V}{\partial u_1}\right) + \frac{\partial}{\partial u_2}\left(\frac{h_1h_3}{h_2}\frac{\partial V}{\partial u_2}\right) + \frac{\partial}{\partial u_3}\left(\frac{h_1h_2}{h_3}\frac{\partial V}{\partial u_3}\right)\right]$$

Kartesische Koordinaten:

$$u_1 = x \quad ; \quad u_2 = y \quad ; \quad u_3 = z \quad ; \quad h_1 = h_2 = h_3 = 1$$

$$\vec{r} = \vec{e}_x x + \vec{e}_y y + \vec{e}_z z\,; \quad d\vec{r} = \vec{e}_x\,dx + \vec{e}_y\,dy + \vec{e}_z\,dz\,; \quad dv = dx\,dy\,dz$$

$$\vec{A}(\vec{r}) = \vec{e}_x\,A_x + \vec{e}_y\,A_y + \vec{e}_z\,A_z \quad ; \quad V = V(x,y,z)$$

$$\operatorname{grad} V = \vec{e}_x\,\frac{\partial V}{\partial x} + \vec{e}_y\,\frac{\partial V}{\partial y} + \vec{e}_z\,\frac{\partial V}{\partial z}$$

$$\operatorname{div}\vec{A} = \frac{\partial A_x}{\partial x} + \frac{\partial A_y}{\partial y} + \frac{\partial A_z}{\partial z}$$

$$\operatorname{rot}\vec{A} = \vec{e}_x\left(\frac{\partial A_z}{\partial y} - \frac{\partial A_y}{\partial z}\right) + \vec{e}_y\left(\frac{\partial A_x}{\partial z} - \frac{\partial A_z}{\partial x}\right) + \vec{e}_z\left(\frac{\partial A_y}{\partial x} - \frac{\partial A_x}{\partial y}\right)$$

$$\Delta V = \frac{\partial^2 V}{\partial x^2} + \frac{\partial^2 V}{\partial y^2} + \frac{\partial^2 V}{\partial z^2}$$

Kreiszylindrische Koordinaten:

$$u_1 = \varrho \;;\quad u_2 = \varphi \;;\quad u_3 = z \;;\quad h_1 = 1 \;;\quad h_2 = \varrho \;;\quad h_3 = 1$$

$$\vec{r} = \vec{e}_\varrho(\varphi)\,\varrho + \vec{e}_z z\,; \quad d\vec{r} = \vec{e}_\varrho\,d\varrho + \vec{e}_\varphi\,\varrho d\varphi + \vec{e}_z\,dz\,; \quad dv = \varrho\,d\varrho\,d\varphi\,dz$$

$$\vec{A}(\vec{r}) = \vec{e}_\varrho(\varphi)\,A_\varrho + \vec{e}_\varphi(\varphi)\,A_\varphi + \vec{e}_z\,A_z\,; \quad V = V(\varrho,\varphi,z)$$

$$x = \varrho\,\cos\varphi\,; \quad y = \varrho\sin\varphi\,; \quad z = z$$

$$\operatorname{grad} V = \vec{e}_\varrho\,\frac{\partial V}{\partial \varrho} + \frac{\vec{e}_\varphi}{\varrho}\,\frac{\partial V}{\partial \varphi} + \vec{e}_z\,\frac{\partial V}{\partial z}$$

$$\operatorname{div}\vec{A} = \frac{1}{\varrho}\,\frac{\partial}{\partial \varrho}(\varrho A_\varrho) + \frac{1}{\varrho}\,\frac{\partial A_\varphi}{\partial \varphi} + \frac{\partial A_z}{\partial z}$$

$$\operatorname{rot}\vec{A} = \vec{e}_\varrho\left(\frac{1}{\varrho}\frac{\partial A_z}{\partial \varphi} - \frac{\partial A_\varphi}{\partial z}\right) + \vec{e}_\varphi\left(\frac{\partial A_\varrho}{\partial z} - \frac{\partial A_z}{\partial \varrho}\right) + \frac{\vec{e}_z}{\varrho}\left(\frac{\partial}{\partial \varrho}(\varrho A_\varphi) - \frac{\partial A_\varrho}{\partial \varphi}\right)$$

$$\Delta V = \frac{\partial^2 V}{\partial \varrho^2} + \frac{1}{\varrho}\,\frac{\partial V}{\partial \varrho} + \frac{1}{\varrho^2}\,\frac{\partial^2 V}{\partial \varphi^2} + \frac{\partial^2 V}{\partial z^2}$$

Kugelkoordinaten:

$$u_1 = r\,; \quad u_2 = \vartheta\,; \quad u_3 = \varphi\,; \quad h_1 = 1\,; \quad h_2 = r\,; \quad h_3 = r\,\sin\vartheta$$

$$\vec{r} = \vec{e}_r(\vartheta,\varphi)r\,; \quad d\vec{r} = \vec{e}_r\,dr + \vec{e}_\vartheta\,r d\vartheta + \vec{e}_\varphi\,r\,\sin\vartheta d\varphi$$

$$dv = r^2\,\sin\vartheta\,dr\,d\vartheta\,d\varphi$$

$$x = r\sin\vartheta\cos\varphi \quad ; \quad y = r\sin\vartheta\sin\varphi \quad ; \quad z = r\cos\vartheta$$

$$\begin{aligned}
\vec{A}(\vec{r}) &= \vec{e}_r(\vartheta,\varphi)A_r + \vec{e}_\vartheta(\vartheta,\varphi)A_\vartheta + \vec{e}_\varphi(\varphi)\,A_\varphi \quad ; \quad V = V(r,\vartheta,\varphi) \\
\operatorname{grad} V &= \vec{e}_r\,\frac{\partial V}{\partial r} + \frac{\vec{e}_\vartheta}{r}\,\frac{\partial V}{\partial\vartheta} + \frac{\vec{e}_\varphi}{r\sin\vartheta}\,\frac{\partial V}{\partial\varphi} \\
\operatorname{div}\vec{A} &= \frac{1}{r^2}\,\frac{\partial}{\partial r}(r^2A_r) + \frac{1}{r\sin\vartheta}\,\frac{\partial}{\partial\vartheta}(A_\vartheta\sin\vartheta) + \frac{1}{r\sin\vartheta}\,\frac{\partial A_\varphi}{\partial\varphi} \\
\operatorname{rot}\vec{A} &= \frac{\vec{e}_r}{r\sin\vartheta}\left(\frac{\partial}{\partial\vartheta}(A_\varphi\sin\vartheta) - \frac{\partial A_\vartheta}{\partial\varphi}\right) + \frac{\vec{e}_\vartheta}{r}\left(\frac{1}{\sin\vartheta}\,\frac{\partial A_r}{\partial\varphi} - \frac{\partial}{\partial r}(rA_\varphi)\right) \\
&+ \frac{\vec{e}_\varphi}{r}\left(\frac{\partial}{\partial r}(rA_\vartheta) - \frac{\partial A_r}{\partial\vartheta}\right) \\
\Delta V &= \frac{\partial^2 V}{\partial r^2} + \frac{2}{r}\,\frac{\partial V}{\partial r} + \frac{1}{r^2\sin\vartheta}\,\frac{\partial}{\partial\vartheta}\left(\sin\vartheta\,\frac{\partial V}{\partial\vartheta}\right) + \frac{1}{r^2\sin^2\vartheta}\,\frac{\partial^2 V}{\partial\varphi^2}
\end{aligned}$$

Operationen mit dem Gradienten

$$\begin{aligned}
\operatorname{grad}\,(UV) &= U\operatorname{grad} V + V\operatorname{grad} U \\
\operatorname{grad}\,(\vec{A}\vec{B}) &= (\vec{A}\operatorname{grad})\,\vec{B} + (\vec{B}\operatorname{grad})\,\vec{A} + \vec{A}\times\operatorname{rot}\,\vec{B} + \vec{B}\times\operatorname{rot}\,\vec{A}
\end{aligned}$$

$\operatorname{grad}\,(\vec{e}\vec{r}) = \vec{e}$; $\vec{e}$ konstanter Vektor, $\vec{r}$ Ortsvektor

$$\begin{aligned}
\operatorname{grad} U\,(r) &= \frac{dU}{dr}\,\frac{\vec{r}}{r} \\
(\vec{A}\cdot\operatorname{grad})\,\vec{r} &= \vec{A}
\end{aligned}$$

Operationen mit der Divergenz

$$\begin{aligned}
\operatorname{div}\,(U\vec{A}) &= U\operatorname{div}\vec{A} + \vec{A}\operatorname{grad} U \\
\operatorname{div}\,(\vec{A}\times\vec{B}) &= \vec{B}\operatorname{rot}\vec{A} - \vec{A}\operatorname{rot}\vec{B} \\
\operatorname{div}\,[\vec{r}U(r)] &= 3U(r) + r\,\frac{dU}{dr} \\
\operatorname{div}\operatorname{grad} U &= \Delta U \\
\operatorname{div}\operatorname{rot}\vec{A} &= 0 \\
\operatorname{div}\,(\vec{e}\times\vec{r}) &= 0 \quad ; \quad \vec{e} \text{ konstanter Vektor}
\end{aligned}$$

Operationen mit der Rotation

$$\begin{aligned}
\text{rot }(U\vec{A}) &= U\,\text{rot }\vec{A} + \text{grad }U \times \vec{A} \\
\text{rot }(\vec{A}\times\vec{B}) &= (\vec{B}\,\text{grad})\,\vec{A} - (\vec{A}\,\text{grad})\,\vec{B} + \vec{A}\,\text{div }\vec{B} - \vec{B}\,\text{div }\vec{A} \\
\text{rot }(\vec{r}\,U(r)) &= 0 \\
\text{rot }(\vec{e}\times\vec{r}) &= 2\vec{e} \quad ; \quad \vec{e} \quad \text{konstanter Vektor} \\
\text{rot grad }U &= 0 \\
\text{rot rot }\vec{A} &= \text{grad div }\vec{A} - \Delta\vec{A} \\
\text{rot rot rot }(\vec{e}\,U) &= \vec{e}\times\text{grad }(\Delta U) \\
\text{rot rot rot }(\vec{r}\,U) &= \vec{r}\times\text{grad }(\Delta U)
\end{aligned}$$

Integralsätze

Satz von Stokes

$$\begin{aligned}
\int_a \text{rot }\vec{A}\,d\vec{a} &= \oint_C \vec{A}\,d\vec{s} \\
\int_a d\vec{a}\times\text{grad }U &= \oint_C U\,d\vec{s}
\end{aligned}$$

Gaußscher Satz

$$\begin{aligned}
\int_v \text{div }\vec{A}\,dv &= \oint_a \vec{A}\,d\vec{a} \\
\int_v \text{grad }U\,dv &= \oint_a U\,d\vec{a} \\
\int_v \text{rot }\vec{A}\,dv &= \oint_a d\vec{a}\times\vec{A}
\end{aligned}$$

Satz von Green I

$$\int_v (U\,\Delta V + \text{grad }U\,\text{grad }V)\,dv = \oint_a U\,\text{grad }V\,d\vec{a}$$

$$\int_v (\text{grad }U)^2\,dv = \oint_a U\,\frac{\partial U}{\partial n}\,da \quad \text{für} \quad V = U \quad \text{und} \quad \Delta U = 0$$

Satz von Green II

$$\int_v (U\,\Delta V - V\,\Delta U\,)\,dv = \oint_a \left(U\,\frac{\partial V}{dn} - V\,\frac{\partial U}{dn}\right) da$$

$$\int_a \Delta U\,dv = \oint_a \operatorname{grad} U\,d\vec{a}$$

Sätze von Stratton

$$\int_v \left(\operatorname{rot}\vec{A}\operatorname{rot}\vec{B} - \vec{A}\operatorname{rot}\operatorname{rot}\vec{B}\right) dv = \oint_a \left(\vec{A}\times\operatorname{rot}\vec{B}\right) d\vec{a}$$

$$\int_v \left(\vec{A}\operatorname{rot}\operatorname{rot}\vec{B} - \vec{B}\operatorname{rot}\operatorname{rot}\vec{A}\right) dv = \oint_a \left(\vec{B}\times\operatorname{rot}\vec{A} - \vec{A}\times\operatorname{rot}\vec{B}\right) d\vec{a}$$

Literaturverzeichnis

[1] Spiegel, Murray R.: "Theory and Problems of Vector Analysis", Schaum's Outline Series, Mc Graw Hill Book Company, 1974

[2] Edminister, Joseph A.: "Elektromagnetismus", Schaum's Outline Series, Mc Graw Hill Book Company, 1984

[3] Nascar, Syed A.: "2000 Solved Problems in Electromagnetics", Schaum's Solved Problems Series, Mc Graw Hill Book Company, 1992

[4] Sommerfeld, Arnold: "Elektrodynamik", Verlag Harri Deutsch, 1988

[5] Simonyi, Karely: "Theoretische Elektrotechnik", Johann Ambrosius Barth, Leipzig Berlin Heidelberg, New York, 1993

[6] Lehner, Günther: "Elektromagnetische Feldtheorie für Ingenieure und Physiker", Springer Verlag, Berlin Heidelberg New York, 1990

[7] Henke, Heino: "Elektromagnetische Felder", Springer Verlag, Berlin Heidelberg New York, 2002

[8] Strassacker, Gottlieb, Süße, Roland: "Rotation, Divergenz und Gradienten - leicht verständliche Einführung in die elektromagnetische Feldtheorie", B. G. Teubner, Wiesbaden, 2003

[9] Morse, Philip, M., Feshbach, Herman: "Methods of Theoretical Physics, Part I, Part II", Mc Graw-Hill Book Company, Boston, 1953

[10] Abramowitz, Milton, Stegun, Irene A.: "Handbook of Mathematical Functions", Dover Publications, Inc. New York, 1972

[11] Moon, P., Spencer: "Field Theory Handbook", Springer Verlag, Berlin Heidelberg New York, 1971

Index

Äquipotentialfläche, 43, 90
Äquipotentiallinien, 75

Abbildung, 89
  konforme, 5
Abbildungsfunktion, 89
Abschaltvorgang, 181, 185, 216
Abschlusswiderstand, 207
Abstand
  reziproker, 26, 35
Amplitude
  komplexe, 150, 161, 207, 227
Anfangsfeldverteilung, 186
Anordnung
  ebene, 58, 63
  rotationssymmetrische, 106
Antenne
  lineare, 12, 249
Aufpunkt
  gespiegelter, 46

Bandleitung, 229, 238
Besselfunktion, 68, 69, 278
  gewöhnliche, 130
  modifizierte, 161, 176, 192, 197
  sphärische, 152, 183
Beugung
  am dielektrischen Zylinder, 277

cut-off-Grenze, 253

Dielektrikum, 57
Differentialform, 1
Differentialgleichung
  der magnetischen Feldlinien, 156
Dipol
  elektrischer, 3, 28
  flächenhafter, 4
  Hertzscher, 246
  magnetischer, 149, 157
Dipolmomentendichte, 75
  homogene, 76
  magnetische, 7
Dipolpotential, 37
Dipolschicht
  magnetische, 123, 134
Dipolverteilung
  räumliche, 4
Drehfeld, 174

Ebene
  komplexe, 89
  leitende, 23, 249
Eigenwerte, 186
  des Rechteckhohlleiters, 227
Eigenwertgleichung, 186, 242, 259, 266, 269
Eindringtiefe

normierte, 164, 204
Einströmung
radiale, 93
Elektroden
leitende, 115
Energie, 5, 56
beschränkte, 3
des magnetischen Feldes, 7
elektrische, 9
gespeicherte, 57, 163, 187, 223
magnetische, 9, 117
umgesetzte, 219
Energiebilanz, 180, 187
Energiedichte, 5, 57
magnetische, 7
Entwicklung, 199
des reziproken Abstandes, 35, 53
Erregung
hochfrequente, 149, 168
periodische, 181
zeitlich cosinusförmige, 181
Ersatzladungsordnung, 85
Exponentialfunktion, 49, 130

Feld
ebenes, 4
elektromagnetisches, 1
elektrostatisches, 2
erregendes, 111, 138, 181
homogenes, 30, 136, 156
magnetisches, 6
nichtreguläres, 118
quasistationäres, 10
resultierendes, 138
rotationssymmetrisches, 80
schnell veränderliches, 2
stationäres magnetisches, 167
transientes, 180
transversal elektrisches, 11
transversal magnetisches, 11
zeitlich konstantes, 130
zeitlich periodisches, 181
Feldlinien, 3, 75, 91, 105
magnetische, 129, 195
Feldliniengleichung, 156
Feldstärke, 2
elektrische, 1
erregende, 139
homogene, 212
komplexe, 7, 92, 105
magnetische, 1, 6
Fernfeld, 11
Fernfeldstärke, 12, 246
Flächenintegral, 101
Flächenladung, 2, 15, 69, 85
gespiegelte, 46
in der Grenzschicht, 85
kreisförmige, 45
ortsabhängige, 73
Flächenladungsdichte, 2, 45
Flächennormale, 1, 4

Fluss
elektrischer, 3, 5
magnetischer, 6, 142, 144
Flussdichte
elektrische, 1, 3
magnetische, 1
Flussfunktion, 105
Flussröhre, 3
Fourierentwicklung, 124
Fourierintegral, 83
Frequenzen
hohe, 168
Funktion
hyperbolische, 49
Legendresche, 111
orthogonale, 43, 49
trigonometrische, 49, 59, 64, 74, 94, 100, 123, 192
Funktionensystem
orthogonales, 60, 69, 108, 109

Gebiet
rechteckiges, 99
Gegeninduktivität, 8, 142
Gewichtsfunktion, 69
Gleichung
der Feldlinien, 169
der magnetischen Feldlinien, 180
Gleichungssystem, 60, 108, 110, 131, 147, 201
lineares, 132
Greenscher Satz, 101
Grenzfläche, 2, 124
Grundmode, 253

Halbraum, 62
hochpermeabler, 136, 168
leitender, 63, 165, 168
permeabler, 142, 167
Hankelsche Funktion, 278
Hertzscher Dipol, 11
Hochfrequenz, 157
Hohlkugel, 22
Hohlleiter, 12
Anregung des, 253
homogener, 225
Hohlleiterresonator
zylindrischer, 235
Hohlzylinder, 122
kreiszylindrischer, 118
permeabler, 124, 137

Induktionsgesetz, 208, 212
Induktivität, 12, 222
längenbezogene, 118
zylindrischer Anordnungen, 117
Integralform, 1
Invarianz
der Gesamtenergie, 222

Kapazität, 12, 56, 222

Kapazitätskoeffizient, 5
Koaxialkabel, 161, 234
Koaxialleitung, 233
Kontinuitätsgleichung, 1
Kontur
  rechteckige, 147
Konturintegration, 148
Koordinatensystem
  mitbewegtes, 171
Kraft, 1, 22, 58, 62, 68, 71, 87, 133
  auf die Leiterschleife, 158
  auf eine Punktladung, 87
Kraftwirkung, 56, 149
Kugel
  dielektrische, 28, 33, 39
  geerdete, 46
  geladene, 14
  hochpermeable, 136
  konzentrische, 26
  leitende, 87, 110, 149, 180
  leitfähige, 45
  permeable, 133, 135
  ungeladene, 14
Kugelfunktion
  tesserale, 160
  zugeordnete, 151
Kugelkalotte, 77
Kugelkoordinaten, 80

Lösung
  numerische, 110
Lösungsfunktion, 107
Ladung, 22
  bewegte, 1
  eingeschlossene, 3
  halbkugelförmige, 54
  ruhende, 2
  vorgegebene, 87
Ladungsdichte, 43, 56, 57, 84, 95
  auf der Kugel, 27
  auf einem leitenden Zylinder, 23
  maximale, 24
Ladungserhaltung, 1
Ladungsmenge, 15
Ladungsschwerpunkt, 54
Ladungsspiegelung, 46
  am dielektrischen Halbraum, 62
Ladungsverteilung, 56
Laplace–Poissonsche Differentialgleichung, 32
Laplacesche Differentialgleichung, 29, 43, 49, 59, 63, 73, 80, 82, 100, 107, 126, 134
Legendre-Polynome, 35, 80
Leistung
  komplexe, 9
  umgesetzte, 94, 191
Leistungsbilanz, 9
Leiter
  bewegter, 171

kreiszylindrischer, 106, 196
linienförmiger, 8
planarer, 115
Leiterschleife, 7, 133, 136, 180
ebene, 142
kreisförmige, 114, 133
rotierende, 147
Leitersystem
gekoppeltes, 211
Leitfähigkeit, 1
Leitungen
ideale, 12, 222
Linie
singuläre, 20
Linienladung, 69
homogene, 5, 37, 39
kreisförmige, 68
ortsabhängige, 33
Potential einer, 36
ringförmige, 87
Linienladungsdichte, 2
Linienleiter, 114, 123
parallele, 122, 144
Linienquelle, 105, 281
Linienstrom, 7
axialer, 130

Magnetfeld
homogenes, 147
Massivzylinder
leitender, 174
Materialeigenschaften, 1
Maxwellsche Gleichungen, 1
Mittelwert, 11
der Energie, 164
der Verluste, 184
der Verlustleistung, 165, 169, 175
zeitlicher, 9, 163, 180
Moden, 269
angeregte, 229
gerade, 270
ungerade, 270
Multipole, 37

Normalableitung, 93
des Potentials, 97, 99, 102
Normalkomponente, 123
der elektrischen Feldstärke, 103
der magnetischen Flussdichte, 125
der Stromdichte, 99, 102
Nutraum, 202, 207

Orthogonalentwicklung, 220
Orthogonalitätseigenschaft, 64, 80, 94
der Besselfunktionen, 131, 199
der Kugelfunktionen, 154
der Legendre-Polynome, 182

der sphärischen Besselfunktionen, 187
der trigonometrischen Funktionen, 72, 103, 193, 218, 284
Ortskurve
der Gesamtströme, 205
des Sekundärstroms, 215

Paralleldrahtleitung, 122, 126
Permeabilität, 1
endliche, 141
hohe, 136, 140
Permittivität, 1
Phasengeschwindigkeit, 10, 13, 222
Phasenkonstante, 13, 234, 238, 253, 260
Phasenvektor, 277
Platte
leitende, 216
Plattenkondensator, 56, 89
Polarisation
orthogonale, 280
Potential, 2
auf der Achse, 52
auf der Zylinderoberfläche, 102
einer Raumladung, 31
elektrodynamisches, 8
elektrostatisches, 2
erregendes, 29, 38, 46, 68, 70, 110, 124, 125, 181
halbkugelförmiger Raumladungen, 51
komplexes, 4, 7, 91, 105
komplexes erregendes, 166
kugelsymmetrisches, 14
resultierendes, 38, 42, 48, 70, 111, 112, 124, 127, 136
skalares, 6, 107
Potentialkoeffizient, 5
Potentialspiegelung, 39
Potentialsprung, 77, 84, 134
Potentialvorgabe, 43, 44, 59, 83, 90
auf einem Zylinder, 48
auf einer kreiszylindrischen Anordnung, 71
auf einer Kugelfläche, 79
auf konzentrischen Zylindern, 63
in einer Ebene, 82
Poyntingscher Satz, 9
Poyntingscher Vektor, 11, 188, 194, 247
komplexer, 9, 163, 184
Primärstrom, 215
Produktansatz, 151
Punkt
singulärer, 20
Punktladung, 3, 33, 62, 87

erregende, 46

Quellenverteilung
vorgegebene, 13

Rücktransformation, 91
Randbedingung, 1, 27, 38, 50, 64, 70, 72, 94, 100, 131, 133, 139, 227, 234, 239
auf der Kugelfläche, 182
für die Normalkomponente, 108
homogene, 49, 58, 59, 99
Randfeld, 89
Randkontur, 1, 4, 6, 77, 142
des Leiters, 101
Randwertproblem, 94
gemischtes, 99
Randwertvorgabe, 49
Raumladung, 1, 14, 22
Raumladungsdichte, 2
Raumwinkel, 4, 76
Reflexion, 233, 234
Rekursion, 155, 186
Rekursionsbeziehung, 160
Resonanzfrequenzen, 235
Richtcharakteristik, 11, 246
Ringladung, 68
Rotation
in Kugelkoordinaten, 153
Rotationsachse, 80

Schaltvorgang, 222
Schirmfaktor, 138
Schirmung, 122, 137
Schneiden, 99, 102, 104
leitende, 98
Schwarz-Christoffel-Transformation, 89
Sekundärstrom, 215
Selbstinduktivität, 8
äussere, 164, 210
innere, 163, 210
Separationsparameter, 44, 131, 198
Skalarpotential, 122
erregendes, 133
magnetisches, 122, 133
Spannung
induzierte, 148
Spektralfunktion, 83
Spiegelströme, 142
Spiegelung, 62, 71, 105
am permeablen Zylinder, 177
an einer leitenden Kugel, 45, 87
Spiegelungsgesetz, 128, 167, 168
am permeablen Zylinder, 126
Stetigkeit
der Flussdichte, 70, 127
der magnetischen Feldstärke, 131
der Normalkomponente, 112,

120, 127, 134, 139, 154, 176, 182, 183
der Tangentialkomponente, 109, 132, 139, 155, 167, 176, 184, 227, 278
des Potentials, 60, 70, 74, 109, 111
des resultierenden Vektorpotentials, 154
des Vektorpotentials, 120, 127, 167, 176, 192
Stetigkeitsbedingungen, 212
Ströme
erregende, 143
Strömungsfeld, 98, 116
der ebenen Anordnung, 102
erregendes, 110
homogenes, 95, 110, 112
in einem Zylinder, 102
stationäres, 6, 93, 99, 107
um eine leitende Kugel, 110
Strom
zeitlich konstanter, 106, 115
Stromaufteilung, 115, 206
frequenzabhängige, 202
Strombelag, 116, 117, 152, 165, 172, 182, 216, 231, 254, 279
auf der Kugeloberfläche, 158
axial gerichteter, 118
hochfrequenter, 168
homogener, 138
ortsabhängiger, 2, 171
vorgegebener, 2
z-gerichteter, 126
zeitabhängiger, 227
Stromdichte, 1, 95
eingeprägte, 8
homogene, 132
induzierte, 2, 191
Stromfaden, 116
Stromkomponente
radiale, 107
Stromlinien, 95, 97, 109, 112
Stromverdrängungsdifferentialgleichung 150
Stromverteilung, 106, 207
im kreiszylindrischen Leiter, 106
induzierte, 149, 154, 165, 171, 175, 180, 191
stationäre, 129
Stromzuführung, 102
Superposition, 79

Tangentialkomponente, 124, 127
der magnetische Feldstärken, 2
Teilkapazitäten, 5
Teillösungen, 59
Teilwellen, 222
TEM-Wellen, 12, 233

Umkehrfunktion, 91

Vektorpotential, 6, 7, 119, 122, 126, 138, 146, 150, 157, 161, 166, 175, 217, 229
  übergeordnetes, 181
  axial gerichtetes, 192
  axiales, 235
  elektrodynamisches, 225
  erregendes, 126, 167, 192
  magnetisches, 142
  resultierendes, 139, 176
Verlustleistung, 98, 101, 163, 180, 218

Wellen
  angeregte, 226, 233
  ebene, 277
  einfallende, 234, 280
  elektromagnetische, 10
  rücklaufende, 234
  transversal elektrische, 229, 239, 268
  transversal magnetische, 229, 239, 268
Wellenlänge, 10
Wellenleiter
  planarer, geschichteter, 268
Wellenwiderstand, 10, 247
Widerstand, 98, 102, 104, 114
  frequenzabhängiger, 161
  komplexer, 161, 164, 210
Winkelgeschwindigkeit, 147, 174
Wirbelströme, 158

Zeiger, 9
  komplexer, 146, 181, 220, 254
Zeit
  retardierte, 13
Zeitableitung, 155
Zuleitung
  massive, 207
Zusammenschalten, 222
Zylinder
  abgesetzter, 129
  dielektrischer, 73, 105
  geerdeter, 68
  hochpermeabler, 136
  leitender, 68, 93, 105, 129, 130, 191
  leitender, geschichteter, 146
  perfekt leitender, 279